CÁLCULO de procesos
en aceites y grasas

CÁLCULO de procesos en aceites y grasas

Juan de Dios Alvarado

Docente jubilado de la Universidad Técnica de Ambato,
Facultad de Ciencia e Ingeniería en Alimentos
Ambato, Ecuador

Editorial ACRIBIA, S.A.
ZARAGOZA (España)

©   Juan de Dios Alvarado y/o hijos, 2025

©   De la edición en lengua española
     Editorial Acribia, S.A.
     Santuario de Cabañas, 5
     50013 ZARAGOZA (España)

Diagramación de figuras: Paul Alvarado Navas.

I.S.B.N.: 978-84-200-1336-7

www.editorialacribia.com

Depósito legal: Z-629-2025   Editorial ACRIBIA S.A.- Santuario de Cabañas, 5, Local - 50013 Zaragoza (España)

Imprime: PODIPRINT   2025

DEDICATORIA

A las mujeres y hombres que en los días de pandemia del Covid-19, auxiliaron hasta con su vida, para que otros pudiésemos escribir.

A la memoria de Héctor López Amaluisa, verdadero amigo.

PREFACIO

A lo largo de la historia, el ser humano ha buscado satisfacer su necesidad primordial de alimentación mediante la caza y la recolección. Sin embargo, los cambios climáticos y la migración estacional de los animales lo llevaron a desarrollar nuevas formas de obtener alimentos, dando lugar a la domesticación de animales y al cultivo de vegetales. A lo largo del tiempo, diversas influencias físicas, químicas y biológicas provocaron cambios en los alimentos, lo que generó la necesidad de encontrar métodos para conservarlos a largo plazo.

En este contexto, la ingeniería de alimentos surge como una poderosa herramienta para la conservación y transformación de los productos que sustentan a la población. Entre estos productos, los aceites y grasas juegan un papel destacado en la gastronomía doméstica, restaurantes e industrias como la panadería, galletería, confitería, entre otras.

El Autor ha presentado una nueva obra que se centra en las grasas y aceites, productos altamente susceptibles a cambios degradativos. El libro busca ilustrar los cálculos matemáticos aplicados en los procesos de obtención y conservación de aceites y grasas. Comienza explicando rigurosamente varias propiedades físicas relevantes, que luego serán empleadas en los cálculos de procesos. Además, proporciona herramientas conceptuales y prácticas para su aplicación.

El texto continúa describiendo las operaciones unitarias involucradas en la obtención de aceites y luego aborda 11 fuentes de aceites, desde las más conocidas como la palma y el girasol, hasta otras que actualmente se promueven por sus beneficios para la salud, como el aguacate. También destaca fuentes regionales como el ungurahua, brindando información sobre su origen, condiciones de cultivo y composición. Se incluyen 20 propiedades físicas a diferentes temperaturas que pueden utilizarse para cálculos en los procesos de obtención del aceite.

Finalmente, se analizan 5 fuentes esenciales de grasas, resaltando el cacao, coco y palma de origen vegetal, así como la manteca de cerdo y la mantequilla de origen animal. El contenido del libro está diseñado para enfatizar los principios básicos de la ingeniería de procesos, fundamentales para la formación de un ingeniero de alimentos. Se emplean modelos matemáticos para predecir tiempos de interés en diferentes procesos, como extracción, concentración, desodorización, cocción, prensado y almacenamiento, teniendo en cuenta propiedades físicas, químicas y fisicoquímicas como el índice de refracción, índice de peróxidos, eficiencia, alcaloides, acidez, entre otras. También se destaca cómo el método gráfico puede ser útil para estos cálculos de procesos.

En resumen, este libro representa una contribución importante para la formación de futuros y actuales ingenieros de alimentos, recordándonos que la verdadera ingeniería de alimentos implica el análisis, la bioquímica y los procesos de transformación y conservación. Se convierte, así, en una lectura obligatoria para todos aquellos involucrados en esta noble profesión.

PhD. Dayana Morales A.

PRÓLOGO

Han transcurrido más de cincuenta años desde el inicio de la formación de Ingenieros de Alimentos y con ello la existencia reconocida de esta actividad profesional en Ecuador, originando la escritura y publicación de varios libros y documentos relacionados con esta profesión. El presente es un aporte para incrementar la información existente, busca colaborar con todos quienes trabajan en el sector de los alimentos, en especial con datos de las propiedades físicas en un intervalo de temperaturas ampliamente utilizado para el almacenamiento y procesamiento de lípidos.

En algunos países latinoamericanos existe un desbalance o confusión que a través del tiempo va incrementándose entre la formación de ingenieros y la formación de tecnólogos o bromatólogos, con un mayor énfasis hacia la instrucción de estos últimos, sin cambiar el título de tercer nivel como Ingeniero. Una definición reciente describe a la Ingeniería de Alimentos como una parte de la Ingeniería de Procesos que aplica conocimientos científicos y técnicos al diseño, ejecución, desarrollo y control de procesos en equipos y empresas industriales, para la transformación, conservación y aprovechamiento integral de materias primas alimenticias bajo parámetros de calidad, desde la fase de producción primaria hasta su consumo, sin agotar la base de los recursos naturales ni deteriorar el medio ambiente.

Se establece que los campos ocupacionales actuales del Ingeniero en Alimentos se amplían, pero se alejan de la definición. Según el informativo electrónico de la Facultad de Ingeniería de Alimentos y Biotecnología de la Universidad Técnica de Ambato en Ecuador, los campos ocupacionales se relacionan con la prestación de servicios y con la autogestión científica, tecnológica e industrial, en instituciones, dependencias, organizaciones, cooperativas, fundaciones, microempresas, empresas, industrias alimenticias y biotecnológicas, centros de investigación y sector agroalimentario público y privado; que estén relacionados con el manejo post cosecha, preservación, formulación, transformación, conservación, procesamiento, envasado, almacenamiento, diseño, selección, construcción y mantenimiento de maquinaria, equipos y planta, transporte, distribución, comercialización, administración y gestión empresarial, control y aseguramiento de la calidad, docencia, aseguramiento, consultoría y representación e impacto ambiental en la producción de alimentos para consumo humano y animal.

Notar que se incluye la comercialización, administración y gestión empresarial, control y aseguramiento de la calidad, consultoría y representación, que están más relacionadas con la administración y control de calidad. Por ello uno de los propósitos de este libro es señalar rutas mediante ejemplos que conduzcan al retorno hacia los fundamentos de la Ingeniería de Alimentos, esto es facilitar la investigación y el estudio de los procesos que se utilizan para la transformación de grupos importantes de alimentos provenientes de diferentes orígenes, en forma particular de los aceites y las grasas.

El Mundo cambió en los últimos cincuenta años en especial con el desarrollo de la informática y de los ordenadores, lo cual afecta a todas las actividades y ramas del conocimiento, situación que no puede soslayarse en el caso de profesiones tan importantes y necesarias como la Ingeniería de Alimentos. En el momento actual existen programas de computadora que calculan procesos térmicos en tiempo real y realizan en forma automática las correcciones requeridas para asegurar el cumplimiento de las condiciones de esterilización fijadas para el proceso.

En el libro se desarrollan tres Capítulos, cada uno de ellos contiene temas particulares orientados para cada tipo de aceite o grasa, además de algunos comentarios sobre lo presentado, con su propia sección de referencias académicas. Cada tema está ordenado en forma que indica las características principales del producto original, incluida su composición y propiedades físicas, con lineamientos de las tecnologías utilizadas para la obtención de los aceites o grasas. En los cálculos se señala el proceso y la propiedad o compuesto utilizado como indicador del cambio con sus respectivos cálculos.

El primer capítulo corresponde a la Introducción y contiene los fundamentos para el cálculo de procesos. Se incluyen tablas de datos de veinte propiedades físicas determinadas en aceites y grasas, las cuales sirven como indicadores de procesos, además de proporcionar información específica que sirve como referencia y es válida para propósitos ingenieriles y técnicos. Se tratan los fundamentos y valores utilizados para el cálculo de procesos de cualquier índole, además de los correspondientes a procesos térmicos, se incluyen ejemplos didácticos de cálculos.

El segundo capítulo agrupa en orden alfabético a los aceites provenientes de aguacate, ajonjolí, chocho, girasol, inchi, maíz, maní, nuez de nogal, oliva, soja y ungurahua, algunos de los cuales son poco conocidos o desconocidos. Luego de un preámbulo, se presenta información, composición y métodos de obtención de cada uno de los aceites, previo al desarrollo de casos de cálculo de procesos que ocurren en los aceites incluidos en el presente trabajo.

El tercer capítulo se refiere a las grasas, consideradas estas como las que se presentan como sólidas a temperatura ambiente. Por su origen se distinguen las de origen vegetal como el cacao, coco, palma africana, almendra de palma y de origen animal como grasa de cerdo y mantequilla. Por la importancia que tienen en la alimentación, varios casos son tomados en cuenta para calcular procesos, entre ellos fermentación, secado, cocción y almacenamiento.

En la escritura del presente libro se intenta que ingenieros, estudiantes o personas interesadas adquieran las capacidades integradas de: Utilizar en forma adecuada las propiedades térmicas y los coeficientes de transferencia de calor o masa que intervienen durante la transformación de alimentos, para el cálculo de procesos, diseño de equipos como intercambiadores de calor, deshidratadores o secadores utilizados en industrias de alimentos, con criterios de ingeniería que satisfagan a la empresa y al consumidor para la elaboración de productos inocuos, estables y económicamente accesibles.

Otro de los propósitos de este libro es ofrecer métodos de cálculo de procesos que sean de fácil comprensión y aplicación de manera particular en las industrias que procesan aceites y grasas, para que los ingenieros los utilicen en sus actividades cotidianas en búsqueda de entender, controlar y mejorar procesos, que son el fundamento de la Ingeniería de Alimentos.

Juan de Dios Alvarado
Ambato Ecuador

CONTENIDO

LISTA DE NOMENCLATURA
[Unidades internacionales o típicas]

SIMBOLOGÍA

a = actividad

a̡ = término de la ecuación de la sonda térmica

A = área [m²]

Ă = aceite residual [porcentaje del inicial]

Ȧ = aceite extraído [porcentaje]

Á = alcaloides [porcentaje del contenido inicial]

A̡ = acidez [porcentaje]

A* = intercepto de la ecuación de Arrhenius

{A} = concentración de un compuesto reaccionante

{B} = concentración de un compuesto reaccionante

b̡ = constante de Euler [0,52772…]

c = velocidad de la luz [$3,00 \times 10^8$ m/s]

c' = velocidad de la luz en el aire o en un medio transparente [m/s]

C = concentración

{C} = concentración de un compuesto resultante

(C$_p$) = calor específico [kJ/kg. K]

(C$_v$) = calor específico a volumen constante [kJ/kg. K]

d = diferencial

D* = tiempo de reducción decimal [segundos, minutos, horas]

Ḋ = tiempo de reducción decimal por presión [minutos]

(D$_e$) = coeficiente de difusión másico efectivo [m²/s]

e = base de los logaritmos naturales

E = energía [kJ/kg]

E' = tiempo seguro de proceso con diversos indicadores [minutos]

E* = efectividad

(E$_a$) = energía de activación [kJ/kg . mol]

(Es) = energía de superficie [J/m2]

(E$_t$) = energía de tensión [kJ/kg mol]

f = factor de calentamiento o enfriamiento [s]

F = función de tensión superficial [adimensional]

Ḟ = tiempo de secado [minutos]

F* = tiempo seguro corregido de proceso [minutos]

g = aceleración debida a la gravedad [m/s²]

G = ácidos grasos libres [mg/100 g]

(G$_s$) = energía libre de superficie [J/m²]

h = altura [m]

ḣ = mitad del largo [m]

H = humedad en base seca [kg/kg seco]

Ḥ = humedad [g/100 g]

Ḣ° = relación o razón de humedades expresadas en base seca [kg/kg seco]

H* = entalpía [kJ/kg]

Ĭ = intensidad eléctrica [A]

(IK) = índice de permanganato [ml/g]

(IP) = índice de peróxidos [mEq/kg]

(IS) = índice de saponificación [mg KOH/g de grasa]

(IT) = índice de ácido tiobarbitúrico [mg de malonaldehído/kg de muestra]

j = factor corrector de tiempo inicial de acondicionamiento

J = constante en el cálculo del orden de una reacción

k = conductividad térmica [W/m K]

ķ = constante de la sonda termoeléctrica

k* = constante para corrección por temperatura en refracción

Ķ = constante de velocidad de extracción [1/min]

K* = constante de un viscosímetro de tubo capilar

Ҡ = constante de velocidad de reacción [1/min]

L = largo [m]

L* = razón equivalente a letalidad

m = masa [kg]

M = peso molecular [g/mol]

ņ = índice de refracción

ņ′ = índice de refracción a una temperatura determinada

ṅ = número de gotas

N = número de microorganismos

Ņ = normalidad

P = presión [Pa]

q = flujo de calor [W]

Q$_{10}$ = medida del efecto de la temperatura sobre la velocidad de cambio

r = radio [m]

R = constante de los gases [8,314 kJ/kg.mol.K]

R² = coeficiente de determinación

Ŗ = resistencia eléctrica

(S$_s$) = entropía de superficie [ergios/cm² K]

t = tiempo [s]

t* = tiempo de proceso seguro [minutos]

(t$_{0,5}$) = tiempo de vida media [minutos, horas]

T = temperatura [°C]

T′ = temperatura explícita [°C]

(T$_a$) = temperatura absoluta [K]

v = velocidad de reacción [{}/s]

ṽ = velocidad [m/s]

v* = velocidad promedio [m/s]

V = volumen [m³]
Y = volumen de titulación [ml]
$\dot{V}$ = voltaje [V]
w = peso [kg]
W = peso de muestra [g]
x = dirección de la transferencia [m]
$\acute{z}$ = espesor de lámina o rodaja [m]
$\hat{z}$ = coeficiente térmico [°C]
$\underset{.}{z}$ = coeficiente bárico [atmósferas]

Subíndices

AA = aguacate, almacenamiento
CF = cacao, fermentación
CS = cacao, secado
EA = manteca de cerdo, almacenamiento
EO = manteca de cerdo, oxidación
EU = manteca de cerdo, oxidación secundaria
f = final
F = fluido
g = generado
GD = girasol, desodorización
HE = chocho, extracción
i = inicial
IC = inchi, cocción
IH = inchi, horneo
IP = inchi, prensado
JA = soja, almacenamiento
JE = ajonjolí, extracción
m = medio, ambiente
MA = maní, almacenamiento
MT = maní, tostación
NA = nuez, almacenamiento
OA = coco, almacenamiento
OS = coco, secado
P = presión
PA = palma, almacenamiento
PC = palma, cocción
QA = mantequilla, almacenamiento
QO = mantequilla, oxidación
s = específica
SA = semilla o palmiste, almacenamiento
SC = semilla o palmiste, cocción
t = tensión
T = temperatura
UA = ungurahua, almacenamiento
w = agua
ZE = maíz, extracción

0 = orden o condición inicial, cero grados
1 = orden o condición uno
2 = orden o condición dos
3 = orden o condición tres

Superíndices

i = orden de reacción de un componente
j = orden de reacción de un componente
n = orden de reacción

Letras griegas

α = difusividad térmica [m²/s]
$\bar{\alpha}$ = término de ecuación de la sonda térmica
β = coeficiente volumétrico de expansión térmica [1/°C]
γ = tensión superficial [N/m]
Δ = diferencia, incremento
ε = rendimiento [porcentaje]
E = eficiencia [porcentaje]
ϕ = fluidicidad [cm s/g] o [rhe]
μ = viscosidad [Pa·s]
η = viscosidad cinemática [cm²/s; Stokes]
π = 3,1416
ρ = densidad [kg/m³]
θ = ángulo
∂ = derivada parcial
$\sum$ = sumatorio

Capítulo 1.
Introducción

FUNDAMENTOS

Todo proceso significa avance, progreso o cambio, el cual ocurre conforme transcurre el tiempo, en los alimentos los procesos son omnipresentes, múltiples y continuos, siempre ocurren a mayor o menor velocidad y en tiempos muy cortos o muy amplios, su control adecuado hace posible la utilización correcta de los productos alimenticios.

Según Murphy (2007) el flujo de materiales a través de una planta industrial se muestra visualmente sobre los llamados diagramas de flujo de procesos. Distingue tres tipos: diagramas de entradas-salidas, diagramas de flujo de bloques y diagramas de flujo de proceso. Los cuales difieren en el nivel de detalle, en la cantidad de información necesaria para generarlos y en el costo para producirlos. A diferencia de la diversidad y heterogeneidad de las plantas industriales, señaló que los diagramas de flujo de procesos químicos contienen apenas cuatro unidades de proceso básicas: mezcladores, reactores, separadores y divisores. Las variables de proceso más utilizadas son: moles, masa, composición, concentración, presión, temperatura, volumen, densidad y velocidad de flujo, además de las relacionadas con la energía.

Con relación a los aceites y grasas, Babayan (1974) señaló que fueron fuentes alimenticias del hombre desde su época de cazador, luego cuando se vuelve granjero o vive en poblaciones los prefiere antes que a otros alimentos. Representan la mayor fuente de energía que se consume por unidad de peso, son básicamente triglicéridos producto de la esterificación de una molécula de glicerina con tres moléculas de ácidos grasos. El tipo de ácido graso y su posición en la estructura molecular determina en una gran extensión las propiedades físicas y químicas de los triglicéridos. Así una grasa sólida difiere de un aceite líquido únicamente por el tipo de ácido graso presente en el triglicérido o por la posición en la molécula.

Las estearinas con características sólidas contienen ácidos grasos de 18 átomos de carbono saturados, en cambio los aceites vegetales también contienen cadenas iguales de ácidos grasos, pero son insaturados. Indicó un ejemplo para ilustrar como la posición estructural en el triglicérido determina sus propiedades, al comparar el sebo o grasa animal con la manteca de cacao. Las dos son una combinación de ácidos grasos de dieciséis y dieciocho átomos de carbono en porcentajes similares, sin embargo, la manteca de cacao tiene en la posición 2 del triglicérido

1

moléculas de ácido oleico que es monoinsaturado, en cambio el sebo en la misma posición contiene moléculas de ácido esteárico, de igual número de átomos de carbono, pero con ácidos grasos saturados. Las diferencias entre los dos productos son notorias.

Propiedades físicas

Toda propiedad es una cualidad esencial que caracteriza a los cuerpos y los hace diferentes y en ciertos casos únicos. Las características de un material alimenticio que son independientes del observador, que pueden ser medibles y cuantificadas para definir el estado del material, pertenecen a las denominadas propiedades físicas, las cuales indican la manera como el material responde a cualquier tratamiento físico durante un determinado proceso.

Según Luther y colaboradores (2004), los alimentos provienen principalmente de vegetales y por ello poseen formas irregulares, son de composición heterogénea que varía con múltiples causas, están afectados por los cambios químicos y enzimáticos, por ello sus propiedades físicas no se espera que presenten una distribución estadística normal. Presentaron los siguientes grupos de características y propiedades establecidas en alimentos.

Características físicas: Forma. Área superficial. Apariencia. Tamaño. Coeficiente de arrastre. Peso. Porosidad. Centro de gravedad. Volumen. Densidad. Color.

Propiedades mecánicas: Dureza. Coeficiente de fricción. Resistencia a la compresión. Coeficiente estático de fricción. Resistencia a la tensión. Coeficiente de expansión. Resistencia al impacto. Resistencia al corte. Comprensibilidad. Elasticidad. Plasticidad. Resistencia al doblado. Propiedades aerodinámicas. Propiedades hidrodinámicas.

Propiedades térmicas: Calor específico. Conductividad térmica. Emisividad. Capacidad térmica. Conductancia superficial. Trasmisividad. Difusividad térmica. Absortividad.

Propiedades eléctricas: Conductancia. Propiedades dieléctricas. Resistividad. Reacción a la radiación electromagnética. Capacitancia. Conductividad eléctrica.

Propiedades ópticas: Transmitancia lumínica. Absorbancia lumínica. Contraste. Refractancia lumínica. Color. Intensidad.

En aceites y grasas se determinan también los denominados: Punto de fusión. Punto de humo. Punto de ignición. Punto de inflamación. Índice de refracción. Además es posible determinar datos termodinámicos como la entropía de superficie y la energía total de superficie o la entalpía para determinado intervalo de temperaturas.

Conocer las características y propiedades físicas es de especial importancia para describir a un material alimentario definiéndolo y cuantificándolo, predecir el posible comportamiento cuando se desarrollen nuevos productos alimenticios y para disponer de datos utilizados en Ingeniería y Tecnología de Alimentos (Heldman y Lund, 2007; Zabalaga y colaboradores, 2016. Sandeep, 2011. Huang y colaboradores, 2001). Se debe recordar que las ecuaciones están constituidas por los denominados números adimensionales, los cuales a su vez están conformados por las propiedades físicas, si no se dispone de valores de las propiedades físicas no sería posible determinar los números adimensionales y mucho menos aplicar las ecuaciones.

Aceites obtenidos de diferentes productos sirven para indicar los fundamentos y métodos para determinar varias propiedades físicas, ampliamente utilizadas para cálculos y control de procesos utilizados en la transformación de alimentos.

Puntos de fusión, humo, ignición e inflamación

Según Hall y colaboradores (1978), los puntos de fusión de los aceites y grasas no son claramente definidos, el cambio de estado de sólido a líquido ocurre en un intervalo de temperaturas, lo cual se explica pues las grasas naturales son mezclas de diferentes triglicéridos, los cuales presentan polimorfismo y la ocurrencia de más de una forma cristalina.

Para su determinación en las grasas sólidas a temperatura ambiente, se utilizaron tubos capilares de vidrio con un abultamiento en la parte central de aproximadamente 1 [cm³], en los cuales se introdujo la muestra, junto al bulbo se adosó un termopar de un equipo de termometría con una precisión de 0,1°C, el sistema se sumergió en un baño con agua mantenida a 50°C para registro de los límites de inicio y finalización de la fusión. En el caso de los aceites líquidos a temperatura ambiente, previamente los tubos capilares con la muestra se colocaron en un baño refrigerante de acetona con anhídrido carbónico (hielo seco) para su congelación, posteriormente se trasladaron a un gabinete con temperatura estabilizada a 50°C y se registraron las temperaturas de inicio de la fusión y de la licuefacción total de la muestra de aceite.

Los puntos de humo, ignición e inflamación de una materia grasa indican su estabilidad térmica cuando se someten a calentamiento. Los ácidos grasos libres son mucho más volátiles que los triglicéridos, en consecuencia, estas características dependen principalmente de la cantidad de ácidos grasos libres. Las determinaciones se realizaron con un termómetro de mercurio sumergido en la muestra de aceite o grasa, previamente colocada en un crisol de porcelana, mantenido en una cámara de aire caliente y paredes blancas que facilitan la observación cuando aparece el humo, posteriormente aparece el centelleo momentáneo sin que exista combustión continua, por último, aparece la llama que se mantiene.

Datos obtenidos en aceite de ajonjolí (*Sesamum indicum*) son: Puntos de fusión, promedio – 2,5°C, inicial – 7,0°C, final 2,0°C. Punto de humo 165°C. Punto de ignición 262°C. Punto de inflamación 335°C.

DENSIDAD Y COEFICIENTE VOLUMÉTRICO DE EXPANSIÓN TÉRMICA

La densidad de un alimento es la cantidad de materia ocupando un determinado espacio, se expresa en unidades de masa por unidad de volumen. En forma de ecuación:

$\rho = m/V$ **(1.1)**

En la ecuación ρ es la densidad [kg/m³], **m** es la masa [kg] y **V** es el volumen [m³]. Los materiales constituidos por partículas o granos con espacios de aire internos, presentan valores de densidad de partícula o verdadera y densidad de bulto o aparente, los materiales líquidos sin espacios interiores con aire presentan únicamente valores de densidad verdadera. Existen varios métodos y equipos para determinar la densidad de líquidos, uno de los más conocidos y utilizados es mediante picnómetros de cristal con tubo capilar y uso de balanzas con precisión de 0,1 [mg].

En aceites es práctica común utilizar el valor de la densidad relativa, que corresponde a la razón entre la masa de la sustancia y la masa de un volumen igual de agua a 4°C. La densidad de un líquido a una temperatura particular **(T)** es el producto de la densidad relativa del líquido, que es la relación del peso de un volumen dado del líquido al peso del mismo volumen de agua a la misma temperatura, por la densidad del agua a igual temperatura. Escrito como ecuación:

$$\rho^{T\,(\text{líquido})}_{4°\,(\text{agua})} = (W/W_w)\,\rho^{T\,(\text{agua})}_{T\,(\text{agua})} \tag{1.2}$$

Donde ρ es la densidad, **W** es el peso aparente del líquido y W_w es el peso aparente del agua a la temperatura **T**. En muchos casos los valores se expresan a temperaturas seleccionadas, en Europa a 15°C, en Estados Unidos de América a 25°C, y en el caso de grasas a 60°C con relación al agua a 25°C.

Con respecto al efecto de la temperatura, se conoce que la densidad de los aceites disminuye conforme se incrementa la temperatura, la variación es lineal en el intervalo de temperaturas en que se procesan ordinariamente los aceites, que va desde 66° a 250°C. En adición, los datos reportados permiten establecer que la variación lineal se mantiene hasta temperaturas más bajas de -20°C en aceites de maíz, girasol, soja y algodón.

Choi y Okos (1986) presentaron la ecuación siguiente para el cálculo de la densidad de grasas como función de la temperatura.

$$\rho = 925,59 - 0,41757\,T \tag{1.3}$$

Indicaron que para el caso de grasa de leche, aceite vegetal, manteca de cerdo y aceite de maíz entre los límites de -40 a 150°C, la relación entre la densidad y la temperatura en °C, es lineal. El valor experimental registrado en aceite de pulpa de aguacate (*Persea americana*) a 25°C es de 914 [kg/m³], con la ecuación anterior se obtiene 915 [kg/m³].

Derivado de los cambios de la densidad con la temperatura está el coeficiente volumétrico de expansión térmica. Se lo define considerando que cuando se añade calor a un material para que exista un cambio en temperatura desde T_i a T_f; hay un cambio correspondiente en volumen de V_i a V_f. Para describir este cambio, el coeficiente volumétrico medio de expansión térmica es definido por:

$$\text{ß} = (V_f - V_i)/V_i\,(T_f - T_i) \tag{1.4}$$

Donde ß es el coeficiente volumétrico de expansión térmica, **V** el volumen y **T** la temperatura, los subíndices $_f$ e $_i$ se refieren a las condiciones final e inicial, respectivamente.

El volumen (**V$_T$**) de una masa de un líquido (**m**) a una temperatura (**T**), se relaciona con el volumen de la misma masa a 0°C (**V$_0$**), por la ecuación:

$$V_T = V_0 (1 + \text{ß } T) \tag{1.5}$$

Al dividir para la masa en los dos términos.

$$(VT/m) = (V0/m)(1 + \text{ß } T) \tag{1.6}$$

La relación (**V/m**) corresponde al inverso de la densidad y:

$$(1/\rho_T) = (1/\rho_0)(1 + \text{ß } T) \tag{1.7}$$

Operando en el segundo miembro de la ecuación:

$$(1/\rho_T) = (1/\rho_0) + (\text{ß}/\rho_0) T \tag{1.8}$$

Un gráfico de (**1/ρ$_T$**) como función de **T** será una línea recta con una pendiente (**ß/ρ$_0$**); como el valor de **ρ$_0$** puede ser establecido del punto de corte en ordenadas, el coeficiente volumétrico de expansión térmica puede ser determinado de la pendiente.

En la Figura 1.1. se presenta el gráfico que conduce al cálculo del coeficiente volumétrico de expansión térmica con datos conseguidos en aceite crudo de pulpa de aguacate. Se observa que el modelo lineal describe en forma adecuada la relación entre el inverso de la densidad con la temperatura, el coeficiente de determinación es muy alto, $R^2 = 0,995$.

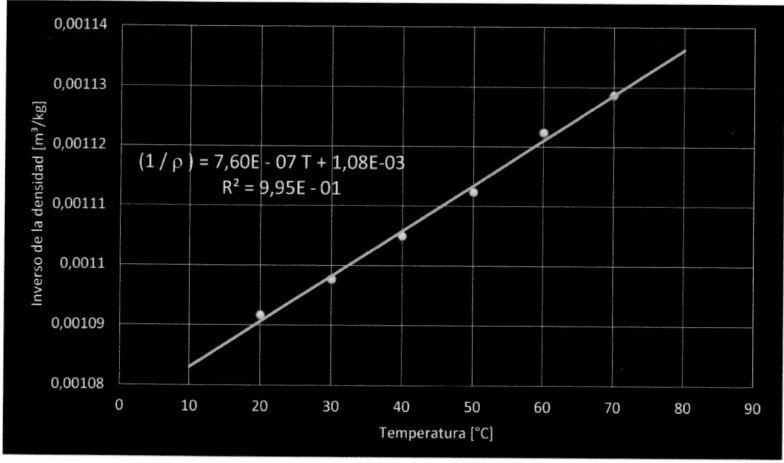

Figura 1.1. Representación para determinar el coeficiente volumétrico de expansión térmica en aceite de aguacate.

La ecuación obtenida es:

$$(1/\rho_T) = 0{,}00108 + 0{,}00000076\ T \tag{1.9}$$

Del intercepto se calcula (ρ_0)

$$0{,}00108 = (1/\rho_0) \tag{1.10}$$

$$(\rho_0) = 1/0{,}00108 = 926$$

De la pendiente se determina β.

$$0{,}00000076 = (\text{ß}/\rho_0) \tag{1.11}$$

$$0{,}00000076 = (\text{ß}/926)$$

$$\text{ß} = 0{,}00000076 \times 926 = 0{,}000704\ [1/^{\circ}C]$$

El valor obtenido se compara apropiadamente con otros publicados para aceites comestibles (Alvarado, 1996). Se destaca que el coeficiente volumétrico de expansión térmica se mantiene constante en un amplio intervalo de temperaturas, se convierte en un término que puede tener varias aplicaciones, entre ellas detectar o diferenciar mezclas de aceites. Además, al ser una función lineal se requieren únicamente dos puntos de temperatura con medida de la densidad para determinar β, se convierte en un método fácil, barato y rápido para su utilización.

TENSIÓN SUPERFICIAL Y ENERGÍA DE TENSIÓN

Las fuerzas que actúan sobre la superficie de un líquido y tienden a disminuir el área superficial, originan lo llamado tensión superficial. La tensión superficial del agua es el doble de la tensión superficial de aceites comestibles. Aunque los datos de las propiedades de superficie de alimentos son escasos, con relación a los de otras propiedades físicas, no son menos importantes, por su influencia en diversas operaciones como las que requieren disminuir la tensión superficial para el lavado con detergentes.

La tensión superficial se define como la fuerza que actúa paralela a una superficie plana en ángulo recto con una línea vertical de unidad de longitud, en consecuencia, el concepto es mecánico. Su naturaleza se explica pues las fuerzas de atracción entre las moléculas en el interior de un líquido son simétricas, en las moléculas ubicadas en la superficie las fuerzas que actúan son asimétricas, como resultado estas moléculas están sujetas a una atracción hacia el interior en dirección normal a la superficie.

Se conoce que cuando aumenta la temperatura de un aceite su tensión superficial disminuye. Esto se presenta por el mayor movimiento molecular, que reduce la fuerza de atracción y por la acumulación en la superficie de moléculas de vapor, que ejercen una atracción opuesta a la fuerza de cohesión. A temperaturas que no sean próximas a la temperatura crítica, esta interrelación es aproximadamente lineal para muchos alimentos líquidos como los aceites y grasas fundidas.

Entre los métodos aplicados para determinar la tensión superficial se encuentra la utilización del estalagnómetro de Traube, según el cual la tensión superficial de un líquido está relacionada con el peso de una gota de ese líquido la cual cae libremente desde el extremo de un tubo, por la expresión:

$$\gamma = F\ (m\ g/r) \tag{1.12}$$

En la ecuación γ es la tensión superficial, m la masa de una gota de líquido, g la aceleración debida a la gravedad, r el radio del extremo del tubo y F una función de V/r^3 donde V es el volumen de la gota.

Para medir la tensión superficial con el estalagnómetro se descarga un volumen conocido del líquido en forma de gotas que caen libremente desde el extremo inferior y se cuentan el número de gotas formado. Al repetir la operación con igual volumen de un líquido que sirve de referencia con tensión superficial y densidad conocidas, se establece la siguiente ecuación.

$$(\gamma_1/\gamma_2) = (m_1\ g\ F_1\ /m_2\ g\ F_2) \tag{1.13}$$

Como:

$$\rho = m/V \tag{1.14}$$

$$m = \rho \times V \tag{1.15}$$

Por reemplazo y simplificación de la gravedad (g):

$$(\gamma_1/\gamma_2) = (V_1\ \rho_1\ F_1/V_2\ \rho_2\ F_2) \tag{1.16}$$

La variación de la función F es pequeña en un amplio intervalo de valores de V/r^3, en el caso que las gotas de los dos líquidos sean de tamaño similar, la ecuación anterior se reduce a:

$$(\gamma_1/\gamma_2) = (V_1\ \rho_1/V_2\ \rho_2) \tag{1.17}$$

Si V es el volumen descargado de líquido, $\dot{n}_1$ y $\dot{n}_2$ es el número de gotas registradas del líquido 1 y 2, respectivamente, se establece que:

$$V_1 = V/\dot{n}_1 \tag{1.18}$$
$$V_2 = V/\dot{n}_2 \tag{1.19}$$

Por reemplazo se obtiene:

$$(\gamma_1/\gamma_2) = (\dot{n}_2\ \rho_1/\dot{n}_1\ \rho_2) \tag{1.20}$$

Se debe tener cuidado en la limpieza del equipo de vidrio que debe ser escrupulosa y estar seco, previamente se requiere calibrar la escala para establecer el número de divisiones correspondiente a cada gota, con una precisión de centésimas de gota. Tras introducir la muestra del estándar y estabilizar la temperatura, se permite que el líquido se descargue de manera uniforme a una velocidad que no supere las 20 gotas por minuto, hasta llegar a la marca inferior del estalagnómetro, se repite la medida hasta obtener resultados reproducibles. Se repite toda la operación con el líquido de tensión superficial desconocida.

Con los datos obtenidos se aplica la ecuación anterior para determinar la tensión superficial del líquido, la cual se corrige mediante factores de corrección **F** de tablas que relacionan el radio del tubo del estalagnómetro con el volumen de la gota en la forma de **(r/V$^{1/3}$)**.

En la Figura 1.2. se representan los valores de la tensión superficial determinados en aceite de maní (*Arachis hypogaea*) en el intervalo de temperaturas de 20° a 70°C. La relación lineal reportada para estas dos variables se comprueba con los datos de aceite de maní, el coeficiente de determinación es próximo a 1 (R^2 = 0,987). La ecuación obtenida es:

$$\gamma = 0,027 - 0,000064 \text{ T} \tag{1.21}$$

La cual puede ser utilizada en un intervalo amplio de temperaturas [°C] para obtener datos de tensión superficial [N/m]. Se destaca que conforme aumenta la temperatura la tensión superficial disminuye, existe una relación inversa que se explica por el mayor movimiento molecular que ocasiona el incremento de la temperatura.

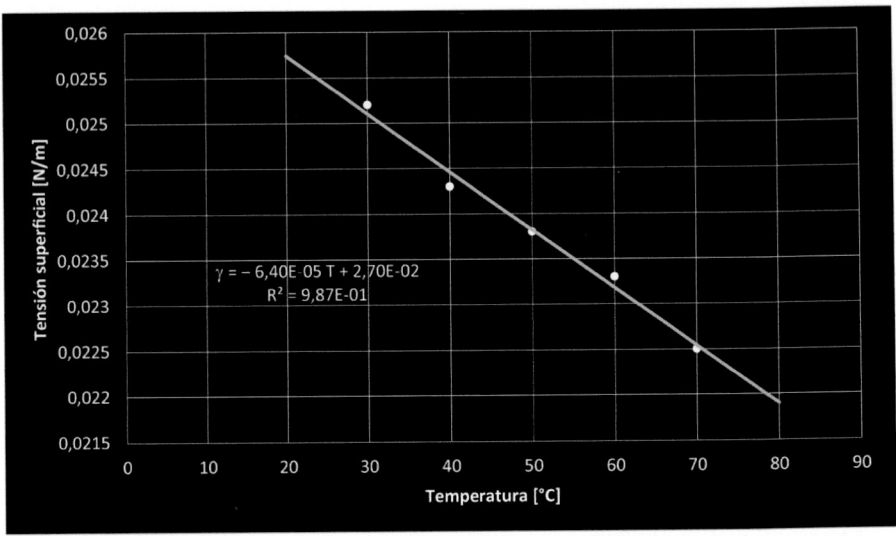

Figura 1.2. Cambios en la tensión superficial de aceite de maní como función de la temperatura.

Con el propósito de conocer el efecto de la temperatura sobre la tensión superficial, se utilizará la ecuación reportada por Toledo (1999), para determinar el valor de la energía inmersa en este fenómeno físico, la cual es aplicable cuando se conocen datos a una temperatura de interés y otra de referencia, en el presente caso 30° y 40°C.

$$(E_t/R) = (\ln (Q_{10})/10) (T_{a2} \times T_{a1}) \tag{1.22}$$

$$(E_t/R) = (\ln (0,0252/0,0243)/10) (303,2 \times 313,2)$$

$$(E_t/R) = (\ln (1,037)/10) (303,2 \times 313,2)$$

$$(E_t/R) = 345$$

$$E_t = 345 \times 8,314 = 2\ 868\ [\text{kJ/kg} \times \text{mol}]$$

Se requiere recordar que para medir la tensión superficial utilizando el estalagnómetro de Traube, se descarga un volumen conocido de líquido en forma de gotas, lo cual implica que hay una velocidad en la descarga que incluye a un determinado tiempo, la relación de tiempos de descarga a distintas temperaturas es la misma que entre los valores de la tensión superficial a las mismas temperaturas.

ENTROPÍA DE SUPERFICIE Y ENERGÍA TOTAL DE SUPERFICIE

Romo Saltos y Alvarado (2001) indicaron el uso de ecuaciones termodinámicas para calcular la entropía de superficie y la energía total de superficie, en el caso de aceites en los que se puede aceptar la presencia de una fase homogénea y única, en la cual la tensión superficial es numéricamente igual al exceso de la energía libre de superficie de Gibbs, cuando el sistema está en equilibrio a presión constante.

La entropía de superficie es una función termodinámica muy importante que mide el grado de ordenamiento de las moléculas en la superficie del líquido, en el presente caso aceite. Es definida por:

$$(\partial G_s/\partial Ta)P = - S_s \tag{1.23}$$

En la ecuación G_s es el exceso de energía libre de superficie de Gibbs, T_a es la temperatura absoluta y S_s es la entropía de superficie. Se interpreta que cuanto más negativo es el valor de la entropía de superficie tanto mayor es el ordenamiento de las moléculas en la superficie del líquido, lo cual es de especial interés cuando se tienen que resolver problemas prácticos relacionados con la adhesión y cohesión.

Valores obtenidos en aceite crudo de pulpa de aguacate aumentaron desde
– 8,97 [ergios/m² × K] a 283,2 [K] hasta – 5,62 [ergios/m² × K] a 363,2 [K].

La energía total de superficie de un líquido (E_s) se define mediante la siguiente ecuación:

$$Es = G_s - Ta\ S_s \qquad (1.24)$$

El conocimiento del exceso de energía libre de los líquidos sirve de fundamento para la formulación de emulsiones y microemulsiones, ampliamente utilizadas en la elaboración de alimentos (Romo Saltos, 1993).

Datos obtenidos en aceite crudo de pulpa de aguacate disminuyeron desde 50,8 [mJ/m²] a 40,8 [mJ/m²] entre 283,2 [K] a 363,2 [K].

VISCOSIDAD Y ENERGÍA DE FLUJO

La viscosidad es una medida de la resistencia a fluir que presenta, en el presente caso, un aceite o una grasa en estado líquido. La ecuación de Poiseuille ampliamente conocida y utilizada es la base para la operación de los viscosímetros de tubo y capilares.

$$v^* = \Delta P\ r^2/8\ L\ \mu \qquad (1.25)$$

En el caso de viscosímetros de tubo capilar, la presión necesaria para inducir el flujo se genera por la altura **h** disponible para la caída libre del fluido; entonces:

$$\Delta P = \rho_F\ h \qquad (1.26)$$

ρ_F es la densidad del fluido, por reemplazo, se obtiene:

$$v^* = \rho_F\ h\ r^2/8\ L\ \mu \qquad (1.27)$$

Si el tiempo requerido por el viscosímetro para descargar un volumen fijo de fluido es **t**, entonces:

$$v^* = L/t \qquad (1.28)$$

Al reemplazar:

$$(L/t) = \rho_F\ h\ r^2/8\ L\ \mu \qquad (1.29)$$

Si se despeja la viscosidad:

$$\mu = \rho_F\ h\ r^2\ t/8\ L^2 \qquad (1.30)$$

Para un viscosímetro dado, **h**, **r²** y **8L²** son constantes; en consecuencia, la expresión puede ser escrita en la forma siguiente:

$$\mu = K^* \rho_F \, t \tag{1.31}$$

Donde **K*** es la constante del viscosímetro, que se determina mediante una prueba con un fluido de viscosidad y densidad conocidas, registrándose el tiempo de flujo para una temperatura dada. Luego se repite la prueba con el fluido de interés cuya densidad debe ser conocida. De manera general se acepta el comportamiento newtoniano de los aceites, lo que hace posible utilizar este método de tubos capilares para la determinación de la viscosidad.

En la Figura 1.3. se presenta la relación entre la viscosidad con la temperatura, determinada en aceite crudo de chocho (*Lupinus mutabilis*). Se observa que la relación es curvilínea, con un rápido decrecimiento a temperaturas bajas que declina conforme aumenta la temperatura hasta volverse asintótica. En un intervalo de 0° a 100°C, la función exponencial describe satisfactoriamente esta relación, la ecuación obtenida con un coeficiente de determinación muy alto 0,9963, es:

$$\mu = 149,38 \, (e)^{-0,035\,T} \tag{1.32}$$

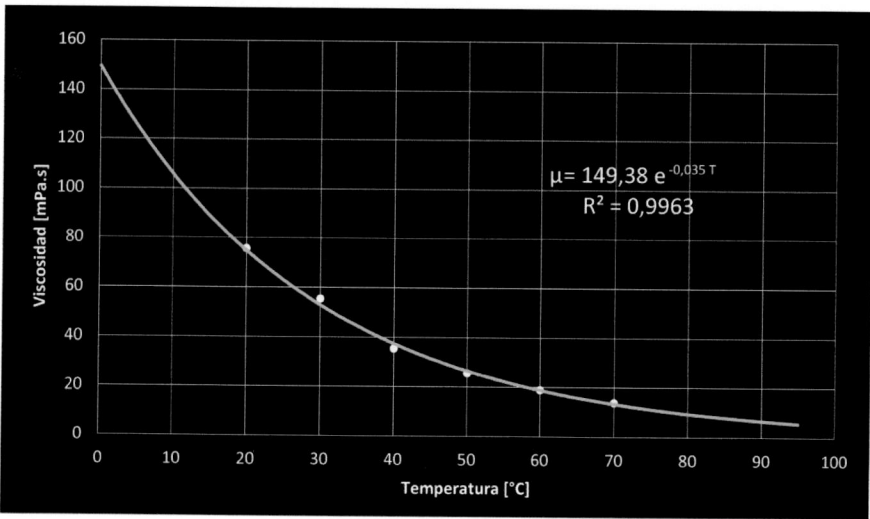

Figura 1.3. Cambios de la viscosidad de aceite de chocho (altramuz) con la temperatura.

Como en muchos alimentos líquidos, en los aceites la viscosidad disminuye cuando la temperatura se incrementa. En términos generales existe una relación aproximadamente lineal entre el logaritmo de la viscosidad y la temperatura. Sobre la base de datos experimentales, diversas ecuaciones se han propuesto para calcular la viscosidad de aceites como función de la temperatura, las cuales son similares a la obtenida.

Otra forma de representar a la viscosidad es como viscosidad cinemática, definida por:

$$\eta = \mu/\rho \qquad (1.33)$$

Con los datos de aceite de chocho a 25°C se obtiene:

$$\mu = 62,3 \text{ [mPa.s]} = 62,3 \text{ [cpoise]} \times 0,001 = 0,0623 \text{ [kg/m} \times \text{s]}$$

$$\rho = 913 \text{ [kg/m}^3\text{]}$$

$$\eta = 0,0623/913 = 6,82 \times 10^{-5} \text{ [m}^2\text{/s]} = 0,682 \text{ [stoke]}$$

Directamente relacionada con la viscosidad está la fluidicidad (Φ), corresponde al recíproco de la viscosidad, su unidad es conocida como [rhe] que es igual al inverso del poise, para el caso del aceite de chocho o altramuz.

$$\Phi = (1/\mu) \qquad (1.34)$$

$$\Phi = (1/0,623)$$

$$\Phi = 1,61 \text{ [cm} \times \text{s/g]} = 1,61 \text{ [rhe]}$$

Según Rao (1977), durante el procesamiento, almacenamiento, transporte, comercialización y consumo de alimentos líquidos, se registran diferentes temperaturas; por esta razón sus propiedades reológicas se determinan a distintas temperaturas. Con pocas excepciones, el efecto de la temperatura sobre la viscosidad se expresa por la ecuación.

$$\mu = \mu_0 \, e(E_a)/R \, (T_a) \qquad (1.35)$$

En su forma lineal corresponde a:

$$\ln \mu = \ln \mu_0 + ((E_a)/R) \, (T_a)) \qquad (1.36)$$

La ecuación es una forma de la ecuación de Arrhenius, donde (E_a) es la energía de activación, R es la constante de los gases, (T_a) es la temperatura absoluta y μ_0 corresponde al intercepto. Al medir la viscosidad en viscosímetros de tubo capilar se registra el tiempo que requiere el fluido para descargar un determinado volumen, lo cual depende de la velocidad con la que se mueve el fluido, en consecuencia, los tiempos de descarga tienen la misma relación que los valores de viscosidad a determinadas temperaturas. En la Figura 1.4. se observa la representación de esta ecuación.

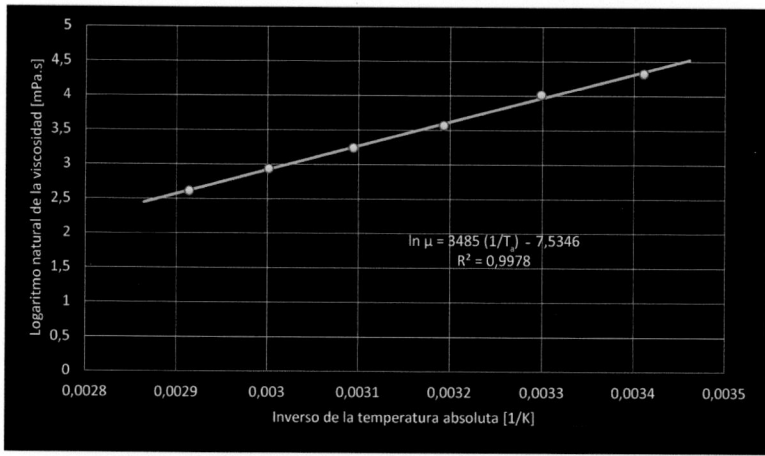

Figura 1.4. Representación de la ecuación tipo Arrhenius para determinar la energía de activación con datos de viscosidad del aceite de chocho (*Lupinus mutabilis*).

La gráfica permite comprobar el cumplimiento de la ecuación para la relación viscosidad con la temperatura en el aceite de chocho, el coeficiente de determinación es prácticamente el máximo, que es la unidad. La energía de activación requerida para el inicio del movimiento o flujo de este aceite, de acuerdo con la ecuación obtenida es:

$$\ln \mu = -\,7{,}5346 + (3.485/(T_a))\qquad\qquad\qquad (1.37)$$

$$((E_a)/R) = 3.485\qquad\qquad\qquad (1.38)$$

$$(E_a) = 3.485 \times 8{,}314 = 28.974\ [\text{kJ/kg.mol}]$$

El dato calculado de energía de activación para flujo viscoso de aceite de chocho está en el intervalo publicado por Alvarado (1996) que está entre 22.000 a 29.000 [kJ/kg . mol]. Estos valores son superiores a los correspondientes del agua, leche y jugos de frutas filtrados, con valores próximos a 20.000 [kJ/kg . mol]. Indican que para el transporte de aceites se requerirá una mayor cantidad de energía que para la movilización de los otros fluidos indicados.

ÍNDICE DE REFRACCIÓN Y REFRACCIÓN ESPECÍFICA

Blatt (1991) señaló que en el vacío la luz se propaga a una velocidad de $c = 3{,}0 \times 10^8$ [m/s]. En cualquier otro medio la luz se propaga más lentamente; por ejemplo, en el aire, $c' = c/1{,}0003$. A la relación c/c', siendo c' la velocidad de la luz en el aire o en un medio transparente, se le denomina índice de refracción de ese material, se lo representa por la letra ($\underline{\mathbf{n}}$), en forma de ecuación:

$$\underline{\mathbf{n}} = c/c'\qquad\qquad\qquad (1.39)$$

La refracción de la luz en la interfase entre dos medios que tienen distintos índices de refracción, según la ley de Snell, es definida por:

$$\bar{\upsilon}_1/\bar{\upsilon}_2 = sen\ \theta_1/sen\ \theta_2 \qquad\qquad (1.40)$$

La ecuación anterior se escribe generalmente en términos de los índices de refracción, en lugar de las velocidades. Como $\bar{\upsilon}_1 = c/\underline{n}_1$, y $\bar{\upsilon}_2 = c/\underline{n}_2$; al reemplazar se simplifica **c** y la ley de Snell toma la forma de:

$$\underline{n}_1\ sen\ \theta_1 = \underline{n}_2\ sen\ \theta_2 \qquad\qquad (1.41)$$

En consecuencia, el índice de refracción puede ser definido como la relación entre la velocidad de una luz monocromática en el aire y su velocidad en la sustancia considerada, y es la división entre los senos de los ángulos de incidencia y de refracción (θ), cuando la luz pasa del aire a la sustancia.

El ángulo entre el rayo en el primer medio y la perpendicular en la superficie divisoria, se llama ángulo de incidencia; el ángulo correspondiente en el segundo medio, se llama ángulo de refracción. La división entre los senos de estos dos ángulos es directamente proporcional a la velocidad de la luz en los dos medios. Si el rayo incidente está en el medio más denso, ($\underline{n}$) será menor que uno; si está en el menos denso, ($\underline{n}$) será mayor que uno.

El índice de refracción para dos materiales o medios considerados varía con la temperatura y con la longitud de onda de la luz; si uno de los medios es un gas, también varía con la presión. La notación con el subíndice ($\mathbf{D}_{20}$) indica que la medida se realizó a 20°C con la línea **D** del espectro de sodio (589,0 y 589,6 [nm]).

Cuando la medida del índice de refracción se realiza a una temperatura diferente de la aceptada como referencia, se puede utilizar la siguiente ecuación para expresarla a la temperatura de interés.

$$\underline{n} = \underline{n}' + k^*\ (T' - T) \qquad\qquad (1.42)$$

Siendo: $\underline{n}$ índice de refracción a la temperatura de referencia **T** (25° o 40°C). $\underline{n}'$ índice de refracción a la temperatura de medida **T'**. El símbolo **k*** es una constante con el valor de 0,000365 para grasas y 0,000385 para aceites.

Para la identificación y control de aceites, una de las determinaciones bastante utilizada es el índice de refracción, entre las relaciones conocidas del índice de refracción y la estructura o composición de los ácidos grasos y glicéridos, se destacan las siguientes: Los índices de refracción de las grasas y de los ácidos grasos se incrementan con el incremento de la longitud de las cadenas hidrocarbonadas, pero la diferencia entre los miembros adyacentes es menor conforme aumenta su peso molecular. Los índices de refracción de las grasas y de los ácidos grasos se incrementan con el número de dobles enlaces y con un incremento en la conjugación. Los índices de refracción de los glicéridos simples son considerablemente mayores que los de sus correspondientes ácidos grasos. Los índices de refracción de los glicéridos mixtos son, en general, cercanos a los de las mezclas correspondientes de glicéridos simples. Los índices de refracción de los monoglicéridos son considerablemente mayores que los de sus correspondientes triglicéridos simples.

En general, los índices de refracción de las grasas naturales están relacionados con su valor promedio de insaturación en una forma aproximadamente lineal.

Kirschenbauer (1964) presentó los límites de variación del índice de refracción de numerosos aceites y grasas. Existen diferencias entre los extractos etéreos obtenidos de una misma especie vegetal y esto dificulta las comparaciones; sin embargo, los valores registrados en muchos de los casos son similares a los reportados a igual temperatura por diversos autores. En grasa de cacao a 40°C los valores están entre 1,4560 a 1,4580.

En la Figura 1.5. se presentan los resultados de la determinación del índice de refracción realizada en un refractómetro tipo Abbe conectado a un baño termostático con recirculación para las mediciones a las distintas temperaturas, según lo indicado en Alvarado y Aguilera (2001), utilizando grasa cruda de cacao (*Theobroma cacao*).

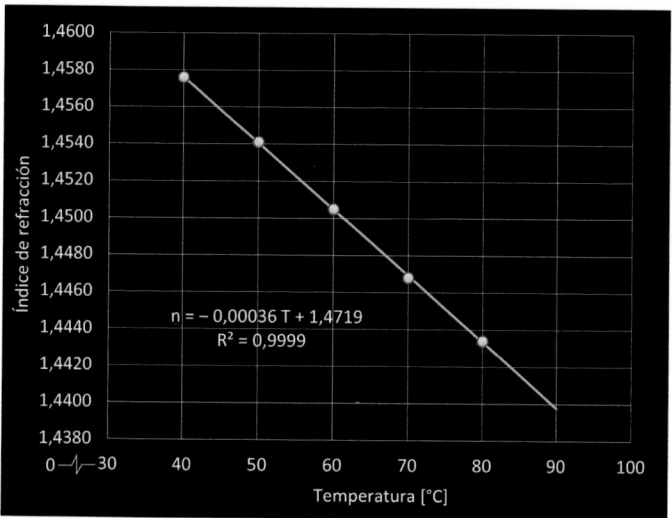

Figura 1.5. Índice de refracción de manteca de cacao como función de la temperatura.

Se comprueba de relación lineal entre estas dos variables, la cual es inversa, conforme aumenta la temperatura el índice de refracción disminuye, el coeficiente de determinación prácticamente es la unidad. Los valores determinados concuerdan con otros publicados y el valor de la pendiente es igual al de otras grasas comestibles. La ecuación que describe la disminución del valor del índice de refracción con la temperatura en grasa cruda de cacao es:

$$\underline{n} = 1,4719 - 0,0004\ T \tag{1.43}$$

Uno de los métodos más utilizados para incluir el efecto de la densidad de las sustancias sobre el índice de refracción, es la ecuación de la refracción específica de Lorenz-Lorentz:

$$\underline{n}_s = ((\underline{n}^2 - 1)/(\underline{n}^2 + 2))\ (1/\rho) \tag{1.44}$$

Donde: $\underline{n}_s$ es la refracción específica. $\underline{n}$ es el índice de refracción medido a una determinada temperatura. ρ es la densidad del medio a la misma temperatura.

Puesto que el índice de refracción no tiene dimensiones, la refracción específica tendrá como unidades el recíproco de la densidad [m³/kg]. Para la grasa de cacao se calculó el valor de $\underline{n}_s$ a 40°C, con el correspondiente valor de la densidad 894 [kg/m³].

$$\underline{n}_s = ((\underline{n}^2 - 1)/(\underline{n}^2 + 2))\,(1/\rho)$$

$$\underline{n}_s = ((1{,}4576^2 - 1)/(1{,}4576^2 + 2))\,(1/894) \tag{1.45}$$

$$\underline{n}_s = 0{,}000305 \ [\text{m}^3/\text{kg}]$$

La refracción específica presenta la ventaja de ser un valor constante a diferentes temperaturas.

CALOR ESPECÍFICO Y ENTALPÍA

Cuando se suministra calor a un objeto, la energía interna del mismo se incrementa, originando tanto un incremento de temperatura, como un aumento de la energía potencial asociada con las fuerzas intermoleculares. Sin embargo, es significativo el hecho de que cantidades iguales de calor aplicadas a objetos de igual masa, pero de naturaleza distinta, originan diferentes cambios de temperatura. Esto tiene que ver con las distintas estructuras moleculares de la materia. En cierta forma, el calor específico puede ser concebido como una inercia térmica.

Uno de los parámetros básicos ampliamente utilizado en los procesos de calentamiento y enfriamiento de los alimentos es el calor específico o capacidad calórica, se define como el calor requerido para aumentar la temperatura de una unidad de masa en un grado, cuando no existe cambio de fase o reacciones involucradas. En el caso de que la presión permanezca constante, el calor específico es definido por:

$$C_p = (\partial H^* / \partial T_a)_P \tag{1.46}$$

En la ecuación C_p es el calor específico [J/kg K], H^* es la entalpía [J/kg] y T_a es la temperatura absoluta [K]. El calor específico es una propiedad intensiva de la materia, por lo que es representativo de cada sustancia; por el contrario, la capacidad calorífica es una propiedad extensiva representativa de cada cuerpo o sistema particular. Cuanto mayor es el calor específico de las sustancias, más energía calorífica se necesita para incrementar la temperatura.

Hay dos condiciones notablemente distintas bajo las que se mide el calor específico y estas se denotan con sufijos. El calor específico de los alimentos en su mayor parte sólidos y líquidos, normalmente se mide bajo condiciones de presión constante (C_p). Las mediciones a presión constante producen valores mayores que aquellas que se realizan a volumen constante (C_V), debido a que en el primer caso se realiza un trabajo de expansión.

Cuando se pone en contacto un cuerpo caliente con otro frío, se observa que el cuerpo caliente se enfría, disminuyendo su temperatura, mientras el frío se calienta, aumentando a su vez su temperatura, hasta que se alcanza el equilibrio térmico, momento en el cual las temperaturas de ambos cuerpos se igualan. Durante el proceso se produce una transferencia de energía debido a la diferencia de temperatura entre ambos cuerpos, que se conoce como calor. Este fenómeno ha sido ampliamente utilizado para el desarrollo de métodos para determinar el calor específico.

Hwang y Hayakawa (1979) desarrollaron un método para determinar el calor específico mediante calorímetros, se conoce como método de mezcla indirecto. Tiene la ventaja de no mezclar directamente las muestras, lo que lo hace adecuado cuando se trabaja con alimentos higroscópicos o con alta cantidad de compuestos solubles en agua. Alvarado (2014) desarrolló ejemplos de aplicación y cálculos. El valor del calor específico determinado en grasa de la pulpa de palma africana (*Elaeis guineensis*) entre 25° y 30°C es 2.210 [J/kg K].

Conocer los valores de esta propiedad es importante para: Establecer la pureza de alimentos. Aplicación en cálculos de ingeniería. Control en procesos y fijar criterios de calidad y puntos o zonas en los que ocurre cambios. Diseño y control de equipos. Calcular cargas y flujos de calor. Fijar criterios sobre puntos críticos durante un proceso.

Otro de los parámetros básicos de los aceites y grasas es el contenido calórico o entalpía, el cual está definido por la ecuación siguiente,

$$H^* = E + PV \qquad (1.47)$$

Ecuación en la cual H^* es la entalpía [J/kg], E es la energía interna de un sistema determinado [J/kg], P es la presión absoluta [Pa] y V es el volumen del sistema [m^3]. Cuando se conoce el calor específico, se puede utilizar este dato para calcular la entalpía de un producto, siempre en un determinado nivel de referencia con la siguiente ecuación.

$$\Delta H^* = C_p \, (\Delta T_a) \qquad (1.48)$$

Para el caso de la grasa de la pulpa de palma africana si el nivel de referencia es 273,2 [K] (0°C) y la temperatura de interés 298,2 [K] (25°C), se obtiene:

$$\Delta H^* = C_p \, (\Delta T_a)$$

$$\Delta H^* = 2.210 \, (298,2 - 273,2) \qquad (1.49)$$

$$\Delta H^* = 55.250 \text{ [J/kg]} = 55,3 \text{ [kJ/kg]}$$

CONDUCTIVIDAD TÉRMICA

En el campo de la industria alimentaria existe la necesidad de la ingeniería para diseñar, evaluar y optimizar el procesamiento de alimentos. Entonces se pone de manifiesto la necesidad de disponer de las propiedades térmicas de los alimentos a distintas temperaturas y presiones que permitan la modelización y simulación de los distintos procesos. Propiedades tales como la conductividad térmica, juegan un papel importante en el diseño y análisis de los procesos que permanentemente ocurren en los alimentos y de los equipos utilizados.

La importancia de las propiedades termofísicas de los alimentos en los procesos térmicos es evidente ya que ellas determinan la velocidad de transferencia de calor en el interior del producto. Así, en los procesos térmicos de calentamiento y enfriamiento se ha establecido que las propiedades primarias comprenden: La conductividad térmica, el calor específico y la densidad (Kreith, 2000). Otra propiedad de interés constituye la entalpía (ASHRAE, 1977).

En situaciones de transferencia de calor en estado transitorio, la temperatura cambia con el tiempo y las propiedades térmicas también, así el calor específico depende de la composición del alimento, su contenido de humedad, temperatura y presión. La conducción térmica es el fenómeno por el cual el calor se transporta desde las regiones de alta temperatura a las regiones de baja temperatura de una sustancia. La propiedad que caracteriza la capacidad de un material para transferir calor es la conductividad térmica, en los alimentos con un alto contenido de humedad tiene valores cercanos al de la conductividad térmica del agua.

En el caso de transferencia de calor por conducción en estado estacionario a través de un material sólido, la propiedad de mayor importancia es la conductividad térmica, es una medida de la facilidad con la cual el calor se trasmite a través del material. El calor se trasmite fácilmente a través de los metales en cuyo caso el valor de la conductividad térmica es alto, el calor fluye más lentamente a través de otros materiales como madera o muchos plásticos que presentarán valores bajos. La conductividad térmica de muchos alimentos es relativamente baja y está en un intervalo estrecho de valores entre 0,2 a 0,5 [W/m × K].

La conductividad térmica en los alimentos es en general una propiedad anisotrópica, es decir, su valor depende de la liberación del flujo de calor en relación con la estructura del alimento. Así, en los productos cárnicos la conductividad térmica en la dirección de las fibras es mayor que en dirección perpendicular a estas. En alimentos depende principalmente de su composición, sin embargo, tienen también influencia factores como sus espacios vacíos (forma, tamaño y orientación), su homogeneidad, entre otros.

En cuanto a la conductividad térmica, esta es la propiedad más difícil de describir y predecir. Depende de la composición del alimento y de las condiciones de presión y de temperatura al igual que las demás propiedades, pero además también depende de la estructura del producto, de la existencia de aire en la muestra o del gradiente de temperatura.

La definición de la conductividad térmica se encuentra en la Ley de Fourier de conducción de calor:

$$q = - k A (dT/dx) \tag{1.50}$$

(dT/dx) es el gradiente de temperatura en la dirección x. La constante de proporcionalidad k es la conductividad térmica [W/m × K] y A es el área [m²]. La conductividad térmica de los alimentos aumenta marcadamente durante la congelación pues la conductividad térmica del hielo es mayor que la del agua. En condiciones de trabajo a presión atmosférica, existen numerosos modelos para calcular la conductividad térmica, se clasifican en: Modelos rígidos, los cuales son los más simples porque solo consideran la fracción de volumen de cada componente (agua y materia seca) y su correspondiente conductividad térmica intrínseca. Modelos flexibles los cuales incluyen parámetros adicionales que informan de su estructura interna.

Los métodos para la determinación experimental se dividen dentro de dos categorías amplias, en estado estable de condiciones de transferencia de calor y en estado variable. Los métodos en estado estable fueron preferidos porque el aparato involucrado para las mediciones era simple, aunque los requerimientos de cálculo eran difíciles; sin embargo, el uso de este tipo de técnica tiene el inconveniente de que las condiciones de estado estable o estacionario toman algunas horas para alcanzarse. Los métodos de medición de conductividad térmica para estado variable o no estacionario usan una o varias fuentes de calor. En las dos categorías el procedimiento común es aplicar un flujo de calor estable para la muestra y medir el aumento de la temperatura en algún punto de la muestra, según el flujo de calor aplicado. Existen numerosas técnicas experimentales de medición para cada una de esas dos categorías (Choi y Okos, 1985).

Entre los métodos de estado estable se conocen: Método de la placa caliente aislada, puede ser usado con líquidos de alta viscosidad como la miel, geles y galletas. Métodos de los cilindros concéntricos, destinados a materiales granulares.

Entre los métodos de estado variable se encuentran: Método de Fitch, es posiblemente el más usado para determinar conductividad térmica en los alimentos, la muestra se coloca entre dos bloques de cobre que poseen termocuplas, se utiliza particularmente para alimentos sólidos y granulados. Método de la fuente lineal de calor, una modificación de esta técnica es el uso de la sonda de conductividad térmica. Método de la fuente de calor plana, es un método poco usual y se dio a conocer debido a un trabajo teórico experimental en un flujo de calor lineal en una lámina tipo tableta.

La ventaja de estos métodos es que son rápidos en su ejecución, en los dos casos tienen la misma desventaja ya que existen pérdidas de calor durante la obtención del dato experimental de la conductividad térmica. Cualquiera que sea la técnica, la principal fuente de error en la medición de la conductividad térmica en los líquidos, es debida a la transferencia de calor por convección.

Uno de los métodos más utilizado para la determinación de la conductividad térmica es el método de la sonda para medir la conductividad. Esta sonda consiste en un tubo de metal con una fuente de calor y un termopar. El método de la sonda se recomienda para la mayor parte de las aplicaciones en alimentos, es sencillo, rápido y requiere muestras relativamente pequeñas. Sin embargo, exige un sistema de adquisición de datos sofisticado (Sweat, 1974, 1995). Las bases que sustentan el método se indican a continuación.

Para la determinación del flujo de calor q [W/m], se registra el voltaje generado en el FieldPoint. Se mide el voltaje que atraviesa las dos resistencias dispuestas en paralelo, en el caso de utilizar un voltaje de 8 [V].

$$\tilde{V}_i = 8,0$$

$$\tilde{V}_g = 0,7446\, \tilde{V}_i - 0,6075 \tag{1.51}$$

$$\tilde{V}_g = (0,7446 \times 8) - 0,6075$$

$$\tilde{V}_g = 5,3493 \; [V]$$

Se calcula la intensidad.

$$\check{I} = \tilde{V}_g / \underline{R} \tag{1.52}$$

$$\check{I} = 5,3493/28$$

$$\check{I} = 0,19105 \; [A]$$

La intensidad calculada se eleva al cuadrado y multiplica por 86,6 (Valor constante indicado por el fabricante para el equipo de la sonda utilizado).

$$q = \check{I}^2 \; \underline{k} \tag{1.53}$$

$$q = 0,19105^2 \times 86,6$$

$$q = 3,161 \; [W/m]$$

Cuando una sonda que produce calor por un voltaje conocido se introduce en un medio, el incremento de temperatura producido sobre una temperatura inicial, T_0, a la distancia $\dot{r}$ de la sonda es:

$$(T - T_0) = (q/4 \; \pi \; k) \int_1^0 (e^x/x) \; (- \dot{r}^2/4 \; \pi \; t) \; dx \tag{1.54}$$

Donde **q** es el calor producido por unidad de longitud y por unidad de tiempo [W/m], **k** es la conductividad térmica del medio [W/m.K].

$$\int_1^0 (1/x) \; e^{-x} \; dx = - \underline{b} \; (- \underline{a}) = - \underline{b} - \ln (\dot{r}^2/4 \; \bar{a} \; t) + (\dot{r}^2/4 \; \bar{a} \; t) - (\dot{r}^2/4 \; \bar{a} \; t) + ... \tag{1.55}$$

Siendo: $\underline{a} = \dot{r}^2/4 \; \bar{a} \; t$; $\underline{b}$ es la constante de Euler ($\underline{b} = 0,52772....$)

Mediante métodos de integración se obtiene:

$$(T - T_0) = (q/4 \; \pi \; k) \; ((\ln t) - \underline{b} - \ln (\dot{r}^2/4 \; \bar{a})) \tag{1.56}$$

Ordenando los términos para ubicar **k** en la pendiente de una ecuación lineal, se obtiene:

$$4 \; \pi \; (T - T_0)/q = (1/ \; k) \; ((\ln t)) \pm \underline{b} \tag{1.57}$$

El equipo utilizado para la determinación de la conductividad térmica de aceites y grasas, en el presente caso grasa de almendra de palma africana (*Elaeis guineensis*) o palmiste, se compone de un termopar comercial, con una aguja de 0,66 [mm] de diámetro externo, conectada a un eje. El hilo de constantan utilizado para el calentamiento, de 0,77 [mm] de diámetro, está aislado por un tubo de plástico y se encuentra dentro de la sonda. Se utiliza constantan porque su resistencia eléctrica no cambia con la temperatura. Termopares en forma de hilos de cromel constantan (0,051 [mm] de diámetro) también se encuentran dentro de la sonda, con la junta localizada a medio camino entre el eje de la sonda y la punta de la aguja. Se prefiere este material debido al alto aporte de voltaje suministrado en variaciones de un grado de temperatura; por otra parte, el cromo es más resistente que el cobre. La aguja, el termopar y el hilo calentador son aislados eléctricamente por tubos de plástico. Finalmente, el eje de la sonda está cerrado con un pegamento epoxi.

Para la determinación se utilizaron 80 [ml] de grasa de palmiste colocados en el cilindro de acero hasta estabilizar la temperatura, posteriormente se introdujo la sonda dentro del cilindro de acero y se verificó el estado de las conexiones eléctricas del equipo. El análisis en la computadora se realizó con el programa Lab VIEW 8.5, con el dato concerniente a los 8 [V]. En la Figura 1.6. se presenta el gráfico generado por el sistema electrónico de la sonda en una de las pruebas.

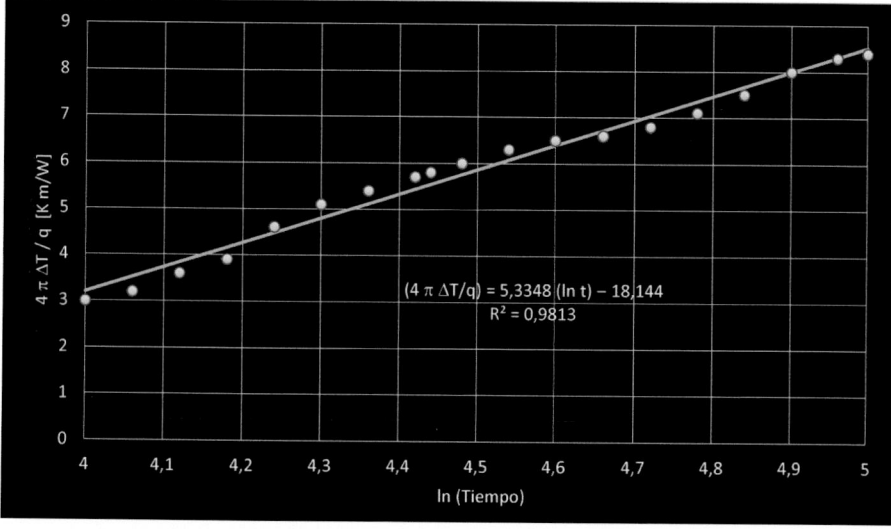

Figura 1.6. Representación gráfica para determinar la conductividad térmica de grasa de almendra de palma utilizando un equipo de sonda térmica.

La ecuación obtenida es:

$$4 \pi (T - T_0)/q = 5{,}3348 \, (\ln t) - 18{,}144 \tag{1.58}$$

$$k = 1/5{,}3348$$

$$k = 0{,}187 \, [\text{W/m K}]$$

El valor es similar al reportado para grasas comestibles. La teoría básica sobre el uso de la sonda ha sido discutida por diversos autores. La colocación de termopar y la conducción de calor con la sonda parecen afectar a los valores de la conductividad térmica obtenidos, aunque varios investigadores han concluido que, en este método, estos efectos son depreciables.

La aplicación del método de la sonda para medir la conductividad térmica en alimentos está muy difundida, y en la literatura científica se encuentra un gran número de publicaciones. Entre estas se mencionan las siguientes fuentes de información: Singh y Heldman, 2013. Alvarado y Aguilera, 2001. Hubinger y Baroni, 2001. Sharaty Niassar, R. P. 2000. Califano, 1997. Schmalko, 1997. Delgado, 1997. Rapusas y Driscoll, 1995. Rao y Rizvi, 1995. Rahman, 1995. Sweat, 1995. Voudouris y Hayakawa, 1994. Alvarado, 1994. Wang y Hayakawa, 1993. Gratzek y Toledo, 1993, 1993a. Heldman y Lund, 1992. Rahman y Potluri, 1991. Rask, 1989. Choi y Okos, 1985. Sastry y Datta, 1984. Choi y Okos, 1983. Baghe-Khandan y colaboradores, 1982. Singh, 1982. Poulsen, 1982. Ramaswamy y Tung, 1981. Mohsenin, 1980. ASHRAE, 1977. Rao y colaboradores, 1975. Sweat, 1975. Sweat, 1974. Sweat y Haugh, 1974. Reidy y Rippen, 1971.

DIFUSIVIDAD TÉRMICA

La difusividad térmica es una medida de la cantidad de calor difundida a través de un material en calentamiento o enfriamiento en un tiempo determinado. La difusividad térmica está relacionada con la conductividad térmica, densidad y calor específico del producto y determinan la tasa de propagación de calor a través del alimento. Los valores de la difusividad térmica para alimentos se encuentran en el intervalo de 1×10^{-7} a 2×10^{-7} [m^2/s] y es directamente proporcional a la temperatura (Mohsenin, 1980).

La propiedad se define como la relación entre tres propiedades, de acuerdo con la siguiente fórmula:

$$\alpha = k/\rho \, C_p \tag{1.59}$$

Donde: α es la difusividad térmica [m^2/s]. k es la conductividad térmica [W/m·K]. ρ es la densidad [kg/m^3] y C_p el calor específico del alimento [J/kg K].

Cuanto mayor sea la difusividad térmica de un aceite o grasa, más alto es el ritmo de transmisión de la temperatura. Lo que conduce a puntualizar que la difusividad térmica relaciona el flujo de energía con el gradiente de energía. La difusividad térmica, la conductividad térmica y el calor específico se encuentran estrechamente relacionados (Hubinger y Baroni, 2001).

Ball y Olson (1957) desarrollaron la siguiente ecuación para calcular los cambios de temperatura en el caso de transferencia de calor por conducción en estado transitorio o variable.

$$t = f \left(\log \left(j \, (T_m - T_i)/(T_m - T) \right) \right) \tag{1.60}$$

En la ecuación **t** es el tiempo, **f** es un factor de calentamiento o enfriamiento, **j** es un factor corrector del tiempo inicial de estabilización, T_m es la temperatura del medio, T_i es la temperatura inicial y **T** es la temperatura al tiempo **t**.

El factor **f** se establece en un gráfico semi logarítmico de la relación temperatura contra tiempo. Si la transferencia de calor es por conducción el gráfico indicado deberá ser o se deberá aproximar a una línea recta, tras el período inicial de estabilización, la distancia en abscisas para que la línea recta atraviese un ciclo logarítmico en ordenadas, define al factor **f**.

Los equipos para determinar las propiedades térmicas no son de fácil disponibilidad comercial. La primera consideración en el diseño de experimentos para su determinación, es por lo tanto elegir el mejor método para la cantidad de tiempo y muestra disponible. En cuanto a la geometría se refiere, la esfera y al cilindro infinito están entre los más simples de operar debido a la transferencia de calor desde el baño a estos cuerpos, la cual es más fácil de controlar de lo que sería para un plano infinito. El cilindro fue seleccionado ya que permite la inserción de termopares paralelos a su eje a lo largo de zonas de temperatura constante. Al elegir un cilindro de gran longitud con relación a los extremos y aislar los extremos del cilindro, se alcanza a una buena aproximación a un cilindro infinito.

Dickerson (1965, 1968) construyó un aparato que trabaja en condiciones de transferencia de calor transitorias y que sólo requiere datos de temperatura–tiempo. Consiste en un baño de agua agitado, en el cual un cilindro (hecho con material de alta conductividad térmica como cobre) que contiene el alimento, está inmerso. Termopares son instalados en una superficie externa y en el centro del cilindro, que tiene las extremidades aisladas. Durante el ensayo se registran datos de tiempo–temperatura, hasta que se alcanza una velocidad constante de incremento de temperatura en los dos termopares.

El valor de la difusividad térmica se calcula por medio de las siguientes fórmulas:

En el caso de utilizar cilindros con geometría infinita, el largo debe ser por lo menos 10 veces mayor que el radio, o de forma esférica.

$$\alpha = 0{,}398 \ r^2/f \qquad\qquad (1.61)$$

En el caso de utilizar cilindros con geometría finita, el largo y el diámetro son próximos.

$$\alpha = 0{,}398/f \ ((1/r^2) + (0{,}427/\dot{h}^2)) \qquad\qquad (1{,}62)$$

Además de los términos ya definidos **ḣ** es la mitad del largo.

La determinación de la difusividad térmica se realizó por el método descrito por Dickerson en 1965, el equipo se compone de un tubo de cobre con una longitud de 20 [cm] y un diámetro de 1,0 [cm]. Las tapas de los extremos están hechas de teflón, que posee una difusividad térmica baja. En la Figura 1.7. se presentan los datos obtenidos en una prueba con grasa de coco (*Cocos nucifera*).

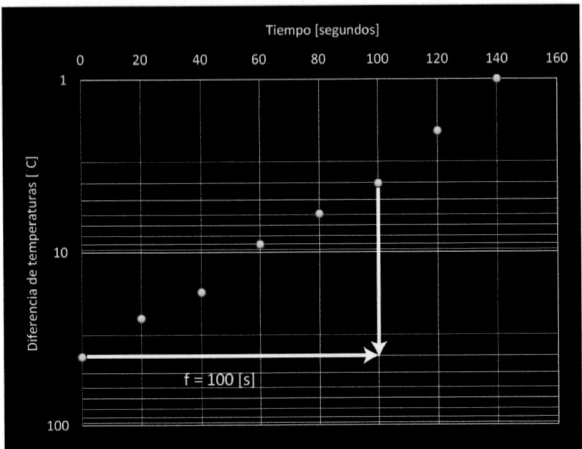

Figura 1.7. Historia de temperaturas registrada en grasa de coco para determinar el factor de calentamiento.

Un procedimiento de ensamblaje normal consiste en insertar la tapa inferior y llenar el tubo con el material de la muestra, a continuación se coloca la tapa superior. Luego se insertan las termocuplas y se las asegura. El tubo se coloca en una cámara con control de temperatura, previa la experimentación la temperatura debe ser estabilizada a 0°C hasta el día siguiente, para obtener una distribución uniforme de temperaturas. Las medidas se iniciaron colocando las muestras en el tubo, el cual fue sumergido en un baño termostático a 40°C, con dos termopares conectados en el equipo de registro correspondiente.

De acuerdo con el gráfico **f** = 100 [s].

$$\alpha = 0{,}398 \ r^2/f$$

$$\alpha = 0{,}398 \ (0{,}005)^2/100 \tag{1.63}$$

$$\alpha = 1{,}00 \ (10)^{-7} \ [m^2/s]$$

Cuando se dispone de datos de las propiedades físicas de un determinado producto, en el presente caso la grasa de coco a 40°C, la aplicación de la ecuación siguiente conduce a:

$$\alpha = k/\rho \ C_p$$

$$\alpha = 0{,}18 \ [W/m.K]/909 \ [kg/m^3] \times 1990 \ [J/kg \times K] \tag{1.64}$$

$$\alpha = 1{,}00 \times 10^{-7} \ [m^2/s]$$

Otro método para obtener datos de las propiedades térmicas de alimentos, se basa en utilizar la composición centesimal, esta técnica de cálculo utiliza los valores de los componentes principales, en el presente únicamente grasa, según Choi y Okos (1986).

$$\alpha = (9,8777 \times 10^{-2} - 1,2569 \times 10^{-4}\,T - 3,8286 \times 10^{-8}\,T^2)\,10^{-6} \tag{1.65}$$

$$\alpha = (0,098777 - 0,00012569 \times 40 - 3,8286 \times 10^{-8} \times 40^2)\,10^{-6}$$

$$\alpha = (9,36881 \times 10^{-2})\,10^{-6}$$

$$\alpha = 0,94 \times 10^{-7}\,[\text{m}^2/\text{s}]$$

Los valores son cercanos en los tres casos, el valor experimental es el que mejor corresponde a la propiedad.

Procesos en aceites y grasas

Heldman (1977) presentó una ilustración esquemática de flujo en una planta generalizada de procesamiento de alimentos. Señaló que es imposible describir un único tipo de planta procesadora de alimentos que incorpore todos los procesos y todos los productos involucrados, debido a la enorme cantidad con variaciones entre los tipos de materias primas, los diversos procesos aplicados y los tipos de productos elaborados. Sin embargo realiza un intento que describe una planta hipotética que contiene las que parecen ser las principales operaciones unitarias involucradas en las industrias modernas de producción de alimentos. Se anota que en cada una de las operaciones unitarias seleccionadas ocurren varios procesos, según lo indicado por distintos autores (Gutiérrez-López y colaboradores, 2008. Welti-Chanes y colaboradores, 2001. Earle, 1983, 1968. Sánchez, 2003). En la Figura 1.8. se presenta una posible vía para la obtención de aceites a partir de semillas.

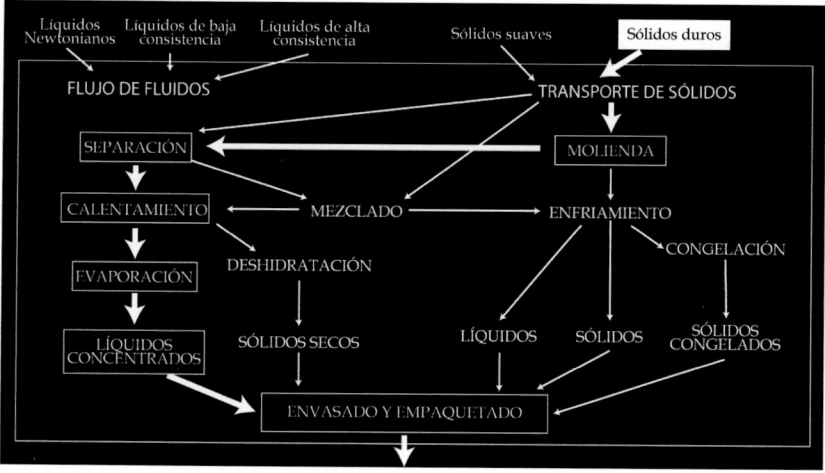

Figura 1.8. Ilustración esquemática del flujo para la obtención de aceite a partir de semillas en el marco de una planta industrial generalizada.

El rectángulo interior delimita la planta industrial, a la que ingresan materias primas con diferente estado físico y forma, como es el caso de las semillas o frutos del nogal llamadas nueces que por sus características corresponden a sólidos duros. En la etapa previa al ingreso de la materia prima a las instalaciones industriales, ocurren numerosos cambios y procesos que deben ser conocidos para su control. Según Hui y colaboradores (2004), un buen almacenamiento ayuda a conservar la calidad de la semilla, el alto contenido de aceite y el porcentaje de ácidos grasos son, junto con la temperatura y el contenido de humedad, los más importantes factores que influyen en el almacenamiento de las nueces. Destacó la complejidad del tema por los numerosos factores involucrados en el deterioro, factores internos propios de cada alimento y factores ambientales, entre ellos la temperatura, la humedad relativa, el nivel de oxígeno, la luz.

Tras el transporte en el interior de la planta, aparece un grupo importante de operaciones unitarias, cuyo propósito es la extracción del aceite, las cuales son: molienda, separación, calentamiento, evaporación, concentración, para culminar con las labores de envasado y empaquetado.

Para la extracción del aceite de las semillas oleaginosas existen dos métodos, uno mecánico y el otro utilizando disolventes. En ambos sistemas las semillas deben ser previamente limpiadas, descascarilladas, troceadas y molidas.

En los últimos años se ha intensificado el interés por la obtención de aceites a través de tecnologías de prensado. En el caso de la obtención de aceites vegetales no tradicionales, el prensado, tanto mediante prensa hidráulica como de tornillo, provee un método sencillo para obtener aceites de pequeños lotes de semillas. A pesar de que los rendimientos en aceite obtenidos mediante esta tecnología son menores que en la extracción por solvente, resulta apropiada para materiales con alto contenido en aceite, requiere instalaciones menos costosas e implica operaciones más seguras y de menor riesgo para el ambiente (Wiesenborn y colaboradores, 2001. Singh y colaboradores, 2002).

El principio de extracción por prensado se basa en que cada partícula retiene el aceite en su interior y el objetivo del prensado es lograr que el mismo salga del sistema hacia el exterior. El aceite, en la estructura celular, se encuentra dentro de pequeños orgánulos de forma esférica (esferosomas), rodeados por una fina membrana. La aplicación de una fuerza externa durante el prensado, produce una serie de alteraciones (deformaciones) tanto a nivel microscópico (células) como macroscópico. Se comprime cada partícula y se reacomodan en el conjunto. Las membranas que limitan a cada esferosoma se destruyen, al igual que las paredes celulares, permitiendo al aceite salir de la partícula y luego, a través del sistema macroscópico, hacia el exterior. Estos dos últimos efectos resultan de la deformación producida por la fuerza y la consecuente reducción del espacio físico disponible (Mattea, 1999).

El rendimiento en la extracción por prensa depende de varios factores, entre ellos, el acondicionamiento del material, que consiste en una serie de operaciones como la limpieza, molienda, calentamiento, secado o humedecimiento hasta alcanzar el contenido de humedad óptimo (Fils, 2000). El efecto del contenido de agua en la semilla al momento del prensado ha sido ampliamente estudiado en una gran variedad de materiales, el porcentaje de humedad resulta muy importante ya que no solo aumenta la plasticidad del material, sino también contribuye en el prensado por su acción lubricante. Sin embargo, altos contenidos de humedad pueden afectar negativamente la extracción o alterar la calidad química del aceite, mediante la hidrólisis de glicéridos y el consiguiente incremento de la acidez (Singh y Bargale, 2000, 1999). La aplicación de un tratamiento térmico antes o durante el prensado generalmente mejora la extracción del aceite ya que influye sobre la viscosidad del fluido y la resistencia mecánica de las partículas (Ward, 1976).

La ventaja principal del método de extracción por solvente es la recuperación casi total del aceite, se deja solo el 0,5% al 0,7% de aceite residual en la materia prima. En el caso de la prensa de tornillo el residuo que queda en la torta de aceite puede estar entre el 6% al 14%. El método de extracción por solvente se puede aplicar directamente a los materiales de bajo contenido de aceite crudo. También puede ser utilizado para extraer el aceite de tortas obtenidas de los materiales con alto contenido y que han sido pre-prensados. Debido al alto porcentaje de aceite recuperado, la extracción por solventes se ha convertido en el método más popular de extracción (Bockish, 1998).

La extracción por solvente, principalmente hexano, es uno de los procesos más tradicionales para la obtención de aceites de semillas oleaginosas (Wingard and Phillips, 1949). El principio de extracción por solvente es simple y se basa en el hecho de que un componente (soluto) se distribuye entre dos fases según la relación de equilibrio determinada por la naturaleza del componente y las dos fases. Para facilitar el proceso de extracción es necesario reducir el tamaño de la semilla o grano mediante el quebrado e inclusive el laminado (Karnofsky, 1987, 1986, 1949. King, 1944).

Patricelli y colaboradores (1979) realizaron experiencias con girasol parcialmente descascarado en un sistema discontinuo o «batch», estudiaron la influencia de la granulometría, el contenido de humedad, la temperatura de extracción y la relación sólido-solvente. Determinaron que la etapa limitante es la difusiva y que la extracción aumenta cuando disminuye el tamaño de partícula y se incrementa la temperatura de extracción.

Tras la extracción y recuperación del solvente para obtener el aceite concentrado, se realizan operaciones de refinación y purificación antes de proceder al envasado y empaquetado, previa su venta y distribución (Myers, 1977).

Las grasas y aceites, así como los alimentos ricos en lípidos son muy susceptibles a la oxidación y con frecuencia se tornan rancios durante el almacenamiento, resultado del desarrollo de sabores y olores desagradables, además de la destrucción de compuestos nutricionalmente importantes, como vitaminas liposolubles, ácidos grasos esenciales, carotenoides, aminoácidos, proteínas o enzimas. Este tipo de deterioro reduce el tiempo de conservación y compromete la integridad y seguridad de los alimentos, debido a la producción de compuestos fisiológicamente activos (Amaral y colaboradores, 2003. Valenzuela y Nieto, 2001. Maskan y Karatas, 1999).

En los lípidos esta oxidación ocurre en los dobles enlaces de la molécula, conocidos como puntos de instauración. El comportamiento de los peróxidos resultantes tiene una tendencia a aumentar en el tiempo, hasta un nivel máximo y luego desciende, esto es conocido como oxidación primaria. Los productos que se forman en este proceso continúan reaccionando, dando lugar a lo que se conoce como oxidación secundaria. Es importante mencionar que una vez iniciado el proceso de oxidación en un lípido, este es continuo, es decir no se detiene hasta que la oxidación primaria y secundaria se haya llevado a cabo (Dorbarganese y Máquez-Ruiz, 2003).

Las reacciones de oxidación de los lípidos constituyen una de las causas de mayor importancia comercial en la industria alimentaria por las pérdidas que producen en grasas, aceites y alimentos que contienen lípidos. Los sustratos de estas reacciones son fundamentalmente los ácidos grasos no saturados que, cuando están libres, se oxidan por lo general más rápidamente que cuando son parte de moléculas de triglicéridos o fosfolípidos. Pero es sobre todo el grado de insaturación el que influye en la velocidad de oxidación; así a 100°C las velocidades relativas de oxidación de los ácidos esteárico (C18:0), oleico (C18:1), linoleico (C18:2) y linolénico (C18:3) son 1 : 100 : 1.000/1.500 : 2.000/3.500, respectivamente (Frankel, 2005).

Los ácidos grasos saturados se oxidan a temperaturas superiores a 60°C, mientras que los poliinsaturados se oxidan incluso durante el almacenamiento de los alimentos congelados. También pueden sufrir reacciones de oxidación otros sustratos no saturados: algunos hidrocarburos presentes en los aceites (escualeno), las vitaminas A y E y los pigmentos carotenoides, se llegan a producir compuestos dañinos para la salud humana (Colles y colaboradores, 2001. Esterbauer, 1993).

En general la oxidación de aceites y grasas se constituye como la principal causa de deterioro y es consecuencia de varios factores como la composición en ácidos grasos, contenido y actividad de pro y antioxidantes, radiación ultravioleta, temperatura, presencia de iones metálicos, presión de oxígeno, superficie de contacto con el oxígeno y actividad de agua (Aurand y Woods, 1973. Kolakowska, 2003). Son numerosas las posibilidades de investigación, en el caso de que se requiera conocer el efecto de un ion metálico sobre la oxidación de lípidos, se requiere mantener constante el resto de causas como serían la temperatura, evitar luz ultravioleta, mantener constante el contenido de oxígeno y la presión del medio circundante, al igual que el área de contacto y la actividad acuosa del producto; evitar el uso o la presencia de antioxidantes y de otros iones metálicos que pueden actuar como prooxidantes y trabajar con materia de la misma composición de ácidos grasos. En la Figura 1.9. se observa las relaciones causa-efecto en la oxidación de lípidos para seleccionar una condición de trabajo en el cálculo del proceso.

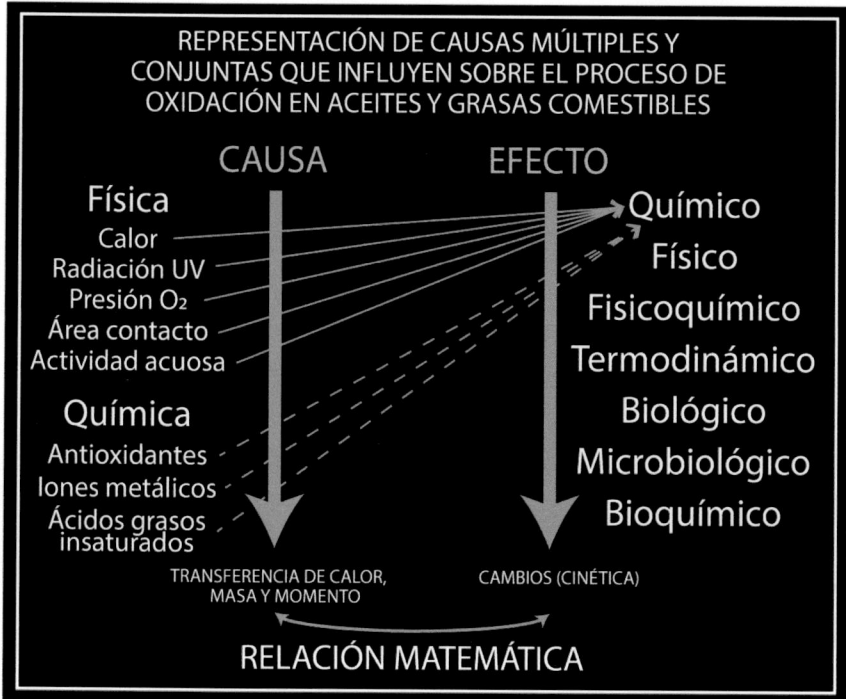

Figura 1.9. Relaciones causa-efecto para determinar procesos de oxidación en lípidos.

Son diversos los factores que son causa o influyen en el proceso químico de oxidación de aceites y grasas, en el presente caso el proceso químico está separado de otros efectos que ocurren de manera simultánea en el producto envasado, como son los cambios físicos, biológicos, bioquímicos entre los más destacados. Conforme avancen los trabajos de investigación se comprobará que otros factores también participan en el proceso y permite visualizar la complejidad de los procesos.

Una de las causas determinantes para que ocurran la mayoría de los procesos en alimentos, es el calor medido por la temperatura (Ugo De Corato, 2020. Bin Liu y colaboradores, 2020). En forma general conforme aumenta la temperatura también se aceleran los procesos, situación que puede ser demostrada en el caso de la oxidación que ocurre en los aceites y grasas. Para simplificar la situación en la Figura 1.10. se presenta la relación causa-efecto en procesos, limitada a la causa física relevante y utilizando como respuesta a una de las determinaciones más conocidas, el índice de peróxidos que cuantifica la cantidad de peróxidos formados por la oxidación.

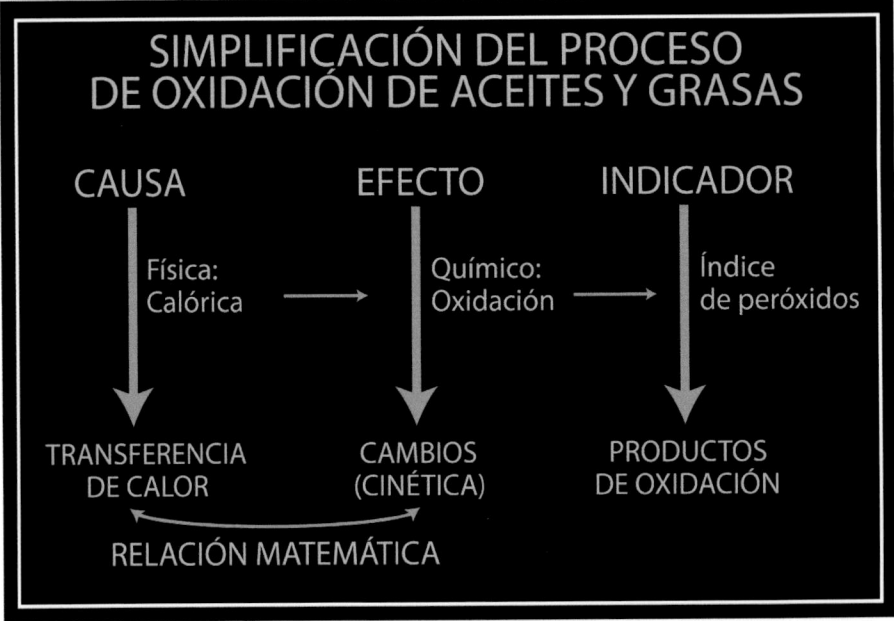

Figura 1.10. Relaciones causa-efecto en el proceso de oxidación de lípidos.

Hamilton (1983) indicó que los cambios químicos asociados con la rancidez son el resultado de reacciones con el oxígeno del aire. Son de dos tipos, químicas que corresponden a la denominada rancidez oxidativa y reacciones hidrolíticas catalizadas por lipasas provenientes del alimento o de microorganismos. Para el caso de la autooxidación o rancidez oxidativa indicó que existen dos etapas: en la primera, el valor de la energía de activación es bajo, entre 17 a 21 [kJ/mol]; en la segunda existe un ligero incremento, hasta valores de 25 a 29 [kJ/mol].

En la figura anterior se hace relación a la autooxidación que ocurre en los lípidos, si bien la reacción es muy compleja y en etapas, puede ser simplificada al considerar que teóricamente se requiere una sola molécula como radical libre para iniciar la reacción de autooxidación en cadena, lo cual explica el hecho de que la cinética de cero orden o de medio orden permite describir la reacción de oxidación de lípidos, según lo indicado por Labuza (1982).

CONSTANTE DE VELOCIDAD

Charm (1981) desarrolló un método que puede ser utilizado para calcular la constante de velocidad en muchos fenómenos tanto químicos como físicos. El aplicarlo a cambios físicos abre un gran campo de acción, pues incluye a una gran cantidad de procesos con predominancia de cambios físicos.

En el caso de una transformación química con la intervención de dos reaccionantes que originan un producto, se puede escribir:

$${A} + {B} = {C} \tag{1.66}$$

La velocidad de reacción será:

$$v = - d{A}/dt = - d{B}/dt = d{C}/dt \tag{1.67}$$

El signo negativo indica que la concentración de los reactantes ${A}$ y ${B}$ decrece al transcurrir el tiempo; por lo contrario, el signo de la velocidad será positivo respecto al producto de la reacción ${C}$, pues su concentración aumenta con el incremento del tiempo.

En muchos casos se ha determinado en forma experimental que la velocidad de reacción se ajusta a una expresión matemática del tipo:

$$v = K {A}^i {B}^j \tag{1.68}$$

En el caso de expresiones cinéticas como la indicada, se define como orden de reacción respecto a una de las sustancias el exponente al cual está elevada la concentración de dicha sustancia en la expresión cinética.

La constante K de la expresión representa la velocidad específica, también llamada constante de velocidad de reacción. Salvo en casos especiales, la velocidad de reacción es independiente de la concentración de los reactivos y productos, y por lo tanto del grado de avance de la reacción.

Para el caso de reacciones de un solo reactivo y de orden n, la expresión de la velocidad de reacción puede ser escrita:

$$(-d{A}/dt) = K {A}^n \tag{1.69}$$

Reordenando e integrando entre los límites: ${A_0}$, concentración inicial de la sustancia al tiempo cero $(t=0)$ y ${A}$, concentración de A al tiempo t, se obtiene:

$$\int_{A_0}^{A} {A}^{-n} d{A} = K \int_0^t dt \tag{1.70}$$

$$(1/(n-1)) ({A}^{1-n} - {A_0}^{1-n}) = K t \tag{1.71}$$

Recordar que n es el orden de reacción. Esta expresión matemática indica cómo varía la concentración de A con el tiempo, en el caso de la reacción de un solo compuesto y de orden n.

Considerando $n=0$, que corresponde a la cinética de orden cero, por reemplazo en la ecuación anterior, se obtiene:

$${A} = {A_0} - K t \tag{1.72}$$

Según esta ecuación, un gráfico de la concentración del componente como función del tiempo deberá ser una línea recta. El valor de la pendiente corresponde a la constante de velocidad de reacción, la cual indica la variación por unidad de tiempo de la concentración de un reactante o de un producto.

La velocidad de reacción depende de la concentración de los reactantes y, en algunos casos especiales, también de la de los productos; es de esperar entonces que, al avanzar la reacción y modificarse las concentraciones, cambie la velocidad. Por lo tanto, conviene referirse a velocidades instantáneas, es decir, en intervalos de tiempo infinitamente pequeños. Esto requiere definir la velocidad de reacción como derivada de la concentración con relación al tiempo.

Considerando **n = 0,5**, que corresponde a una cinética de orden medio, por reemplazo como en el caso anterior, se obtiene:

$$2\{A\}^{0,5} = 2\{A_0\}^{0,5} - \textbf{K} \, t \tag{1.73}$$

Ecuación que permite establecer la constante de velocidad de reacción a partir de la pendiente.

En muchos casos, el valor de **n** es diferente de cero; puede ser un valor entero o fraccionado entre 0 y 2. En el caso de ser 1, corresponde a una reacción de Primer Orden que es el caso más común que se presenta en alimentos. Matemáticamente se expresa por:

$$\ln \{A\} = \ln \{A_0\} - \textbf{K} \, t \tag{1.74}$$

Para las ecuaciones anteriores se considera que la temperatura no cambia. La parte dependiente de la temperatura en las ecuaciones es la constante de velocidad **K**.

VIDA MEDIA

Es otra manera de expresar la velocidad de reacción, corresponde al tiempo requerido para que el reactante pierda la mitad de su concentración original. La vida media $(t_{0,5})$ está relacionada con la constante de velocidad de reacción (**K**), mediante la siguiente ecuación.

$$(t_{0,5}) = - (\ln 0,5/\textbf{K}) \tag{1.75}$$

Según Caneda (1978), el método de las vidas medias se utiliza para calcular el orden de una reacción. Por definición, vida media de una reacción con respecto a un reactivo es el tiempo que debe transcurrir para que la concentración de dicho reactivo se reduzca a la mitad del valor que tenía en el instante establecido como tiempo cero.

La ecuación cinética general para el caso de un solo reactivo y de orden **n**, tiene la forma siguiente:

$$(1/(n-1)) \, (\{A\}^{1-n} - \{A_0\}^{1-n}) = \textbf{K} \, t \tag{1.76}$$

Siendo **t** el tiempo y **K** la constante de velocidad de reacción, al tiempo t_1 se tendrá:

$$K\, t_1 = (1/(n-1))\,(\{A_1\}^{1-n} - \{A_0\}^{1-n}) \tag{1.77}$$

Al tiempo t_2:

$$K\, t_2 = (1/(n-1))\,(\{A_2\}^{1-n} - \{A_0\}^{1-n}) \tag{1.78}$$

Restando la ecuación última de la ecuación anterior, se obtiene:

$$K\,(t_2 - t_1) = (1/(n-1))\,(\{A_2\}^{1-n} - \{A_1\}^{1-n}) \tag{1.79}$$

Si la diferencia $(t_2 - t_1)$ corresponde al intervalo de una vida media, por definición, la concentración $\{A_2\}$ será $\{A_1\}/2$; reemplazando:

$$K\, t_{0,5} = (1/(n-1))\,((\{A_1\}/2)^{1-n} - \{A_1\}^{1-n}) \tag{1.80}$$

$$K\, t_{0,5} = (1/(n-1))\,(\{A_1\}^{1-n}(2)^{n-1} - \{A_1\}^{1-n}) \tag{1.81}$$

$$t_{0,5} = (((2)^{n-1} - 1)/K\,(n-1))\,(\{A_1\}^{1-n}) \tag{1.82}$$

La razón $((2)^{n-1} - 1)/K\,(n-1)$, puede ser designada como J, una constante, pues solo depende del orden y de la constante de velocidad de reacción.
En consecuencia:

$$t_{0,5} = J\,(\{A_1\}^{1-n}) \tag{1.83}$$

Utilizando logaritmos:

$$\log t_{0,5} = \log J + (1 - n)\,\log \{A_1\} \tag{1.84}$$

Al aplicar la ecuación a dos vidas medias sucesivas, se obtiene:

$$\log (t_2 - t_1) = \log J + (1 - n)\,\log \{A_1\} \tag{1.85}$$

$$\log (t_3 - t_2) = \log J + (1 - n)\,\log \{A_2\} \tag{1.86}$$

Restando entre las dos ecuaciones anteriores se obtiene:

$$\log (t_3 - t_2) - \log (t_2 - t_1) = (1 - n)\,(\log \{A_2\} - \log \{A_1\}) \tag{1.87}$$

Reordenando:

$$n = ((\log (t_3 - t_2) - \log (t_2 - t_1))/(\log \{A_1\} - \log \{A_2\})) + 1 \tag{1.88}$$

La ecuación permite calcular el orden de una reacción, al conocer la variación de la concentración con relación al tiempo, en el caso que la concentración disminuya.

Cálculo de las constantes de velocidad

Se han propuesto varias formas y ecuaciones para calcular los valores de la constante de velocidad en diversas reacciones que ocurren en alimentos, como es el caso de la oxidación de aceites (Van Bockel, 2008, 1996). Las más simples corresponden al modelo de la Ley de la Potencia que relaciona la formación de peróxidos con el tiempo de almacenamiento, otras ecuaciones más modernas relacionan la formación de peróxidos con el tiempo de almacenamiento y con la temperatura, en forma simultánea.

Datos de índice de peróxidos determinados en aceite extraído de semillas de zambo (*Cucurbita ficifolia*, Bouche) mantenidas en almacenamiento a 20°C, sirven para ilustrar el cálculo de las constantes de velocidad y seleccionar el orden de reacción que mejor ajusta con los datos experimentales.

El índice de peróxidos se determinó utilizando el método señalado en la Norma INEN 1698 (1991). El método se fundamenta en el hecho de que el oxígeno peroxídico, en medio ácido, oxida el yoduro de potasio con liberación de yodo, el cual se valora con tiosulfato de sodio. En la Tabla 1.1. se presentan los valores registrados a distintos tiempos, expresados en forma de cumplir con las ecuaciones cinéticas de distinto orden.

Tabla 1.1. Valores del índice de peróxidos registrados en aceite de semillas de zambo (*Cucurbita ficifolia, Bouche*) en contacto con aire a 20°C.

Tiempo [segundos]	Índice de peróxidos (IP) [µg/g]		
	(IP)	$2(IP)^{0,5}$	ln (IP)
0	12,0	6,928	2,4849
262.800	20,4	9,033	3,0155
522.000	29,6	10,881	3,3878
806.400	38,0	12,329	3,6376
1.094.400	52,0	14,422	3,9512

La oxidación que ocurre en los aceites y grasas comestibles es lenta, el aumento del índice de peróxidos se registró por un lapso de 13 [días], manteniendo el producto en recipientes abiertos en contacto directo con el aire. En la Figura 1.11. se presenta el gráfico que corresponde a una cinética de orden cero.

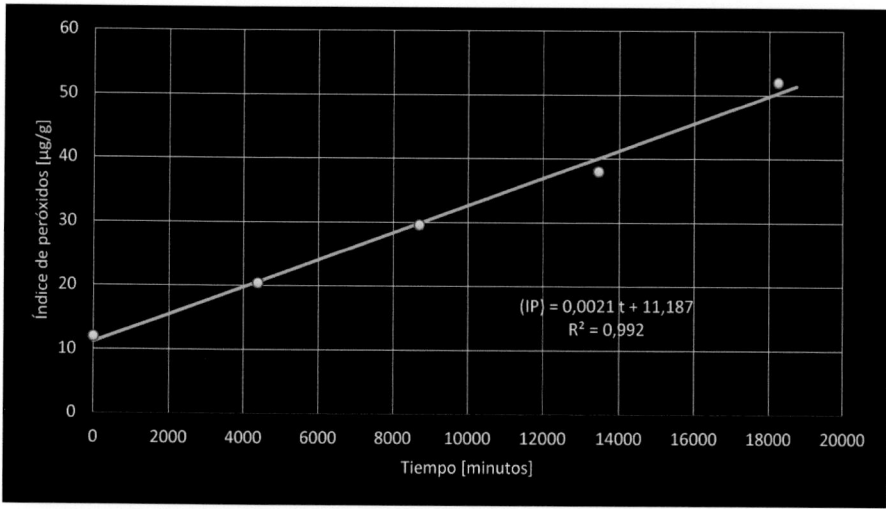

Figura 1.11. Representación de la cinética de orden cero para la oxidación del aceite de semilla de zambo en contacto con aire a 20°C.

En el aceite de semilla de zambo el proceso de oxidación se inicia desde la extracción según el valor inicial, diferente de cero, el cual puede ser explicado por la alta cantidad de ácidos grasos insaturados. La composición de ácidos grasos del aceite de zambo indica un alto grado de insaturación, es predominante el ácido linoleico con dos dobles enlaces (47,2%), seguido del ácido oleico con un doble enlace (33,0%), los dos insaturados constituyen aproximadamente el 80% del total de ácidos grasos, los saturados palmítico (13,7%) y esteárico (6,1%) completan el conjunto de los principales ácidos grasos.

La cinética de cero orden es adecuada para describir el aumento del índice de peróxidos conforme transcurre el tiempo de almacenamiento del aceite de zambo en contacto directo con aire, el valor del coeficiente de determinación es muy alto, 0,992. La cinética de cero orden indica que la velocidad de reacción no depende de la concentración de los reaccionantes, son otros los factores que regulan el proceso de oxidación del aceite. La ecuación correspondiente es:

$$(IP) = 0{,}0021\ t + 11{,}187 \tag{1.89}$$

La pendiente corresponde a la velocidad de reacción, en consecuencia.

$$K_0 = 0{,}0021\ [\mu g/g \times min]$$

En la Figura 1.12. se presenta el gráfico que corresponde a una cinética de orden 0,5.

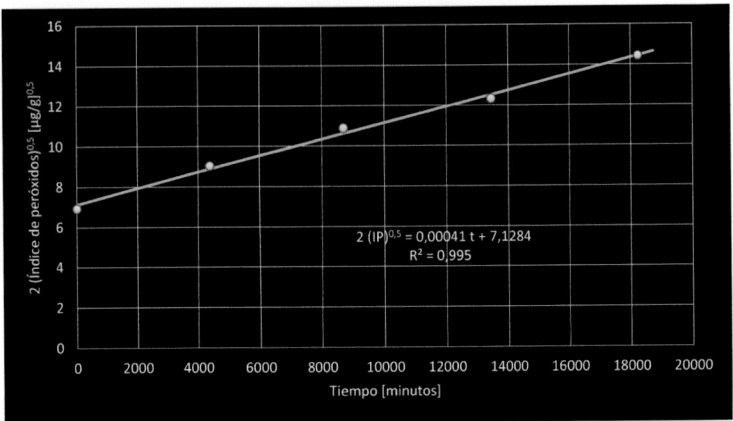

Figura 1.12. Representación de la cinética de orden 0,5 para la oxidación del aceite de semilla de zambo en contacto con aire a 20°C.

La cinética de orden 0,5 describe de manera muy adecuada la relación entre el índice de peróxidos con el tiempo de almacenamiento, el coeficiente de determinación es ligeramente más alto que el de los otros órdenes, 0,995. La ecuación correspondiente es:

$$2\,(IP)^{0,5} = 0,0004\,t + 7,1284 \tag{1.90}$$

La pendiente corresponde a la velocidad de reacción, en consecuencia:

$$K_{0,5} = 0,0004\;[\mu g/g \times min]$$

En el caso de asumir una cinética de primer orden, se obtiene la Figura 1.13.

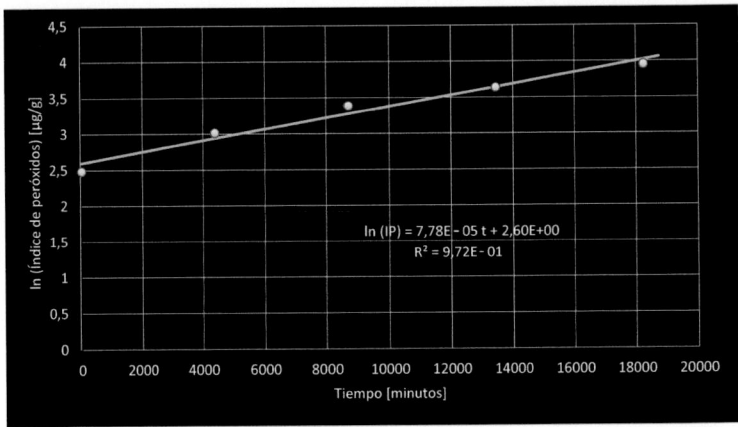

Figura 1.13. Representación de la cinética de orden uno o primer orden para la oxidación del aceite de semilla de zambo en contacto con aire a 20°C.

Se observan ligeras desviaciones de la linealidad, la ecuación es la que presenta un menor ajuste con los datos experimentales con relación a las anteriores, el coeficiente de determinación es 0,972. La ecuación obtenida es:

ln (IP) = 0,0000778 t + 2,60   (1.91)

La pendiente corresponde a la velocidad de reacción, en consecuencia:

K_1 = 0,0000778 [µg/g × min]

Según los resultados obtenidos mediante gráficos, la cinética de orden 0,5 es la más adecuada para describir el proceso de oxidación del aceite de zambo, el coeficiente de determinación es el que más se aproxima a la unidad. Toledo (1999) señaló que una alternativa para la evaluación del orden de la reacción es un procedimiento de ensayo y error. Los valores de las constantes de velocidad difieren según el orden de reacción: 0,0021 [µg/g × min] para orden cero, 0,0004 [µg/g × min] para orden 0,5 y 0,0000778 [µg/g × min] para orden 1.

Varios autores reportaron que la formación de hidroperóxidos en aceites vegetales es generalmente caracterizada por un período inicial de inducción con la subsecuente acumulación del compuesto, lo cual puede ser descrito con una cinética de orden cero, luego aparece una fase que corresponde a una función logarítmica que corresponde a una cinética de primer orden (Hu y Jacobsen, 2016. Manzocco y colaboradores, 2012; Shim y Lee, 2011; Mancebo-Campos y colaboradores, 2008; Huang y Sathivel, 2008).

En el caso de trabajar con un producto cuya concentración aumenta con el tiempo de reacción y se requiere conocer con exactitud el valor del orden de reacción, un método de cálculo se indica a continuación.

En la Figura 1.14. se presenta la relación entre el inverso del índice de peróxidos a diferentes tiempos de almacenamiento del aceite de semilla de zambo. Se observa que la función no es lineal y la ecuación de segundo grado presenta un buen ajuste ($R^2 = 0,984$).

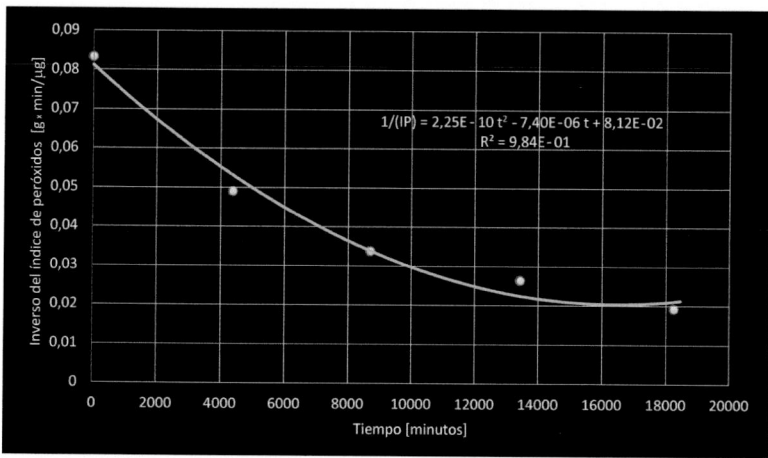

Figura 1.14. Inverso del índice de peróxidos como función del tiempo de almacenamiento del aceite de semilla de zambo en contacto con aire a 20°C.

La ecuación es:

$$(1/(IP)) = 2,25 \times 10^{-10}\ t^2 - 7,40 \times 10^{-6}\ t + 0,0812 \tag{1.92}$$

Servirá para calcular los tiempos de vida media, requeridos para determinar el orden de la reacción **n**.

Inicio.
Valor inicial de concentración 0,0833 cuando $t_1 = 0$ [minutos]
Primera vida media.
$\{A_1\} = 0,0833/2 = 0,04165$
$0,04165 = 2,25 \times 10^{-10}\ t^2 - 7,40 \times 10^{-6}\ t + 0,0812$
$t_2 = 6.200$ [minutos]
Segunda vida media.
$\{A_2\} = 0,04165/2 = 0,02083$
$0,02083 = 2,25 \times 10^{-10}\ t^2 - 7,40 \times 10^{-6}\ t + 0,0812$
$t_3 = 14.000$ [minutos]

Con la ecuación:

$$n = ((\log (t_3 - t_2) - \log (t_2 - t_1))/(\log \{A_2\} - \log \{A_1\})) + 1 \tag{1.93}$$

$$n = (((\log (14.000 - 6.200) - \log (6.200 - 0)))/(\log 0,02083 - \log 0,04165)) + 1$$

$$n = (((3,8921) - (3,7924))/(- 1,6813 + 1,3804)) + 1$$

$$n = 0,67$$

El valor es próximo al seleccionado previamente que fue 0,5.

En el caso de que el aceite o la grasa sea parte de otro alimento, especialmente rico en almidón, el aparecimiento de hidroperóxidos presenta diferente comportamiento y diferente orden de reacción que los aceites puros, según lo reportado por diversos autores (Jaimez y colaboradores 2018; Alamprese y colaboradores, 2017; Calligaris y colaboradores, 2008), por ello se recomienda establecer de manera específica el orden de reacción para cada caso particular.

EFECTO DE LA TEMPERATURA SOBRE LA VELOCIDAD DE REACCIÓN

La temperatura que es una forma de manifestación del calor, es uno de los factores, o posiblemente el más importante factor, que influye sobre los alimentos, tanto para su síntesis como para su degradación. Por ello no es extraño que se desarrollen varias formas de cuantificar su efecto.

El Valor Q$_{10}$

Se utiliza para expresar la dependencia con la temperatura de reacciones biológicas. Se define como el número de veces que la velocidad de reacción cambia con un cambio de 10°C en la temperatura (Rita Khathir y colaboradores, 2019).

En muchos casos de daño y pérdida de alimentos se necesita conocer fácilmente la sensibilidad del daño con relación a cambios de temperatura. Considerando que en cambios pequeños de temperatura entre 20° y 40°C, la variación puede ser considerada lineal, se estableció una medida denominada valor Q$_{10}$. El cual es definido por:

$$Q_{10} = t_{(T)}/t_{(T+10)} \qquad (1.94)$$

Donde $t_{(T)}$ es el tiempo útil a una temperatura T y $t_{(T+10)}$ es el tiempo útil a una temperatura 10°C mayor que la anterior.

Un valor de Q$_{10}$ alto indica que el alimento es muy sensible a los cambios de temperatura; por el contrario, un valor próximo a la unidad indica que el alimento es poco sensible a los cambios de temperatura desde el índice de calidad analizado.

La relación entre la energía de activación y el valor Q$_{10}$ es definida por la ecuación siguiente (Toledo, 1999).

$$Q_{10} = (e)E_a/R \, (10/T_{a2} \times T_{a1}) \qquad (1.95)$$

Modificada para facilitar el cálculo.

$$\ln Q_{10} = 10 \, (E_a/R) \, (1/T_{a2} \times T_{a1}) \qquad (1.96)$$

La ecuación de Arrhenius

Una de las formas más utilizada para establecer la dependencia de la velocidad de reacción con la temperatura es mediante la ecuación de Arrhenius, la cual es:

$$K = K_0 \, (e) - (E_a)/(R \, T_a) \qquad (1.97)$$

Además de los términos previamente definidos, E_a es la energía de activación y K_0 es una constante cuando la temperatura absoluta T_a tiende al infinito, R es la constante universal de los gases. La ecuación puede ser ordenada en la forma siguiente para corresponder a una función lineal, con el propósito de facilitar el cálculo de la energía de activación a partir de la pendiente.

$$\ln K = \ln K_0 - ((E_a)/(R \, T_a)) \qquad (1.98)$$

El signo negativo en el exponencial de la ecuación de Arrhenius provoca que la energía de activación sea positiva, lo cual indica un incremento de la constante de velocidad de reacción conforme se incrementa la temperatura. Para muchos autores el uso de ecuaciones tipo Arrhenius es una forma adecuada de conocer el efecto de la temperatura sobre una transformación de diverso origen (Rita Khathir y colaboradores, 2019), otros autores señalan la inconveniencia de utilizarla para todos los casos (Cohen y Saguy, 1985).

En aceites vegetales se ha reportado una amplia variación de los valores de la energía de activación para la formación de hidroperóxidos, lo cual se atribuye a diversas causas intrínsecas entre las que se destaca la composición de ácidos grasos, la longitud de los ácidos grasos, así como el grado de insaturación (Manzocco y colaboradores, 2012; Tan y colaboradores, 2001; Frankel, 1993).

Valores para el cálculo de procesos

Ibarz y Barbosa-Cánovas (2003) especificaron que un ingeniero en la industria alimentaria debe conocer los principios básicos de la ingeniería de procesos y ser capaz de desarrollar nuevas técnicas de producción de los productos agrícolas. También debe ser capaz de diseñar el equipo para ser utilizado en un proceso dado. El principal objetivo de la ingeniería de alimentos es el estudio de los principios y leyes que rigen la física, química o etapas bioquímicas de diferentes procesos, y el aparato o equipo por el cual dichas etapas se llevan a cabo industrialmente. Los estudios deben centrarse en los procesos de transformación de las materias primas agrícolas en productos finales, o en la conservación de materiales y productos.

Alvarado (2018) señaló que el conjunto de información relacionada con los métodos de cómputo de procesos térmicos es realmente extenso; sin embargo los fundamentos en los que se basa el cálculo son pocos y relativamente simples, por ello una primera clasificación fundamental de estos métodos es: Métodos generales y Métodos de fórmula.

Los trabajos relacionados con variaciones de los métodos fundamentales son los más numerosos, se busca siempre mejorarlos, algunos esfuerzos son empíricos otros analíticos, en unos casos están basados en la temperatura de más lento cambio o en otros en la temperatura media. En total se pueden distinguir más de cincuenta métodos publicados (Sun, 2006. Stoforos y colaboradores, 1997. Hendrickx y colaboradores, 1995).

Tres términos son fundamentales para el cálculo de procesos y se los desarrolla a continuación.

Valor D*

Un método para representar la constante de velocidad es el valor **D***, tiene su origen en termobacteriología, donde la velocidad de inactivación de microorganismos durante el calentamiento, se expresa como el tiempo de reducción decimal. Esta aproximación fue aplicada a las reacciones químicas en modo que el mismo esquema computacional fue utilizado para calcular la inactivación microbiológica, también se lo utilizó para el caso de la degradación de nutrientes durante el proceso térmico de esterilización de alimentos y actualmente para definir cambios físicos y sensoriales.

El valor **D*** se define por:

$$\log (\{A\}/\{A_0\}) = - (t/D^*) \tag{1.99}$$

Según esta ecuación el valor **D*** corresponde al recíproco negativo de la pendiente de un gráfico log (**{A}**) contra **t**. Se utiliza el asterisco para diferenciarlo del término específico de la inactivación o destrucción de microorganismos.

La relación entre **K** y **D*** por la diferente base de logaritmos, la constante de velocidad se determina con logaritmos naturales y el tiempo de reducción decimal con logaritmos vulgares, corresponde a:

$$D^* = \ln (10)/K \tag{1.100}$$

La última ecuación permite conocer el valor del tiempo de reducción decimal cuando se conoce el dato de la constante de velocidad a una temperatura particular y viceversa.

Valor F*

Es el equivalente del valor utilizado en el cálculo de procesos térmicos. **F*** es un valor extremadamente importante, así según Holdsworth y Simpson (2007), la evaluación de procesos, también llamada determinación de procesos, es la ciencia de la determinación del valor **F*** para un tiempo de proceso dado o el tiempo de proceso requerido para un valor **F*** dado.

El tiempo de calentamiento a una temperatura dada, necesario para lograr un grado deseado de esterilización, es el valor **F***, el cual depende de varios factores. El valor **F*** de un microorganismo específico es el producto del valor esterilizante (N_0/N) por **D*** a cierta temperatura.

$$F^*_T = (N_0/N) (D^*_T) \tag{1.101}$$

Cuando se mide la resistencia térmica de enzimas o de un factor de calidad se utilizan los símbolos **E'** y **C'** en lugar de **F***. Los tres tienen un significado similar, pues indican el tiempo seguro de proceso para obtener una determinada condición.

Si bien los microorganismos fueron y son los principales motivos para el cálculo de procesos térmicos, también se utilizan muchos otros indicadores para hacer los cálculos, entre ellos la degradación de vitaminas, entre ellas la vitamina C (Ácido ascórbico), vitamina A (β-caroteno), vitamina B_1 (Tiamina), vitamina B_6 (Piridoxina); la desnaturalización de proteínas como las del suero de leche; la inactivación de enzimas; los cambios en las propiedades físicas y en la consistencia; las reacciones de pardeamiento; resultados de evaluaciones sensoriales; para mencionar las más importantes.

En los casos señalados no hay razón de utilizar el valor esterilizante para obtener valores **F***, pues ya no se trata de microorganismos. Simplemente se pueden utilizar factores que multiplicados por los tiempos de reducción decimal o sus equivalentes, posibiliten obtener los valores que corresponden a **F*** y graficar curvas similares a las curvas de tiempo de muerte térmica (**TDT**), pero que tienen otro significado y propósito.

Si el indicador de un proceso es la pérdida de vitamina C, sería absurdo un tratamiento térmico de **12D***, tampoco un **5D*** o que los niveles residuales de vitamina sean del orden de 0,001 [mg/g], es suficiente aceptar una pérdida del orden del 5% para lo cual el término con el que se trabajaría sería **0,95D***.

Valor $\hat{z}$

Tiene su origen en bacteriología y es utilizado para representar la dependencia de la velocidad de inactivación microbiológica con la temperatura. Se define a $\hat{z}$ como el cambio de temperatura necesario para cambiar la velocidad de inactivación microbiológica por un factor de 10. El valor $\hat{z}$ también se ha utilizado para expresar el efecto de la temperatura sobre reacciones de degradación que ocurren en alimentos durante el procesamiento o almacenamiento y se lo conoce como coeficiente térmico.

La relación de $\hat{z}$ con la energía de activación E_a y con el valor Q_{10}, viene dada por las ecuaciones siguientes (Toledo, 1999):

$$\hat{z} = \ln 10 \ (T_{a2} \times T_{a1})/(E_a/R) \tag{1.102}$$

$$\hat{z} = 10 \ \ln 10/\ln Q_{10} \tag{1.103}$$

El valor $\hat{z}$ es un parámetro básico en el esquema de evaluación de la inactivación microbiana por calor. Peleg (1999) señaló que al aumentar la temperatura del tratamiento el valor **D*** disminuye de forma logarítmica, al graficar **D***$_T$ frente a la temperatura de tratamiento, se obtiene un gráfico de termodestrucción, lo cual permite conocer la termorresistencia del microorganismo a cualquier temperatura y su pendiente indica la termodependencia de las reacciones que conducen a su destrucción. A partir de este gráfico se define el valor $\hat{z}$ como el número de °C que hay que aumentar a la temperatura de tratamiento para reducir el valor **D***$_T$ a la décima parte, es decir para que la línea de termodestrucción atraviese un ciclo logarítmico, el valor $\hat{z}$ se calcula:

$$\hat{z} = \Delta T/[\log (D^*_1/D^*_2)] \tag{1.104}$$

Donde ΔT es el incremento de temperatura y **D***$_1$ y **D***$_2$ los valores **D*** a dos temperaturas seleccionadas. Gráficamente puede ser determinado trazando el logaritmo del valor **D*** en función de la temperatura letal (Bremer y colaboradores, 1998. Pérez, 1993).

Cálculo de valores

Datos de humedad en base seca expresados como porcentaje [kg base seca/kg materia seca inicial] de granos de cacao, secados a 50°, 60°, y 70°C, para facilitar la separación de la materia grasa, se emplean para determinar los valores utilizados para el cálculo de un proceso de secado en túnel. La humedad promedio inicial fue de 61,4 [g agua/100 g seco].

Tabla 1.2. Porcentaje de humedades [kg/kg seco] con sus correspondientes logaritmos vulgares de semillas de cacao durante el secado en túnel.

TIEMPO [horas]	TEMPERATURA [°C]					
	50±2		60±2		70±2	
	H°	log H°	H°	log H°	H°	log H°
0	100,0	2,0000	100,0	2,0000	100,0	2,0000
2	92,1	1,9643	79,0	1,8976	66,5	1,8228
4	80,6	1,9063	55,1	1,7412	48,0	1,6812
6	69,5	1,8420	40,1	1,6031	32,0	1,5052
8	62,1	1,7931	33,6	1,5263	25,1	1,3997
10	56,5	1,7521	24,5	1,3892	17,7	1,2480
12	43,8	1,6415	16,4	1,2148	12,8	1,1072

Los valores del tiempo de reducción decimal (**D***) se calculan graficando el logaritmo del porcentaje de humedad en base seca como función del tiempo de secado, se deben cumplir funciones lineales de cuya pendiente, con el valor inverso se determina el tiempo requerido para eliminar el 90% del agua contenida inicialmente en los granos de cacao luego de la fermentación. En la Figura 1.15. se grafica esta relación y se observa el cumplimiento de la linealidad esperada, los coeficientes de determinación son muy altos, superiores a 0,98.

Por definición los valores inversos negativos de las pendientes de las ecuaciones obtenidas corresponden al valor **D*** o tiempo de reducción decimal.

A 50°C

log (H°) = − 0,0288 t + 2,0156   (1.105)
D* = 1/0,0288
D* = 34,7 [horas] = 2.082 [minutos]

A 60°C

log (H°) = − 0,0641 t + 2,009   (1.106)
D* = 1/0,0641
D* = 15,6 [horas] = 936 [minutos]

A 70°C

log (H°) = − 0,0734 t + 1,978   (1.107)
D* = 1/0,0734
D* = 13,6 [horas] = 816 [minutos]

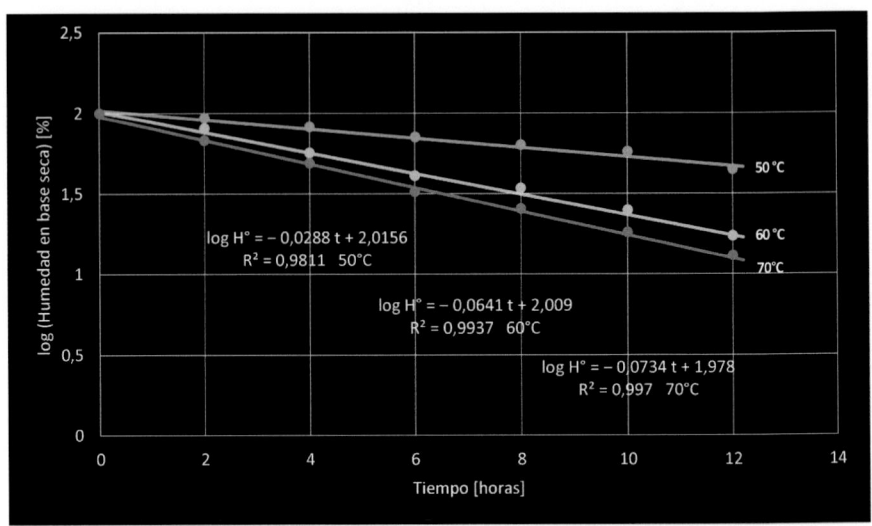

Figura 1.15. Logaritmo del porcentaje de humedad en base seca como función del tiempo de secado en semillas fermentadas de cacao a tres temperaturas.

Estos valores indican el tiempo requerido para disminuir la humedad de las semillas de cacao en un 90%, condición que es excesiva para facilitar la separación de la materia grasa. Los valores **F*** hacen posible conocer los tiempos requeridos para alcanzar una deseada condición de humedad. En el caso de que se requiera disminuir la humedad en un 50% se obtiene.

A 50°C
F* = 0,5 D*   (1.108)
F* = 0,5 × 2082 = 1.041 [minutos]

A 60°C
F* = 0,5 D*   (1.109)
F* = 0,5 × 936 = 468 [minutos]

A 70°C
F* = 0,5 D*   (1.110)
F* = 0,5 × 816 = 408 [minutos]

El método gráfico para determinar el valor $\hat{z}$ consiste en graficar los valores del logaritmo de **F*** como función de la temperatura, conociendo el inverso negativo de la pendiente, como se observa en la Figura 1.16.

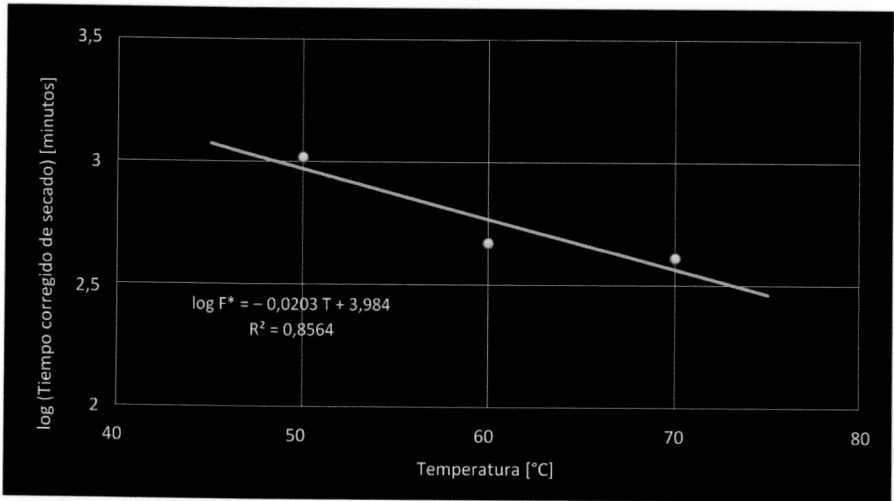

Figura 1.16. Logaritmo del tiempo corregido de secado como función de la temperatura en semillas fermentadas de cacao (*Theobroma* cacao) para determinar el valor $\hat{z}$.

La ecuación lineal obtenida con un coeficiente de determinación de 0,8564 es:

$$\log F^* = -\,0{,}0203\ T + 3{,}984 \qquad\qquad (1.111)$$

El inverso negativo de la pendiente es:

$$\hat{z} = 1/(+\,0{,}0203) \qquad\qquad (1.112)$$

$$\hat{z} = 49°C$$

Los valores D^* sirven para calcular los valores de la constante de velocidad K, con la siguiente ecuación:

$$K = \ln (10)/D^* \qquad\qquad (1.113)$$

A 50°C
$$K = 2{,}3026/34{,}7 \qquad\qquad (1.114)$$
$$K = 0{,}0664\ [1/hora]$$

A 60°C
$$K = 2{,}3026/15{,}6 \qquad\qquad (1.115)$$
$$K = 0{,}148\ [1/hora]$$

A 70°C
$$K = 2{,}3026/13{,}6 \qquad\qquad (1.116)$$
$$K = 0{,}169\ [1/hora]$$

Facilitan el cálculo de valores de vida media ($t_{0,5}$). La ecuación es:

$$(t_{0,5}) = - D* (log (0,5)) \qquad (1.117)$$

A 50°C
$$t_{0,5} = - 34,7 \times (- 0,301)$$
$$t_{0,5} = 10,4 \text{ [horas]} \qquad (1.118)$$

A 60°C
$$t_{0,5} = - 15,6 \times (- 0,301)$$
$$t_{0,5} = 4,7 \text{ [horas]} \qquad (1.119)$$

A 70°C
$$t_{0,5} = - 13,6 \times (- 0,301)$$
$$t_{0,5} = 4,1 \text{ [horas]} \qquad (1.120)$$

En el presente caso se utiliza un modelo tipo Arrhenius para calcular la energía de activación, mediante un gráfico del logaritmo natural de las constantes de velocidad contra el inverso de las temperaturas absolutas. A partir de la pendiente se determina la energía de activación que define la energía requerida para que una reacción proceda. La ecuación representada en la Figura 1.17. es:

$$\ln K = \ln A_0 - (E_a / R \, T_a) \qquad (1.121)$$

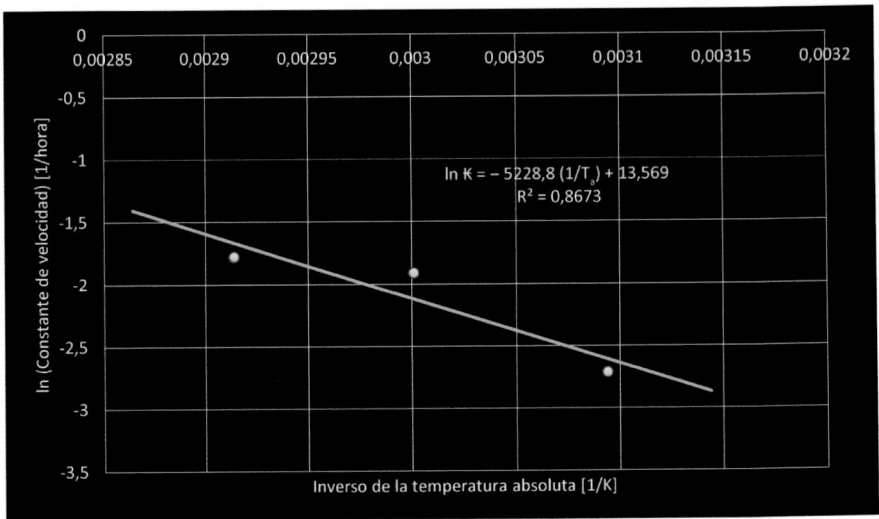

Figura 1.17. Gráfico tipo Arrhenius para determinar la energía de activación en el secado de granos fermentados de cacao.

La representación tipo Arrhenius es útil para determinar la energía de activación requerida para el proceso de secado de semillas fermentadas de cacao, antes de ser sometidas al proceso de molienda para la obtención de la manteca de cacao, el coeficiente de determinación es cercano a la unidad ($R^2 = 0,8673$). La ecuación obtenida es:

$$\ln K = -5.228,8 \ (1/T_a) + 13,569 \qquad (1.122)$$

El valor de la pendiente conduce a:

$$(-E_a/R) = -5.228,8 \qquad (1.123)$$

$$E_a = 5.228,8 \ (8,314)$$

$$E_a = 43.472 \ [\text{kJ/kg mol}]$$

La determinación del valor Q_{10}, se realiza con la ecuación siguiente.

$$\ln (Q_{10}) = 10 \ (E_a/R) \ (1/T_{a1} \ T_{a2}) \qquad (1.124)$$

$$\ln (Q_{10}) = 10 \ (+ 5.228,8) \ (1/(333,2 \times 343,2))$$

$$\ln (Q_{10}) = (52.288) \ (0,000008745)$$

$$\ln (Q_{10}) = 0,4573$$

$$(Q_{10}) = 1,58$$

El valor ($\hat{z}$) se calcula con la aplicación de la siguiente ecuación:

$$(\hat{z}) = 10 \ \ln (10)/\ln (Q_{10}) \qquad (1.125)$$
$$(\hat{z}) = 10 \ (2,3026)/0,4573$$
$$(\hat{z}) = 50°C$$

El valor es prácticamente igual al obtenido previamente por el método gráfico (49°C).

Cálculo de procesos

La cantidad de información relacionada con los métodos de cálculo de procesos térmicos es realmente amplia (Eisenbrand y colaboradores, 2007. Sun, 2006. Hendrickx y colaboradores, 1995. Stoforos y colaboradores, 1997. Ibarz y Barbosa Cánovas, 2014. Simpson, 2009. Hui y colaboradores, 2006. Ibarz, 2005. Richardson, 2004. Zeuthen y Bógh-Sórensen, 2003. Heldman y Hartel, 1999. Brennan y colaboradores, 1998), sin embargo, los fundamentos en los que se basa el cálculo son pocos y relativamente simples, por ello una primera clasificación que puede hacerse de estos métodos es: Métodos generales y Métodos de fórmula. Los primeros son básicamente integraciones gráficas de curvas que relacionan la letalidad de microorganismos con relación al tiempo. Los segundos utilizan valores calculados previamente de parámetros que conducen al cálculo del tiempo de proceso o de la letalidad de un determinado proceso.

La letalidad corresponde al caso de procesos relacionados con la inactivación o destrucción de microorganismos (Zwietering y colaboradores, 1990. Daey, 1989), en el caso de otros procesos que no se refieran a cambios microbiológicos se pueden utilizar otros tipos de modelos matemáticos para su cálculo (Yaoxing Niu y colaboradores, 2020). Un modelo determinístico de proceso es una ecuación derivada de expresiones matemáticas que describen las relaciones entre los principios científicos fundamentales que se conoce que son responsables del comportamiento observado en el proceso. Los modelos determinísticos llegan a una sola solución y producen el mismo resultado cuando se repite en las mismas condiciones.

Es de especial interés para el cálculo de procesos el uso de modelos determinísticos, la ventaja principal es que pueden ser utilizados además de procesos térmicos en otros tipos de procesos no térmicos, lo que amplía grandemente su aplicación (Zhang Wen, 2021). Además, existen otras técnicas matemáticas para el cálculo más exacto de la transferencia de calor y en diferentes ubicaciones de cualquier recipiente o para poder corregir las variaciones por diversos factores, como la variación de la temperatura del equipo de procesamiento o la temperatura inicial del producto (Wenjun Wang y colaboradores, 2018).

Método general

Es el inicio de los cálculos de procesos térmicos (Bigelow y colaboradores, 1920), ampliamente utilizado por su sencillez, en el momento actual tiene importancia histórica por sentar las bases de la cuantificación de las relaciones temperatura-tiempo. Simpson y colaboradores (2003) presentaron una última mejora del método lo que demuestra su importancia y la permanencia a través del tiempo que se supera un siglo.

Para aplicar este método se requiere conocer los datos de penetración de calor, datos cinéticos de algún cambio cuantificado durante el proceso y valores del tiempo de proceso para alcanzar una determinada condición. Lo indicado está vinculado con las figuras presentadas previamente sobre la relación causa-efecto en procesos. El primer requerimiento corresponde a la causa. El segundo requerimiento corresponde al denominado efecto en la relación de causalidad. El tercer requerimiento es el resultado de relacionar en forma matemática la causa con el efecto.

Método general gráfico

Para utilizar los métodos gráficos se considera que la velocidad de cambio a una temperatura particular es igual al recíproco del tiempo de proceso a esta temperatura particular. La variación total de un proceso se determina integrando las interrelaciones temperatura-tiempo con la velocidad de cambio.

Hay varias maneras de aplicar el método, una de ellas es la siguiente:

La variación registrada en el proceso está representada por las curvas de tiempo seguro de proceso, obtenidas al graficar el tiempo requerido para alcanzar las condiciones predeterminadas de un cambio seleccionado, a cierta temperatura de mantenimiento.

De las interrelaciones temperatura-tiempo representadas por la curva de tiempo seguro de proceso se puede determinar un valor de razón de cambio para cada temperatura, representado por un punto sobre las curvas que describen el calentamiento y el enfriamiento de un producto durante el proceso. El valor de razón de cambio asignado para cada temperatura representada es igual al recíproco del número de unidades de tiempo requeridas para que el proceso ocurra a esta temperatura. De acuerdo con los conceptos en los cuales el método está basado, se puede decir que cada punto sobre las curvas que describen el calentamiento y enfriamiento de un producto durante el proceso, representan un tiempo, una temperatura y una razón de cambio.

La forma más simple de aplicar este método es mediante la construcción de un gráfico con un eje de coordenadas en escala especial de temperatura, que permite la evaluación directa del valor $F*$ por integración del área bajo la curva, definida por la historia de temperaturas. Para ello se requiere hacer la determinación del área debajo de la curva irregular graficada en un sistema de coordenadas transformado, derivado de y dependiente de, la curva del tiempo seguro de proceso. El área bajo la curva es proporcional a la variación aceptada del proceso seleccionado, esto es equivalente a la integración gráfica sobre la historia de temperaturas. La integración puede ser hecha por otros métodos matemáticos (Hayakawa, 1977).

Cálculo en el proceso de secado de cacao

El túnel de secado inicia el trabajo a una temperatura de 40°C, la cual va incrementándose a una razón de 10°C/hora, hasta alcanzar los 70°C temperatura a la cual se estabiliza. Se requiere conocer el tiempo de proceso para que la humedad de los granos de cacao se reduzca a la mitad de su contenido inicial. Los valores de $F*$ calculados previamente para la condición fijada son: 1.041 [minutos] a 50°C, 468 [minutos] a 60°C y 408 [minutos] a 70°C.

Los valores inversos de los tiempos seguros de secado a las tres temperaturas permiten construir la Figura 1.18.

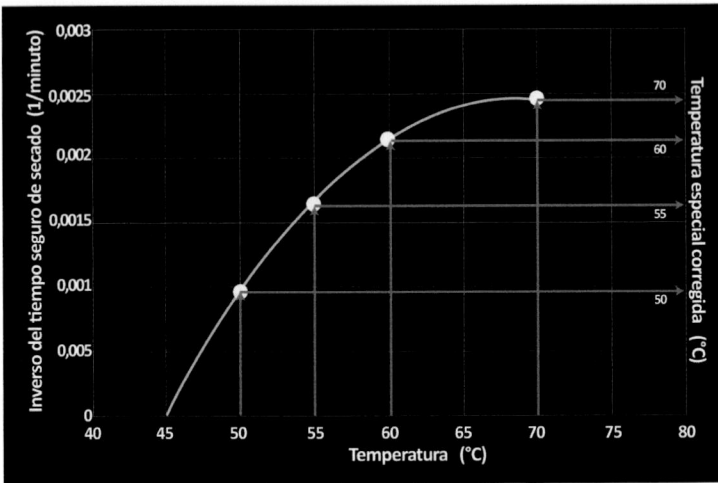

Figura 1.18. Razón de deshidratación como función de la temperatura de semillas de cacao (*Theobroma cacao*) en túnel de secado, para calcular el tiempo de proceso por el Método General Gráfico.

En la parte derecha de la Figura 1.18., aparece una escala especial de temperaturas, obtenida a partir de los datos del valor inverso de la velocidad de secado a diferentes temperaturas, es una escala especial específica para cada proceso de interés y sirve para la construcción del gráfico para el cálculo del tiempo de proceso cuando existen variaciones en la temperatura del equipo, en el caso presente un túnel de secado.

En la Figura 1.19. se encuentra el gráfico que posibilita el cálculo del proceso de secado con cambios de temperatura, para el caso de semillas de cacao previa a la extracción de la grasa o manteca de cacao.

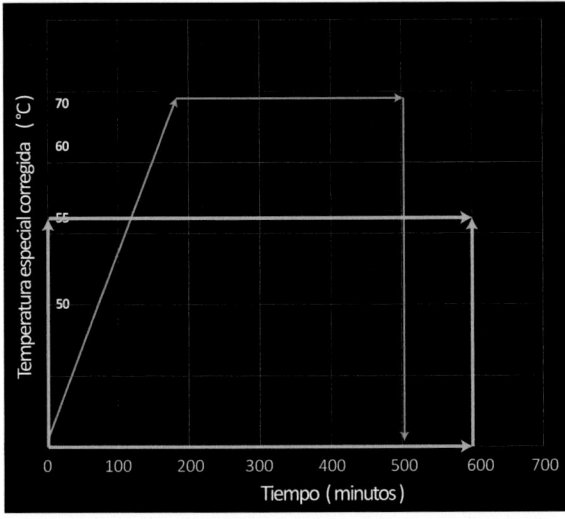

Figura 1.19. Cálculo de tiempos de proceso en el secado de semillas de cacao (*Theobroma cacao*) en túnel, por el Método General Gráfico.

La escala de temperaturas corregida se observa en el eje de ordenadas, partiendo de esta escala se establece un área de referencia, es un rectángulo que está definido por la temperatura (55°C) y su tiempo de muerte térmica (600 [minutos]) y sirve para comparación con el área que va delimitando la figura de los datos de temperatura en el aire del túnel de secado. Se anota que el área de referencia puede ser establecida con cualquier temperatura en el intervalo de trabajo real pues las áreas son iguales.

Cuando se igualan las dos áreas se determina el tiempo en que se cumple la condición de bajar la humedad hasta la mitad, en el presente caso 500 [minutos]. Posibles pequeñas diferencias pueden ser atribuidas a imprecisiones en la definición y trazado de las áreas, lo cual puede ser minimizado utilizando técnicas actuales de integración, más allá del contaje de cuadros, figuras geométricas o uso de planímetros. Existen técnicas avanzadas de cálculo que pueden utilizarse para obtener mayor exactitud (Knoerzer y colaboradores, 2011).

Método general numérico

Patashnik (1953) utilizó la técnica de integración para calcular la letalidad de un proceso, multiplicando la razón letal por el intervalo de tiempo, la suma de estos valores corresponde a la letalidad acumulada durante el período total de calentamiento y enfriamiento. Al referirse a letalidad corresponde a la inactivación o muerte de microorganismos, cuando el proceso es diferente de la destrucción de microorganismos, se hace necesario otra denominación que refleje de mejor manera los cambios de mayor interés en cada proceso, una posibilidad es la efectividad (**E***) la cual indica la rapidez con la que se produce el cambio.

La asociación entre los requerimientos principales para el cálculo de procesos, datos cinéticos y datos de penetración de calor se puede establecer mediante el análisis de dos triángulos semejantes construidos en la representación de **F*** como función de la temperatura, como se indica en la Figura 1.20.

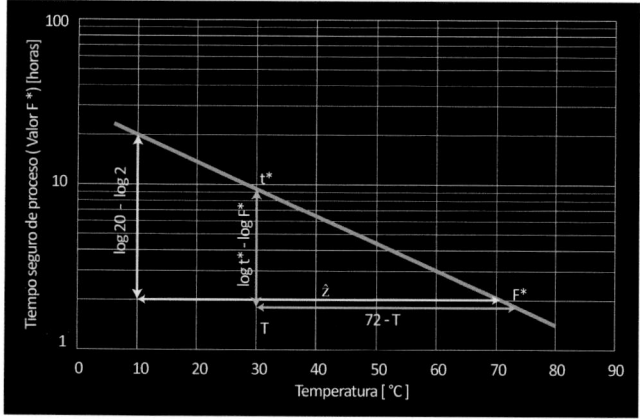

Figura 1.20. Representación semi logarítmica del tiempo seguro de proceso como función de la temperatura.

Del análisis de la Figura 1.20., considerando los dos triángulos semejantes se establece que:

$$(\log t^* - \log F^*)/(\log 20 - \log 2) = (72 - T)/\hat{z} \qquad (1.126)$$

Como $(\log 20 - \log 2) = 1$, la ecuación se simplifica a:

$$(\log t^* - \log F^*) = (72 - T)/\hat{z} \qquad (1.127)$$

Que puede ser escrita:

$$\log (t^*/F^*) = (72 - T)/\hat{z} \qquad (1.128)$$

$$(t^*/F^*) = \text{antilog} ((72 - T)/\hat{z}) \qquad (1.129)$$

$$(t^*/F^*) = 10^{((72 - T)/\hat{z})} \qquad (1.130)$$

Despejando t^*:

$$t^* = F^* \, 10^{((72 - T)/\hat{z})} \qquad (1.131)$$

Escrita en términos de los valores inversos de los dos miembros:

$$(1/t^*) = 1/F^* \, 10^{((72 - T)/\hat{z})} \qquad (1.132)$$

Donde t^* es el tiempo de proceso seguro a una temperatura T en [°C].

Con el propósito de determinar el valor F^* de un proceso gráficamente, se puede reordenar la ecuación en la forma siguiente:

$$\log (F^*/t^*) = (T - 72)/\hat{z} \qquad (1.133)$$

$$(F^*/t^*) = 10^{((T - 72)/\hat{z})} \qquad (1.134)$$

$$(F^*/t^*) = 1/10^{((72 - T)/\hat{z})} \qquad (1.135)$$

Un gráfico del tiempo contra el segundo miembro de la ecuación definirá un área que corresponde al valor F^* de un proceso particular.

Para calcular el valor de efectividad se utiliza:

$$(F^*/t^*) = E^* = 10^{((T - 72)/\hat{z})} \qquad (1.136)$$

El valor de F^* corresponde a:

$$F^* = \int_0^{t^*} E^* \, dt^* \qquad (1.137)$$

O también:

$$F^* = \Sigma_0^t \, E^* \, \Delta t^* \qquad\qquad (1.138)$$

Con el propósito de fijar el tiempo de proceso para obtener un determinado valor de F^*, se realizan las aproximaciones de prueba y error.

Cálculo en el proceso de secado de cacao

Para lograr una humedad previamente seleccionada, (61,4/2) [g/100 g seco], se realizan los cálculos cada hora en tal forma que F^* se establece de manera directa al calcular E^*. Se conoce que $F^* = 4,1$ [horas] a 70°C y $(\hat{z}) = 50°C$.

$$F^* = \Sigma_0^t \, E^* \, \Delta t^*$$

$$F^* = \Sigma_0^t \, (10^{((T-72)/\hat{z})}) \, \Delta t^* \qquad\qquad (1.139)$$

$$F^* = [(10^{((40-72)/50)}) \, (1) + (10^{((50-72)/50)}) \, (1) + (10^{((60-72)/50)}) \, (1) + (10^{((70-72)/50)}) \, (1) + ...]$$

$$F^* = [(0,2291) \, (1) + (0,3631) \, (1) + (0,5754) \, (1) + (0,912) \, (1) + (0,912) \, (1) + (0,912) \, (1) + (0,912) \, (1)]$$

$$F^* = 4,8 \text{ [horas]}$$

Según este método a las 7 [horas] se alcanzará una humedad de 30,7 [g/100 g seco], el sumatorio de los valores correspondientes al tiempo seguro de secado alcanza un valor de 4,8 [horas], supera a 4,1 [horas] valor de F^* utilizado como referencia.

Datos más exactos se obtienen al trabajar con unidades más pequeñas como minutos, mediante computadora se facilitan los cálculos cada minuto y se establece que para las condiciones señaladas a los 475 [minutos] se alcanza en el sumatorio el valor de referencia F^* que al ser los tiempos la unidad, en el presente caso corresponde a E^*.

Referencias y Bibliografía

Alamprese, C.; Cappa, C. Ratti, S. Limbo, S. Signorelli, M. Fessas, D. and Lucisano, M. 2017. Shelf life extension of whole-wheat breadsticks: formulation and packaging strategies. Food Chemistry. 230:532-539.

Alvarado, J. de D. 2018. Cálculo de procesos en leche y productos lácteos. Zaragoza, España. Editorial Acribia. 286p.

Alvarado, J. de D. 2014. Principios de Ingeniería Aplicados en Alimentos. 2da. ed. Ambato. Ecuador. Universidad Técnica de Ambato. Imprenta Megagraf. 478p.

Alvarado, J. de D. y Aguilera, J. M. 2001. Métodos para Medir Propiedades Físicas en Industrias de Alimentos. Editorial Acribia, S. A. Zaragoza, España. 410p.

Alvarado, J. de D. 1996. Principios de Ingeniería Aplicados a los Alimentos. OEA-PRDC. Radio Comunicaciones. Quito, Ecuador. 524p.

Alvarado, J. de D. 1994. Propiedades físicas de frutas. IV. Difusividad y conductividad térmica efectiva en pulpas. Latin American Applied Research (LAAR). 24:41-47.

Amaral, J.S.; Casal, S. Pereira, J.A. Seabra, R.M. Oliveira, B.P.P. 2003. Determination of sterol and fatty acid compositions, oxidative stability, and nutritional value of six walnut (*Juglans regia* L.) cultivars grown in Portugal. Journal of Agricultural and Food Chemistry, 51:7698-7702.

ASHRAE, 1977. Handbook of Fundamentals. Ch. 29: Thermal Properties of Foods. American Society of Heating, Refrigerating and Air Conditioning Engineers Inc. New York, N.Y. U.S.A.

Aurand, L. W. and Woods, A. E. 1973. Food Chemistry. Westport, Connecticut. AVI Pub. Co. Inc. p: 104-142.

Babayan, V. K. 1974. Fats and oils. En: Encyclopedia of Food Technology. Johnson, A. H. and Peterson, M. S. (Eds). Westport, Connecticut. The AVI Pub. Co. Inc. pp:389-396.

Baghe-Khandan, M. S.; Okos, M. R. and Sweat, V. E. 1982. The thermal conductivity of beef as affected by temperature and composition. Transactions of the ASAE. 25:1118-1122.

Ball, C. O. and Olson, F. C. W. 1957. Sterilization in Food Technology. New York. USA. McGraw Hill.

Bigelow, W.D.; Bohart, G.S. Richardson, A.C. and Ball, C.O. 1920. Heat penetration in processing canned foods. Bulletin 161. Washington. USA. National Canners Association.

Bin Lin; Haodong Liu, Runan Xu, Wenqiang Guan and Zijan Wu. 2019. Development and validation of a storage time prediction model for fruits and vegetables in cold chain systems. J. Food Process Preservation. 43(3):1-5.

Blatt, F. J. 1991. Fundamentos de física. 3ra. edición. México. Prentice-Hall Hispanoamericana. Gráficas Montealbán S. A. pp:634-664.

Bockish, M. 1998. Extraction of vegetable oils. En: Fats and Oils Handbook. Champaign, USA. AOCS Press.

Bremer, P.; Osborne, C. Kemp, R. van Veghel, P. and Fletcher, G. 1998. Thermal death times of Hafnia alvei cells in a model suspension and in artificially contaminated hot-smoked kahawai (*Arripis trutta*). Journal of Food Protection. 61 (8):1047-1051.

Brennan, J.; Butters, J., Cowell, N., y Lilley, A. 1998. Las operaciones de la ingeniería de los alimentos. Zaragoza. España. Editorial Acribia S.A.

Califano, B. 1997. Un experimento sobre el calor específico de sólidos. Phys. Educ. **9(4): 257.**

Calligaris, S.; Pieve, S. D. Cravina, G. Manzocco, L. and Nicoli, C. L. 2008. Shelf-life prediction of bread sticks using oxidation index: a validation study. Journal of Food Science. 73(2):E51-E56.

Caneda, R. V. 1978. Cinética Química. Serie de Química, Monografía Científica No. 18. Organización de los Estados Americanos. Washington. pp: 10-12.

Cohen, E. and Saguy. I. 1985. Statistical evaluation of Arrhenius model and its aplicability in prediction of food quality losses. J. Food Proc. Preserv., 9: 273-290.

Colles, S. M.; Maxson, J. M. Carlson, S. G. and Chisolm, G. M. 2001. Oxidized LDL-induced injury and apoptosis in atherosclerosis. Potential roles of oxysterols. Trends in Cardiovascular Medicine. 11:131-138.

Charm, S. 1981. Fundamentals of Food Process Engineering. Westport, Conn. USA. AVI. Pub. Co. 646p.

Choi, Y. and Okos, M. R. 1986. Effects of temperature and composition on the thermal properties of foods. En: Food Engineering and Process Applications. Transport Phenomena. Vol. 1. Le Maguer, M. and Jelen, P. (Eds.). Essex, England. Elsevier Applied Science Publisher Ltd. pp: 93-101.

Choi, Y. and Okos. M. R. 1985. Effects of temperature and composition on the thermal properties of foods-Review. En: Physical and Chemical Properties of Foods. Okos, M. (Ed.). American Society of Agricultural Engineering. pp:93-101.

Choi, Y. and Okos, M.R. 1983. Thermal properties of liquid foods-Review. ASAE Paper No.836516.

Daey, K. R. 1989. A predictive model for combined temperature and water activity on microbial growth during the growth phase. J. Appl. Bacteriol. 67(5):483-488.

Delgado, A. E. 1997. Thermal conductivity of unfrozen and frozen strawberry and spinach. Journal of Food Engineering. 31:137-146.

Dickerson, R. W. 1968. Thermal properties of foods. In: The Freezing Preservation of Foods. 4th. Ed. Vol. 2. Tressler, D. K.; van Arsdel, W. B. and Copley, M. J. (Eds.). Westport, Conn. AVI Pub. Co. Inc. pp:26-51.

Dickerson, R. W. 1965. An apparatus for the measurement of thermal diffusivity of foods. Food Technology, 19(5):880 – 886.

Dorbarganese, C. and Máquez-Ruiz, G. 2003. Oxidized fats in foods. Current Opinion in Clinical Nutrition & Metabolic Care. 6:157-163.

Earle, R. 1983. Unit Operations in Food Processing. Palmerston North. New Zealand. Ed. Pergamon. Web Edition.

Earle, R.L. 1968. Ingeniería de los alimentos. Editorial Acribia. Zaragoza, España. 332p.

Eisenbrand, G.; Engel, K-H. Grunow, W. Hartwig, A. Knorr, D. Knudsen, I. Schlater, J. Schreier, P. Steinberg, P. and Vieths, S. (Eds.). 2007. Thermal Processing of Food: Potential Health Benefits and Risks. (Symposium). Bonn. Germany. WILEY-VCH. DFG. 296p.

Esterbauer, H. 1993. Cytotoxicity and genotoxicity of lipid oxidation products. American Journal of Clinical Nutrition. 56:7796-7865.

Fils, J.M. 2000. The production of oils. En: Edible Oil Processing. Hamm, W. and Hamilton, R.J. Eds. Sheffield, England. Academic Press. pp:47-78.

Frankel, E.N. 2005. Lipid Oxidation. Bridgwater, England. Barnes & Associates.

Frankel, E.N. 1993. Formation of head space volatiles by thermal decomposition of oxidized fish oils vs oxidized vegetable oils. Journal of the American Oil Chemists Society. 70 (8):767-772.

Gratzek, A. and Toledo, R. 1993. Influence of fluid concentration on freezing point depression and thermal conductivity of frozen orange juice. International J. of Food Properties. 6(3):543-556.

Gratzek, P. J. and Toledo, R. T. 1993a. Solid food thermal conductivity determination at high temperature. J. Food Sci. 58(4):910-913.

Gutiérrez-López, G.F.; Barbosa-Cánovas, G.V. Welti-Chanes, J. and Parada-Arias, E. 2008. Food Engineering: Integrated Approaches. New York. USA. Springer. 475p.

Hall, C.W.; Farrall, A.W. and Rippen, A.L. 1978. Encyclopedia of Food Engineering. Westport, Conn. USA. AVI. Pub. Co. 755p.

Hamilton, R. J. 1983. The chemistry of rancidity in foods. En: «Rancidity in Foods» Allen, J. C. and Hamilton, R. J. (Eds.). Essex, England. Applied Science Pub. Ltd. p: 1-20.

Hayakawa, K. I. 1977. Mathematical methods for estimating proper thermal processes and their computer implementation. Adv. Food Res., 23: 75-141.

Heldman, D.R. and Lund, D.B. (Eds.). 2007. Handbook of Food Engineering. 2nd. ed. Boca Raton. USA. CRC Press. 1038p.

Heldman, D. and Hartel, R. 1999. Principles of Food Processing. New York. USA. Springer.

Heldman, D. R. and Lund, D. B. (Eds.). 1992. Handbook of Food Engineering. New York, USA. Marcel Dekker. pp: 563-619.

Heldman, D.R. 1977. Food Process Engineering. Westport, USA. AVI. Pub. Co. p:2.

Hendrickx, M.; Maesmans, G. De Cordt, S. Noronha, J. and Van Loey, A. 1995. Evaluation of the integrated time-temperature effect in thermal processing of foods. Critical Reviews in Food Science and Nutrition, 35(3):231-262.

Holdsworth, D. and Simpson, R. 2007. Thermal Processing of Packaged Foods. 2nd.ed. New York. USA. Springer. 407p.

Hu, M. and Jacobsen, C. (Editores). 2016. Oxidative Stability and Shelf Life of Foods Containing Oils and Fats. USA. AOCS Press. 381p.

Huang, J. and Sathivel, S. 2008. Thermal and rheological properties and the effects of temperature on the viscosity and oxidation rate of unpurified salmon oil. Journal of Food Engineering. 89:105-111.

Huang, Y.; Whittaker, A.D. and Lacey, R.E. 2001. Automation for Food Engineering. Food Quality Quantization and Process Control. Boca Ratón, FL.USA. CRC Press. 225p.

Hubinger, D. y Baroni, F. 2001. Conductividad y difusividad térmica. En: Métodos para Medir Propiedades Físicas en Industrias de Alimentos, Juan de Dios Alvarado y José Miguel Aguilera (Eds.). Zaragoza, España. Editorial Acribia, S. A. pp:213-236.

Hui, Y.H. (Ed.). 2006. Handbook of Food Science, Technology and Engineering. V3. Food Engineering and Food Processing. V4. Food Technology and Food Processing. Boca Raton. USA. CRC Press - Taylor and Francis Group. 3618p.

Hui, Y.H.; Ghazala, S. Graham, D.M. Murrell, K.D. and Nip, W-K. (Eds.) 2004. Handbook of Vegetable Preservation and Processing. New York. USA. Marcel Dekker, Inc. 31 topics and 10 appendix.

Hwang, M. P. and Hayakawua, K. I. 1979. A specific heat calorimeter for foods. J. Food Science, 44(2):435-438.

Ibarz, A. and Barbosa, G. 2014. Introduction to Food Process Engineering. New York. USA. CRC Press, Taylor & Francis Group.

Ibarz, A. 2005. Operaciones Unitarias en la Ingeniería de Alimentos. España. Editorial Mundi-Prensa.

Ibarz, A. and Barbosa-Cánovas, G. 2003. Unit Operations in Food Engineering. Boca Raton. USA. CRC Press. 883p.

INEN. 1991. Alimentos zootécnicos. Determinación de la acidez de la grasa e índice de peróxidos. Quito, Ecuador. Instituto Ecuatoriano de Normalización. NTE-INEN-ISO-1698. 8p.

Jaimez, J.; Pérez-Flores, J. Castañeda, A. González-Olivares, L. Añorve-Morga, J. and López, E. 2018. Kinetic parameters of lipid oxidation in third generation (3G) snacks and its influence on shelf-life. Food Science and Technology. 39:285.

Karnofsky, G. 1949. The theory of solvent extraction. Journal of the American Oil Chemist's Society. 26(10):564-569.

Karnofsky, G. 1986. Design of oil seed extractors. I. Oil extraction. Journal of the American Oil Chemist's Society. 63(6):1011-1014.

Karnofsky, G. 1987. Design of oil seed extractors. I. Oil extraction (Supplement). Journal of the American Oil Chemist's Society. 64(11):1533-1536.

King, Ch.O.; Katz, D.L. and Brier, J.C. 1944. The solvent extraction of soybean flakes. American Institute of Chemical Engineers, University of Michigan, Ann Arbor, Michigan, pp:533-556.

Kirschenbauer, H. G. 1964. Grasas y Aceites. Química y Tecnología. México, D.F. Compañía Editorial Continental, S. A. 309p.

Knoerzer, K.; Juliano, P. Roupas, P. and Versteeg, C. (Eds.). 2011. Innovative Food Processing Technologies: Advances in Multiphysic Simulation. Chichester. UK. Wiley Blackwell. John Wiley & Sons, Ltd. IFT Press. 395p.

Kreith, F. (Ed.). 2000. Handbook of Thermal Engineering. Boca Raton. USA. CRC Press. 1143p.

Kolakowska, A. 2003. Lipid oxidation in food systems. En: Sikorski and Kolakowska (Eds). Chemical and Functional Properties of Food Lipids. 133-165. London, UK. CRC Press.

Labuza, T. P. 1982. Shelf-Life Dating of Foods. Westport, Connecticut. Food and Nutrition Press, Inc. pp: 29, 47, 52.

Luther, W. ; Suter, D. and Brucewitz, G. 2004. Physical properties of food materials. En: Food and Process Engineering Technology. Ch. 2. St. Joseph, Michigan. USA. American Society of Agricultural Engineers (ASAE). pp: 23-52.

Mancebo-Campos, V.; Fregapane, G. and Desamparados-Salvador, M. 2008. Kinetic study for the development of an accelerated oxidative stability test to estimate virgin olive oil potential shelf life. European Journal of Lipid Science and Technology. 110(10):969-976.

Manzocco, L.; Panozzo, A. and Calligaris, S. 2012. Accelerated shelf life testing (ASLT) of oils by light and temperature exploitation. Journal of the American Oil Chemist Society. 89(4):577-583.

Maskan, M. and Karatas, S. 1999. Storage stability of whole split pistachio nuts (*Pistachia vera* L.) at various conditions. Food Chemistry 66:227-233.

Mattea, M.A. 1999. Fundamentos sobre el prensado de semillas oleaginosas. Aceites y Grasas. 50:427-431.

Mohsenin, N. 1980. Thermal Properties of Food and Agricultural Materials. N.Y. USA. Gordon and Breach Science Publishers, Inc. 407 p.

Murphy, R. M. 2007. Introducción a los Procesos Químicos. Principios, Análisis y Síntesis. The McGraw-Hill Companies, Inc. Serie: Ingeniería Química. México. Impreso por Litográfica Ingramex. pp: 57-167.

Myers, N.W. (1977). Solvent extraction in the soybean industry. Journal of the American Oil Chemist's Society, 54: 491-493.

Patashnik, M. 1953. A simplified procedure for thermal process evaluation. Food Technology, 7(1):1.

Patricelli, A.; Assogna, A. Emmi, E. Sodini, G. 1979. Fattori che influenzano lèstrazione dei lipidi da semi decorticati di girasole. Rivista Italiana delle Sostanze Grasse. 61:136-142

Peleg, M. 1999. On calculating sterility in thermal and non-thermal preservation methods. Food Research International. 32:271-278.

Pérez, N. V.; Shukla, N. and Deshpande, P. B. 1993. Online quality control of non-linear batch systems: application to the thermal processing of canned foods. Journal of Food Engineering. 19:275-289.

Poulsen, P. K. 1982. Thermal diffusivity of foods measured by simple equipment. J. Food Eng. 1: 115 -122.

Rahman, S. 1995. Food Properties Handbook. Boca Ratón, USA. CRC Press.

Rahman, S. M. and Potluri, P. L. 1991. Thermal conductivity of fresh and dried squid meat by line source thermal conductivity probe. J. Food Science. 56(2):582 – 585.

Ramaswamy, H. S. and Tung, M. A. 1981. Thermophysical properties of apples in relation to freezing. J. Food Science. 46:724 – 728.

Rao, M. A. 1977. Rheology of liquid foods. A review. Journal of Texture Studies. 8:135-168.

Rao, M. A. and Rizvi, S. S. H. 1995. Engineering Properties of Foods. 2nd. ed. New York, USA. Marcel Dekker. pp: 99-138.

Rao, M. A.; Barnard, J. and Kenny, J. F. 1975. Thermal diffusivity of process variety squash and white potatoes. Transactions of the ASAE. 18(6):1188 – 1192.

Rapusas, R. S. and Driscoll, R. H. 1995. Thermophysical properties of fresh and dried white onion slices. Journal Food Engineering. 24:149 – 164.

Rask, C. 1989. Thermal properties of dough and bakery products. A review of published data. Journal of Food Engineering. 9:167–193.

Reidy, G. A. and Rippen, A. L. 1971. Methods for determining thermal conductivity in foods. Transactions of the ASAE. 14(2):248-254.

Richardson, P. (Ed.). 2004. Improving the Thermal Processing of Foods. Boca Raton. USA. CRC Press.

Rita Khatir; Ria Juliana, Raida Agustina, Bambang Sukamo Putra. 2019. The shelf-life prediction of sweet orange based on its total soluble solids by using Arrhenius and Q10 approach. IQP. Mat. Sci. Eng. 506(1). E012058:1-8.

Romo Saltos, L. A. y Alvarado, J. de D. 2001. Tensión superficial y exceso de energía libre de superficie. En: Alvarado, J. de D. y Aguilera, J. M. [Eds]. Métodos para medir propiedades físicas en industrias de alimentos. Editorial Acribia, S. A. Zaragoza, España. pp:49-59.

Romo Saltos, L. A. 1993. Emulsiones: fundamentos fisicoquímicos, formulación y aplicaciones. Quito, Ecuador. Editorial Universitaria UC. Pp:4-42.

Sánchez, M. 2003. Procesos de Elaboración de Alimentos y Bebidas. España. Editorial Mundi-Prensa.

Sandeep, K.P. (Ed.). 2011. Thermal Processing of Foods: Control and Automation. Ames. USA. Wiley-Blackwell. IFT Press. 220p.

Sastry, S. K. and Datta, A. K. 1984. Thermal properties of frozen peas, clams and ice cream. Can. Inst. Food Sci. Technol. J. 17(4):242–246.

Schmalko, S. 1997. Manual of Analysis of Fruits and Vegetable Products. USA. Editorial McGraw-Hill.

Sharaty Niassar, R.P. 2000. Moving boundaries in food engineering, Journal Food Technology 54(2):44-53.

Shim, S. D. and Lee, S. J. 2011. Shelf-life prediction of perilla oil by considering the induction period of lipid oxidation. European Journal of Lipid Science and Technology. 116:987-995.

Sharma, S.K.; Mulvaney, S.J. and Rizvi, S.S.H. 2003. Ingeniería de Alimentos. Operaciones unitarias y prácticas de laboratorio. México. Limusa Wiley. 358p.

Simpson, R. (Ed.). 2009. Engineering Aspects of Thermal Food Processing. Boca Raton. USA. CRC Press. 513p.

Simpson, R.; Almonacid, S. and Texeira, A. 2003. Bigelow's General Method Revisited: Development of a new calculation technique. J. Food. Sci., 68(4):1324-1333.

Singh, R. P. and Heldman, D. R. 2013. Introduction to Food Engineering. Lincoln USA. Elsevier.

Singh, K.K.; Wiesenborn, D.P. Tostenson, K. and Kangas, N. 2002. Influence of moisture content and cooking on screw pressing of crambe seed. Journal of the American Oil Chemist's Society. 79(2):165-170.

Singh, J. and Bargale, P.C. 2000. Development of a small capacity double stage compression screw press for oil expression. Journal of Food Engineering. 43(2):75-82.

Singh, J. and Bargale, P.C. 1999. Mechanical expression of oil from linseed. Journal of Oilseeds Research. 7:106-110.

Singh, R. P. 1982. Thermal diffusivity in food processing. Food Technology. 6(2):87 - 91.

Smith, P. 2011. Introduction to Food Process Engineering. London. United Kingdom. Springer.

Stoforos, N.G.; Noronha, J. Hendrickx, M. and Tobback, P. 1997. A critical analysis of mathematical procedures for the evaluation and design of in-container thermal processes for foods. Critical Reviews in Food Science and Nutrition, 37(5):411-441.

Sun, Da-Wen. (Ed.). 2006. Thermal Food Processing. New Technologies and Quality Issues. Boca Ratón, FL.USA. CRC Press. 640p.

Sweat, V.E. 1995. Thermal properties of foods. En: Rao, M. A. and Risvi, S. S. H. (Eds). Engineering Properties of Foods. (Ed.), 2nd. ed., New York. USA. Marcel Dekker Inc. pp:99-138.

Sweat, V.E. 1975. Modeling the thermal conductivity of meats. Transactions of the ASAE. 18(3):564-568.

Sweat, V. E. and Haugh, C. G. 1974. A thermal conductivity probe for small food samples. Transactions of the ASAE. 17(1):56-58.

Sweat, V.E. 1974. Experimental values of thermal conductivity of selected fruits and vegetables. J. Food Science, 39:1080–1083.

Tan, C.; Man, Y. Selamat, J. and Yusoof, M. 2001. Application of Arrhenius kinetics to evaluate oxidative stability of vegetable oils by isothermal DSC: Journal of Oil and Fat Industries. 78:1133-1138.

Toledo, R. T. 1999. Fundamentals of Food Process Engineering. 2nd. ed. New York, USA. Kluwer Academic/Plenum Publishers. 602 p.

Ugo De Corato. 2020. Improving the shelf-life and quality of fresh and minimally processed fruits and vegetables for a modern food industry. Crit. Rev. Food Sci., 60(6):940-975.

Valenzuela, A. B. y Nieto, S. K. 2001. Los Antioxidantes: Protectores de la Calidad en la Industria Alimentaria. Libro 10°. Aniversario. Recopilación de Artículos Técnicos de 1990-2000. ASAGA- Asociación Argentina de Grasas y Aceites. 1-41, 85-94.

Van Bockel, M. A. 2008. Kinetic modeling of food quality: A critical review. Comprehensive Reviews in Food Science and Food Safety. 7(1):144-158.

Van Bockel, M. A. 1996. Statistical aspects of kinetic modeling for food science problems. Journal of Food Science. 61(3):477-486.

Voudouris, N. and Hayakawa, K. 1994. Simultaneous determination of thermal conductivity and diffusivity of foods using a point heat source probe: A theory analysis. Lebensm.-Wiss. u.-Technol. 27:522.

Wang, J. and Hayakawa, K. 1993. Maximum slope for evaluating thermal conductivity probe data. J. Food Science, 58(6):1340 – 1345.

Ward, J.A. 1976. Processing high oil content seeds in continuous press. Journal of the American Oil Chemist's Society. 53:261-264.

Welti-Chanes, J.; Barbosa-Cánovas, G.V. and Aguilera, J.M. (Eds.) 2001. International Congress on Engineering and Food. ICEF8. Lancaster Pennsylvania USA. Technomic Pub. Co. Inc. V.I and II. 2086p.

Wenjun Wang; Weixing Hu. Tian Ding. Xingqian Ye and Donghong Liu. 2018. Shelf-life prediction of strawberry al different temperatures during storage using kinetic analysis and model development. J. Food Process Pres. 42(8). E13693:1-9.

Wiesenborn, D.; Doddapaneni, R. Tostenson, K. and Kangas, N. 2001. Cooking indices to predict screw-press performance for crambe seed. Journal of the American Oil Chemist's Society. 78(5):467-471.

Wingard, M.R. and Phillips, R.C. 1949. The determination of the rate extraction of crude lipids from oilseeds with solvents. Journal of the American Oil Chemist's Society, 26: 422-426.

Yaoxing Niu; Jianmin Yun. Yang Bi. Ting Wang. Yu Zhang. Hong Liu and Fengyun Zhao. 2020. Predicting the shelf-life of postharvest Flammulina velutipes at varius temperatures based on mushroom quality and specific spoilage organisms. Postharvest Biol. Tech. 167. E111235:1-11.

Zabalaga, R. F.; La Fuente, C. I. and Tadini, C. C. 2016. Experimental determination of thermophysical properties of unripe banana slices (*Musa cavendishii*) during convective drying. Journal of Food Engineering. 187:62-69.

Zeuthen, P. and Bögh-Sörensen, L. 2003. Food Preservation Techniques. Boca Raton. CRC Press. 624p.

Zhang Wen; Luo Zhongwei. Wang Aichen. Gu Xin and Ly Zhenzhen. 2021. Kinetics models applied to quality change and shelf-life prediction of kiwi fruits. L.W.T. 138. E110610:1-7.

Zwietering, M. H.; Jongenburger, I. Rombouts, F. M. 1990. Modeling of the bacterial growth curve. Appl. Environ. Microb. 56:1875-1881.

Capítulo 2.
Cálculo de procesos en aceites

PREÁMBULO

Los aceites y grasas se definen como las sustancias de origen orgánico que comprenden los aceites, mantecas y sebos, son parte importante en la dieta de las personas por su capacidad de proporcionar energía y ser vehículo de compuestos indispensables para la vida. Los aceites son materias grasas, en su mayoría de origen vegetal, fluidas a temperatura ambiente. Proceden de semillas como el girasol, la soya, el maní, la colza, el sésamo, el maíz o el algodón, de frutos como la oliva y la nuez y de raíces como la chufa, se los utiliza para sazonamiento, fritura y como margarinas vegetales. Entre los de origen animal se mencionan los de ballena, foca e hígado de bacalao.

Según Aurand y Woods (1973) se ha definido a los lípidos como un grupo heterogéneo de sustancias que se producen en forma natural, las cuales son insolubles en agua pero solubles en disolventes orgánicos como éter, cloroformo, benceno y acetona. Los lípidos contienen carbono, hidrógeno y oxígeno, algunos contienen también fósforo y nitrógeno. Muchos lípidos a temperatura ambiente son sólidos suaves denominados grasas o líquidos que se denominan aceites, son difíciles de cristalizar.

Una gran clasificación de los lípidos los divide en tres grupos: Lípidos simples, son ésteres de ácidos grasos y alcoholes. Lípidos compuestos, corresponden a lípidos simples conjugados con moléculas no lipídicas. Lípidos derivados, son productos de la hidrólisis de lípidos. Los lípidos ricos en ácidos grasos saturados de cadena larga son sólidos a temperatura ambiente (grasas), mientras que los lípidos ricos en ácidos grasos de cadena corta y, en particular, más insaturados, son líquidos a temperatura ambiente (aceites). Los ácidos grasos, al establecer enlaces tipo éster con otras moléculas a través de su extremo carboxilo terminal, pierden su condición anfipática, confiriendo al lípido resultante un marcado carácter hidrofóbico.

Los aceites comestibles son mezclas complejas de triglicéridos y pequeñas cantidades de otras sustancias naturales o que son derivadas del procesamiento y almacenamiento de las grasas, las cuales son muy importantes. Así las vitaminas solubles en grasas, los esteroles y los fosfolípidos son indispensables para la vida. Los ácidos grasos libres son un índice del grado de hidrólisis de los triglicéridos.

La presencia de peróxidos, aldehídos y cetonas son indicativos del deterioro oxidativo.

Los aceites requieren ser refinados para dejarlos completamente neutros de aroma y sabor con el propósito que sean aceptados por los consumidores, para ello se los somete a procesos físicos como altas temperaturas o químicos con el uso de hidróxido de sodio, disolventes, tierras activadas, con lo que se eliminan olores y sabores naturales, con el inconveniente de que también se pierden compuestos importantes como proteínas y vitaminas.

Pedraza (1999) señaló que en un mercado tan competitivo como el de los aceites, solo una optimización del recurso tecnológico para mejorar las eficiencias de recuperación del producto deseado, disminuir los niveles de pérdidas en los efluentes o residuos y reducir los costos de procesamiento (mano de obra, energía eléctrica, mantenimiento y reposición de partes), les permitirán a las agroindustrias nacionales alcanzar un nivel de competitividad frente a la industria internacional.

Productos

AGUACATE (*Persea americana*)

Origen

El árbol de aguacate es un frutal originario del continente americano, pertenece a la familia de las lauráceas y puede alcanzar hasta 15 metros de altura. Su fruto también llamado palta tiene gran difusión y consumo, por su apetencia, valor nutritivo y múltiples aplicaciones en la industria farmacéutica y de cosméticos (Batista-Cerdeño y colaboradores, 1993). El aguacate es una alternativa atractiva para el industrial por su contenido de aceite en la pulpa. Hay básicamente tres grupos ecológicos o razas de aguacate: Mexicana, Guatemalteca y Antillana (Avillán, 2005).

El aguacate es una drupa carnosa, de forma periforme, ovoide, globular o elíptica alargada; su color varía del verde claro al verde oscuro y del violeta al negro. El cambio de color requiere establecer el cambio de coloración de los frutos de un verde tierno a un verde oscuro u opaco, acompañado de la pérdida de brillo. En la Figura 2.1. se observan frutos y aceite listos para ser consumido.

Los requerimientos agroecológicos para el cultivo de aguacate son similares a los del cultivo de café. Altitud de 400 a 1.800 [msnm], susceptible a heladas, temperaturas de 17° a 30°C. Precipitación pluvial de 1.200 a 2.000 [mm] anuales bien distribuidas, humedad relativa de 60%, no tolera encharcamientos de agua, es susceptible a vientos fuertes. Al cosechar, debe evitarse el asoleado pues al elevarse su temperatura interna se disparan procesos fisiológicos y químicos que aceleran la maduración y degradación del fruto. El rozamiento de frutos y otros daños o heridas en la piel del fruto aceleran la pérdida de agua, la respiración y la liberación de etileno (ANACAFÉ, 2004).

Figura 2.1. Aguacates y aceite.

La composición de pulpa de aguacate indicada en la Tabla de Composición de Alimentos Ecuatorianos (INNE, 1965), expresada en [g/100 g] es: humedad 74,2; proteína 1,4; extracto etéreo 17,5; carbohidratos 4,5; fibra 1,6; cenizas 0,8. Se destaca el alto contenido de extracto etéreo de la variedad cultivada en la Sierra, que en su gran mayoría corresponde a la materia grasa. La cantidad de lípidos en la pulpa de aguacate guatemalteco es considerable, se han informado valores de 21% y 33% en la variedad americana, lo que lo hace una fuente potencial para la extracción de aceite (Ortiz-Moreno y colaboradores, 2003).

Aceite de aguacate

El aceite de aguacate es uno de los más delicados en cuanto a su vida de anaquel, debido a su composición tan particular, como su alto contenido de vitamina E, que lo hace susceptible a degradación por factores como la luz, temperatura entre otros. El contenido de aceite de la pulpa en el aguacate cambia con la variedad y el tiempo de maduración del fruto. Un fruto arrancado precozmente tiene menor contenido de aceite que el fruto que permanece el tiempo adecuado en el árbol (Prohaciendo, 2001).

Entre los constituyentes químicos principales están los ácidos grasos, hacen parte de los ácidos orgánicos, en ellos está presente el grupo carboxílico (COOH) y reciben su nombre por encontrarse en las grasas y aceites vegetales (Vargas, 1993). La composición porcentual de ácidos grasos reportada por Alvarado (2014) para aceite de aguacate es: palmítico 15,2; palmitoleico 5,5; esteárico 0,6; oleico 70,1; linoleico 8,0 y linolénico 0,6. Se destaca al ácido oleico que es monoinsaturado como el más abundante.

El aceite de aguacate debido a su contenido de ácidos grasos insaturados puede mejorar el perfil lipídico en pacientes con hipercolesterolemia moderada

(López-Ledesma y colaboradores, 1996. Carranza y colaboradores, 1995) y disminuir los triacilglicéridos (Anderson-Vázquez y colaboradores, 2009).

La cantidad de ácidos grasos saturados del aceite de aguacate es relativamente baja comparada con la de los aceites de girasol, maíz, soya, maní y oliva (Ratovohery y colaboradores, 1988). Por ejemplo, el ácido graso palmítico (C16:0) se encuentra en el aceite de aguacate en un 15,2% mientras que en otras especies como semillas de girasol 5-6%, germen de maíz 8-12%, semillas de soya 9,7-13,3%, semillas de cacahuete o maní 6,0-15,5 % (Norma Mexicana, 2008), canola 2,5-6,0% y en el aceite de oliva de frutos del árbol de olivo 7,5-20% y 12,3% en aceite virgen (Andrikopoulos y colaboradores, 2002).

El aceite de aguacate que en condiciones ambiente se presenta como un líquido amarillo, su extracción se realiza mediante presión o mediante solventes, principalmente hexano (Norma Mexicana, 2008). En la Figura 2.2. se indica el diagrama de bloques con las operaciones realizadas para obtener el aceite con el uso de solventes.

Martínez (2002) utilizó otras condiciones para extraer aceite de la variedad Hass. El proceso inició con el secado de la pulpa a 105°C, durante 2 horas; el color de la pulpa deshidratada obtenida variaba entre el amarillo ocre y el café claro. Después se realizó la extracción con hexano a 59°C durante 1 hora y con ciclohexano a una temperatura de 71°C durante el mismo período de tiempo y se obtuvo un rendimiento del 50% (base seca) para la extracción con hexano y del 48,5% (base seca) para el ciclohexano.

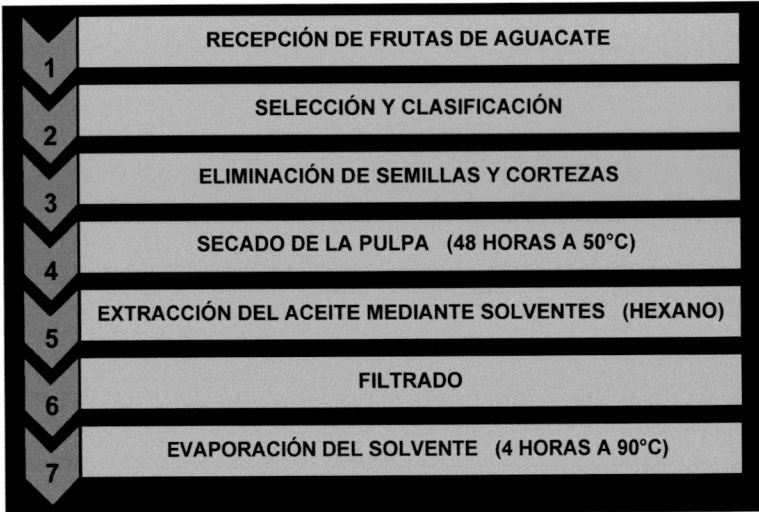

Figura 2.2. Diagrama de bloques para la obtención de aceite de aguacate mediante solvente.

Morales (2005) indicó que luego de la extracción el aceite se almacena, período en el cual bajo circunstancias definidas, se produce una tolerable disminución de la calidad del producto. La calidad engloba muchos aspectos del alimento, como sus características físicas, químicas, microbiológicas, sensoriales, nutricionales y referentes a inocuidad. Este período depende de muchas variables en donde se incluyen tanto el producto como las condiciones ambientales y el empaque. Dentro de las que ejercen mayor peso se encuentran la temperatura, pH, actividad de agua, humedad relativa, radiación (luz), concentración de gases, potencial redox, presión y presencia de iones.

Entre las determinaciones químicas que permiten evaluar los cambios que ocurren en el aceite durante el almacenamiento está el índice de peróxidos. El índice de peróxidos determina el contenido de hidroperóxidos y ofrece una medida de la oxidación de los ácidos grasos insaturados (Allen y colaboradores, 1982; Matissek y colaboradores, 1998). Es una medida del oxígeno unido a las grasas en forma de peróxidos. Se forman especialmente hidroperóxidos como productos de oxidación primarios, además de cantidades reducidas de otro tipo de peróxidos como consecuencia de procesos oxidativos. Por tal motivo, el índice de peróxidos proporciona información acerca del grado de oxidación de la muestra. Esta información es de gran importancia en el análisis físico–químico de cualquier grasa ya que permite hacer estimaciones de hasta qué punto la grasa ha sido alterada (ICONTEC, 1998).

Jiménez y colaboradores (2001) presentaron datos de las propiedades del aceite de aguacate: Densidad 0,91 [g/cm^3]. Índice de refracción a 25°C 1,468. Índice de saponificación 189 [mg KOH/g]. Índice de yodo 84 [cg/g]. Índice de peróxidos 14,9 [mEq/kg]. Índice de acidez 1,07 [mg KOH/g]. Porcentaje de ácidos grasos libres 0,54.

El aceite de aguacate es tan competitivo por sus características físicas y composición como el aceite de oliva, posee un alto contenido de ácidos grasos no saturados y vitamina E, su baja acidez y alto contenido de fitoesterol, un componente similar a la lanolina, usada en la industria de cosméticos (ANACAFÉ, 2004).

En la Tabla 2.1. se presentan los datos de varias propiedades físicas determinadas en aceite obtenido de la pulpa de aguacate, las cuales se utilizan como indicadores en el cálculo de procesos, pues cambian durante cada operación que se realice para su extracción o transformación. Además, los datos son indispensables para cálculos que utilicen ecuaciones constituidas por números adimensionales, en el caso de no disponer de datos reales, los resultados serán erróneos y los cálculos no tendrían utilidad práctica o validez. Se debe recordar que los datos de propiedades físicas son útiles para el control de calidad de los aceites y grasas, con la ventaja de que en muchas ocasiones las determinaciones requieren poca cantidad de muestra, son rápidas y son baratas.

La información indicada fue obtenida durante 3 años en el Proyecto de Investigación titulado: Determinación de Propiedades Físicas y Térmicas en Aceite, y Jugo, Pulpa, de Hortalizas y Frutas Cultivadas en Ecuador. El proyecto se realizó en la Facultad de Ciencia e Ingeniería en Alimentos de la Universidad Técnica de Ambato con el auspicio del Consejo Nacional de Universidades y Escuelas Politécnicas del Ecuador (Alvarado, 1989).

Tabla 2.1. Propiedades físicas de aceite crudo de pulpa de aguacate (*Persea americana*).

Propiedad	Unidad	TEMPERATURA [°C]								
		10	20	30	40	50	60	70	80	90
Densidad	[kg/m³]	923	916	911	905	899	891	886	880	873
Tensión superficial	[mN/m]	25,4	24,8	24,1	23,5	22,9	22,3	21,6	21,0	20,4
Entropía de superficie	10^2 [erg/m² K]	−8,97	−8,46	−7,95	−7,50	−7,09	−6,69	−6,29	−5,95	−5,62
Energía libre de superficie	[mJ/m²]	50,8	49,6	48,2	47,0	45,8	44,6	43,2	42,0	40,8
Viscosidad	[mPa·s]	84,7	63,3	46,7	36,5	28,0	20,2	15,1	11,9	9,0
Viscosidad cinemática	[stoke]	0,918	0,691	0,513	0,403	0,311	0,228	0,170	0,135	0,103
Fluidicidad	[rhe]	1,18	1,58	2,14	2,74	3,57	4,95	6,62	8,40	11,1
Índice de refracción	---	1,4747	1,4708	1,4675	1,4643	1,4602	1,4568	1,4530	1,4499	1,4468
Calor específico	[J/kg x K]	1.980								
Conductividad térmica	[W/m x K]	0,18								
Difusividad térmica	[m²/s]	$1,00 \times 10^{-7}$								
Entalpía	[J/kg]	19.800 (303,2 → 313,2) [K]								
Energía de tensión	[kJ/kg x mol]	1.990 (303,2 → 313,2) [K]								
Coeficiente de expansión	[1/°C]	0,000704								
Energía de flujo	[kJ/kg x mol]	23.968								
Refracción específica	[m³/kg]	0,000305								
Punto de fusión	[°C]	1,8 (Inicio −2,5; Final 6,0)								
Punto de humo	[°C]	188								
Punto de ignición	[°C]	273								
Punto de inflamación	[°C]	335								

Cálculo de procesos

Datos suministrados por Wilma Llerena, Paulina Rodríguez y Gustavo Parreño obtenidos en frutos de aguacate (*Persea americana*) variedad guatemalteca, cosechados en un estado conocido regionalmente como «sazón» o «tres cuartos» y en su madurez fisiológica, son utilizados para los cálculos.

El proceso de obtención del aceite se inició con el secado de la pulpa a 50°C durante 48 horas; el color de la pulpa de aguacate deshidratada varió entre amarillo ocre y café claro. Después se realizó la extracción con hexano a 60°C en probetas durante 2 horas, se filtró el contenido y se procedió a evaporar el solvente en la estufa a 105°C durante 3 horas. En la extracción del aceite de aguacate por arrastre utilizando solventes el rendimiento es muy bajo, del orden del 4% con relación al peso de pulpa.

En los lípidos ocurren una serie de procesos químicos y bioquímicos que dan lugar a la oxidación de los dobles enlaces de las moléculas de los ácidos grasos (oleico, linoleico, linolénico), conocidos como puntos de instauración. Se observa un aumento de los peróxidos conforme aumenta el tiempo, esto es conocido como oxidación primaria. Los productos que se forman en este proceso continúan reaccionando, dando lugar a lo que se conoce como oxidación secundaria. Cuando se inicia el proceso de oxidación en un lípido en especial por autooxidación con el oxígeno del aire, este continúa, es decir no se detiene hasta que la oxidación primaria y secundaria terminen (Allen y colaboradores, 1982).

Almacenamiento del aceite

Indicador. Índice de refracción

Las medidas se realizaron en un refractómetro Abbe calibrado con agua destilada, previamente las gotas del líquido fueron estabilizadas a 20°C y las medidas se realizaron por triplicado. En la Tabla 2.2. se presentan los valores registrados en aceite de aguacate.

Tabla 2.2. Índice de refracción en aceite de pulpa de aguacate a distintos tiempos y tres temperaturas de almacenamiento.

Tiempo de almacenamiento [horas]	Temperatura [°C]		
	7	18	30
0	1,4551	1,4551	1,4551
27,5	1,4573	1,4588	1,4622
39,3	1,4598	1,4624	1,4637
67,7	1,4637	1,4669	1,4681
132,5	1,4665	1,4716	1,4751

Kirschenbauer (1964), para aceite de pulpa de aguacate reportó un intervalo de 1,4654 a 1,4662 en medidas del índice de refracción realizadas a 15°C. Los valores tabulados son un poco más bajos, se incrementan conforme avanza el tiempo de almacenamiento y la temperatura, llegan a igualar los valores reportados. En la Figura 2.3. se representan estos datos.

En el presente caso la relación entre el índice de refracción y el tiempo de almacenamiento es curvilínea, descrita en forma adecuada por ecuaciones polinómicas de segundo grado que reflejan un cambio importante al inicio, que luego disminuye conforme avanza el almacenaje.

Al aceptar como el límite admisible para el índice de refracción el valor superior del intervalo reportado en la literatura técnica, que corresponde a 1,4662, se calculan los tiempos de almacenamiento en que se alcanza este valor en los aceites de pulpa de aguacate mantenidos a las 3 temperaturas.

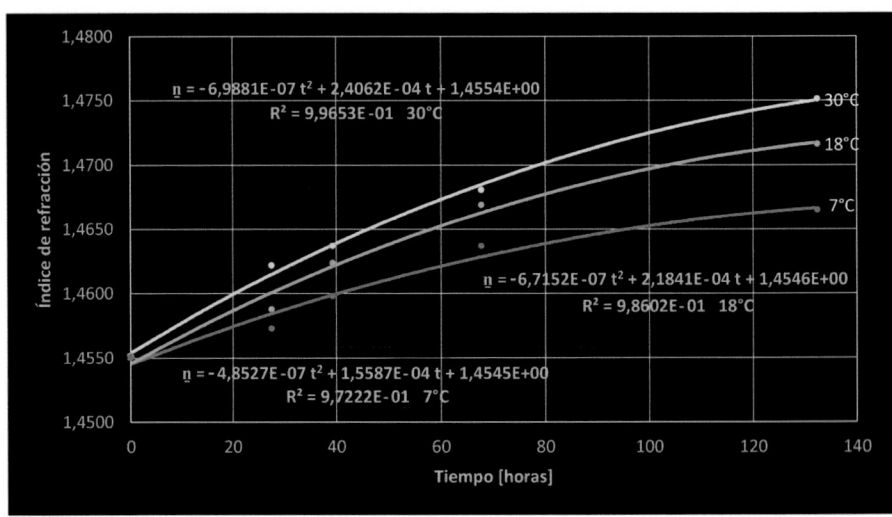

Figura 2.3. Cambios en el índice de refracción de aceite de aguacate almacenado a tres temperaturas.

A 30°C

$$\underline{n} = -6{,}9881\ (10^{-7})\ t^2 + 2{,}4062\ (10^{-4})\ t + 1{,}4554 \tag{2.1}$$

$$1{,}4662 = -6{,}9881\ (10^{-7})\ t^2 + 2{,}4062\ (10^{-4})\ t + 1{,}4554$$

$$(1{,}4662 - 1{,}4554) = -6{,}9881\ (10^{-7})\ t^2 + 2{,}4062\ (10^{-4})\ t$$

$$-6{,}9881\ (10^{-7})\ t^2 + 2{,}4062\ (10^{-4})\ t - 0{,}0108 = 0$$

$$x = \frac{-b \pm \sqrt{b^2 - 4ac}}{2a}$$

$$x = \frac{-0{,}00024062 \pm \sqrt{(0{,}00024062)^2 - 4\,(-0{,}00000069881)(-0{,}0108)}}{2\,(-0{,}00000069881)}$$

$$t^*_{AA} = 53{,}1\ [\text{horas}]$$

A 18°C

$$\underline{n} = -6{,}7152\ (10^{-7})\ t^2 + 2{,}1841\ (10^{-4})\ t + 1{,}4546 \tag{2.2}$$

$$1{,}4662 = -6{,}7152\ (10^{-7})\ t^2 + 2{,}1841\ (10^{-4})\ t + 1{,}4546$$

$$(1{,}4662 - 1{,}4546) = -6{,}7152\ (10^{-7})\ t^2 + 2{,}1841\ (10^{-4})\ t$$

$$-6{,}7152\ (10^{-7})\ t^2 + 2{,}1841\ (10^{-4})\ t - 0{,}0116 = 0$$

$$t^*_{AA} = 66{,}8\ [\text{horas}]$$

A 7°C

$$\underline{n} = -4,8527\ (10^{-7})\ t^2 + 1,5587\ (10^{-4})\ t + 1,4545 \tag{2.3}$$

$$1,4662 = -4,8527\ (10^{-7})\ t^2 + 1,5587\ (10^{-4})\ t + 1,4545$$

$$(1,4662 - 1,4545) = -4,8527\ (10^{-7})\ t^2 + 1,5587\ (10^{-4})\ t$$

$$-4,8527\ (10^{-7})\ t^2 + 1,5587\ (10^{-4})\ t - 0,0117 = 0$$

$$t^*_{AA} = 119,2\ [horas]$$

Se utilizará un factor de seguridad del 5% en cuyo caso los valores de F^*_{AA} son:

A 30°C

$$F^*_{AA} = 53,1 \times (0,95) = 50,4\ [horas] = 2,1\ [días]$$

A 18°C

$$F^*_{AA} = 66,8 \times (0,95) = 63,5\ [horas] = 2,6\ [días]$$

A 7°C

$$F^*_{AA} = 119,2 \times (0,95) = 113,2\ [horas] = 4,7\ [días]$$

En la Figura 2.4. se representan estos valores del tiempo para que el aceite de aguacate presente inicios de rancidez como función de la temperatura de almacenamiento.

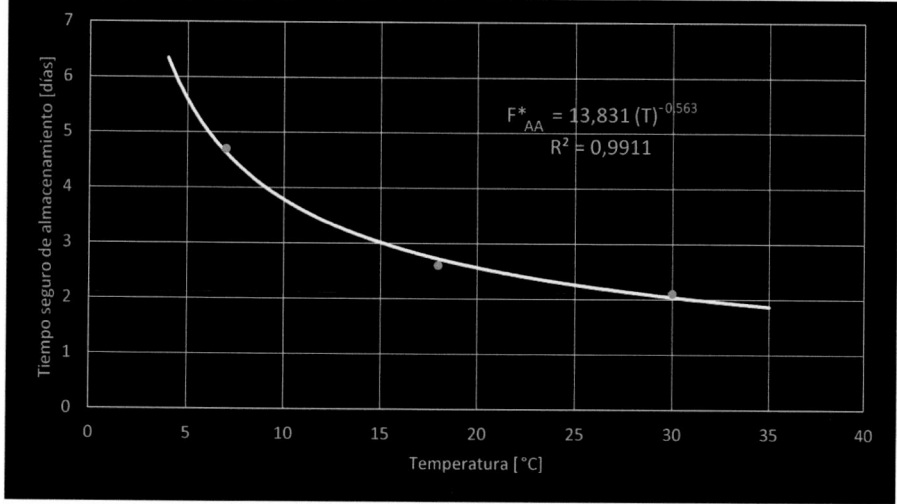

Figura 2.4. Tiempo de almacenamiento de aceite de pulpa de aguacate como función de la temperatura según datos del índice de refracción.

La relación potencial se presenta como la más adecuada para establecer la correlación entre estas dos variables ($R^2 = 0,991$) y puede ser utilizada para calcular el tiempo de almacenamiento seguro, antes del aparecimiento de la rancidez en aceite de aguacate almacenado a diferentes temperaturas entre 5°C y 35°C.

La ecuación es:

$$F^*_{AA} = 13,831 \, (T)^{-0,563} \tag{2.4}$$

Si se requiere calcular el tiempo de almacenamiento que tiene el aceite de nuez mantenido a temperatura constante de 5°C, temperatura utilizada para el almacenamiento de aceites sensibles a la oxidación, se obtiene:

$$F^*_{AA} = 13,831 \, (T)^{-0,563}$$
$$F^*_{AA} = 13,831 \, (5)^{-0,563}$$
$$F^*_{AA} = 5,6 \, [\text{días}]$$

Cálculos similares se pueden hacer a otras temperaturas en el intervalo señalado o por lecturas directas en la figura anterior. En las ecuaciones anteriores $\underline{n}$ es el índice de refracción, t es el tiempo, t^*_{AA} tiempo para el almacenamiento del aceite de aguacate, F^*_{AA} corresponde al tiempo de almacenamiento seguro calculado para el aceite de aguacate según datos del índice de refracción a temperatura constante y T es la temperatura.

Indicador. Índice de peróxidos

Uno de los indicadores utilizado para conocer la estabilidad en muestras de aceite crudo de aguacate mantenidas en cámaras estabilizadas a 7°, 18° y 30°, fue el índice de peróxidos. En forma general se pudo observar una mejor conservación a temperatura ambiente (18 ± 2°C). En la Tabla 2.3. se presentan los datos del índice de peróxidos determinados de acuerdo con la Norma INEN (2020), en las muestras de aceite de aguacate mantenidas a tres temperaturas a varios tiempos.

Tabla 2.3. Índice de peróxidos [mEq O_2/kg] en aceite de aguacate a distintos tiempos y tres temperaturas de almacenamiento.

Tiempo de almacenamiento [horas]	Temperatura [°C]		
	7	18	30
0	11,3	11,3	11,3
27,5	11,7	12,2	12,4
39,3	11,9	12,5	12,6
67,7	12,4	12,7	13,5
132,5	13,4	14,3	14,8

Como se muestra en la Figura 2.5. el proceso de oxidación del aceite es un poco más acelerado a una temperatura de 30°C, a temperaturas más bajas la formación de peróxidos es más lenta.

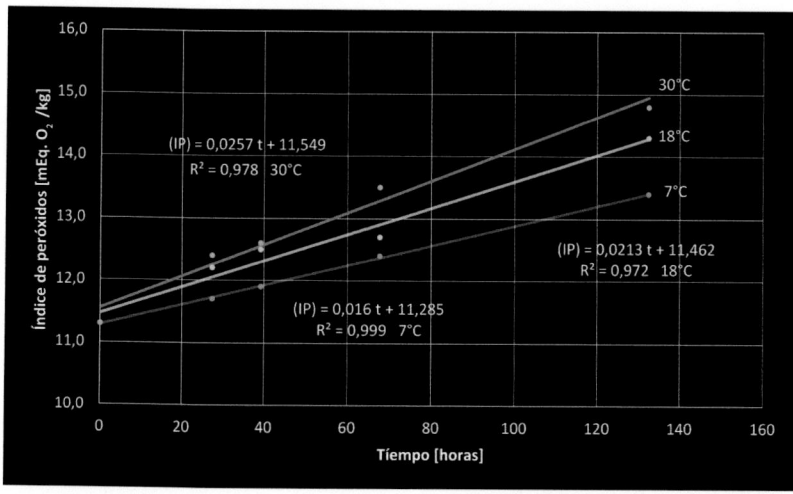

Figura 2.5. Índice de peróxidos de aceite de aguacate a distintos tiempos de almacenamiento y tres temperaturas.

Las regresiones lineales ajustan satisfactoriamente con el proceso de formación de peróxidos y es un indicativo de oxidación primaria como la reacción predominante durante el tiempo de almacenamiento registrado de 5,5 días. Kirk y colaboradores (2002) señalaron que la formación de peróxidos es lenta en el período de inducción, que varía desde algunas semanas hasta varios meses, según el aceite o grasa que se trate, la temperatura y otros factores. En general los aceites frescos a menudo tienen valores de peróxido muy inferiores a los 10 [mEq/kg], el sabor a rancio comienza a ser notable cuando el valor del peróxido es de 20 a 40 [mEq/kg].

En el presente caso el valor inicial de peróxido del aceite de aguacate es alto, 11,3 [mEq/kg], debido en parte a las temperaturas que se utilizan para la extracción del aceite mediante solventes, sin embargo fijando como valor inicial 20 [mEq/kg] indicativo de rancidez, se calcula los tiempos en que se alcanzaría este valor con las ecuaciones indicadas en la figura anterior.

A 30°C

(IP) = 0,0257 t + 11,549   (2.5)
20 = 0,0257 t + 11,549
(20 − 11,549)/0,0257 = t
t^*_{AA} **= 328,8 [horas]**

A 18°C

(IP) = 0,0213 t + 11,462   (2.6)
20 = 0,213 t + 11,462
(20 − 11,462)/0,0213 = t
t^*_{AA} **= 400,8 [horas]**

A 7°C

$$(IP) = 0,016 \ t + 11,285 \qquad (2.7)$$
$$20 = 0,016 \ t + 11,285$$
$$(20 - 11,285)/0,016 = t$$
$$t^*_{AA} = 544,7 \text{ [horas]}$$

Con un factor de seguridad del 5% los valores de F^*_{AA} son:

A 30°C

$$F^*_{AA} = 328,8 \times (0,95) = 312 \text{ [horas]}$$

A 18°C

$$F^*_{AA} = 400,8 \times (0,95) = 381 \text{ [horas]}$$

A 7°C

$$F^*_{AA} = 544,7 \times (0,95) = 518 \text{ [horas]}$$

En la Figura 2.6. se representan estos valores del tiempo para que el aceite de agua-cate presente indicios de rancidez. La relación logarítmica es muy adecuada para es-tablecer la correlación entre estas dos variables ($R^2 = 0,999$) y puede ser utilizada para calcular el tiempo de almacenamiento, antes del aparecimiento de la rancidez en aceite de aguacate almacenado a diferentes temperaturas entre 5°C y 35°C. La ecuación es:

$$F^*_{AA} = - 142 \ \ln (T) + 793,55 \qquad (2.8)$$

Si se requiere calcular el tiempo de almacenamiento que tiene el aceite de agua-cate conservado a temperatura constante de 20°C, se obtiene:

$$F^*_{AA} = - 142 \ \ln (T) + 793,55$$
$$F^*_{AA} = - 142 \ \ln (20) + 793,55$$
$$F^*_{AA} = - 142 \ (2,9957) + 793,55$$
$$F^*_{AA} = 368 \text{ [horas]} = 15,3 \text{ [días]}$$

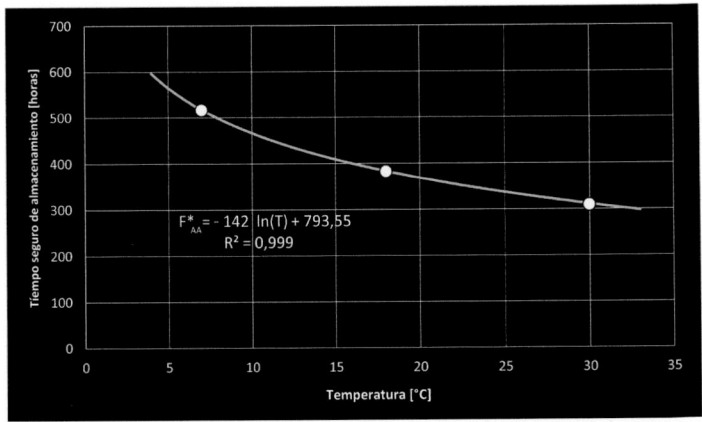

Figura 2.6. Tiempo seguro de almacenamiento como función de la temperatura en aceite de aguacate previo al inicio de la rancidez.

Cálculos similares se pueden hacer a otras temperaturas en el intervalo señalado o por lecturas directas en la figura anterior. En las ecuaciones anteriores (**IP**) es el índice de peróxido, **t** es el tiempo, **t*** es el tiempo de almacenamiento del aceite de aguacate, **F***$_{AA}$ corresponde al tiempo final de almacenamiento calculado para el aceite de aguacate según los valores del índice de peróxidos y **T** es la temperatura.

En el caso de que no se mantenga la temperatura constante y existan fluctuaciones, lo cual es un caso más real, el cálculo del tiempo de almacenamiento se hace en la forma siguiente.

Se requiere conocer en la forma más exacta posible los cambios de temperatura a los que fue sometido el producto alimenticio, aceite de aguacate. En la Figura 2.7. se indica una variación registrada durante un mes, se observan temperaturas más altas al medio día y más bajas durante la noche, el intervalo de variación de temperaturas está entre 7°C y 30°C.

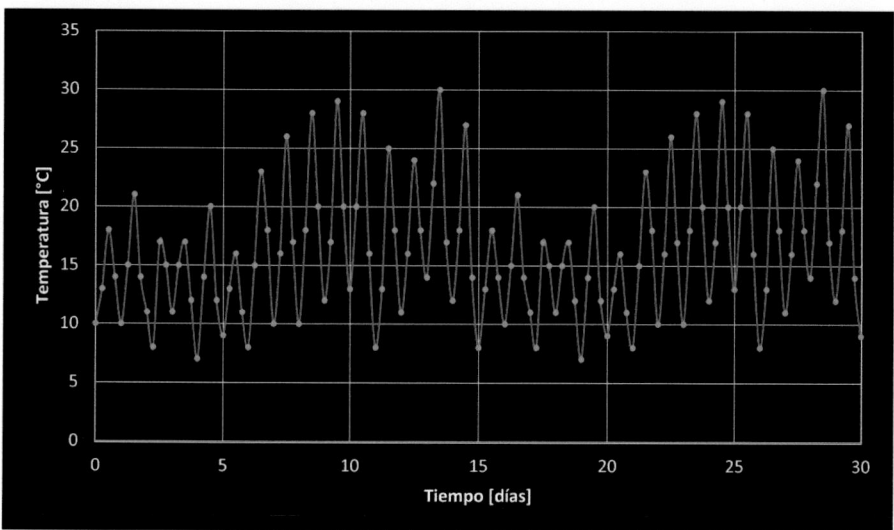

Figura 2.7. Variaciones de temperatura durante el almacenamiento de aceite de aguacate.

Con la ecuación anterior se calculan los tiempos para que aparezca la rancidez en el aceite de aguacate a distintas temperaturas, se grafican los valores inversos como función de la temperatura en el intervalo analizado, como se observa en la Figura 2.8.

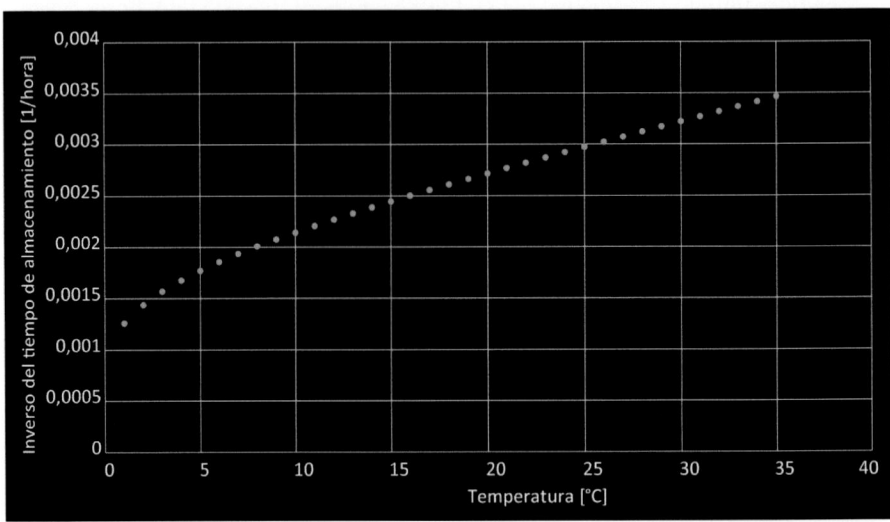

Figura 2.8. Inverso del tiempo de almacenamiento antes de la rancidez de aceite de aguacate como función de la temperatura.

Existe un aumento en los valores del inverso del tiempo seguro antes que el proceso de oxidación se manifieste como rancidez, es decir que si aumenta la temperatura los tiempos de almacenamiento disminuyen. Este comportamiento fue observado en muchos otros alimentos, Arancibia y colaboradores (2007) lo reportaron para naranjillas enteras y recubiertas con una película de quitosano.

Se requiere relacionar los dos últimos gráficos en tal forma que para cada temperatura se conozca su tiempo de almacenamiento. Para esto se elabora un sistema especial de coordenadas, en el cual la ordenada de temperaturas está espaciada proporcionalmente a los datos de tiempo de almacenamiento expresados por sus valores inversos y en abscisas se representan los valores del tiempo de almacenamiento. En la Figura 2.9. se presenta el gráfico elaborado con los datos del índice de peróxido determinados en aceite de pulpa de aguacate.

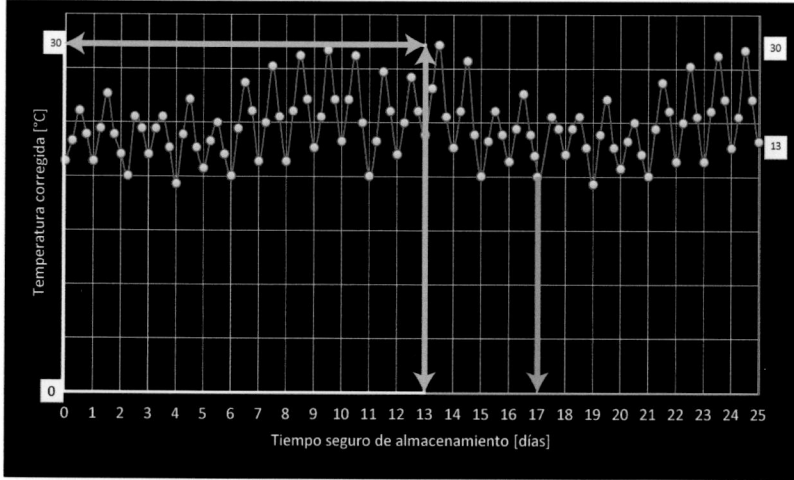

Figura 2.9. Representación gráfica del inverso del tiempo de almacenamiento como función de la temperatura contra el tiempo de almacenamiento de aceite de aguacate por medida del índice de peróxidos.

El área limitada por la línea irregular debida a las variaciones de temperatura, permite establecer el tiempo de almacenamiento en condiciones de temperatura variable, mediante técnicas de integración gráfica, en la forma siguiente: A 5°, 10° y 15°C los valores del inverso del tiempo de almacenamiento son 0,001760, 0,002143 y 0,002445 y nos indican la proporción de distancias correspondientes al eje de ordenadas o escala de temperaturas corregida, en abscisas se representan los valores del tiempo de almacenamiento.

Previamente se determinó que a 30°C el tiempo límite de almacenamiento seguro anterior al desarrollo de la rancidez en el aceite de aguacate fue de 13 días, en la figura esto delimita un cuadrado cuya área corresponde a la condición de temperatura constante. Como existen variaciones de temperatura según la línea quebrada, se requiere establecer un área igual a la anterior por integración gráfica que incluya estas variaciones, se lo hace incrementado el tiempo límite de almacenamiento, en el presente caso hasta los 17 días.

AJONJOLÍ (*Sesamum indicum*)

Origen

Es una planta herbácea anual con el tallo recto y flores de corola acampanada, blanca o rosada, cuyo fruto contiene muchas semillas muy pequeñas de color amarillo, las cuales son aceitosas y comestibles. Head y colaboradores (1995) indicaron que la planta crece en regiones tropicales, subtropicales y calientes, también en zonas temperadas durante el verano y en tierras tropicales bajo condiciones semi áridas. Las variedades pueden clasificarse de acuerdo con la capacidad de las cápsulas de romperse durante el secado o por el color, así ajonjolí blanco o ajonjolí negro. Bajo condiciones óptimas, algunas variedades alcanzan su madurez a los 3 o 4 meses, en condiciones menos favorables la maduración demora hasta 8 meses. Esta planta es muy cultivada en el Oriente Medio, especialmente en la India de donde se cree que es originaria a pesar de la dificultad de precisar su lugar de origen.

Con relación a su domesticación y utilización, son de los primeros cultivos utilizados por el ser humano pues sus semillas son comestibles en su estado natural, es un cultivo amigable. Excavaciones realizadas en la civilización hindú de Harappa, dejan evidencias escritas y botánicas de su empleo en el año 3500 antes de Cristo. Los chinos y egipcios le daban uso medicinal al ajonjolí alrededor del año 2000 antes de Cristo. Ya para el año 1200 antes de Cristo, hay certezas de su uso para fines culinarios, por las evidencias encontradas en la tumba del faraón Ramses III. Herodoto se refiere al uso del aceite de ajonjolí en Babilonia, durante el siglo V antes de Cristo. Datos importantes en la historia del ajonjolí se encuentran en épocas más modernas, como la llegada a América, gracias a los esclavos africanos, por los años 1500 después de Cristo, período en que también fue clasificado botánicamente por Carlos Linneo en el año de 1753.

En la Figura 2.10. se observan granos de ajonjolí y su aceite.

Figura 2.10. Semillas de ajonjolí con su aceite.

La composición reportada de las semillas de ajonjolí por el Instituto Nacional de Nutrición (INNE, 1965), expresado como [g/100 g de porción aprovechable] es: Humedad 5,1. Proteína 17,4. Extracto etéreo 57,1. Carbohidratos totales 15,5. Fibra 3,2. Ceniza 4,9. El contenido de extracto etéreo, básicamente el aceite, es muy alta supera la mitad del peso en el grano.

Obtención del aceite

El aceite natural obtenido de semillas sanas posee un sabor placentero y puede ser consumido sin ninguna purificación ulterior, se destaca que tiene una buena estabilidad por la presencia de altos niveles de antioxidantes naturales.

Head y colaboradores (1995) indicaron los métodos siguientes para la obtención a pequeña escala de aceite de ajonjolí.

Flotación en agua caliente. Es un método tradicional usado en Uganda y en Sudán para la extracción del aceite de ajonjolí. Las semillas son golpeadas y transformadas en una pasta, la cual se calienta hasta 80°-90°C durante 15 minutos. Se añade agua hirviendo y mediante agitación vigorosa se deja en suspensión la pasta, el conjunto se hierve manteniendo la agitación durante 15 minutos. Después del enfriamiento, la capa superior de aceite es separada y secada por calentamiento. Se obtiene una eficiencia de extracción del 41%.

Prensa puente. Se demostró que las semillas de ajonjolí son aptas para el proceso de prensado. En pruebas de laboratorio las semillas fueron convertidas en una pasta utilizando un mezclador potente e incorporando un tamiz con orificios de 2 [mm], es importante moler las semillas tan finamente como sea posible. La extracción del aceite mejora con la adición de agua y una recuperación óptima de aceite se obtuvo cuando la humedad fue entre el 11 al 13%. Rendimientos superiores al 70% se obtuvieron cuando la pasta tuvo una humedad del 12,7% y fue precalentada hasta 50°C antes del prensado.

Prensa de ariete. Utilizado en Tanzania, no se requiere la pre-molienda, sin embargo, el precalentamiento de la semilla mediante la exposición al Sol, preferiblemente en láminas de metal es recomendable. Se obtuvo eficiencias de extracción de aceite del 57% y del 62% cuando se trabajó con dos prensas de diferente marca que producían 2,2 [litros/hora] y 1,5 [litros/hora], respectivamente.

Proceso ghani. Se usa en Sudán con adición de aceite para mejorar la extracción. Semillas de ajonjolí (12 [kg] con un contenido de aceite expresado en base seca del 53%) se molieron en un recipiente tipo ghani con 0,5 [litros] de agua. La aparición de aceite se observó después de 30 [minutos] cuando la temperatura de la masa fue 41°C. Después de 40 minutos se adicionó 2 [litros] de aceite del extraído previamente a 46°C para mejorar el rendimiento. La extracción se completó a los 55–60 [minutos], se obtuvo 5 [litros] de aceite a una temperatura de 50°C.

Métodos modernos utilizan extrusores de pequeña escala, en los que se realizan dos etapas de extracción y operaciones adicionales para la clarificación del aceite. En semillas que contenían 55% de aceite con 4% de humedad, la eficiencia de la extracción de aceite llegó al 73-76%.

Propiedades del aceite

En la Tabla 2.4. se presentan datos de algunas propiedades físicas de aceite crudo de ajonjolí, obtenido por presión directa de las semillas molidas libres de impurezas.

Tabla 2.4. Propiedades físicas de aceite crudo de ajonjolí (*Sesamum indicum*).

Propiedad	Unidad	TEMPERATURA [°C]								
		10	20	30	40	50	60	70	80	
Densidad	[kg/m³]	928	922	915	908	901	895	890	882	8
Tensión superficial	[mN/m]	26,7	25,9	25,2	24,5	23,7	23,0	22,3	21,6	2
Entropía de superficie	102 [erg/m². K]	−9,43	−8,83	−8,31	−7,82	−7,33	−6,90	−6,50	−6,12	−
Energía libre de superficie	[mJ/m²]	53,4	51,8	50,4	49,0	47,4	46,0	44,6	43,2	4
Viscosidad	[mPa·s]	89,9	67,9	48,6	35,1	24,5	19,1	16,0	12,3	
Viscosidad cinemática	[stoke]	0,969	0,736	0,531	0,387	0,272	0,213	0,180	0,139	0,
Fluidicidad	[rhe]	1,11	1,47	2,06	2,85	4,08	5,24	6,25	8,13	1
Índice de refracción	---	1,4776	1,4740	1,4702	1,4667	1,4631	1,4595	1,4558	1,4526	1,
Calor específico	[J/kg × K]	1.820								
Conductividad térmica	[W/m × K]	0,23								
Difusividad térmica	[m²/s]	$1,38 \times 10^{-7}$								
Entalpía	[J/kg]	18.200 (303,2 → 313,2) [K]								
Energía de tensión	[kJ/kg × mol]	2.220 (303,2 → 313,2) [K]								
Coeficiente de expansión	[1/°C]	0,00074								
Energía de flujo	[kJ/kg × mol]	24.900								
Refracción específica	[m³/kg]	0,000305								
Punto de fusión	[°C]	− 2,5 (Inicio − 7,0; Final 2,0)								
Punto de humo	[°C]	165								
Punto de ignición	[°C]	262								
Punto de inflamación	[°C]	315								

Con relación a las características químicas, la composición de ácidos grasos determinada por Navas y colaboradoras (1988) expresada como porcentaje del total de ácidos grasos, se indica a continuación: Palmítico 11,5. Palmitoleico 0,7. Esteárico 2,6. Oleico 31,2 y Linoleico 54,0. Se destaca el alto contenido de ácidos grasos insaturados, linoleico con dos dobles enlaces y oleico con un doble enlace, que conduce a un porcentaje de insaturación 85,9% y apenas un 14,1% de ácidos grasos saturados. Lo anterior indica que el aceite de ajonjolí es fácilmente oxidable. El valor determinado del índice de yodo fue 110 y del índice de saponificación 186, valores similares a la mayoría de los aceites comestibles.

Cálculo de procesos

Extracción

Indicador. Eficiencia

Pruebas realizadas con una prensa pequeña de laboratorio, con semillas de ajonjolí sometidas a calentamiento previo, húmedo a 50°C y seco a 40°C, además de una muestra sin ningún tratamiento previo a 20°C, son utilizadas para aplicar el cálculo del proceso de extracción.

En la Figura 2.11. se observa la relación causa-efecto para analizar el proceso. La causa es de naturaleza física y corresponde a la temperatura a la que ingresa a la prensa la masa de ajonjolí, en la cual se produce una separación de los componentes, básicamente el aceite separado de la masa remanente de proteína, carbohidratos, fibra, ceniza. El aceite separado permite fijar la eficiencia de extracción con relación al contenido inicial de ajonjolí. Las condiciones de trabajo se mantuvieron constantes en todos los casos durante 1 [hora], para establecer la relación entre la temperatura del pretratamiento y la eficiencia, expresada como porcentaje de aceite extraído. El efecto de los cambios de composición se refiere a cambios de concentración de los componentes mayores por la salida de la materia grasa, considerados como cambios físicos, sin incluir los cambios químicos.

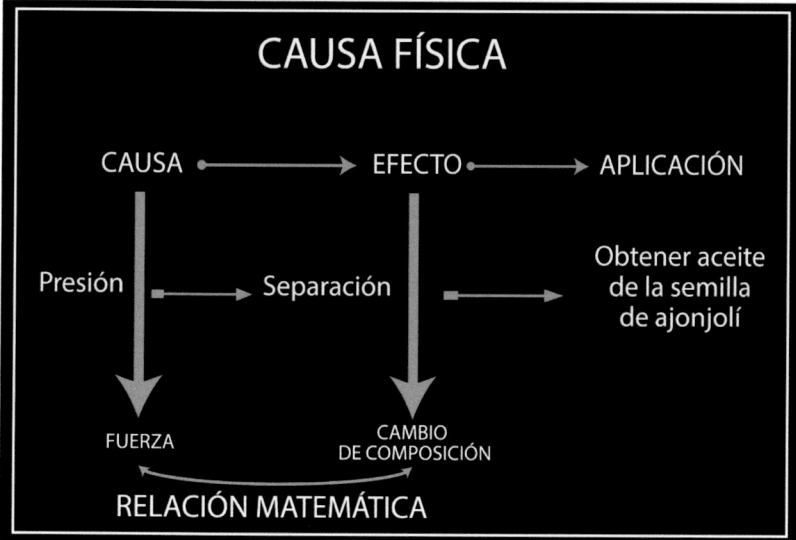

Figura 2.11. Relación causa-efecto en el proceso de extracción por prensado de aceite de la semilla de ajonjolí.

En la Tabla 2.5. se presentan los datos de la eficiencia de extracción del aceite a diferentes temperaturas de ingreso de la masa de semillas de ajonjolí a tres condiciones de tratamiento previo.

Tabla 2.5. Datos de eficiencia como porcentaje en la extracción de aceite de ajonjolí.

TIEMPO [minutos]	Precalentada en agua 50°C	Precalentada en aire 40°C	Sin precalentamiento 20°C
2	42	27	14
4	55	41	29
8	61	51	42
16	66	59	52
32	73	67	61
64	77	74	70

En la Figura 2.12. se observa al inicio una rápida extracción de aceite que disminuye conforme rebaja la cantidad de aceite en la masa de ajonjolí. La extracción es más rápida y mejor conforme se incrementa la temperatura de ingreso, al inicio la obtención de aceite es muy rápida y voluminosa, conforme avanza el proceso la eficiencia disminuye hasta que prácticamente no existe extracción.

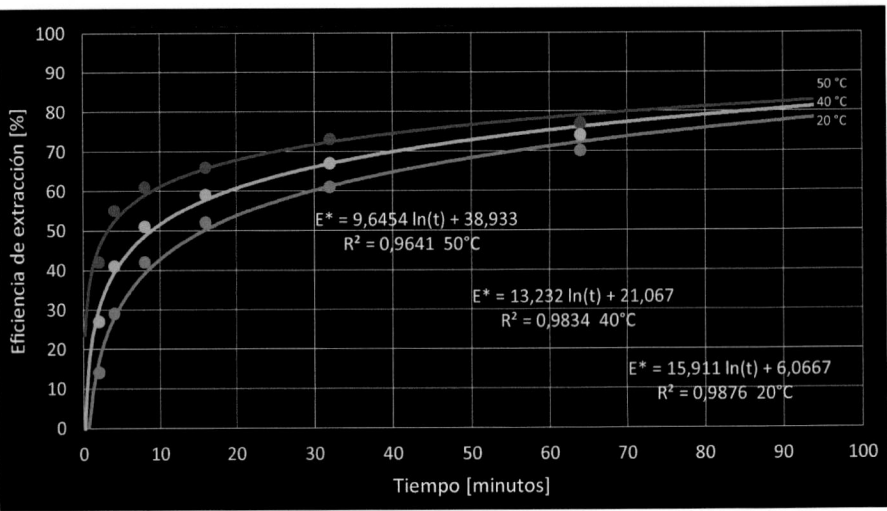

Figura 2.12. Eficiencia de la extracción de aceite de ajonjolí a tres condiciones de acondicionamiento previo al prensado.

Las regresiones logarítmicas son las que mejor describen la cantidad de aceite separado conforme avanza el tiempo de extracción, con coeficientes de determinación superiores a 0,96. El precalentamiento húmedo con agua se presenta como la mejor condición para mejorar el proceso, cuando no se realiza ningún calentamiento previo, el porcentaje de extracción disminuye especialmente al inicio del prensado. Conforme avanza el tiempo de extracción, las diferencias entre la eficiencia de las muestras con pretratamiento y sin pretratamiento calórico previo, son mínimas, la cantidad de aceite residual tiende a ser la misma en los tres casos indicados.

Para calcular los tiempos de extracción en los cuales el porcentaje de aceite obtenido sea del 60%, se aplican las ecuaciones correspondientes a cada condición de trabajo.

Precalentamiento en agua.

$$E = 9{,}6454 \ln t + 38{,}933 \qquad (2.9)$$

$$(60 - 38{,}933)/9{,}6454 = \ln t$$

$$2{,}184 = \ln t$$

$$t^*_{JE} = 9 \text{ [minutos]}$$

Precalentamiento en aire.

$$E = 13{,}232 \ln t + 21{,}067 \qquad (2.10)$$

$$(60 - 21{,}067)/13{,}232 = \ln t$$

$$2{,}942 = \ln t$$

$$t^*_{JE} = 19 \text{ [minutos]}$$

Sin precalentamiento.

$$E = 15{,}911 \ln t + 6{,}0667 \qquad (2.11)$$

$$(60 - 6{,}0667)/15{,}911 = \ln t$$

$$3{,}390 = \ln t$$

$$t^*_{JE} = 30 \text{ [minutos]}$$

No es necesario incluir un factor de seguridad, en consecuencia:

Precalentamiento en agua a 50°C.

$$F^*_{JE} = 9 \times (1{,}0) = 9 \text{ [minutos]}$$

Precalentamiento en aire a 40°C.

$$F^*_{JE} = 19 \times (1{,}0) = 19 \text{ [minutos]}$$

Sin precalentamiento a 20°C.

$$F^*_{JE} = 30 \times (1{,}0) = 30 \text{ [minutos]}$$

En la Figura 2.13. se representan estos datos.

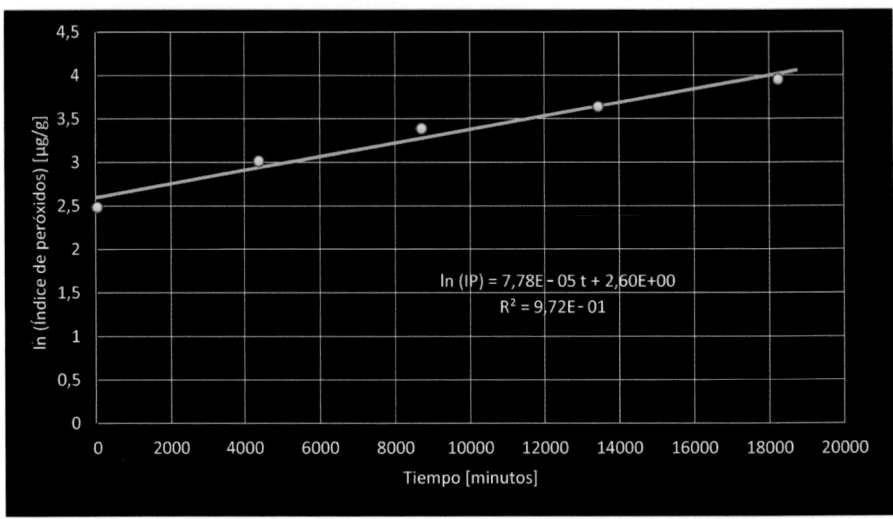

Figura 2.13. Tiempo de extracción de aceite desde semillas de ajonjolí.

La ecuación de segundo grado es la que mejor describe esta relación, el coeficiente de determinación es la unidad. La ecuación es:

$$F^*_{JE} = -0,015 \, T^2 + 0,35 \, T + 29 \tag{2.12}$$

Si se requiere calcular el tiempo de extracción del 60% de aceite de ajonjolí a una temperatura de 55°C, se obtiene:

$$F^*_{JE} = -0,015 \, T^2 + 0,35 \, T + 29$$
$$F^*_{JE} = -0,015 \, (55)^2 + 0,35 \, (55) + 29$$
$$F^*_{JE} = 3 \, [\text{minutos}]$$

En las ecuaciones t^*_{JE} tiempo de extracción, F^*_{JE} corresponde al tiempo seguro de extracción para obtener el 60% de aceite, T es la temperatura y t es el tiempo.

Durante la extracción ocurre una elevación de temperatura por efecto del prensado. Es posible cuantificar el efecto de estos cambios de la manera siguiente. En el caso de iniciar con temperatura de 20°C, a los 5 minutos sube a 35°C, a los 10 minutos, 45°C, a los 20 minutos, 50°C, temperatura que se mantiene hasta finalizar el proceso. Calcular el tiempo requerido para obtener el 60% de aceite de ajonjolí.

Se requiere hacer un gráfico del inverso de los tiempos de extracción del aceite como función de la temperatura de inicio del proceso. A partir de este gráfico se construye otro derivado del anterior que conduce a obtener una escala especial dependiente de la temperatura de precalentamiento.

Se define un área de referencia con uno de los valores de tiempo de extracción previamente conocidos, en el presente caso para la mejor condición observada, 50°C durante 9 [minutos]. A continuación, se delimita otra área con los datos de variación de la temperatura con el tiempo de prensado, hasta que el área que va delimitándose bajo la línea trazada, se iguale con el área de referencia, se obtiene entonces el tiempo de extracción total, lo que ocurre en 16 [minutos], sería el tiempo de extracción que incluye los cambios en la temperatura de la masa de semillas de ajonjolí. En la Figura 2.14. se presenta lo indicado.

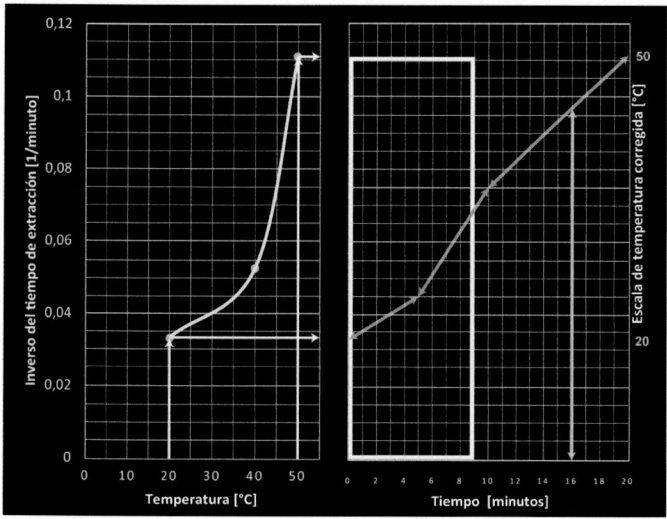

Figura 2.14. Gráfico que relaciona el tiempo de extracción de aceite desde semillas de ajonjolí, en el caso que exista variación de temperaturas.

Cálculos adicionales pueden ser hechos para otros porcentajes de extracción o para otras temperaturas con sus cambios.

Chocho (*Lupinus mutabilis*)

Origen

Según Estrella (1998) es una leguminosa nativa de la Región Andina, domesticada en un tiempo indeterminado, sus semillas tienen varias denominaciones que dependen del lugar de cultivo, entre ellas: chocho, tarhui, tarwi, tauri, altramuz. En Europa se conocían algunas especies de *Lupinus* (*L. albus, L. luteus*) que llamaban altramuz, este nombre se hizo extensivo a la especie americana.

Aguilera y Trier (1978), mencionaron la creencia de que la planta fue adaptada como cultivo y cosechada primero en Grecia, pues algunos nombres parecen derivados de la palabra griega thermos, así termis en egipcio, turmus en árabe, altramuz en español, turmusa en arameo. Se trata entonces de un cultivo extensamente difundido en el mundo, muy antiguo que data de por lo menos siete centurias antes de Cristo. En América del Sur desde tiempos prehistóricos, los indígenas de las zonas altas cultivan la especie extremadamente amarga (*Lupinus mutabilis*), al grano los españoles en la conquista lo llamaron chocho. Existen diferencias entre los granos de chocho y tarhui, los primeros son casi redondos y presentan una coloración cremosa blanquecina lustrosa, los segundos son más alargados, planos y de color blanco. Algunas variedades amargas son multicolores, con un fondo café más oscuro.

En los últimos años, muchos esfuerzos se realizaron por desarrollar variedades denominadas dulces, que se caracterizan por un contenido bajo de alcaloides y mayor productividad, como es el caso de la variedad Inti (Gross y colaboradores, 1988), La presencia de estos compuestos nocivos para la salud humana, hacen imposible el consumo en su estado natural, antes de su consumo o utilización, previamente el chocho debe ser desamargado hasta niveles imperceptibles de alcaloides, como lupanina que es el principal y más tóxico junto a la esparteína. Además, se ha reportado la presencia de lupinina, isolupanina, angustifolina y L-7-hidroxilupanina diez veces menos tóxico (Aguilera y Trier, 1978).

La composición proximal determinada en doce tipos de chocho crudo por Navas y colaboradoras (1991), con su respectiva desviación estándar y expresado como porcentaje de materia seca, se indica a continuación: grasa $17,10 \pm 0,98$; fibra $4,56 \pm 0,81$; proteína (Nx5,7) 46,28; cenizas $3,93 \pm 0,48$ e hidratos de carbono totales establecidos por diferencia 32,74. Se destaca el elevado contenido de proteína, próximo a la mitad del peso del grano, en el cual se registró una humedad de $7,20 \pm 1,72$ [g/100 g]. El contenido de grasa es alto entre los alimentos vegetales y merecedor de una adecuada utilización.

En la Figura 2.15. se observan granos de chocho en vaina con su aceite.

Figura 2.15. Chochos, vaina y aceite.

En el caso de chocho desamargado listo para el consumo humano, los datos de composición cambian, expresados en base húmeda y como porcentaje, se registraron los valores siguientes: Humedad 75,0%, proteína 12,8%, grasa 5,1%, cenizas 0,6%, hidratos de carbono totales 6,5%.

Desamargado

La presencia de compuestos denominados antinutricionales, especialmente alcaloides, que le confieren un sabor amargo al grano de chocho, es el principal obstáculo para aumentar el consumo. Pompei y Lucisano (1976) presentaron los contenidos siguientes en harina integral obtenida de *Lupinus albus*: alcaloide lupanina [g/100 g] 2,19; saponinas [g/100 g] 0,77; inhibidores de tripsinas [unidades inhibidas TIU] 2,7; ureasa [Δ pH] 0,15; vicina [g/100 g] 6,55. La disminución de estos compuestos hasta valores inferiores a 0,1%, constituye el desamargado y se efectúa por diferentes métodos.

El método tradicional utilizado por los campesinos para reducir el amargor hasta niveles que no son detectados por el humano al ser consumidos consiste en colocar las semillas en sacos de yute para ser sumergidos en corrientes de agua y mantenerlos así por una semana, luego son sometidos a cocción en agua durante 3 o más horas hasta que se suavicen. Las pérdidas de sólidos, especialmente proteínas son del 12%.

Una alternativa al método anterior es remojarlos durante 12 horas, cocerlo por 3 horas y lavarlos en corriente de agua durante 10 días o más hasta no detectar el sabor amargo. Las pérdidas en este caso son mayores del 22%. En el presente caso y en el anterior no hay seguridad de conseguir la disminución suficiente de principios antinutricionales, tampoco condiciones higiénicas adecuadas para evitar contaminación y desarrollo de microorganismos, sin embargo, es el método más antiguo y su utilización se mantiene.

Una mejora tecnológica al procedimiento tradicional fue presentada por el INIAP (2001), consta de tres procesos: hidratación, cocción y lavado. Hidratación, se realiza con agua a 40°C y durante 15 horas o más hasta que al menos el 95% de los granos esté hidratado. Cocción en agua hirviente durante 40 minutos o más hasta suavizar el grano. Lavado con agua caliente a 40°C por tres ocasiones con agitación y cambio de agua, durante 3 [días], durante el primer lavado se realiza la clorinación, en una dosis de 3 [mg] de hipoclorito de calcio por cada litro de agua.

Otro método denominado térmico hídrico modificado fue presentado por Torres Tello y colaboradores (1980), consiste en someter al calor para la cocción en vapor de agua a la semilla quebrada y descascarada a una temperatura de 100°C durante 5 minutos, el proceso se repite tres veces cubriendo los granos con agua moderadamente alcalinizada. Luego se sumerge la semilla en agua a 70°C durante 5 horas e inmediatamente se la coloca en una corriente de agua fría durante 8 a 12 horas. Se registró una pérdida de sólidos totales del 15% y una eficiencia en la eliminación de alcaloides del 98,6%, que es insuficiente según los requerimientos establecidos para chocho.

Todos los métodos indicados requieren de tiempos muy largos, utilizan una enorme cantidad de agua y son onerosos. La naturaleza es la que provee de ríos, riachuelos y arroyos con abundante agua; que hacen posible la disminución de los principios antinutricionales mediante lavados. Por ello muchos esfuerzos se han realizado por desarrollar métodos para el desamargado del chocho utilizando otros solventes orgánicos como etanol, metanol, hexano (Blaicher y colaboradores, 1982).

También se utilizaron procesos que extraen el aceite y los alcaloides con solventes orgánicos o mezclas de solventes como propanol-ciclohexano-agua; etanol-ciclohexano-agua; metanol-acetona; metanol-ciclohexano; etanol; etanol-agua; hexano. Se observó que muchos de los solventes que extraen adecuadamente los alcaloides, no son buenos para extraer el aceite. Los mejores resultados se obtuvieron con etanol concentrado (95%) y con una mezcla de isopropanol y agua {88:12} (Hatzold y colaboradores, 1982).

Obtención del aceite

Según Bocanegra y colaboradores (1982), el proceso de producción de aceite de lupino es similar al utilizado para obtener aceite de soja. Señalaron las ventajas en comparación con el aceite de soja y son que no contiene ácido erúcico que es tóxico y el bajo contenido de ácido linolénico que lo hace más estable y evita problemas de mal olor del aceite. Sin embargo, la principal desventaja es el contenido de alcaloides, 3,18%, una parte de estos pasa con el aceite y debe ser eliminada por lavado en medio ligeramente ácido, lo cual añade nuevos pasos para obtener un aceite libre de alcaloides.

En la Figura 2.16. se presenta un diagrama de bloques con la serie de procesos y pasos que se deben cumplir en una industria procesadora para obtener aceite de lupino o chocho, apto para consumo humano.

Figura 2.16. Diagrama de bloques segmentado con los procesos para obtener aceite comestible de chocho.

Las semillas llegan con tierra y otros materiales como vainas y follaje, los cuales deben ser limpiados, juntamente con las cáscaras que son separadas por corrientes de aire. Las semillas entonces se someten a cocción en agua para suavizarlas e inmediatamente romperlas en pedazos o trozos pequeños. Utilizando hexano comercial se procede a la extracción del aceite, este método conduce a mejores rendimientos de aceite crudo, comparado con otra alternativa de un proceso previo de prensado antes de la extracción. Al aceite crudo se le trata con una solución de ácido fosfórico y agua para separar lecitinas lo que se denomina desgomado, las etapas siguientes son para eliminar los diferentes tipos de alcaloides y eliminar el sabor amargo. Los siguientes procesos, neutralización, blanqueo y desodorización son comunes en la obtención de aceites vegetales, hasta obtener un aceite comestible inocuo para la salud humana.

Propiedades del aceite

En la Tabla 2.6. se presentan datos de veinte propiedades físicas de aceite crudo de chocho, obtenido por extracción con hexano en equipo Soxhlet desde granos sin cáscara y rotos. Ocho de ellas determinadas a intervalos de 10°C entre 10° y 90°C, temperaturas que cubren las condiciones más utilizadas para el almacenamiento y procesamiento de los granos y del aceite.

Es importante destacar los valores relativamente bajos de los puntos de humo, ignición e inflamación cuando se los compara con otros aceites y especialmente grasas. Según lo indicado el aceite de chocho no es el más adecuado para fritura o cocina, su uso es mejor para ensaladas.

Con relación a las propiedades y composición química, Villacrés y colaboradores (2010) presentaron valores del índice de peróxidos de 2,66 [mEq. O_2/kg] para el aceite refinado extraído de chocho amargo y de 2,59 [mEq. O_2/kg] cuando la extracción se la hizo desde granos previamente desamargados. Los valores son bajos e indican que durante el procesamiento existe una mínima oxidación de los ácidos grasos.

Valores del índice de acidez, 1,90%, que supera los límites fijados para otros aceites como el de soya, fueron determinados en aceite crudo proveniente de granos desamargados, este valor disminuyó hasta 0,66% cuando el aceite fue refinado, por efecto del proceso de neutralización de ácidos grasos libres, sin embargo, supera el límite aceptado de 0,2%.

Los datos del índice de saponificación son comparables con otros publicados para aceites vegetales. Para el aceite refinado de chocho extraído mediante solvente hexano, el valor determinado fue 188,2 [mg KOH/g], ligeramente mayor para el aceite crudo, 191,5 [mg KOH/g].

Los datos del índice de yodo que indican el grado de insaturación de las cadenas de ácidos grasos, tanto de los aceites provenientes de granos amargos como sin sabor amargo, presentaron valores intermedios, 115 [g. I_2/100 g], a los reportados para otros aceites. Refleja un apreciable contenido de ácidos grasos insaturados.

Navas (1991) mediante cromatografía de gases determinó la siguiente composición de ácidos grasos en aceite crudo de chocho: Palmítico 17,8%. Esteárico 5,8%. Oleico 47,3%. Linoleico 27,7%. Linolénico 1,4%. El principal ácido graso en términos de cantidad es el oleico que posee un punto de insaturación en su cadena, seguido del linoleico con dos puntos de insaturación en su cadena, lo anterior explica los valores destacados de los índices de peróxidos y de yodo.

Tabla 2.6. Propiedades físicas de aceite crudo de chocho (*Lupinus mutabilis*).

Propiedad	Unidad	TEMPERATURA [°C]								
		10	20	30	40	50	60	70	80	90
Densidad	[kg/m³]	922	916	909	903	896	890	883	877	870
Tensión superficial	[mN/m]	26,6	25,7	24,9	23,9	22,8	21,7	21,4	20,1	19,2
Entropía de superficie	10^2 [erg/m² x K]	−9,39	−8,77	−8,21	−7,63	−7,05	−6,51	−6,24	−5,69	−5,2
Energía libre de superficie	[mJ/m²]	53,2	51,4	49,8	47,8	45,6	43,4	42,8	40,2	38,
Viscosidad	[mPa·s]	105,0	75,6	55,4	35,4	25,5	18,8	13,7	12,0	10,
Viscosidad cinemática	[stoke]	1,139	0,825	0,609	0,392	0,285	0,211	0,155	0,137	0,12
Fluidicidad	[rhe]	0,95	1,32	1,81	2,82	3,92	5,32	6,45	8,33	9,2
Índice de refracción	---	1,4725	1,4701	1,4677	1,4653	1,4629	1,4605	1,4581	1,4557	1,45
Calor específico	[J/kg x K]	1.910								
Conductividad térmica	[W/m x K]	0,21								
Difusividad térmica	[m²/s]	$1{,}21 \times 10^{-7}$								
Entalpía	[J/kg]	19.000 (303,2 → 313,2) [K]								
Energía de tensión	[kJ/kg x mol]	3.240 (303,2 → 313,2) [K]								
Energía de flujo	[kJ/kg x mol]	29.000								
Refracción específica	[m³/kg]	0,000306								
Punto de fusión	[°C]	− 1,0 (Inicio − 7,0; Final 5,0)								
Punto de humo	[°C]	153								
Punto de ignición	[°C]	231								
Punto de inflamación	[°C]	284								

Cálculo de procesos

Extracción

Indicador. Alcaloides

El problema principal que impide el consumo de la semilla de chocho es el contenido de compuestos antinutricionales, principalmente alcaloides, le proporcionan un sabor amargo que lo convierte en un producto no apto para el consumo humano. Numerosos esfuerzos se han realizado para disminuir y más allá eliminar el contenido de los diferentes tipos de alcaloides, entre los que se destacan por su toxicidad la lupanina y la esparteína. La forma tradicional ancestral de lavado con agua, se utiliza para la pequeña escala de producción, sin embargo, presenta un problema adicional y es que conjuntamente con los alcaloides, los lavados provocan una pérdida de proteína, que según el caso llega al 20%.

Para enfrentar estas dificultades, una de las alternativas ensayadas en los granos molidos es el uso de disolventes, entre ellos alcoholes como metanol, etanol, propanol y sus mezclas. El proceso de extracción mediante solventes es costoso y difícil, si se requiere conseguir una extracción prácticamente total, con un contenido residual de alcaloides del 0,1% o menor.

En el presente caso para aplicar el método de cálculo de procesos se utilizan datos de pruebas realizadas con etanol por ser el compuesto más asequible y económico y que posibilita la extracción conjunta del aceite y de los alcaloides, determinados por el método rápido indicado por Ruiz (1977). En el presente caso la causa es química, el porcentaje de etanol en agua y el efecto es físico, la extracción de los alcaloides, como se indica en la Figura 2.17. El efecto principal está vinculado con la difusión de moléculas hacia el solvente y la penetración de las moléculas de etanol y del agua en la matriz sólida de la harina de chocho.

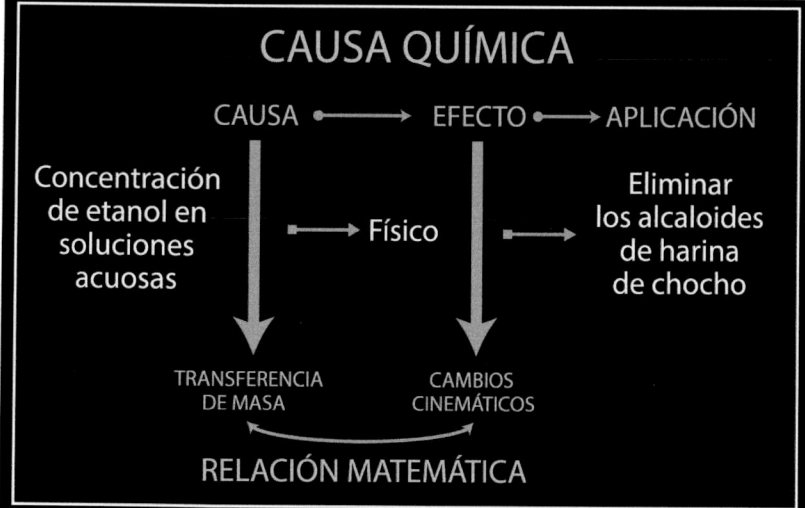

Figura 2.17. Relación causa efecto en el proceso de extracción de alcaloides en harina de chocho.

En muchos de los procesos que ocurren en alimentos la causa es física, especialmente calórica y es expresada mediante la temperatura. En el presente caso la causa es química y está expresada por la concentración de etanol y de agua, el propósito es calcular la concentración de la solución alcohólica en la que se consigue la mayor extracción de alcaloides en el menor tiempo posible.

En la Tabla 2.7. se presentan los datos del porcentaje de alcaloides remanente en la harina de chocho como función del tiempo de contacto con el solvente a tres concentraciones de etanol.

Tabla 2.7. Cambios en el contenido residual de alcaloides determinados en harina de chocho por extracción con soluciones alcohólicas.

TIEMPO [minutos]	80% etanol y 20% agua	90% etanol y 10% agua	100% etanol
0	100	100	100
10	42,4	50,3	56,1
20	18,3	23,2	28,9
30	8,3	11,5	12,7

En la Figura 2.18. se observa la disminución de alcaloides en la harina conforme avanza el proceso de extracción hasta los 30 minutos.

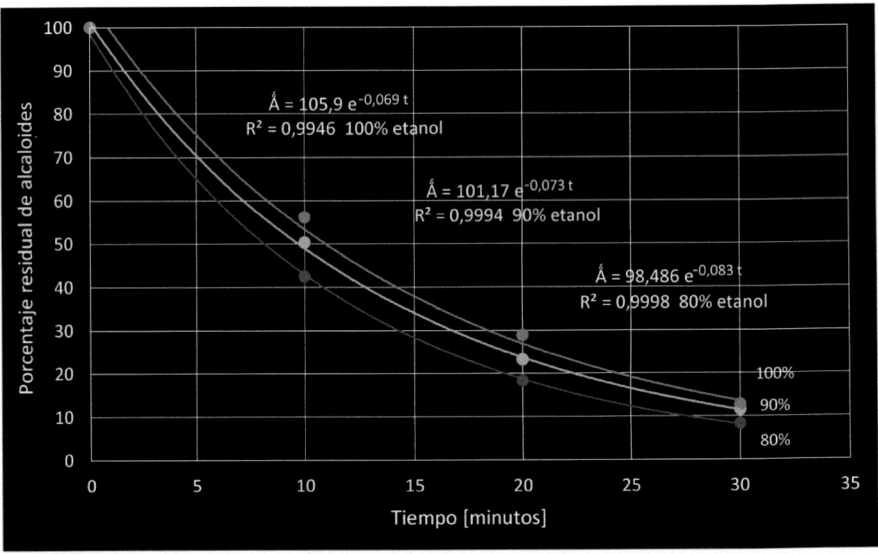

Figura 2.18. Contenido remanente de alcaloides en harina de chocho como porcentaje del contenido inicial a tres tiempos de extracción con soluciones etanólicas.

Las regresiones exponenciales son las que mejor describen la disminución de los alcaloides conforme avanza el tiempo de extracción, con coeficientes de determinación superiores a 0,99. La solución al 80% de etanol se presenta como la mejor alternativa, se obtiene una menor cantidad de alcaloides residuales, lo que significa mayor extracción a los tres tiempos analizados. Las diferencias entre concentraciones son pequeñas, pero de importancia para efectos de costos y pérdidas de sólidos.

Para calcular los tiempos de extracción en los cuales el porcentaje de alcaloides disminuya hasta 0,1%, se aplican las ecuaciones correspondientes a cada una de las concentraciones de etanol.

Concentración 80% etanol y 20% agua.

$$\text{Á} = 98,486 \; e^{-0,083 \, t} \tag{2.13}$$
$$\ln \text{Á} = \ln 98,486 - 0,083 \, t$$
$$\ln (0,1) - \ln (98,486)/- 0,083 = 83$$
$$t^*_{HE} = 83 \; [\text{minutos}]$$

Concentración 90% etanol y 10% agua.

$$\text{Á} = 101,17 \; e^{-0,073 \, t} \tag{2.14}$$
$$\ln \text{Á} = \ln 101,17 - 0,073 \, t$$
$$\ln (0,1) - \ln (101,17)/- 0,073 = 95$$
$$t^*_{HE} = 95 \; [\text{minutos}]$$

Concentración 100% etanol.

$$\text{Á} = 105,9 \; e^{-0,069 \, t} \tag{2.15}$$
$$\ln \text{Á} = \ln 105,9 - 0,069 \, t$$
$$\ln (0,1) - \ln (105,9)/- 0,069 = 101$$
$$t^*_{HE} = 101 \; [\text{minutos}]$$

Los tiempos calculados requieren de un factor de seguridad que asegure el cumplimiento del límite de alcaloides permitido en los productos del chocho, fijando un 20% de seguridad se obtiene.

Concentración 80% de etanol y 20% de agua.

$$F^*_{HE} = 83 \times (1,2) = 100 \; [\text{minutos}]$$

Concentración 90% de etanol y 10% de agua.

$$F^*_{HE} = 95 \times (1,2) = 114 \; [\text{minutos}]$$

Concentración 100% etanol.

$$F^*_{HE} = 101 \times (1,2) = 121 \; [\text{minutos}]$$

En la Figura 2.18ª. se representan estos valores. En abscisas la concentración de etanol en la solución alcohólica y en ordenadas el tiempo para que la extracción de alcaloides supere el 99,9% y se cumpla la regulación de un contenido máximo de alcaloides del 0,1%.

La ecuación de segundo grado es la que mejor describe esta relación, el coeficiente de determinación es la unidad. La ecuación es:

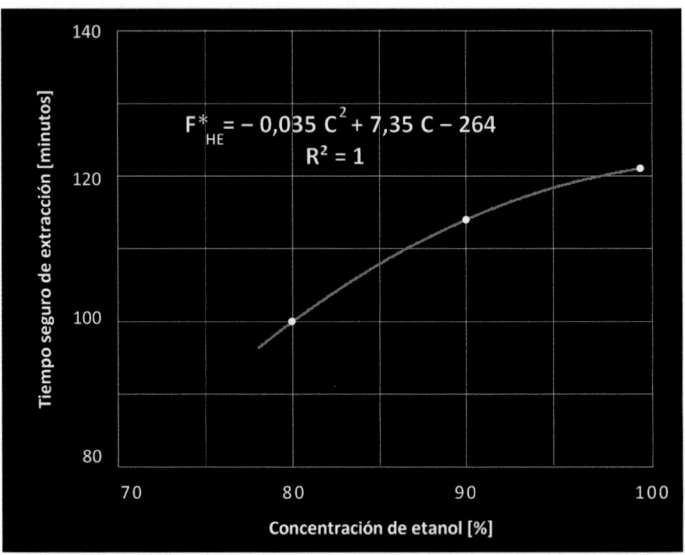

Figura 2.18a. Tiempo seguro de extracción de alcaloides de la harina de chocho a diferentes concentraciones de etanol en agua.

$$F^*_{HE} = -0,035 \, C^2 + 7,35 \, C - 264 \tag{2.16}$$

Si se requiere calcular el tiempo seguro de extracción de alcaloides del chocho molido con una concentración de etanol en agua del 85%, se obtiene:

$$F^*_{HE} = -0,035 \, C^2 + 7,35 \, C - 264$$
$$F^*_{HE} = -0,035 \, (85)^2 + 7,35 \, (85) - 264$$
$$F^*_{HE} = 108 \, [\text{minutos}]$$

De acuerdo con la ecuación, al aumentar el contenido de agua en la disolución, mejora la extracción de alcaloides, lo cual es beneficioso para no trabajar con etanol puro, sin embargo, lo anterior no ocurre a concentraciones de etanol menores. En las ecuaciones anteriores (**C**) es la concentración de etanol en agua, **t** es el tiempo, t^*_{HE} tiempo de extracción, F^*_{HE} corresponde al tiempo seguro de extracción para disminuir el contenido de alcaloides a niveles aceptados para el consumo de humanos y **T** es la temperatura.

Durante la extracción necesariamente existirán cambios en la concentración del etanol, por migración de sólidos y agua desde la harina de chocho. Un método para cuantificar estos cambios se indica a continuación, asumiendo que el etanol disminuye su concentración un punto porcentual cada media hora y una concentración inicial del 85% de etanol.

Se requiere hacer un gráfico del inverso de los tiempos seguros de extracción de los alcaloides como función de la concentración de etanol en la solución acuosa. A partir de este gráfico se construye otro derivado del anterior que conduce a obtener una escala especial dependiente de la concentración del etanol. Se establece un área de referencia con uno de los valores de tiempo de extracción previamente conocidos, en el presente caso para una concentración del 100% con el tiempo de 121 [minutos]. A continuación, se delimita otra área con los datos de concentración-tiempo de extracción, hasta que el área que va delimitándose bajo la línea trazada, se iguale con el área de referencia, se obtiene entonces el tiempo de almacenamiento total, lo que ocurre en 102 [minutos], sería el tiempo de extracción que incluye los cambios en la concentración de la solución alcohólica. En la Figura 2.19. se presenta lo indicado.

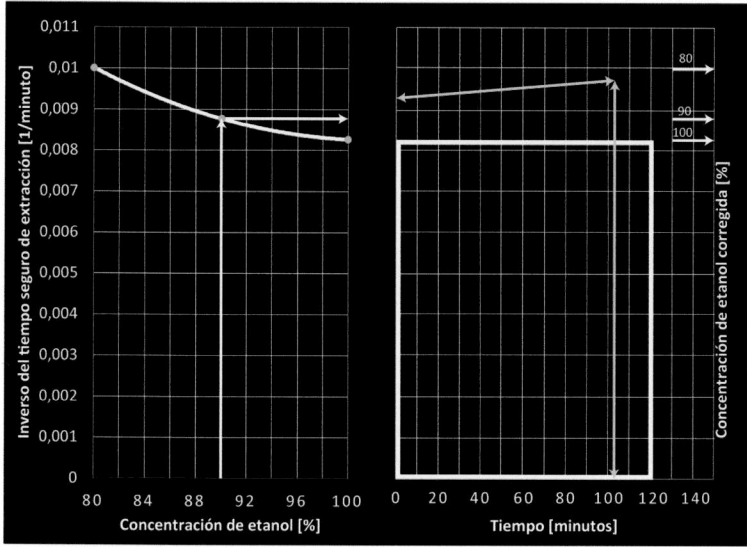

Figura 2.19. Gráfico que relaciona el tiempo de extracción de alcaloides desde harina de chocho con la concentración de etanol de soluciones con agua, en el caso que exista variación en la solución extractora.

GIRASOL (*Helianthus annuus* L.)

Origen

Rieseberg y colaboradores (2000) indicaron que el girasol silvestre es originario de Norteamérica. Las evidencias más antiguas indican que el girasol fue domesticado primero en México al menos 2.600 años antes de Cristo. En muchas culturas amerindias molían la semilla y la utilizaban para hacer tortas, incluso es probable que extrajesen aceite para la elaboración del pan, además se usaba para teñir ropas y el propio cuerpo. A comienzos del siglo XVI fue introducido por los españoles en Europa, donde inicialmente se empleaba como planta ornamental. El girasol (*Helianthus annuus* L.) es una planta anual dicotiledónea perteneciente al orden Synandrales, familia Asteridae (Compuestas). El nombre latino del género describe la forma y aspecto de la inflorescencia, así como su capacidad heliotrópica, mientras que el de la especie alude a la anualidad de su ciclo vegetativo-reproductivo.

Vrânceanu (1977) señaló que el girasol acapara la mayor extensión geográfica y es la más variable de su género. Dentro de esta especie existen numerosos tipos o subespecies cultivadas como plantas ornamentales, oleaginosas y forrajeras. Gracias a su fácil adaptación a diferentes ambientes y la aparición de nuevos usos, el cultivo de girasol experimentó una rápida expansión por todo el continente europeo, alcanzando una gran notoriedad en países del este, donde se desarrollaron nuevas variedades productoras de aceite.

En la década de los años 70 del siglo anterior se obtuvieron los primeros híbridos, aumentando la productividad, mayor calidad de aceite y mayor resistencia a las diferentes enfermedades. Actualmente, el girasol está presente en los cinco continentes y su cultivo está dirigido principalmente a satisfacer la gran demanda que de su aceite existe en el mercado mundial.

Fernández García (2015) informó que el fruto es un aquenio de tamaño comprendido entre 3-20 [mm] de largo, 2-13 [mm] de ancho, y 2,5-5 [mm] de grosor. La envuelta exterior del fruto o pericarpio es duro y fibroso, y está unido a la semilla excepto en sus aristas. La membrana seminal crece con el endospermo y forma una película fina que cubre el embrión de la semilla, asegurando dicha unión. Los cotiledones constituyen la reserva energética de la semilla, y entre estos está la yema germinal.

La duración del ciclo del girasol depende de la variedad y el momento de la siembra. Este se divide en varias etapas que se detallan a continuación según lo descrito por Alba y Llanos (1990). La germinación y emergencia discurren desde la siembra hasta la aparición de los cotiledones. En función de la humedad y la temperatura puede durar de 10-30 días. A continuación, se produce la formación de las primeras hojas (4-5 pares), esta fase dura entre 15- 25 días. A partir de este momento tiene lugar la fase de crecimiento más activa y de máxima absorción de minerales del suelo, que se prolonga hasta el inicio de la floración. La floración comprende todo el período en el que las flores se van abriendo y tiene una duración de entre 40-50 días. Las flores liguladas que rodean el capítulo comienzan a secarse y caen días después de abrirse las últimas flores del centro del capítulo, el proceso tarda en completarse de 10-12 días. La polinización y fecundación, es realizada por insectos. La fase de maduración se completa una vez alcanzada la madurez fisiológica, esto es, el momento en el que la semilla alcanza su máximo peso seco, lo que representa el fin del período de llenado, esta fase suele durar entre 35-50 días y finaliza cuando la semilla tiene aproximadamente un 40% de humedad, momento en el que, si se dan las condiciones adecuadas, vuelve a germinar.

El girasol presenta como composición media del grano 2,9 a 6,2% de humedad, 21,4 a 28,2% de proteína cruda, 38,0 a 60,5% de lípidos, 2,3 a 3,0% de fibras, 2,7 a 3,9% de ceniza y 12,4 a 28,9% de carbohidratos. La almendra o pepa, ocupa el 70% del grano. Un contenido de aceite de 55% en la pepa, representa 40% de aceite en el grano entero (Canella y colaboradores, 1976). El aceite de girasol, está compuesto principalmente por triglicéridos, acompañados de mínimas cantidades de fosfolípidos, tocoferoles, ácidos grasos, esteroles, ceras, hidrocarburos y pigmentos (Allen y colaboradores, 1982). La presencia de algunos de ellos es beneficiosa, como es el caso de los tocoferoles que contribuyen a la estabilidad oxidativa del aceite.

Las propiedades físicas del aceite de semillas de girasol obtenido por extracción con disolvente se presentan en la Tabla 2.8.

Tabla 2.8. Propiedades físicas de aceite de semillas de girasol (*Helianthus annuus*).

Propiedad	Unidad	TEMPERATURA [°C]								
		10	20	30	40	50	60	70	80	90
Densidad	[kg/m³]	927	921	913	907	902	896	889	883	876
Tensión superficial	[mN/m]	25,2	24,7	24,3	23,9	23,4	23,0	22,6	22,2	21,7
Entropía de superficie	10^2 [erg/ m² x K]	−8,90	−8,42	−8,01	−7,63	−7,24	−6,90	−6,59	−6,29	−5,97
Energía libre de superficie	[mJ/m²]	50,4	49,4	48,6	47,8	46,8	46,0	45,2	44,4	43,4
Viscosidad	[mPa·s]	89,2	71,3	49,1	34,0	25,1	19,9	15,7	10,9	8,1
Viscosidad cinemática	[stoke]	0,962	0,774	0,538	0,375	0,278	0,222	0,177	0,123	0,092
Fluidicidad	[rhe]	1,12	1,40	2,04	2,94	3,98	5,03	6,37	9,17	12,3
Índice de refracción		1,4770	1,4733	1,4699	1,4661	1,4626	1,4592	1,4553	1,4526	1,4486
Calor específico	[J/kg x K]	1.990								
Conductividad térmica	[W/m x K]	0,19								
Difusividad térmica	[m²/s]	$1,05 \times 10^{-7}$								
Entalpía	[J/kg]	19.900 (303,2 → 313,2) [K]								
Energía de tensión	[kJ/kg x mol]	1.310 (303,2 → 313,2) [K]								
Coeficiente de expansión	[1/°C]	0,000703								
Energía de flujo	[kJ/kg x mol]	25.735								
Refracción específica	[m³/kg]	0,000305								
Punto de fusión	[°C]	− 6,0 (Inicio − 13,0; Final 1,0)								
Punto de humo	[°C]	229								
Punto de ignición	[°C]	313								
Punto de inflamación	[°C]	349								

En la Figura 2.20. se observan girasoles, sus semillas y aceite extraído.

Figura 2.20. Flores de girasol, semillas y aceite.

Obtención del aceite

Pérez y colaboradores (2019) indicaron que para optimizar la extracción se requie-re un tratamiento previo de limpieza de la semilla. Se debe retirar toda la materia extraña de la sustancia que se va a procesar y, en ocasiones, también se retira la cáscara o película, lo cual influye en el contenido de compuestos minoritarios en el aceite. Posteriormente, se muelen las semillas para que el prensado sea más eficiente. Previamente a la entrada al expeller, las semillas se someten a un trata-miento con humedad y temperatura (acondicionado) para que el aceite tenga una menor viscosidad y fluya hacia el exterior con más facilidad.

García González (2019) recopiló información relacionada con la extracción de aceite para describir el proceso. La extracción industrial de aceites vegetales se lle-va a cabo mediante extracción mecánica y/o extracción con disolvente, este último es el más aplicado debido a su alto rendimiento (alrededor del 95%), aunque se obtiene un aceite de menor calidad. En particular, para aceites de alto valor añadi-do esta calidad es inaceptable, limitando el proceso de producción a la extracción por presión o extracción mecánica en expellers que constan de un tornillo sinfín de conicidad variable, localizado en el interior de una caja perforada que actúa de filtro para el aceite. El aceite obtenido por presión contiene sólidos o lodos que tienen que ser eliminados. Los pellets obtenidos pasan a ser extractados con disol-vente. La recuperación de aceite se ve influida por el descascarado, la humedad de la muestra y la temperatura del cabezal de la prensa.

Puntualizó que la extracción por disolvente no es más que una transferencia de materia, una extracción sólido-fluido. Es una operación que consiste en retirar una sustancia contenida en un sólido por la acción de un fluido que la disuelve selectivamente. Es muy importante la preparación de las semillas para optimizar la extracción. El disolvente autorizado para la extracción de grasas es el hexano, que destaca por su gran poder extractivo, selectividad y mínima influencia sobre la calidad del aceite extraído. Además, posee características físicas óptimas (calor latente de vaporización, temperatura de ebullición, tensión de vapor), así como adecuadas propiedades químicas, entre ellas una baja acción corrosiva. Tras la extracción con disolvente, el contenido final de aceite en la torta es inferior al 2%.

Según Lamas (2014), a fin de conseguir un producto más agradable para el consumo, el proceso de refinado pretende otorgar a los aceites características y propiedades que los conviertan en productos deseables. Los procesos de refinado se han ido modificando a través del tiempo con la intención de optimizar las propiedades organolépticas del aceite comestible. Durante la extracción del aceite crudo por solventes o prensado, se arrastran compuestos no triglicéridos, como ácidos grasos libres, fosfolípidos, esteroles, tocoferoles, resinas, glucósidos, carotenos, pigmentos, material mucilaginoso, trazas de metales y pesticidas. En el desarrollo de las etapas de refinado, se pierden componentes que por sus propiedades sería importante mantener, como carotenos, tocoferoles y vitaminas. Los tocoferoles son antioxidantes naturales, los cuales le otorgan a los lípidos estabilidad y resistencia a la oxidación. Así, el refinado tiene como finalidad eliminar componentes indeseables, tratando de preservar en el mayor grado posible, la calidad de los constituyentes esenciales, en este caso los triglicéridos.

Ruiz-Méndez y colaboradores (2013) detallaron que, de los dos métodos disponibles para el refinado de aceites vegetales, el más importante y generalmente usado es el llamado refinado químico. Durante el refinado químico, el aceite es depurado de gomas y ácidos grasos libres durante las etapas de desgomado y neutralización. La neutralización se utiliza para eliminar impurezas consistentes en ácidos grasos libres, fibras y algunos materiales que proporcionan color. El aceite neutralizado tiene un color no adecuado para fines alimenticios. Es necesario blanquearlo para quitar los jabones formados durante la neutralización, impurezas no volátiles y pigmentos. Esto se hace con tierras de blanqueo que consisten en carbón activado u otro adsorbente. Después de un tiempo de contacto, la mezcla aceite/tierra simplemente se filtra para continuar el procesamiento.

El otro método, es el denominado refinado físico, que tiene mayor requerimiento de equipamiento, pero involucra una menor cantidad de pasos. El método clásico de refinado físico, consiste en aplicar un proceso de desgomado especial, seguido por el blanqueo y la etapa de desacidificación y desodorizado en la que se eliminan los ácidos grasos libres y los compuestos volátiles. Las condiciones operativas de temperatura y vacío, deben ser cuidadosamente controladas para permitir la destilación y remoción por vapor de los ácidos. El refinado físico se presenta como un método de menor impacto ambiental, en el que prácticamente no hay agua de desecho y las pérdidas de aceite se ven reducidas. Sin embargo, el requisito que presenta este método para ser satisfactorio, consiste en lograr un contenido de fosfolípidos bajo, prácticamente un contenido de fósforo residual menor que 10 [mg/kg], a este proceso se lo denomina desgomado efectivo, el proceso es aún más cercano al ideal, si el contenido de fósforo residual logrado es menor que 5 [mg/kg].

La refinación del aceite de girasol, requiere un paso adicional para eliminar las ceras que le confieren turbidez. El «winterizado» es un proceso clásico de descerado en aceites vegetales que consiste en enfriar el producto, lentamente y en condiciones controladas a temperaturas de 6–8°C para lograr la cristalización de las ceras y separarlas luego por filtración. El winterizado es eficiente cuando el contenido de ceras en el aceite se encuentra por debajo de 500 mg/kg. En los aceites de girasol provenientes de semillas híbridas, que pueden contener más de 1.000 [mg/kg] de ceras, este proceso resulta ineficiente y caro, debido a las bajas velocidades de filtración, las mayores pérdidas de aceite y el más alto requerimiento de sustancias ayuda-filtrantes. En la etapa final del proceso, denominada desodorizado, se eliminan sustancias volátiles que imparten olores y sabores indeseables, como ácidos grasos libres, aldehídos, cetonas, pero también son arrastrados esteroles y otros compuestos deseables de la fracción insaponificable por sus características antioxidantes y saludables. Esta operación se realiza generalmente mediante la inyección de vapor y bajo vacío.

Cálculo de procesos

Desodorización

Cálculo de las constantes de velocidad

León Camacho y colaboradores (2003) establecieron la cinética de la reacción de elaidización del ácido oleico durante la desodorización y/o refinación física industrial de las grasas comestibles, entre las cuales está el aceite de girasol. Justifican teóricamente el tratamiento cinético y matemático utilizado, partiendo de las siguientes premisas: Durante el proceso de desodorización y/o refinación física, el cambio de volumen que sufre el aceite puede considerarse nulo a efectos de los cálculos teóricos. Durante los procesos señalados se puede considerar constante el número total de moles de los isómeros de cada ácido graso presente en el aceite, pues la variación es inferior a un 2% en los casos extremos de refinación física de un aceite de muy alta acidez.

Utilizaron un aceite de girasol decolorado consistente de una mezcla de dos tipos de aceite en relación 2:1. Un aceite de girasol desgomado con 0,2% de ácido fosfórico concentrado a 40°C durante 20 [minutos], neutralizado a 80°C, lavado y decolorado mediante un tratamiento a vacío durante 20 minutos a 90° – 100°C con 0,2% de tierras decolorantes. Un segundo aceite de girasol desgomado con 0,2% de ácido fosfórico concentrado a 40°C durante 20 [minutos] y separadas las gomas por centrifugación a 80°C.

Indicaron que se conoce en los procesos de desodorización durante la refinación física utilizada en el aceite de girasol o en la destilación neutralizante de los aceites comestibles, se forman los isómeros trans de los ácidos grasos insaturados. En el caso del ácido oleico con un doble enlace, ocurre el ácido elaídico el cual fue determinado mediante cromatografía de gases. Los valores de las constantes de velocidad obtenidos para el cambio cis-trans fueron: 4,28 $(10)^{-6}$ [1/min] a 240°C; 5,53 $(10)^{-6}$ [1/min] a 248°C; 1,03 $(10)^{-5}$ [1/min] a 256°C y 1,68 $(10)^{-5}$ [1/min] a 265°C.

Los valores del tiempo de reducción decimal D^{*}_{GD} a partir de la constante de velocidad K_{GD}, se calculan con la siguiente ecuación:

$$D^{*}_{GD} = \ln (10)/K_{GD} \tag{2.17}$$

A 240°C
$$D^{*}_{GD} = 2{,}3026/4{,}28 \ (10)^{-6} \tag{2.18}$$
$$D^{*}_{GD} = 537.991 \ [\text{minutos}]$$

A 248°C
$$D^{*}_{GD} = 2{,}3026/5{,}53 \ (10)^{-6} \tag{2.19}$$
$$D^{*}_{GD} = 416.383 \ [\text{minutos}]$$

A 256°C
$$D^{*}_{GD} = 2{,}3026/1{,}03 \ (10)^{-5} \tag{2.20}$$
$$D^{*}_{GD} = 223.553 \ [\text{minutos}]$$

A 265°C
$$D^{*}_{GD} = 2{,}3026/1{,}68 \ (10)^{-5} \tag{2.21}$$
$$D^{*}_{GD} = 137.060 \ [\text{minutos}]$$

El cálculo de valores de vida media $(t_{0,5})_{GD}$, se realiza de la forma siguiente:
$$(t_{0,5})_{GD} = - D^{*}_{GD} \ (\log (0{,}5)) \tag{2.22}$$

A 240°C
$$(t_{0,5})_{GD} = - 537.991 \times (- 0{,}301) \tag{2.23}$$
$$(t_{0,5})_{GD} = 161.935 \ [\text{minutos}]$$

A 248°C
$$(t_{0,5})_{GD} = - 416.383 \times (- 0{,}301) \tag{2.24}$$
$$(t_{0,5})_{GD} = 125.331 \ [\text{minutos}]$$

A 256°C
$$(t_{0,5})_{GD} = - 223.553 \times (- 0{,}301) \tag{2.25}$$
$$(t_{0,5})_{GD} = 67.290 \ [\text{minutos}]$$

A 265°C
$$(t_{0,5})_{GD} = - 137.060 \times (- 0{,}301) \tag{2.26}$$
$$(t_{0,5})_{GD} = 41.255 \ [\text{minutos}]$$

Utilizando la ecuación de Arrhenius se calcula la energía de activación mediante un gráfico del logaritmo natural de las constantes de velocidad contra el inverso de las temperaturas absolutas. A partir de la pendiente se determina la energía de activación que define la energía requerida para que una reacción proceda. La ecuación representada en la Figura 2.21. es:

$$K_{GD} = A_0 \, e - E_a/R \, T_a \qquad (2.27)$$

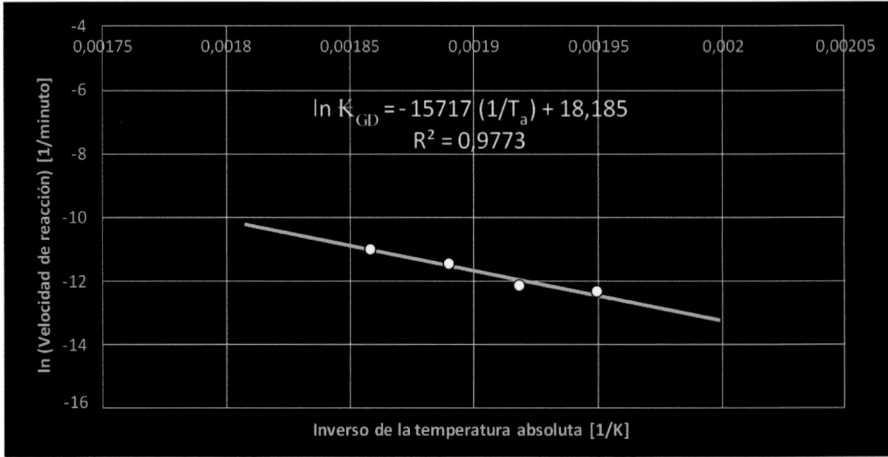

Figura 2.21. Gráfico tipo Arrhenius para determinar la energía de activación en la velocidad de formación de ácido elaídico en la desodorización de aceite de girasol.

La ecuación tipo Arrhenius con un coeficiente de determinación de 0,9773, obtenida es:

$$\ln K_{GD} = -\, 15.717 \, (1/T_a) + 18{,}185 \qquad (2.28)$$
$$(-\, E_a/R) = -\, 15.717$$
$$E_a = 15.717 \, (8{,}314)$$
$$E_a = 130.671 \; [kJ/kg \; mol]$$

El valor es alto, sin embargo, valores publicados por Labuza y Bergquist (1983) para la oxidación de aceite de girasol extraído de papas fritas, 59.000 [kJ/kg mol], son una muestra de los valores apreciables de la energía de activación requerida en reacciones de aceites y grasas.

El valor Q_{10}, indica el número de veces que cambia la velocidad de reacción cuando hay una variación en la temperatura de 10°C. La ecuación utilizada para calcularlo es:

$$\ln (Q_{10}) = 10 \, (E_a/R) \, (1/T_{a1} \, T_{a2}) \qquad (2.29)$$
$$\ln (Q_{10}) = 10 \, (+\, 15.717) \, (1/(523{,}2 \times 533{,}2))$$
$$\ln (Q_{10}) = (157.170) \, (0{,}000003585)$$
$$\ln (Q_{10}) = 0{,}5634$$
$$(Q_{10})_{GD} = 1{,}76$$

Una forma de calcular el valor $\hat{z}$ es con la aplicación de la siguiente ecuación:

$$\hat{z} = (\ln 10)\ (T_{a1}\,T_{a2})/(E_a/R) \tag{2.30}$$
$$\hat{z} = (2{,}3026)\ (533{,}2 \times 543{,}2)/(15.717)$$
$$\hat{z}_{GD} = 42{,}4°C$$

En general los valores indican que la velocidad de formación de ácido alaídico es extremadamente lenta y requiere de una importante cantidad de energía para que ocurra, con la transformación de la forma cis a la forma trans en el ácido oleico.

INCHI (*Caryodendron orinocense*)

Origen

El inchi ha sido calificado como la oleaginosa más promisoria de la Subregión Andina, se lo reconoce como la respuesta americana de árbol oleaginoso a la palma africana y al olivo. Martínez (1979) indicó que el inchi no es una especie adaptada, sino que es la expresión magnífica del medio ecológico en el cual vive, siempre en constante interrelación biológica con las demás plantas, con el clima y con el suelo. Sin embargo, en la denominación botánica el epíteto específico proviene de la región de donde sería originario el inchi, corresponde a la zona del Orinoco. Actualmente se lo encuentra en las estribaciones orientales de la cordillera de los Andes de los países andinos hasta la llanura Orinoco-amazónica.

El inchi es una de las nueces tropicales más agradables. El fruto tiene un epispermo coriáceo y el endospermo carnoso es comestible y muy semejante al de otras nueces como la de nogal. Por su alto contenido de aceite en sus semillas, el alto contenido de proteína en la torta y por la calidad de sus constituyentes químicos, se lo considera como una especie promisoria para la industria de grasas y aceites comestibles (Martínez, 1980).

Jiménez y Bernal (1989) recopilaron información de diversos autores relacionada con la composición química del inchi. El tegumento constituye el 49% y la almendra el 51%. La composición de la almendra expresada en [g/100 g seco] es: Ceniza 3,0. Fibra cruda 4,2. Glucosa 2,0. Almidón 29,7. Proteína 19,9. Aceite 41,1. La composición porcentual de ácidos grasos en la fracción lipídica es importante por la cantidad de ácidos grasos insaturados, corresponde a: Ácidos saturados 17,7. Ácido oleico 34,3. Ácido linoleico 36,8 y Ácido linolénico 11,3. Su composición de aminoácidos es bastante proporcionada, presenta como primer limitante a la metionina con un porcentaje de adecuación de 58%.

En la Figura 2.22. se observan los frutos, las semillas y el aceite del inchi.

Figura 2.22. Inchi, frutos, semillas y aceite.

Extracción del aceite

La obtención de aceite de inchi es muy antigua, se conoce que los indígenas de la región amazónica lo utilizaron como alimento y en cosmética o con fines medicinales. Para la obtención del aceite molían las semillas, las colocaban en una bolsa de tejido y la sometían a cocción, periódicamente las estrujaban y exprimían, el aceite al pasar el tejido va a la superficie en donde se acumula y puede ser retirado cuando está frío.

Actualmente para la obtención de aceites vegetales uno de los procesos críticos es la extracción. Se la realiza por la aplicación de dos métodos que pueden operar en forma separada o en forma conjunta, son mediante presión o por el uso de solventes lo cual depende de las características del producto y de su contenido de grasa. El prensado mecánico es el método por el cual se aplastan o exprimen en prensas especializadas los tejidos que contienen el aceite. En el uso de solventes los lípidos se disuelven y separan del vegetal para formar una mezcla que incluye varios componentes además del aceite y disolvente, luego de la evaporación del solvente se obtiene el aceite y por otro lado el solvente para su recuperación.

Varios trabajos realizados en la extracción del aceite del inchi fueron recopilados por Jiménez y Bernal (1989), entre ellos Borda y Pérez estudiaron la extracción de aceite mediante presión y solvente, concluyeron en la necesidad de utilizar una prensa continua tipo expeller para extraer más aceite a presiones más bajas, recomiendan trabajar con mezclas de solventes pues produce mejores rendimiento que trabajar con solventes únicos, retirar la cutícula que es la membrana que recubre la semilla mediante un descascarado.

Zapata y Hernández (1978) señalaron la necesidad de estudiar el efecto de la temperatura en la extracción del aceite, uniformizando la fuente y la edad de la materia prima, analizar la influencia de la cocción previa sobre la calidad de la torta residual, analizar en forma conjunta el efecto de la temperatura, tiempo de cocción y humedad sobre la calidad del aceite, fijar una humedad óptima de la semilla para la extracción del aceite.

Establecieron el diseño de un extractor mecánico de aceite de la semilla de inchi, recomendaron trabajar con máquinas de capacidad pequeña en las que se pueda hacer modificaciones o adaptaciones como cambio del ángulo de hélice, prever que la velocidad del tornillo sea variable, regular la separación de las barras que permita graduar el área de flujo del aceite, evitar que el tornillo o eje principal sea macizo pues las hélices se desgastan rápidamente, es mejor tener un eje de sección transversal constante y sobre él montar los helicoides que puedan ser cambiados o reemplazados en caso de daño o desgaste del material.

En la Tabla 2.9. se presentan varias propiedades y valores químicos determinados en aceite de inchi extraído por presión y mediante varios solventes.

Tabla 2.9. Propiedades y características de aceite de inchi extraído por prensa y solventes.

Indicador o Propiedad	PRENSA	SOLVENTE				
		Acetona	Butanol	Etanol	Éter	Metanol
Gravedad específica [25°C]	0,919	0,920	0,917	0,918	0,921	0,917
Índice de refracción [20°C]	1,4743	1,4751	1,4747	1,4750	1,4752	1,4745
Viscosidad [mPa·s]	38,9	40,0	42,3	41,5	39,8	38,7
Peso molecular [kg/kg mol]	812	969	1106	745	868	654
Color	Amarillo claro	Amarillo claro	Amarillo claro	Amarillo oscuro	Amarillo claro	Amarillo oscuro
Índice de acidez	5,0	28,1	33,3	65,7	22,4	63,2
Índice de saponificación	201	174	152	216	194	228
Grado de acidez	9	50	59	117	40	113
Índice de éster	195	146	111	150	171	164
Índice de yodo	129	118	115	140	126	125

Fuente: Borda y Pérez. En: Jiménez y Bernal (1989).

Cálculo de procesos

Cocción

Indicador. Aceite residual

La cocción es un tratamiento previo que se realiza con el propósito de mejorar el rendimiento en la extracción del aceite por presión, lo cual puede ser comprobado y cuantificado si se calculan las correspondientes velocidades, en el presente caso, de extracción. En la Tabla 2.10. se reproducen los datos del aceite residual a distintos tiempos de extracción, obtenidos por Zapata y Hernández (1978), para establecer el efecto de la cocción en horno durante 45 [minutos] previa a la extracción del aceite de inchi mediante presión, se incluyen también los valores expresados de materia seca para consolidar y facilitar los cálculos.

Para expresar el aceite residual utilizaron la ecuación siguiente, excepto en el tiempo cero.

$$\breve{A} = 100 \ (1 - (100 \ \breve{A}/w \ \breve{A}_i)) \tag{2.31}$$
$$\breve{A} = 100 \ (1 - (100 \times 34{,}57/100 \times 53{,}88))$$
$$\breve{A} = 35{,}84 \ \%$$

Para expresar este valor como fracción de materia seca se utilizó el dato de humedad inicial promedio, 5 [g/100 g] y de sólido seco 95 [g/100 g].

$$\breve{A} = (35{,}84/95) = 0{,}3773$$

Tabla 2.10. Contenido residual de aceite en pruebas de extracción por presión en semillas de inchi crudo y horneado.

| Tiempo de extracción [minutos] | ACEITE RESIDUAL | | | |
| | Con cocción | | Sin cocción | |
	[g/100 g]	[kg/kg seco]	[g/100 g]	[kg/kg seco]
0	100	1,0526	100	1,0526
5	35,84	0,3773	45,17	0,4755
10	32,69	0,3430	40,93	0,4308
15	31,22	0,3286	39,8	0,4189
25	28,01	0,2948	37,38	0,3935
35	26,78	0,2819	35,76	0,3764
45	25,44	0,2678	33,87	0,3565
55	24,75	0,2605	30,87	0,3249
65	24,46	0,2575	29,18	0,3072
70	24,32	0,2560	28,6	0,3011

En la Figura 2.23. se representa el porcentaje de aceite residual, que todavía permanece en la torta, como función del tiempo de prensado.

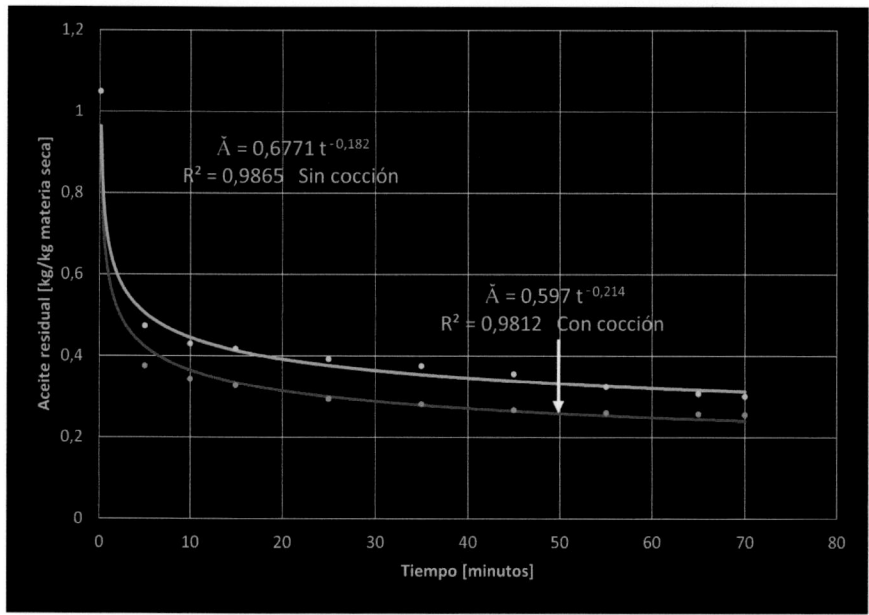

Figura 2.23. Fracción de materia seca de aceite de inchi que no es extraída por acción del prensado a distintos tiempos, con y sin tratamiento térmico previo de las semillas.

Se observa que la cocción previa tiene un efecto positivo en la extracción del aceite, las curvas son paralelas, la que corresponde al inchi sometido a cocción retiene un poco menos de aceite residual con relación a la muestra cruda, la diferencia bordea al 10%. Es interesante anotar que la diferencia en rendimiento de aceite se alcanza en los 5 primeros minutos, luego la extracción tiende a detenerse en el orden del 40% al 30% de aceite residual. Parece conveniente reducir el tiempo de cocción a 15 minutos o un poco menos.

Las ecuaciones potenciales que describen este comportamiento, con valores significativos del coeficiente de determinación muy cercanos a la unidad son:

Semillas de inchi sometidas previamente a cocción:

$$\breve{A} = 0{,}597 \, (t)^{-0{,}214} \tag{2.32}$$

Semillas de inchi sin cocción previa:

$$\breve{A} = 0{,}6771 \, (t)^{-0{,}182} \tag{2.33}$$

En las curvas de la figura anterior se distinguen dos etapas claramente definidas, una de velocidad constante muy rápida en la que se extrae la mayor cantidad de aceite y otra decayente de muy lenta velocidad de extracción. Toledo (1999) indicó que la constante de velocidad para un modelo exponencial de cambio de concentración tiene como unidades el recíproco del tiempo y corresponde a la pendiente de un gráfico de logaritmo natural de la concentración contra el tiempo. En la Figura 2.24. se representa lo indicado para la etapa de extracción decayente.

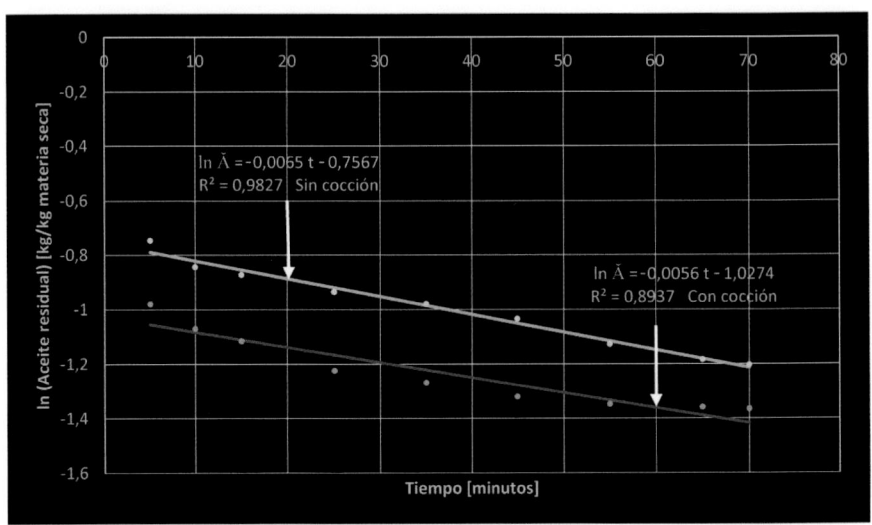

Figura 2.24. Logaritmo natural de aceite residual contra el tiempo de extracción en inchi previamente sometido a cocción y no sometido a cocción.

Las funciones lineales que deben cumplirse aparecen de una manera satisfactoria, las ecuaciones presentan coeficientes de determinación que se acercan a la unidad, es superior en el caso de las semillas sin tratamiento previo. Las ecuaciones obtenidas son:

Semillas de inchi sometidas previamente a cocción:

$$\ln \breve{A} = -\,0{,}0056\,t - 1{,}0274 \tag{2.34}$$

Semillas de inchi sin cocción previa:

$$\ln \breve{A} = -\,0{,}0065\,t - 0{,}7567 \tag{2.35}$$

Los valores de las constantes de velocidad son:
Semillas de inchi sometidas previamente a cocción, K_{IC} = 0,0056 [1/minuto].
Semillas de inchi sin cocción previa, K_{IC} = 0,0065 [1/minuto].

Los valores son bajos y muy próximos entre los dos, comprueban que durante este período la extracción de aceite es poca, sin que se mantenga el efecto benéfico de la cocción en seco sobre la cantidad de aceite de inchi extraído, observado en los primeros minutos del proceso.

Las ecuaciones también pueden ser utilizadas para establecer otras condiciones, como el tiempo de prensado en que se igualen las cantidades de aceite residual.

$$-\,0{,}0056\,t - 1{,}0274 = -\,0{,}0065\,t - 0{,}7567$$
$$0{,}0009\,t = 0{,}2707$$
$$t = 300 \text{ [minutos]}$$

Este tiempo corresponde a un valor de 0,067 [kg aceite/kg de materia seca] o 6,3 [g/100 g] que sería muy difícil de alcanzar, pues previamente se llegará a una condición en la que no es posible extraer más aceite por este método de prensado, se refuerza la recomendación de disminuir el tiempo de extracción hasta 15 [minutos] o menos.

La simbología utilizada previamente es: $\breve{A}$ cantidad de aceite residual, $\dot{A}$ cantidad de aceite extraído, A_i cantidad de aceite inicial, **w** peso de la muestra, **t** es el tiempo, **T** es la temperatura y $\mathbf{K}_{IC}$ es la constante de velocidad de extracción de aceite del inchi por efecto de la cocción.

Horneado

Indicador. Aceite residual

La temperatura a la cual se calienta la semilla en un horno durante 45 [minutos] para favorecer la extracción del aceite mediante presión, es un factor importante en la tecnología para obtener aceite de inchi. En la Tabla 2.11. se presentan datos de aceite residual registrados en pruebas de extracción de aceite mediante prensado y sus correspondientes valores como fracción unitaria de materia libre de humedad o base seca.

Tabla 2.11. Contenido residual de aceite en porcentaje y como fracción [kg/kg materia seca] durante la extracción por presión de semillas de inchi horneado a tres temperaturas.

TIEMPO [minutos]	TEMPERATURA [°C]					
	65		70		75	
0,1	100	1,0526	100	1,0526	100	1,0526
5	51,81	0,5454	45,17	0,4755	35,79	0,3767
10	48,61	0,5117	40,93	0,4308	32,69	0,3441
15	47,29	0,4978	39,8	0,4189	31,22	0,3286
25	45,6	0,4800	37,38	0,3935	28,01	0,2948
35	42,6	0,4484	35,76	0,3764	26,78	0,2819
45	40,06	0,4217	33,87	0,3565	25,44	0,2678
55	39,39	0,4146	30,87	0,3249	24,75	0,2605
65	38,84	0,4088	29,18	0,3072	24,46	0,2575
70	38,69	0,4073	28,60	0,3011	24,32	0,2560

Fuente: Zapata y Hernández (1978).

Como es lógico conforme avanza el tiempo que la masa de semillas permanece en la prensa disminuye la cantidad de aceite que no es extraído, a temperaturas más altas la cantidad de residuo es menor. En los primeros 5 [minutos] se extrae la mayor cantidad de aceite para las semillas que tuvieron una cocción en seco, supera la mitad del contenido inicial, con posterioridad la extracción es mucho más lenta y tiende a detenerse, entre 5 y 70 [minutos] se extrae apenas un 12%, al final las variaciones son inferiores al 1%.

En la Figura 2.25. se observan las curvas del contenido de aceite residual como fracción de los valores expresados en base a materia seca, contra el tiempo de cocción en seco a las tres temperaturas.

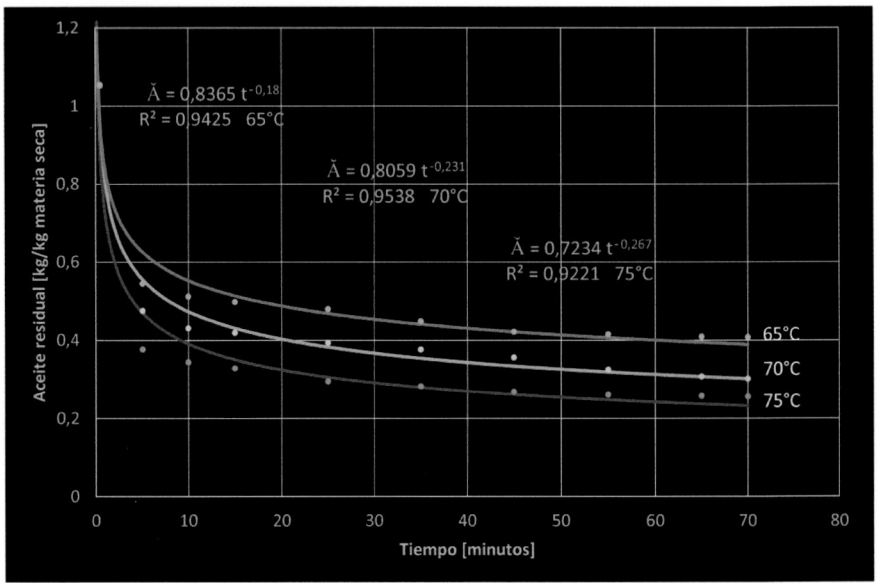

Figura 2.25. Fracción porcentual en base seca de aceite de inchi que no es extraído por acción del prensado a distintos tiempos y tres temperaturas de horneo.

Las ecuaciones potenciales son las que mejor describen el cambio del aceite residual de semillas de inchi como función del tiempo de calentamiento en horno y a tres temperaturas, los coeficientes de determinación son superiores a 0,92, cercanos a la unidad. Permiten calcular los tiempos requeridos para mantener la presión con la prensa hasta alcanzar una extracción de aceite aceptable según el equipo y las características de la semilla de inchi, como madurez, tiempo de recolección, operaciones de limpieza, condiciones de almacenamiento, la humedad tiene una importancia trascendental para la extracción del aceite. Fijando como residuo tope del aceite no extraído un valor de 0,4 [kg/kg materia seca] se obtiene:

A 75°C

$$\check{A} = 0,7234 \, (t)^{-0,267} \tag{2.36}$$

$$\log 0,4 = \log 0,7234 - 0,267 \log t$$

$$-0,3979 + 0,1406 = -0,267 \log t$$

$$t^*_{IH} = 9,2 \text{ [minutos]}$$

A 70°C

$$\check{A} = 0,8059 \, (t)^{-0,231} \tag{2.37}$$

$$0,4 = \log 0,8059 - 0,231 \log t$$

$$-0,3979 + 0,0937 = -0,231 \log t$$

$$t^*_{IH} = 20,7 \text{ [minutos]}$$

A 65°C

$$\check{A} = 0,8365 \ (t)^{-0,18} \tag{2.38}$$

$$\log 0,4 = \log 0,8365 - 0,18 \log t$$

$$- 0,3979 + 0,0775 = - 0,18 \log t$$

$$t^*_{IH} = 60,3 \ [minutos]$$

En el cálculo de procesos se utilizan factores de seguridad los cuales aseguran que las condiciones de tiempo-temperatura calculadas superen con largueza los requerimientos mínimos. Con un factor de seguridad del 5% los valores de F^*_{IH} son:

A 75°C

$$F^*_{IH} = 9,2 \times (1,05) = 9,7 \ [minutos]$$

A 70°C

$$F^*_{IH} = 20,7 \times (1,05) = 21,7 \ [minutos]$$

A 65°C

$$F^*_{IH} = 60,3 \times (1,05) = 63,3 \ [minutos]$$

En la Figura 2.26. se representan estos valores del tiempo para la extracción del 60% de aceite de las semillas de inchi como función de la temperatura de horneo, operación que se realiza para acondicionar las semillas en seco por un tiempo de 45 [minutos] en todas las pruebas.

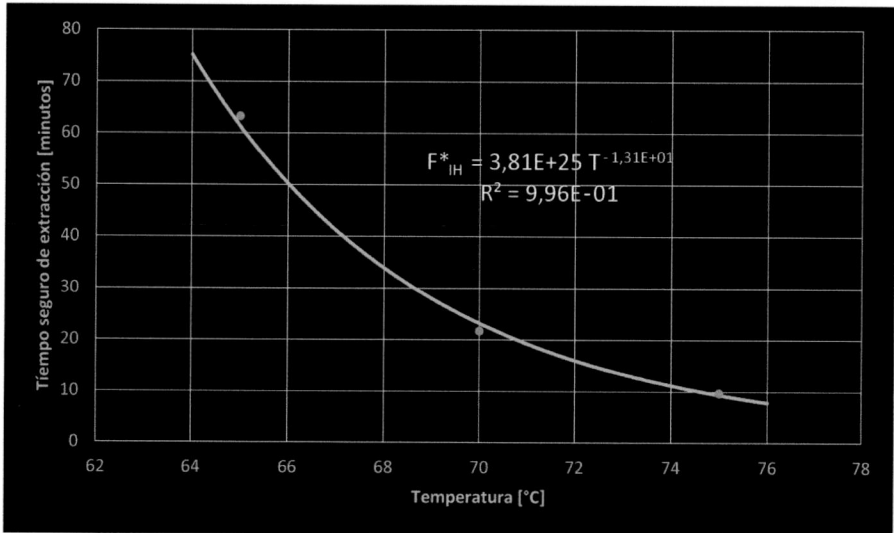

Figura 2.26. Tiempo seguro de extracción de aceite de semillas de inchi contra la temperatura de horneo previo al prensado.

La relación potencial es muy adecuada para establecer la correlación entre estas dos variables ($R^2 = 0,996$) y puede ser utilizada para calcular el tiempo de extracción en prensa hasta un 60% de aceite o 40% de aceite residual. La ecuación es:

$$F^*_{IH} = 3,81\ (10)^{25}\ (T)^{-13,1} \tag{2.39}$$

Si se requiere calcular el tiempo de extracción cuando el horneo se lo hizo a una temperatura constante de 72,5°C, se obtiene:

$$F^*_{IH} = 3,81\ (10)^{25}\ (T)^{-13,1}$$
$$F^*_{IH} = 3,81\ (10)^{25}\ (72,5)^{-13,1}$$
$$F^*_{IH} = 16,2\ [\text{minutos}]$$

Cálculos similares se pueden hacer a otras temperaturas en el intervalo señalado o por lecturas directas en la Figura. En las ecuaciones anteriores ($\breve{A}$) es el aceite residual no extraído, **t** es el tiempo de extracción, **t*** es el tiempo de extracción hasta el 40% de aceite residual, F^*_{IH} corresponde al tiempo seguro de extracción hasta el 40% de aceite residual calculado para el aceite de inchi horneado y **T** es la temperatura.

Cálculo de las constantes de velocidad

Las constantes de velocidad son datos muy utilizados en el cálculo de procesos, de manera particular en el cálculo de procesos térmicos; sin embargo, también se los utiliza para analizar y comparar otro tipo de procesos de naturaleza física, química o de otro tipo que no sea la destrucción de microorganismos por acción del calor.

En la Figura 2.27. se presenta la relación semi logarítmica del aceite residual en base seca como función del tiempo de extracción.

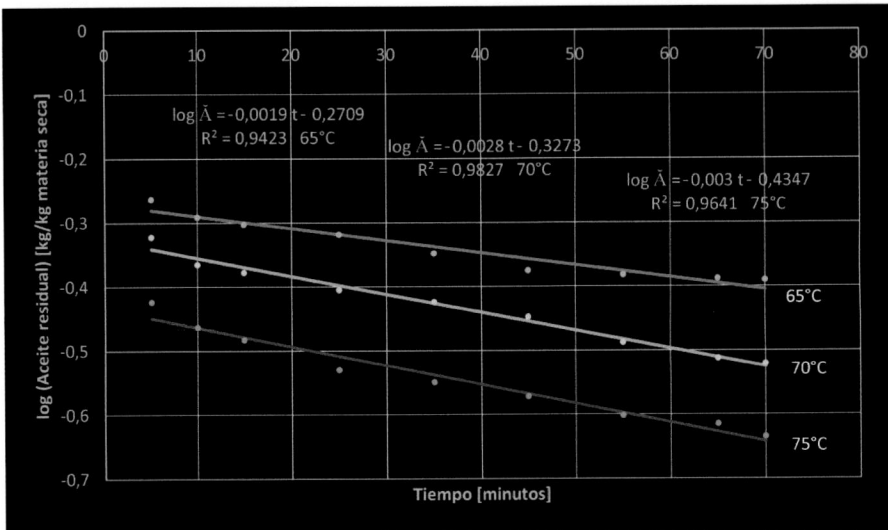

Figura 2.27. Logaritmo de aceite residual en base seca como función del tiempo de extracción de semillas de inchi a tres temperaturas.

Al graficar los datos en la forma de logaritmo de aceite residual como función del tiempo, se establece una linealidad durante todo el tiempo de extracción por prensa, los coeficientes de determinación incluyendo todos los puntos son altos, superiores a 0,94.

Los valores inversos negativos de las pendientes corresponden al valor **D*** o tiempo de reducción decimal.

A 75°C

$$\log (\breve{A}) = -0,003\ t - 0,4347 \tag{2.40}$$
$$D^* = 1/ + 0,003$$
$$D^*_{IH} = 333\ [\text{minutos}]$$

A 70°C

$$\log (\breve{A}) = -0,0028\ t - 0,3273 \tag{2.41}$$
$$D^* = 1/0,0028$$
$$D^*_{IH} = 357\ [\text{minutos}]$$

A 65°C

$$\log (\breve{A}) = -0,0019\ t - 0,2709 \tag{2.42}$$
$$D^* = 1/0,0019$$
$$D^*_{IH} = 526\ [\text{minutos}]$$

Los valores de la constante de velocidad K_{IH}, se calculan con la ecuación siguiente utilizando el valor D^*_{IH}.

$$K_{IH} = \ln (10)/D^*_{IH} \tag{2.43}$$

A 75°C

$$K = 2,3026/333 \tag{2.44}$$
$$K_{IH} = 0,00691\ [1/\text{minuto}]$$

A 70°C

$$K = 2,3026/357 \tag{2.45}$$
$$K_{IH} = 0,00645\ [1/\text{minuto}]$$

A 65°C

$$K = 2,3026/526 \tag{2.46}$$
$$K_{IH} = 0,00438\ [1/\text{minuto}]$$

El cálculo de valores de vida media $(t_{0,5})$ que corresponde al tiempo requerido para disminuir a la mitad el contenido de aceite, se calcula con la siguiente ecuación:

$$(t_{0,5}) = -D^*_{IH} (\log (0,5)) \tag{2.47}$$

A 75°C

$$(t_{0,5}) = -333 \times (-0,301) \tag{2.48}$$
$$(t_{0,5})_{IH} = 100\ [\text{minutos}]$$

A 70°C

$(t_{0,5}) = -357 \times (-0,301)$ **(2.49)**

$(t_{0,5})_{IH} = 107$ [minutos]

A 65°C

$(t_{0,5}) = -526 \times (-0,301)$ **(2.50)**

$(t_{0,5})_{IH} = 158$ [minutos]

Utilizando la ecuación de Arrhenius se calcula la energía de activación mediante un gráfico del logaritmo natural de las constantes de velocidad contra el inverso de las temperaturas absolutas. A partir de la pendiente se determina la energía de activación que define la energía requerida para que un proceso se realice. La ecuación representada en la Figura 2.28. es:

$$K = A_0 \, e - E_a / R \, T_a \qquad\qquad (2.51)$$

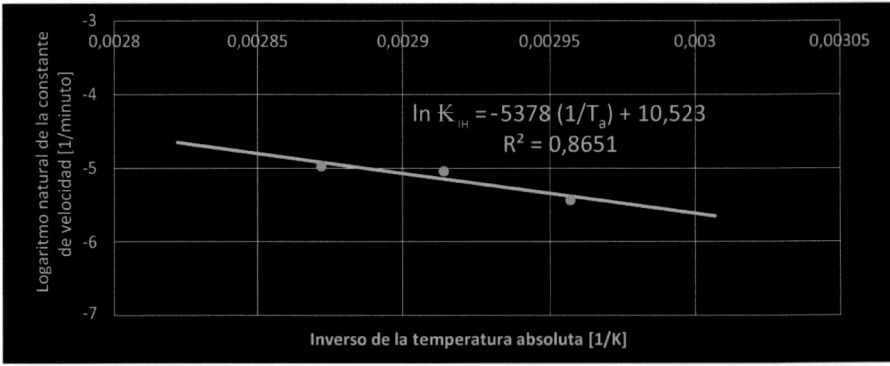

Figura 2.28. Gráfico tipo Arrhenius para determinar la energía de activación en la extracción de aceite de inchi mediante prensa.

Para el caso de la extracción de aceite de la semilla de inchi mediante prensa la ecuación tipo Arrhenius es:

$\ln K_{IH} = -5.378 \, (1/T_a) + 10,523$ **(2.52)**

$(-E_a/R) = -5.378$

$E_a = 5.378 \, (8,314)$

$E_a = 44.713$ [kJ/kg . mol]

El valor Q_{10}, indica el número de veces que cambia la velocidad de reacción cuando hay una variación en la temperatura de 10°C. Para su cálculo la ecuación utilizada es:

$\ln (Q_{10}) = 10 \, (E_a/R) \, (1/T_{a1} \, T_{a2})$ **(2.53)**

$\ln (Q_{10}) = 10 \, (+5.378) \, (1/(338,2 \times 348,2))$

$\ln (Q_{10}) = (53.780) \, (0,000008492)$

ln (Q$_{10}$) = 0,4567

(Q$_{10}$)$_{IH}$ = 1,58

El valor ẑ se establece con la aplicación de la siguiente ecuación:

ẑ = (ln 10) (T$_{a1}$ T$_{a2}$)/(E$_a$/R)   **(2.54)**

ẑ = (2,3026) (338,2 × 348,2)/(5.378)

ẑ$_{IH}$ = 50°C

Otra posibilidad para determinar ẑ es por el método gráfico representando el logaritmo del tiempo de reducción decimal como función de la temperatura, el valor negativo del inverso de la pendiente corresponde a ẑ. También es posible utilizar un gráfico semi logarítmico sobre el cual se ubican los valores, la distancia en abscisas que corresponde a la altura de una escala logarítmica en ordenadas corresponde al valor buscado.

En la Figura 2.29. está la representación gráfica para determinar ẑ. Se aprecia que la prolongación de la línea para que atraviese un ciclo logarítmico, permite establecer la distancia en abscisas que corresponde un valor de 50°C, igual valor que por el método de fórmula.

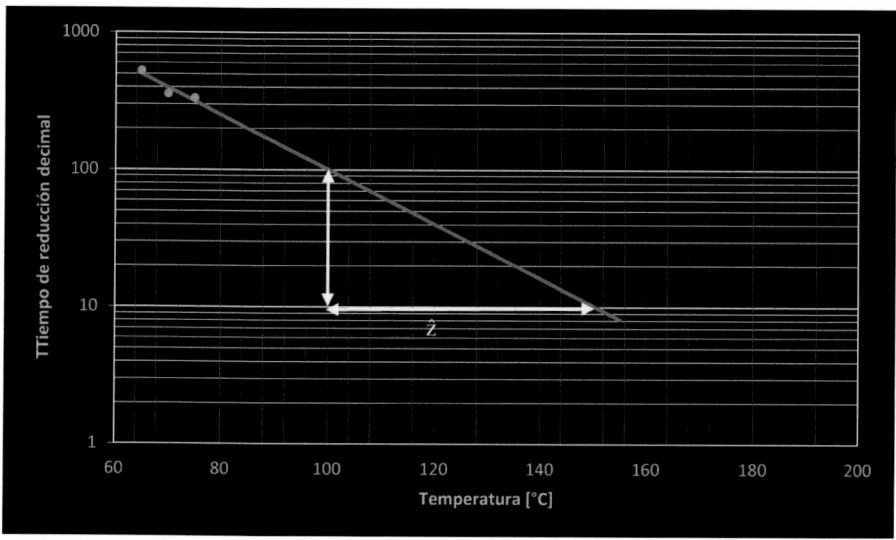

Figura 2.29. Tiempo de reducción decimal [minutos] en escala logarítmica como función de la temperatura para determinar el valor ẑ.

Prensado

Indicador. Aceite residual

Alvarado (2018) presentó casos de análisis del Principio de Causalidad para su aplicación en el cálculo de procesos que ocurren en leche y productos lácteos, lo cual puede ser extrapolado al resto de alimentos.

Una panorámica general del Principio de Causalidad se torna demasiado amplia muy difícil siquiera de imaginar sus límites y alcances. En los procesos alimenticios las causas son de todo tipo, hay causas físicas, químicas y biológicas que a su vez producen efectos y cambios de todo tipo, sean estos físicos, químicos o biológicos o sus derivados como fisicoquímicos o bioquímicos, lo más complejo es que ocurren en forma simultánea y en muchos de los casos conjunta. Se requiere entonces hacer una selección crítica para enfocar la atención en los procesos de mayor importancia que son los que definen las ventajas o los perjuicios que ocasionan, según la aplicación que se desee obtener. La relación causa-efecto requiere el sustento matemático que permita asociar y comprender los elementos que intervienen en el fenómeno que se intenta analizar, la causa puede ser vista desde la energía y el efecto desde la cinética que cuantifica los cambios. En la Figura 2.30. se observa un esquema que intenta sintetizar lo indicado.

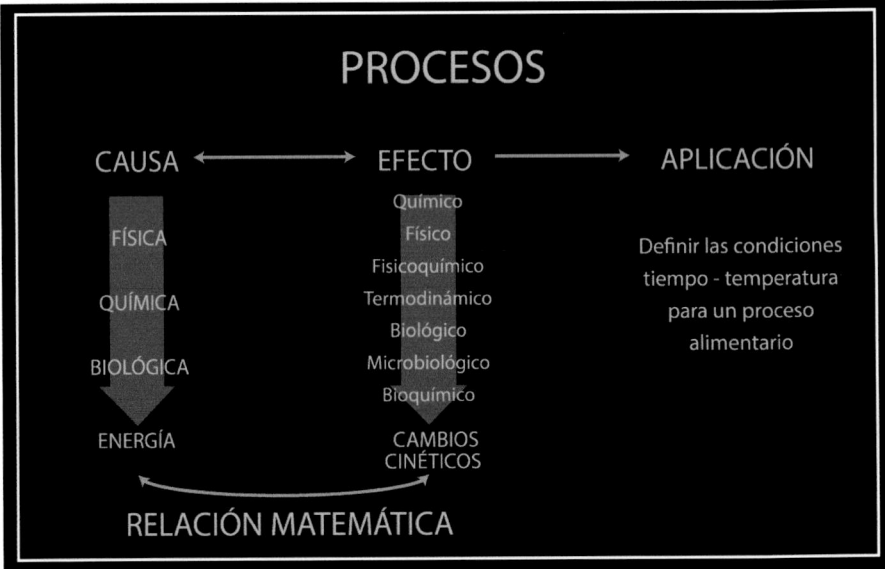

Figura 2.30. Posibles relaciones causa-efecto en procesos alimentarios.

El esquema puede ser ampliado con los nuevos conocimientos y disciplinas científicas que se desarrollan y continuarán desarrollándose con el tiempo. Como un caso particular a continuación se analiza la relación entre una causa biológica como es la intervención en la anatomía de la semilla de inchi y su efecto en el proceso físico de extracción de aceite por presión. La semilla libre de la coraza exterior todavía está recubierta superficialmente por una muy delgada película que es el tegumento, al fraccionar o molturar la semilla se rompe esta película exterior y se espera que influya sobre la cantidad de aceite que se extrae de la semilla de inchi.

En la Figura 2.31. se encuentra un esquema de la relación causa-efecto analizada con el propósito de evaluar el cambio en la cantidad de aceite extraído y consecuentemente en el aceite residual.

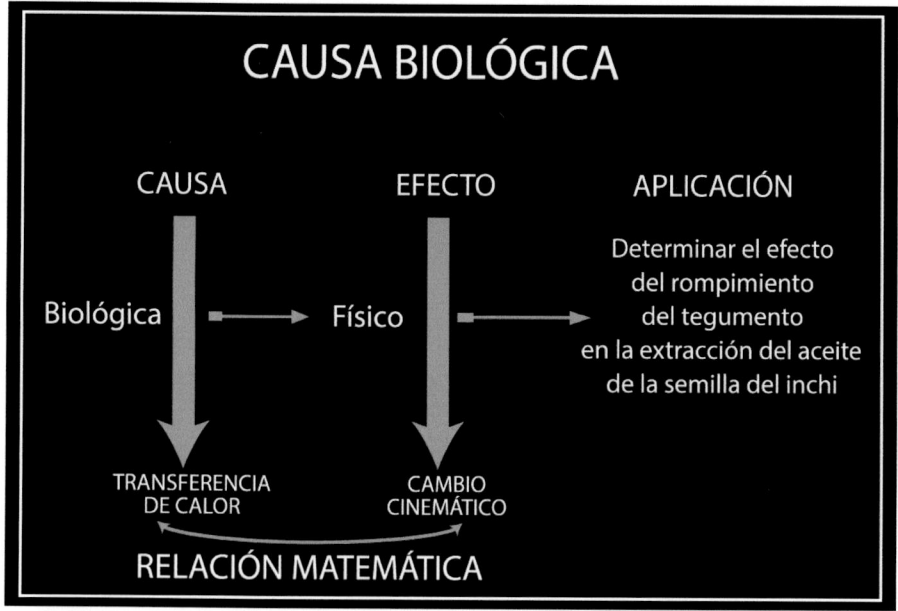

Figura 2.31. Relación causa-efecto que ocurre en la extracción del aceite de la semilla del inchi por prensado.

En la Tabla 2.12. se transcriben los datos del aceite residual a distintos tiempos de extracción, obtenidos por Zapata y Hernández (1978), que permiten establecer el efecto de la rotura del tegumento de la semilla sobre la extracción del aceite de inchi mediante presión, se incluyen también los valores expresados en base a materia seca para consolidar y facilitar los cálculos. La presión de trabajo fue 76±1 atmósferas y la temperatura promedio del ambiente 27,5°C.

Las semillas enteras presentaron un diámetro desde 9,52 [mm] las más grandes hasta 6,30 [mm] las más pequeñas, mediante tamizado fue posible separar varias fracciones de semillas trituradas, las de tamaño más pequeño entre 2,00 y 1,25 [mm], son las utilizadas para los cálculos.

Tabla 2.12. Contenido residual de aceite en pruebas de extracción por presión en semillas de inchi enteras y rotas.

Tiempo de extracción [minutos]	ACEITE RESIDUAL			
	Semillas enteras con tegumento Tamaño 9,52 a 6,30 [mm]		Semillas con tegumento roto Tamaño 2,00 a 1,25 [mm]	
	[g/100 g]	[kg/kg seco]	[g/100 g]	[kg/kg seco]
0	100	1,0526	100	1,0526
5	39,13	0,4119	54,55	0,5742
10	36,43	0,3835	48,75	0,5132
15	34,40	0,3621	45,51	0,4791
25	30,67	0,3228	43,34	0,4562
35	28,89	0,3041	42,88	0,4514
45	28,44	0,2994	41,91	0,4412
55	27,32	0,2876	41,22	0,4339
65	26,52	0,2792	40,47	0,4260
70	26,03	0,2740	40,24	0,4236

En la Figura 2.32. se representa el aceite residual como función del tiempo de prensado.

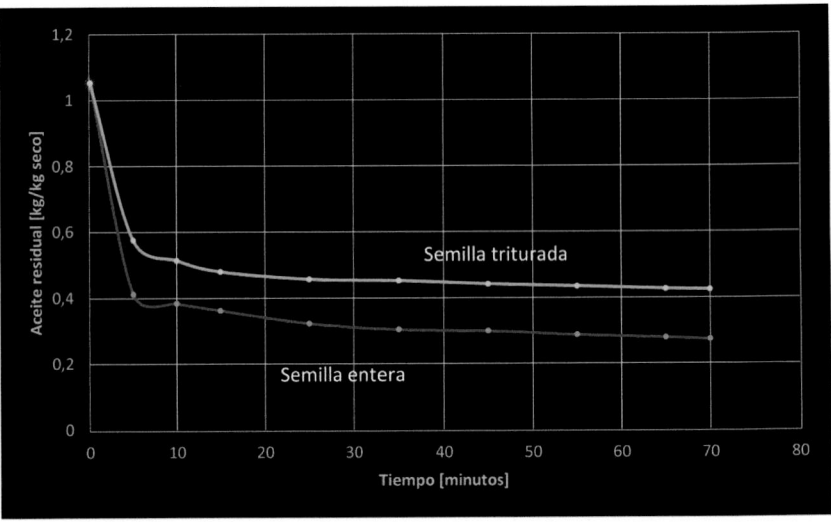

Figura 2.32. Fracción de aceite de inchi que no es extraído por acción del prensado a distintos tiempos, en semillas enteras y rotas (con y sin tegumento).

Se definen curvas que son características del proceso de extracción, la rotura de los granos y el rompimiento del tegumento no presenta ningún efecto beneficioso importante sobre el proceso de extracción de aceite, en las semillas enteras que se rompen en el momento que se inicia el prensado, se extrae una mayor cantidad de aceite que en las semillas trituradas. En los 5 primeros minutos se obtiene la mayor cantidad de aceite que supera o se aproxima a la mitad del contenido total, el 59% en las semillas enteras y el 43% en las semillas trituradas, esta diferencia se mantiene conforme transcurre el tiempo de prensado hasta los 70 [minutos], al final los contenidos de aceite extraído son 73% para las semillas de inchi enteras y 58% en las semillas trituradas.

Según lo indicado por Toledo (1999), la constante de velocidad para un cambio de concentración con modelo exponencial tiene como unidades el recíproco del tiempo y corresponde a la pendiente negativa de un gráfico del logaritmo natural de la concentración contra el tiempo. En la Figura 2.33. se representa lo indicado para la etapa de extracción decayente.

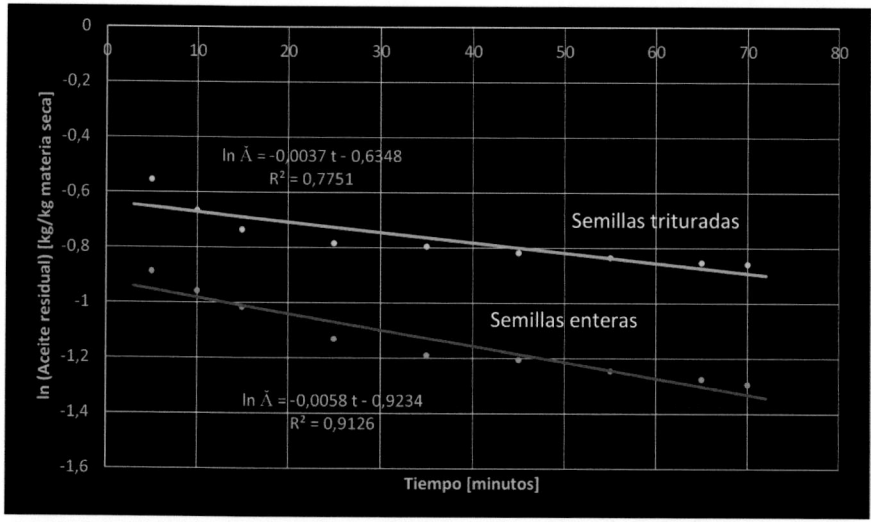

Figura 2.33. Logaritmo natural del contenido de aceite residual contra el tiempo de extracción en inchi entero y fraccionado.

Deben cumplirse funciones lineales las cuales aparecen de una manera satisfactoria, a pesar del cambio brusco que existe en los primeros minutos, las ecuaciones presentan coeficientes de determinación que se acercan a la unidad, es superior en el caso de las semillas enteras sin rompimiento previo del tegumento. Las ecuaciones obtenidas son:

Semillas de inchi enteras.
$$\ln \breve{A} = -0,0058\ t - 0,9234 \tag{2.55}$$

Semillas de inchi fraccionadas con el rompimiento del tegumento.
$$\ln \breve{A} = -0,0037\ t - 0,6348 \tag{2.56}$$

Los valores de las constantes de velocidad son:

Semillas de inchi enteras, $\mathbf{K}_{IP} = 0,0058$ [1/minuto].
Semillas de inchi sin tegumento, $\mathbf{K}_{IP} = 0,0037$ [1/minuto].

Los valores son bajos, ligeramente más alto el de las semillas enteras, comprueban que durante este período la extracción de aceite es pequeña y con muy poca diferencia entre las semillas enteras y troceadas, se debe acortar el tiempo de extracción o buscar otras alternativas de trabajo como aumentar la presión en las etapas finales sin necesidad de retirar la membrana exterior.

Entre las muchas posibilidades de procesos en los que la causalidad puede ser utilizada y reducir los límites de aplicación, en la Figura 2.34. se presenta un esquema simplificado únicamente a las causas físicas, las cuales son de especial interés y muy comunes en los productos alimenticios.

Nuevamente aparecen múltiples causas todas físicas que pueden ser comprendidas desde los distintos capítulos de la Física: Calor y mecánica que son los más utilizados, pero obviamente también están presentes electricidad, luz, sonido y las radiaciones, causas muy poco investigadas en el caso de alimentos. Los efectos son múltiples y de naturaleza diversa, entre ellos químicos, físicos, termodinámicos, fisicoquímicos, biológicos, microbiológicos, bioquímicos para citar algunos de los más importantes. Como consecuencia se disponen de varios indicadores en cada uno de los procesos, seleccionar los que mejor reflejen los cambios, con la mayor exactitud y precisión, es una tarea compleja. Por último, se requiere disponer de modelos matemáticos que permitan asociar la causa con el efecto a través de uno o varios indicadores que además sean asequibles y estén disponibles, situación que no siempre puede ser controlada.

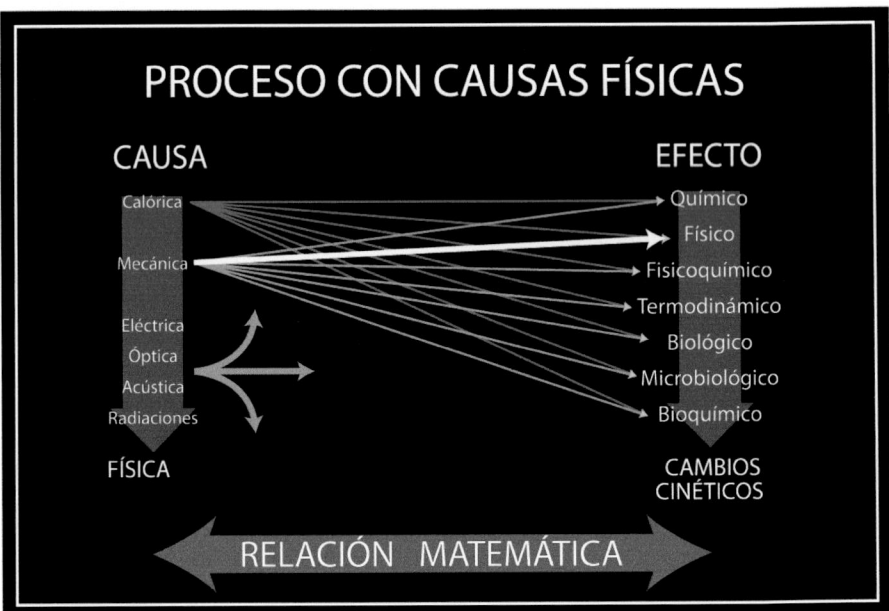

Figura 2.34. Posibles relaciones causa-efecto en procesos alimentarios simplificado a causas físicas.

El proceso de extracción de aceite por presión puede ser identificado mediante la línea notoria de la figura anterior. Se destaca que si bien los cambios son múltiples y de diferente naturaleza, el enfoque físico conduce hacia la cuantificación del propósito central, obtener el aceite de inchi utilizando la presión de la prensa de manera adecuada. En el proceso de prensado la causa es física, la presión que ejerce la prensa y el efecto también es físico, la separación del aceite líquido de la estructura sólida que constituye la masa de semillas de inchi.

La Tabla 2.13. contiene los datos de aceite residual que todavía no es extraído de las semillas de inchi, con la utilización de una prensa hidráulica que trabaja a diferentes presiones, sin cocción previa y manteniendo constante la temperatura entre 27° y 29°C. Los datos están expresados como porcentaje y fueron publicados por Zapata y Hernández (1978), en la Serie de publicaciones Especies Vegetales Promisorias del Convenio Andrés Bello. Además, se incluyen los datos expresados en base a la materia libre de humedad, denominados en base seca, con los que se realizan los cálculos.

Tabla 2.13. Contenido residual de aceite en porcentaje y como fracción [kg/kg materia seca] durante la extracción por presión de semillas de inchi.

TIEMPO [minutos]	PRESIÓN MANOMÉTRICA [atmósferas]							
	19±1,4		38±1,4		57±1,0		76±1,0	
0,1	100	1,0526	100	1,0526	100	1,0526	100	1,0526
5	72,13	0,7593	55,16	0,5806	49,18	0,5177	45,17	0,4755
10	66,27	0,6976	53,23	0,5603	46,27	0,4871	40,93	0,4308
15	63,72	0,6707	52,35	0,5511	42,9	0,4516	39,8	0,4189
25	61,92	0,6518	49,64	0,5225	39,91	0,4201	37,88	0,3987
35	60,66	0,6385	46,19	0,4862	38,02	0,4002	35,76	0,3764
45	60,15	0,6332	45,91	0,4833	37,46	0,3943	32,87	0,3460
55	59,36	0,6248	45,11	0,4748	36,47	0,3839	30,87	0,3249
65	58,9	0,6200	43,78	0,4608	35,29	0,3715	29,18	0,3072
70	58,76	0,6185	43,41	0,4569	34,92	0,3676	28,6	0,3011

Fuente: Zapata y Hernández (1978).

El contenido residual de aceite es inversamente proporcional a la presión, como se espera a mayor presión menor contenido de aceite residual. La mayor cantidad de aceite se obtiene en los primeros 10 minutos. En la Figura 2.35. se representa lo indicado.

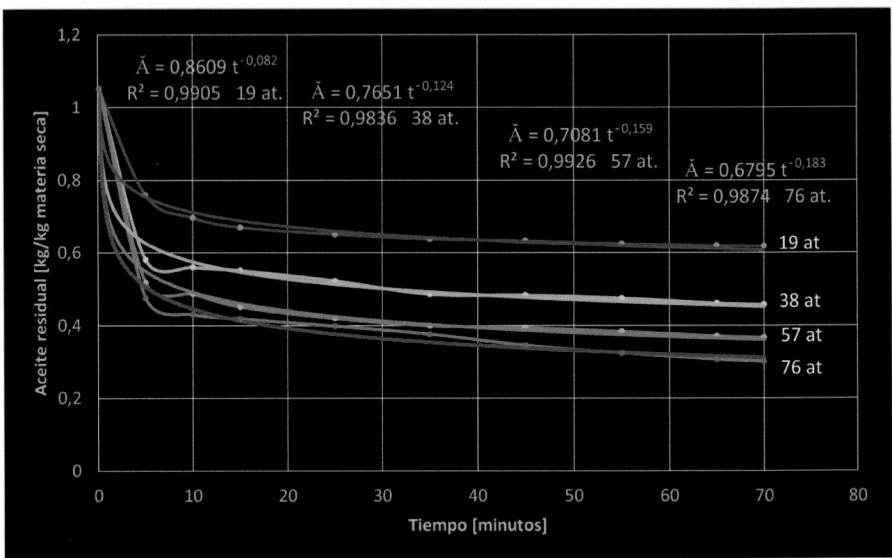

Figura 2.35. Aceite residual expresado en base seca durante la extracción desde semillas de inchi mediante presión a cuatro niveles.

En los cuatro casos se definen curvas con dos secciones claramente diferenciadas, una corta muy rápida hasta aproximadamente los primeros 5 [minutos] en la que se extrae la mayor cantidad de aceite, seguida de una segunda muy lenta con un decrecimiento paulatino en su velocidad hasta aproximadamente los 50 [minutos] de extracción, pasados los cuales relativamente no hay extracción y el contenido de aceite residual se mantiene prácticamente constante. Conforme aumenta la presión se extrae una mayor cantidad de aceite de inchi y consecuentemente se tienen valores más bajos de aceite residual, las diferencias son menores a las presiones más altas, en las que las curvas son muy próximas. A la presión más baja (19 atmósferas) la extracción desde sus inicios es muy limitada.

Al aceptar como límite de aceite residual 0,4 [kg/kg de materia seca], la aplicación de las ecuaciones conduce a los siguientes resultados.

A 76 atmósferas de presión:

$\breve{A} = 0,6795 \, (t)^{-0,183}$ (2.57)

$\log 0,4 = \log 0,6795 - 0,183 \log t$

$-0,3979 + 0,1678 = -0,183 \log t$

$t^*_{IP} = 18,1 \, [\text{minutos}]$

A 57 atmósferas de presión:

$\breve{A} = 0,7081 \, (t)^{-0,159}$ (2.58)

$\log 0,4 = \log 0,7081 - 0,159 \log t$

$-0,3979 + 0,1499 = -0,159 \log t$

$t^*_{IP} = 36,3 \, [\text{minutos}]$

A 38 atmósferas de presión:

$\breve{A} = 0{,}7651\ (t)^{-0{,}124}$ **(2.59)**

$\log 0{,}4 = \log 0{,}7651 - 0{,}124 \log t$

$-0{,}3979 + 0{,}1163 = -0{,}124 \log t$

$t^{*}{}_{IP} = 186{,}6$ [minutos]

A 19 atmósferas de presión:

$\breve{A} = 0{,}8609\ (t)^{-0{,}082}$ **(2.60)**

$\log 0{,}4 = \log 0{,}8609 - 0{,}082 \log t$

$-0{,}3979 + 0{,}0650 = -0{,}082 \log t$

$t^{*}{}_{IP} = 11475{,}1$ [minutos]

No es necesario utilizar factores de seguridad pues el proceso no implica ningún riesgo, en cuyo caso los valores de $F^{*}{}_{IP}$ son:

A 76 atmósferas de presión:

$F^{*}{}_{IP} = 18{,}1 \times (1{,}00) = 18{,}1$ [minutos]

A 57 atmósferas de presión:

$F^{*}{}_{IP} = 36{,}3 \times (1{,}00) = 36{,}3$ [minutos]

A 38 atmósferas de presión:

$F^{*}{}_{IP} = 186{,}6 \times (1{,}00) = 186{,}6$ [minutos]

En la Figura 2.36. se representan estos valores del tiempo para la extracción del 60% de aceite de las semillas de inchi como función de la presión de la prensa, no se incluye la presión más baja pues es insuficiente para la extracción mínima de aceite fijada.

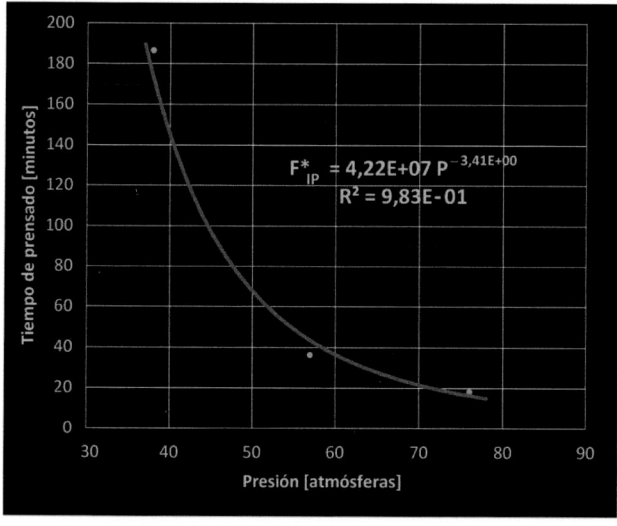

Figura 2.36. Tiempo de extracción de aceite de semillas de inchi contra la presión de prensado.

La relación potencial es muy adecuada para establecer la correlación entre estas dos variables ($R^2 = 0{,}983$) y puede ser utilizada para calcular el tiempo de extracción en prensa hasta un 60% de aceite o 40% de aceite residual. La ecuación es:

$$F^*_{IP} = 4{,}22 \ (10)^7 \ (P)^{-3{,}41} \tag{2.61}$$

Si se requiere calcular el tiempo de extracción cuando la prensa trabaja a una presión constante de 80 atmósferas, se obtiene:

$$F^*_{IP} = 4{,}22 \ (10)^7 \ (P)^{-3{,}41}$$
$$F^*_{IP} = 4{,}22 \ (10)^7 \ (80)^{-3{,}41}$$
$$F^*_{IP} = 13{,}7 \ [\text{minutos}]$$

Cálculos similares se pueden hacer para otras presiones en el intervalo señalado o por lecturas directas en la Figura. En las ecuaciones anteriores (**Ă**) es el aceite residual no extraído, **t*** es el tiempo de extracción hasta el 40% de aceite residual, **F*** corresponde al valor corregido del tiempo en el que se cumplen las condiciones indicadas, el subíndice $_{IP}$ se refiere al aceite de inchi extraído a distintas presiones, **P** es la presión y **T** es la temperatura.

Cuando existan variaciones de la presión durante el proceso, se puede utilizar un método gráfico para calcular el tiempo de prensado. Para ello se requiere conocer con la mayor exactitud posible los cambios en la presión conforme avanza el tiempo de prensado, con la ecuación última se calculan los tiempos requeridos para alcanzar la condición de aceite residual de 0,4 [kg/kg seco] a cada valor de presión, los valores inversos definen una función que puede ser graficada contra su respectiva presión y hace posible la construcción de una escala corregida de presiones que es dependiente y derivada de esta función. En base a esta escala corregida se grafican las presiones a los diferentes tiempos delimitándose un área que debe avanzar con el tiempo hasta igualar con un área de referencia definida por un valor de presión y su correspondiente tiempo de prensado como si fuese un caso de presión constante, el límite del área cuando se llega a la igualdad ubica al tiempo de proceso.

En el caso de que se trabaje en los primeros 3 [minutos] a una presión de 50 atmósferas, luego se eleva la presión a 60 atmósferas y se mantiene el prensado por otros tres minutos, por último, se trabaja a 80 atmósferas para completar el proceso, se requiere calcular el tiempo que debe mantenerse a la presión final. En la Figura 2.37. se representa lo indicado.

Según la figura en su parte izquierda la representación de los valores inversos del tiempo seguro de extracción define una curva cuando se los grafica como función de la presión, a partir de la cual se construye una escala de presiones corregida en la parte derecha de la figura. La proyección de una presión de 85 atmósferas conduce a definir un área de referencia indicada con un rectángulo que tiene como lado 11 [minutos] y como altura la correspondiente a 85 atmósferas. Al graficar los cambios de presión con la línea quebrada, el área que va delimitándose se iguala con el área de referencia cuando se mantienen 12 [minutos] a 80 [atmósferas] de presión al final del proceso, con las variaciones de presión el prensado duraría en total 18 [minutos]. Se pueden analizar otras situaciones que se presentan en los procesos que ocurren en alimentos, como es el caso de una causa y varios efectos que se manifiestan en forma independiente o en forma simultánea o también el caso de varias causas y un solo efecto, para citar unos pocos casos.

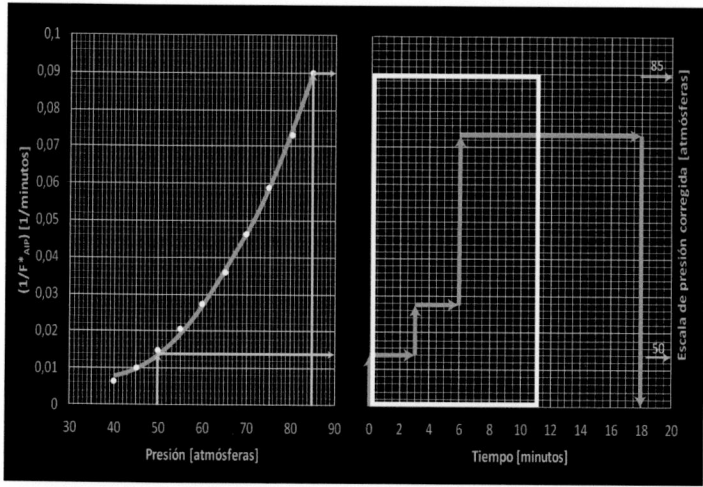

Figura 2.37. Representación gráfica de cambios en la presión para extraer aceite de semillas de inchi y su relación con el tiempo de prensado.

Cálculo de las constantes de velocidad báricas

Las constantes de velocidad son comunes para comparar y calcular procesos, especialmente de aquellos en los que interviene la temperatura, sin embargo parece posible y conveniente ampliar sus aplicaciones a los casos en los que participa la presión, como es el caso del prensado. Para diferenciar los términos se utiliza una simbología específica para las constantes dependientes de la presión.

En la Figura 2.38. se presenta la relación entre el logaritmo del contenido de aceite residual en base seca como función del tiempo de extracción a diferentes presiones de trabajo.

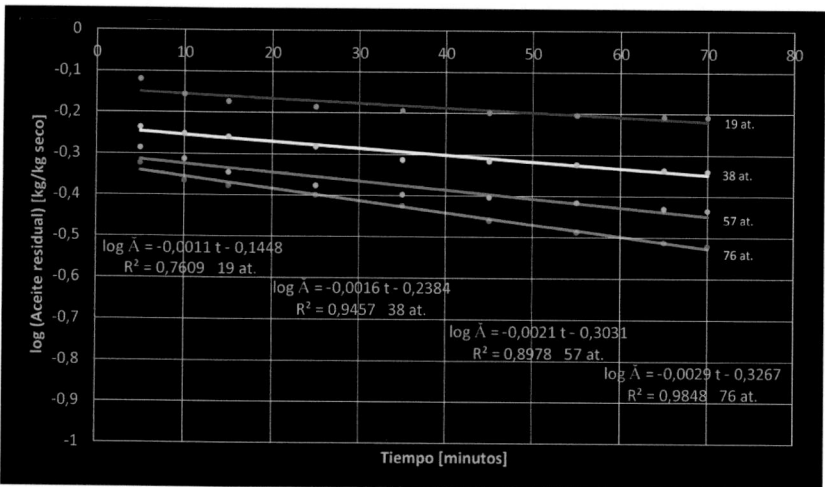

Figura 2.38. Logaritmo de aceite residual en base seca como función del tiempo de extracción en semillas de inchi a cuatro presiones.

Al graficar los datos en la forma de logaritmo de aceite residual como función del tiempo de extracción, se establece una linealidad durante todo el tiempo de aplastamiento con la prensa en el período decreciente, los coeficientes de determinación son cercanos a la unidad.

Los valores inversos negativos de las pendientes corresponden al valor $\dot{D}$ o tiempo de reducción decimal como consecuencia de la presión.

A 76 atmósferas:

$$\log(\breve{A}) = -0,0029\ t - 0,3267 \tag{2.62}$$
$$\dot{D} = 1/ + 0,0029$$
$$\dot{D}_{IP} = 345\ [minutos]$$

A 57 atmósferas:

$$\log(\breve{A}) = -0,0021\ t - 0,3031 \tag{2.63}$$
$$\dot{D} = 1/0,0021$$
$$\dot{D}_{IP} = 476\ [minutos]$$

A 38 atmósferas:

$$\log(\breve{A}) = -0,0016\ t - 0,2384 \tag{2.64}$$
$$\dot{D} = 1/0,0016$$
$$\dot{D}_{IP} = 625\ [minutos]$$

A 19 atmósferas:

$$\log(\breve{A}) = -0,0011\ t - 0,1448 \tag{2.65}$$
$$\dot{D} = 1/ + 0,0011$$
$$\dot{D}_{IP} = 909\ [minutos]$$

Los valores de la constante de velocidad de extracción debido a la presión $\dot{K}$, se calculan con la ecuación siguiente utilizando el valor $\dot{D}_{IP}$.

$$\dot{K} = \ln(10)/\dot{D}_{IP} \tag{2.66}$$

A 76 atmósferas:

$$\dot{K} = 2,3026/345 \tag{2.67}$$
$$\dot{K}_{IP} = 0,00667\ [1/minuto]$$

A 57 atmósferas:

$$\dot{K} = 2,3026/476 \tag{2.68}$$
$$\dot{K}_{IP} = 0,00484\ [1/minuto]$$

A 38 atmósferas:

$$\dot{K} = 2,3026/625 \tag{2.69}$$
$$\dot{K}_{IP} = 0,00368\ [1/minuto]$$

A 19 atmósferas:

$$K = 2,3026/909$$ (2.70)
$$K_{IP} = 0,00253 \ [1/minuto]$$

El cálculo de valores de vida media $(t_{0,5})$ que corresponde al tiempo requerido para disminuir a la mitad el contenido de aceite, se calcula con la siguiente ecuación.

$$(t_{0,5})_{IP} = - \dot{D}_{IP} (\log (0,5))$$ (2.71)

A 76 atmósferas:

$$(t_{0,5}) = - 345 \times (- 0,301)$$ (2.72)
$$(t_{0,5})_{IP} = 104 \ [minutos]$$

A 57 atmósferas:

$$(t_{0,5}) = - 476 \times (- 0,301)$$ (2.73)
$$(t_{0,5})_{IP} = 143 \ [minutos]$$

A 38 atmósferas:

$$(t_{0,5}) = - 625 \times (- 0,301)$$ (2.74)
$$(t_{0,5})_{IP} = 188 \ [minutos]$$

A 19 atmósferas:

$$(t_{0,5}) = - 909 \times (- 0,301)$$ (2.75)
$$(t_{0,5})_{IP} = 274 \ [minutos]$$

Para determinar z por el método gráfico se representa el logaritmo del tiempo de reducción decimal como función de la presión, el valor negativo del inverso de la pendiente corresponde a z.
En la Figura 2.39. está la representación gráfica para determinar z.

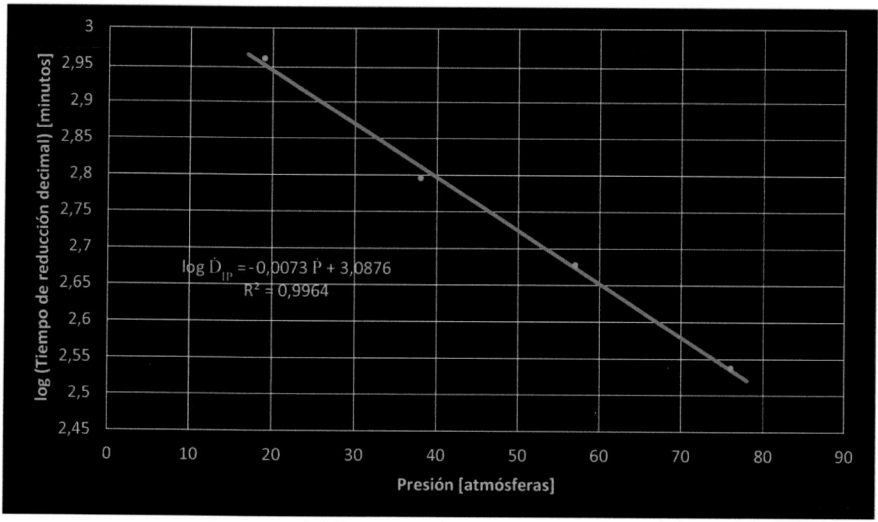

Figura 2.39. Logaritmo del tiempo de reducción decimal [minutos] como función de la compresión para extraer aceite de inchi.

La ecuación lineal con un coeficiente de determinación muy alto (0,9964), es:

$$\log (\dot{D}_{IP}) = - 0,0073 \, \dot{P} + 3,0876 \tag{2.76}$$

$$ẕ = 1/+ 0,0073$$

$$ẕ = 137 \text{ [atmósferas]}$$

El valor en términos de presión es bastante alto.

MAÍZ (*Zea mays*)

Origen

Estrella (1998), lo denomina "pan americano", afirma que el maíz es un cereal nativo de América cuyo centro de domesticación corresponde a Mesoamérica, desde donde se habría difundido hacia todo el continente. Indica que por recientes descubrimientos arqueológicos y paleobotánicos, se ha logrado determinar que el maíz procede de un antepasado de tipo silvestre que fue un cereal de grano duro contenido en una vaina, en el que cada semilla estaba protegida por una cubierta formada por dos valvas. El maíz que conocemos actualmente, *Zea mays*, no tiene esta cubierta y los granos están unidos en una mazorca, la que a su vez está contenida en una envoltura de hojas, este sería el resultado de un continuo proceso de selección humana a partir de ese antecesor silvestre de vaina. Algunos autores señalan que la domesticación se realizó en el actual México y otros en la zona Andina del Perú.

Según Garcés (1983), en la región Andina se conocen actualmente numerosas variedades de maíz, entre ellas: criollo, mejorado, híbrido, entre otras. De acuerdo con la estructura del grano, se conocen las siguientes subespecies: Dentado. Cristalino o morocho. Amiláceo. Reventón o canguil. Dulce. Cubierto o de túnica. Ceroso. Muchas de ellas cultivadas primitivamente por los aborígenes de esta región.

Otra clasificación muy antigua y ampliamente aceptada es la indicada por el sacerdote Juan de Velasco (Velasco, 1946), de acuerdo con su color y características predominantes. Amarillo, grande y blando. Blanco, grande, largo, muy delicado. Canguil, chico, medianamente duro, puntiagudo. Carapali, tamaño mediano, blanco, con una punta roja aguda. Chulpi, blanco, tamaño mediano, chupado, muy tierno y jugoso, se caracteriza por tener un contenido de proteína superior al de otras variedades. Negro, grueso, tamaño grande, ligeramente duro. Tumbaque, grueso, chato o aplanado, color pardo, blando. Morocho, tamaño pequeño, ligeramente amarillo, muy duro, posible de fermentar, difícil de consumir.

Se conoce que aproximadamente un 10% de la producción mundial de maíz se destina para consumo humano, el 83% para alimentación animal, el 5% en la obtención de almidón y azúcares, el 1% en la fabricación de alcohol o bebidas alcohólicas y un 1% como semillas para siembra. El porcentaje en peso de aceite en el grano oscila entre 3 al 6% según la variedad y más del 80% está localizado en el germen.

En la Figura 2.40. se observa mazorcas de maíz con sus granos y aceite extraído del germen.

Figura 2.40. Mazorcas de maíz y aceite del germen.

El grano de maíz se divide fundamentalmente en cuatro partes: pericarpio, aleurona, endospermo y germen; en términos de porcentaje en relación al peso del grano el pericarpio representa del 3-5%, aleurona 2-3%, endospermo 80-85% y el germen 10-12%.

La composición proximal del grano de maíz blanco presentada por el INNE (1965) y expresada en [g/100 g], es la siguiente: humedad 12,8; proteína 7,7; extracto etéreo 4,8; hidratos de carbono 73,3; fibra 1,6 y cenizas 1,4. Para maíz chulpi: humedad 12,3; proteína 7,8; extracto etéreo 7,0; hidratos de carbono 71,4; fibra 2,0 y cenizas 1,5. Se destaca el contenido alto de extracto etéreo, básicamente grasa, en el chulpi.

Aceite de maíz

Al conjunto de procesos a los que es sometido el maíz para su industrialización se denomina molturación, esta tecnología básicamente busca conseguir la separación del germen del resto del grano para la extracción de su aceite. Se realiza por dos vías, en seco y en húmedo.

Según Kent (1971), en la molturación en seco las operaciones principales que se realizan son: Limpieza. Acondicionamiento. Separación del germen. Desecación y enfriado. Separación por tamaño. Trituración mediante cilindros estriados. Cernido y clasificación. Purificación y aspiración. Secado. Envasado.

En la molturación húmeda el propósito es más amplio, se obtienen diversos productos como: almidón, aceite, alimentos para el ganado en forma de gluten alimenticio, harina de gluten, tortas de germen y los productos de hidrólisis del almidón como glucosa y jarabes. Las operaciones que se realizan para obtener aceite son: Limpieza. Remojo. Germinación. Separación del germen. Lavado. Escurrido. Secado. Extracción del aceite crudo. A continuación, para obtener el aceite refinado se requiere filtrarlo, blanquearlo y desodorizarlo.

La composición de ácidos grasos indicada por Navas y colaboradoras (1988) para muestras de aceite refinado de maíz adquirido en la localidad y expresado como porcentaje del total de ácidos grasos, fue: Palmítico 17,5. Esteárico 1,2. Oleico 20,9. Linoleico 60,4. El ácido graso insaturado con dos dobles enlaces es el predominante en el caso de aceite de maíz y lo vuelve sensible a reacciones de oxidación, al poseer un 81,3% de ácidos grasos insaturados y 18,7% de ácidos grasos saturados.

Otros datos químicos registrados en este aceite fueron: Índice de yodo 114. Índice de saponificación 183. Acidez libre expresada como porcentaje de ácido oleico 0,11. Índice de peróxido 2,3 [mEq O_2/kg].

En la Tabla 2.14. se presentan datos de propiedades físicas determinados en aceite de maíz refinado, adquirido en un comercio de la localidad.

Tabla 2.14. Propiedades físicas de aceite refinado de maíz (*Zea mays*).

Propiedad	Unidad	TEMPERATURA [°C]								
		10	20	30	40	50	60	70	80	90
Densidad	[kg/m³]	925	918	912	906	898	892	887	880	874
Tensión superficial	[mN/m]	27,6	26,9	26,3	25,6	25,0	24,4	23,7	23,1	22,4
Entropía de superficie	10² [erg/m² × K]	−9,75	−9,17	−8,67	−8,17	−7,74	−7,32	−6,91	−6,54	−6,17
Energía libre de superficie	[mJ/m²]	55,2	53,8	52,6	51,2	50,0	48,8	47,4	46,2	44,8
Viscosidad	[mPa·s]	70,9	58,3	47,2	32,8	23,5	17,3	13,2	10,6	9,1
Viscosidad cinemática	[stoke]	0,766	0,635	0,518	0,362	0,262	0,194	0,149	0,121	0,104
Fluidicidad	[rhe]	1,41	1,72	2,12	3,05	4,26	5,78	7,58	9,43	11,0
Índice de refracción	---	1,4783	1,4747	1,4708	1,4673	1,4636	1,4603	1,4566	1,4530	1,451
Calor específico	[J/kg × K]	1.830								
Conductividad térmica	[W/m × K]	0,21								
Difusividad térmica	[m²/s]	1,26 × 10⁻⁷								
Entalpía	[J/kg]	18.300 (303,2 → 313,2) [K]								
Energía de tensión	[kJ/kg × mol]	2.130 (303,2 → 313,2) [K]								
Coeficiente de expansión	[1/°C]	0,000731								
Energía de flujo	[kJ/kg × mol]	25.700								
Refracción específica	[m³/kg]	0,000306								
Punto de fusión	[°C]	− 12,8 (Inicio − 18,5; Final − 7,0)								
Punto de humo	[°C]	245								
Punto de ignición	[°C]	322								
Punto de inflamación	[°C]	344								

Los valores determinados son similares a los de otros aceites refinados de origen vegetal.

Cálculo de procesos

Extracción

Indicador. Rendimiento

El germen de maíz amarillo utilizado se obtuvo mediante el método de molienda húmeda, secado hasta una humedad del 5% y un contenido de materia grasa del 48%. La extracción se realizó con hexano comercial con el uso de un rotavapor. En la Tabla 2.15. se indica la extracción de aceite expresada como porcentaje del contenido inicial a tres temperaturas.

Tabla 2.15. Porcentaje de extracción de aceite en germen de maíz mediante solvente a tres temperaturas.

Tiempo [minutos]	Temperatura [°C]		
	50	55	60
0	0	0	0
60	12	20	27
120	23	42	55

Se observa que conforme se incrementa la temperatura, el rendimiento de aceite extraído también aumenta, el mismo efecto se observa con el tiempo de extracción. En la Figura 2.41. se representan estos datos.

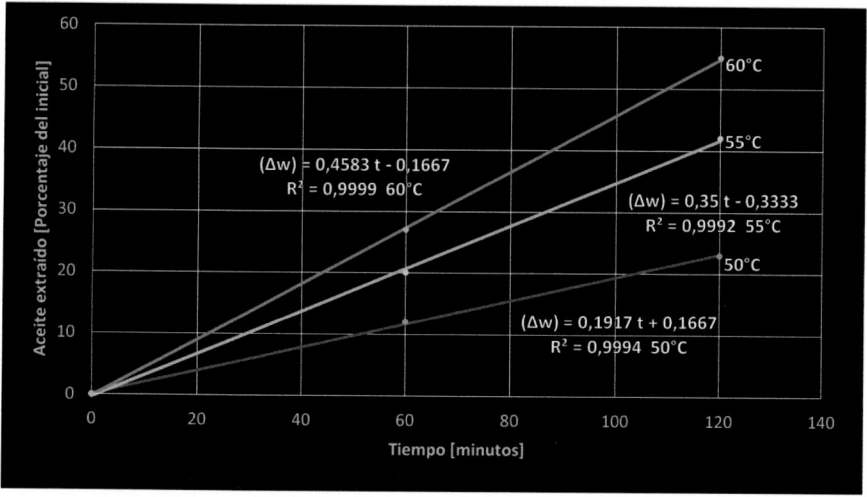

Figura 2.41. Porcentaje de aceite extraído de germen de maíz amarillo mediante hexano a tres temperaturas.

Las ecuaciones lineales son adecuadas para describir el aumento del rendimiento de aceite cuando se eleva la temperatura, los coeficientes de determinación son prácticamente la unidad. Si se define como propósito conseguir una extracción del 90%, se calculan los tiempos para llegar a este límite.

A 50°C

$$(\Delta w) = 0{,}1917\,t + 0{,}1667 \tag{2.77}$$

$$90 = 0{,}1917\,t + 0{,}1667$$

$$(90 - 0{,}1667)/0{,}1917 = t$$

$$t^*_{ZE} = 469 \text{ [minutos]}$$

A 55°C

$$(\Delta w) = 0{,}35\,t - 0{,}3333 \tag{2.78}$$

$$90 = 0{,}35\,t - 0{,}3333$$

$$(90 + 0{,}3333)/0{,}35 = t$$

$$t^*_{ZE} = 258 \text{ [minutos]}$$

A 60°C

$$(\Delta w) = 0{,}4583\,t - 0{,}1667 \tag{2.79}$$

$$90 = 0{,}4583\,t - 0{,}1667$$

$$(90 + 0{,}1667)/0{,}4583 = t$$

$$t^*_{ZE} = 197 \text{ [minutos]}$$

Con un factor de seguridad del 5% en exceso para asegurar una extracción que supere el 90% señalado, los valores de F^*_{ZE} son:

A 50°C

$$F^*_{ZE} = 469 \times (1{,}05) = 492 \text{ [minutos]}$$

A 55°C

$$F^*_{ZE} = 258 \times (1{,}05) = 271 \text{ [minutos]}$$

A 60°C

$$F^*_{ZE} = 197 \times (1{,}05) = 207 \text{ [minutos]}$$

En las ecuaciones anteriores el subíndice $_{ZE}$ se refiere al germen de maíz en el proceso de extracción del aceite. En la Figura 2.42. se grafican estos valores, corresponden al tiempo seguro de extracción del aceite desde germen de maíz para obtener un rendimiento del 90% o más.

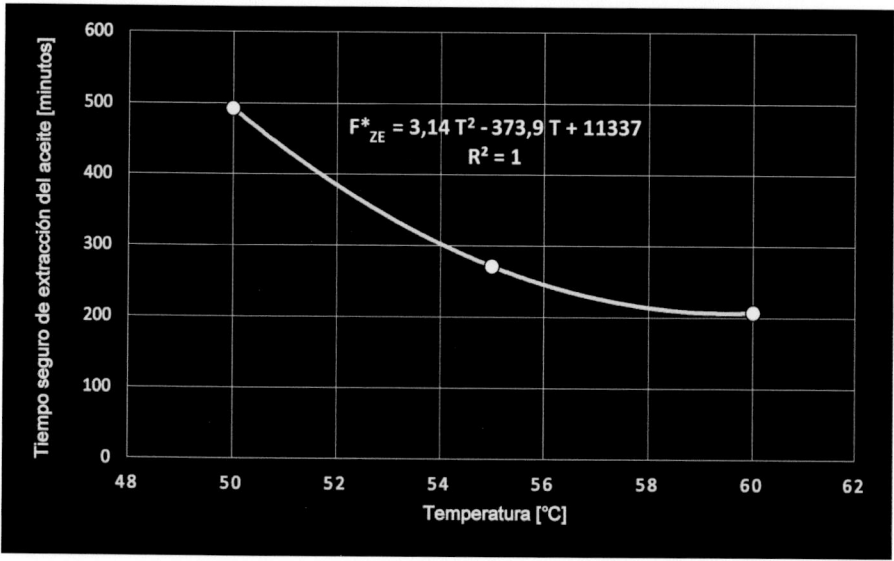

Figura 2.42. Relación entre la temperatura y el tiempo seguro de extracción del aceite del germen de maíz.

La ecuación polinómica de segundo grado ajusta esta relación en forma excelente ($R^2 = 1$), en consecuencia, puede ser utilizada para calcular el tiempo de extracción del aceite. La ecuación es:

$$F^*_{ZE} = 3,14 \, T^2 - 373,9 \, T + 11\,337 \tag{2.80}$$

Si se requiere calcular el tiempo de extracción del aceite a 45°C, se obtiene:

$$F^*_{ZE} = 3,14 \, (45)^2 - 373,9 \, (45) + 11\,337$$

$$F^*_{ZE} = 870 \, \text{[minutos]}$$

Se aprecia claramente que bajar la temperatura de extracción es un error. Por otro lado, en condiciones habituales no se puede elevar la temperatura sobre el punto de ebullición del disolvente.

Si existen variaciones de la temperatura de extracción durante el proceso, como sería el caso de iniciar el trabajo a 60°C y por una falla eléctrica después de 3 horas, la temperatura baja a 45°C, es posible calcular el tiempo en el cual se extraería el 95% de aceite. El método de cálculo de procesos mediante gráfico se presenta como una opción válida para aplicarlo, como se indica en la Figura 2.43.

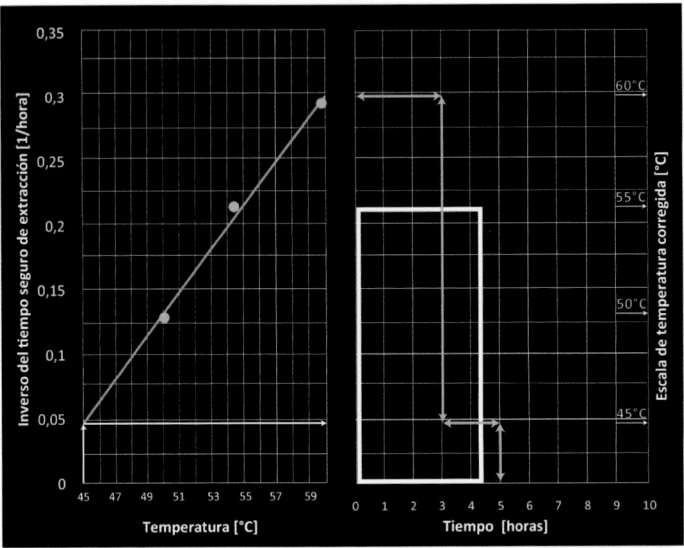

Figura 2.43. Gráfico que relaciona el tiempo de extracción de aceite desde germen de maíz en el caso de temperatura variable.

Se elabora un gráfico del inverso de los tiempos seguros de extracción expresados en horas, para evitar valores numéricamente altos, como función de temperatura como se observa en la parte izquierda. A partir de este gráfico se construye otro derivado del anterior que conduce a obtener una escala especial de temperaturas, como se observa en la parte derecha. Se establece un área de referencia con cualquiera de los valores de tiempo de extracción previamente conocidos, en el presente caso 55°C con un tiempo de 4,5 [horas]. A continuación, se delimita otra área con los datos de temperatura-tiempo de extracción, previamente indicados, hasta que el área que va delimitándose bajo la línea trazada, se iguale con el área de referencia, se obtiene entonces el tiempo de almacenamiento total, lo que ocurre en 5 [horas], sería el tiempo de extracción para obtener un rendimiento del 95% de aceite en el caso de cambios de temperatura durante el proceso por cualquier causa, sea esta accidental o no.

MANÍ (*Arachis hypogaea*)

Origen

Pascual y Molina (2006) presentaron una amplia revisión del cultivo, indicaron que el género Arachis de la familia Leguminoseae se encuentra ampliamente distribuido en los trópicos y regiones moderadas en su temperatura, es una importante fuente de aceite comestible para millones de personas que viven en regiones tropicales y subtropicales. Su cultivo se realiza en zonas de la costa y la selva, con rendimientos que se encuentran entre los 800 y 5.000 [kg/ha]. Se siembra a finales de primavera y se recolecta a finales de otoño.

Es una planta fibrosa originaria de América, llega a medir de 30 a 50 [cm] de altura. Los frutos crecen bajo el suelo, dentro de una vaina leñosa redondeada que contiene de una a cinco semillas. Al poseer una cáscara leñosa sin pulpa se considera un tipo de fruto seco. Ha sido cultivada para el aprovechamiento de sus semillas desde hace 8.000 o 7.000 años. Los conquistadores españoles observaron su consumo al llegar al continente americano, en la zona y alrededores del Imperio Inca. Se cree originario de las regiones tropicales de América del Sur, donde algunas especies crecen de modo silvestre.

Según Cárdenas y colaboradores (2001), maní es una palabra de origen taíno y es el nombre que predomina en algunos países de habla hispana para la denominación tanto de la planta como de su fruto y su semilla. La denominación maní también puede provenir del idioma guaraní en el que se denomina manduví. El término cacahuate es un nahuatlismo proveniente de cacáhuatl («cacao»). En náhuatl se denomina tlālcacahuatl, que significa «cacao de la tierra»; compuesto por tlalli –tierra, suelo– y cacahuatl –granos de cacao– porque la vaina de sus semillas está sobre tierra. Planta y fruto se conocen en México como cacahuate, mientras que España ha adoptado el vocablo cacahuete.

La planta crece en la actualidad en grandes áreas con climas cálidos. El follaje de la *Arachis hypogaea* es en algo parecida a la del clavo. Después de florear, se doblan los tallos hacia debajo de las flores y fuerzan a las pequeñas vainas a meterse en el suelo, donde se desarrollan. Un detalle fascinante de la planta del maní es que las flores, después de la polinización, se hunden en el suelo y el fruto, el maní (una legumbre indehiscente), se desarrolla subterráneamente. Hoy en día, los principales países de cultivo son China y la India, donde se utiliza sobre todo como materia prima para la producción de «aceite de cacahuete». En la Figura 2.44. se observa las vainas con maní.

Figura 2.44. Maní con su aceite.

Augstburger y colaboradores (2000), detallaron que el cultivo se utiliza de manera integral, como forraje para el ganado, para consumo humano directo o para la elaboración de productos industrializados. En el primer caso se consume tostado como fruto seco y en confitería, para la preparación de pan, dulces, galletas, ensaladas. En el segundo caso se destina para la fabricación de aceite, harina, crema de cacahuate, tintas, lápices labiales, colores, jabón, entre otros.

Procedimientos poscosecha

Producción de heno: El follaje del maní es un excelente forraje rico en proteínas y con un valor forrajero comparable con aquel de alfalfa, razón por la cual en muchos casos se cosecha también. Se lo puede cortar y secar para heno directamente antes de la cosecha. El secado encima de caballetes secaderos o en palos verticales previo marchitamiento en manojos es una manera del secado persevante al cosechar la planta entera. Caso contrario se pierde fácilmente parte del follaje valioso.

Trillado: Después del secado en el campo se separarán las vainas. La mejor calidad resulta con un contenido de humedad de 20-25% debido a que todas las vainas se separan fácilmente e íntegramente. Cuando el grado de humedad está debajo de lo indicado las vainas y semillas se dañan con más facilidad. La manera más persevante es la separación manual. A veces se separarán las vainas, golpeándolas cuidadosamente con palos, también se emplearán tanto trilladoras estacionales como móviles.

Secado: Inmediatamente después de la trilla se secarán las vainas al sol o artificialmente hasta un contenido de humedad de 6-7%. Se evitarán demoras caso contrario puede incrementarse de forma extrema el contagio con *Aspergillus flavus*. Un contenido inferior a 9% inhibe la producción de aflatoxinas, sin embargo, recién un contenido inferior a 7% da la seguridad contra plagas de almacén cuyas actividades tienen como consecuencia la producción de aflatoxinas. Por esta razón es necesario un contenido de humedad de 6-7%. Hay problemas en el momento en que haya humedad ambiental durante la cosecha y cuando se efectúe a continuación el secado de manera deficiente. Recién con un contenido debajo de 6% de humedad el procesamiento se obstaculiza (los granos se quiebran con la trilla).

Selección: En la mayoría de los casos solamente algunos granos están contaminados por aflatoxina y por tanto una medida preventiva importante y efectiva es la selección después de la cosecha. Vainas y granos fuertemente contagiados muestran una coloración diferente o encogimiento. Estos pueden ser seleccionados y eliminados manualmente o mecánicamente. La selección cromatológica permite la eliminación de casi todas las semillas defectuosas y contaminadas por aflatoxinas.

Almacenamiento: Los factores principales que deberán ser considerados para el almacenamiento correcto son un bajo contenido de humedad de los granos y temperaturas ambientales bajas. Alta humedad de los granos, del aire y altas temperaturas son las razones frecuentes para la formación de aflatoxinas.

Según la Tabla de Composición de Alimentos Ecuatorianos (INNE, 1965), la composición de los granos de maní crudo expresada en [g/100 g] es: humedad 6,4; proteína 29,6; extracto etéreo 46,3; carbohidratos 13,4; fibra 1,7; cenizas 2,6. En el caso de maní tostado disminuye la humedad y hay un ligero incremento del extracto etéreo hasta 48,5 [g/100 g]. El alto contenido de lípidos señala su importancia, en especial del aceite que se aproxima a la mitad del peso.

El contenido proteínico y de grasas del maní es muy favorable para la alimentación humana y por lo tanto es un alimento de mucho valor. Las pepas se las consume crudas, cocidas o tostadas, se las procesa para producir mantequilla de maní, dulces y bocadillos o se las utiliza para sopas y salsas. El 40% de la producción mundial se destina para el procesamiento de aceites. La composición porcentual de ácidos grasos del aceite determinada por Navas y colaboradores (1988) es: palmítico 21,7; esteárico 1,2; oleico 38,0; linoleico 39,1. Se trata de un aceite bastante bien equilibrado, con un alto contenido de ácido oleico y linoleico, la muy pequeña cantidad que posee de ácido linolénico le confiere una buena estabilidad al calor.

La torta prensada de maní contiene 40-50% de proteína altamente digerible. Se la muele para la producción de harina de maní que sirve a su vez para el enriquecimiento proteínico de alimentos como la harina de mandioca. El forraje y la torta prensada se utilizan como alimento rico en proteína para animales. Las cáscaras sirven como combustible, fibra cruda para forraje, materia cruda, tableros alivianados, producción de celulosa o para compost (Augstburger y colaboradores, 2000).

Aceite de maní

Los cacahuetes son una importante fuente de lípidos y proteínas, el aceite de cacahuete es uno de los aceites importantes en la dieta humana. Convencionalmente se extrae por cualquiera de los medios mecánicos de prensado o extracción con disolventes. La presión mecánica es un proceso menos eficiente, que conduce a la recuperación de aceite que baja del 40 al 60% (Apama Sharma y colaboradores, 2002). En la Tabla 2.16. se encuentran datos de las principales propiedades físicas del aceite de maní.

Tabla 2.16. Propiedades físicas de aceite crudo de maní (*Arachis hypogaea*).

Propiedad	Unidad	TEMPERATURA [°C]								
		10	20	30	40	50	60	70	80	90
Densidad	[kg/m³]	921	914	908	901	895	887	880	873	867
Tensión superficial	[mN/m]	26,4	25,7	25,1	24,4	23,8	23,2	22,5	21,9	21,2
Entropía de superficie	10^2 [erg/m² x K]	−9,32	−8,77	−8,28	−7,79	−7,36	−6,96	−6,56	−6,20	−5,84
Energía libre de superficie	[mJ/m²]	52,8	51,4	50,2	48,8	47,6	46,4	45,0	43,8	42,4
Viscosidad	[mPa·s]	97,7	74,2	48,8	34,3	25,7	18,8	13,7	9,70	6,97
Viscosidad cinemática	[stoke]	1,061	0,812	0,537	0,381	0,287	0,212	0,156	0,111	0,080
Fluidicidad	[rhe]	1,02	1,35	2,05	2,92	3,89	5,32	7,30	10,3	14,3
Índice de refracción	---	1,4752	1,4717	1,4679	1,4643	1,4609	1,4573	1,4538	1,4503	1,446
Calor específico	[J/kg x K]	1.970								
Conductividad térmica	[W/m x K]	0,18								
Difusividad térmica	[m²/s]	$1,01 \times 10^{-7}$								
Entalpía	[J/kg]	19.700 (303,2 → 313,2) [K]								
Energía de tensión	[kJ/kg x mol]	2.230 (303,2 → 313,2) [K]								
Coeficiente de expansión	[1/°C]	0,000789								
Energía de flujo	[kJ/kg x mol]	28.232								
Refracción específica	[m³/kg]	0,000306								
Punto de fusión	[°C]	− 2,5 (Inicio − 3,0; Final 8,0)								
Punto de humo	[°C]	176								
Punto de ignición	[°C]	273								
Punto de inflamación	[°C]	334								

El maní utilizado para la elaboración del aceite ha sido cuidadosamente seleccionado, el mismo corresponde a variedades cuya relación de ácidos grasos insaturados es considerablemente superior a la porción de saturados, esto hace que el aceite sea más estable a la oxidación por altas temperaturas o por los rayos solares, previniendo los aromas y sabores desagradables característicos de los aceites que luego de un tiempo de almacenados en condiciones desfavorables se vuelven «rancios» (Córdoba, 2005).

FAO (2001) indicó que propuestas recientes sobre las grasas dietarias, incluyen el concepto de que los ácidos grasos monoinsaturados (oleico) ayudan a disminuir el colesterol total y colesterol malo (unido a LDL colesterol de baja densidad), con el beneficio agregado que al reemplazar el consumo de grasas saturadas por el de grasas mono insaturadas, se mantienen niveles adecuados de colesterol bueno (unido a HDL colesterol de alta densidad), el que trabaja a favor del funcionamiento saludable del corazón. Un estudio vigente plantea que las dietas elevadas en ácidos grasos monoinsaturados del aceite de maní también reducen las concentraciones de triglicéridos circulantes en sangre. Por sus propiedades antioxidantes, antitrombóticas y antihipertensivas, los ácidos grasos mono insaturados también pueden reducir el riesgo de enfermedades cardiovasculares. El aceite de maní es de color amarillo pálido. Su composición es alta en ácidos grasos monoinsaturados y es muy estable.

La Figura 2.45. detalla las operaciones, controles y procesos requeridos para la obtención de aceite de maní, desde la fase de poscosecha hasta la obtención final de aceite de maní crudo, se incluyen datos de pesos para evaluar pérdidas de materia y rendimiento. Después de una refinación cáustica, blanqueo y desodorización, se usa el aceite principalmente en la industria de grasas comestibles, ya sea como tal o después de endurecerlo por hidrogenación (Kirschenbauer, 1964).

El aceite de maní es adecuado para fritura, se aconseja trabajar hasta una temperatura de 180°C, el valor crítico está a 220°C, su gusto neutro facilita su uso en ensaladas y salsas.

Postcosecha	**> Producción de heno** **Follaje para alimentación animal >**
Operación	**> Trillado** **Humedad mínima 20 - 25%. Separación de vaina**
Proceso	**> Secado** **Hasta 6 - 7% de humedad**
Control	**> Selección** **Separación de vainas y granos notoriamente contagiados con aflatoxinas**
Proceso	**> Almacenamiento** **Baja humedad relativa y temperatura ambiente**
Operación	**> Recepción (2.000 [g])** **Cumplimiento de índices químicos y condiciones higiénicas**
Control	**> Selección (1.950 [g])** **Requisitos de le relación de insaturación de ácidos grasos**
Proceso	**> Tostado (1.910 [g])** **60°, 70°, 80°, 90° C**
Operación	**> Descascarado (1.880 [g])** **Separación de la cutícula**
Proceso	**> Molienda (1.719 [g])** **Humedad máxima 6 - 7%**
Proceso	**> Prensado (1.280 [g])**
Proceso	**> Filtración (580 [g])** **Separación de impurezas y clarificación del aceite**
Proceso	**> Sedimentación (339 [g])** **Separación de sólidos en suspensión como harinas**
Operación	**> Envasado (336 [g])**
Proceso	**> Almacenamiento (336 [g])** **18°C**

Figura 2.45. Diagrama de bloques para la obtención de aceite de maní mediante presión.

En la Tabla 2.17. se presentan datos de propiedades físicas determinados en aceite de maní refinado, adquirido en un comercio de la localidad.

Tabla 2.17. Propiedades físicas de aceite refinado de maní (*Arachis hypogaea*).

Propiedad	Unidad	TEMPERATURA [°C]								
		10	20	30	40	50	60	70	80	90
Densidad	[kg/m³]	920	913	908	901	894	887	881	874	868
Tensión superficial	[mN/m]	26,9	26,4	25,8	25,1	24,7	24,2	23,6	23,1	22,6
Entropía de superficie	10^2 [erg/m² x K]	−9,50	−9,00	−8,51	−8,01	−7,64	−7,26	−6,88	−6,54	−6,22
Energía libre de superficie	[mJ/m²]	53,8	52,8	51,6	50,2	49,4	48,4	47,2	46,2	45,2
Viscosidad	[mPa·s]	91,9	72,9	47,4	38,2	27,2	20,7	16,1	11,5	8,6
Viscosidad cinemática	[stoke]	0,999	0,798	0,522	0,424	0,304	0,233	0,183	0,132	0,099
Fluidicidad	[rhe]	1,09	1,37	2,11	2,62	3,68	4,83	6,21	8,70	11,6
Índice de refracción	---		1,4754	1,4718	1,4682	1,4646	1,4610	1,4574	1,4538	1,4502	1,4466
Calor específico	[J/kg x K]	1.940								
Conductividad térmica	[W/m x K]	0,17								
Difusividad térmica	[m²/s]	$1,07 \times 10^{-7}$								
Entalpía	[J/kg]	19.400 (303,2 → 313,2) [K]								
Energía de tensión	[kJ/kg x mol]	2.170 (303,2 → 313,2) [K]								
Coeficiente de expansión	[1/°C]	0,000760								
Energía de flujo	[kJ/kg x mol]	25.351								
Refracción específica	[m³/kg]	0,000307								
Punto de fusión	[°C]	0,5 (Inicio − 7,0; Final 8,0)								
Punto de humo	[°C]	239								
Punto de ignición	[°C]	321								
Punto de inflamación	[°C]	347								

Al comparar los datos del aceite crudo con el aceite refinado, se establece que existe aproximación en los valores, las diferencias son pequeñas en la mayoría de las propiedades. Las discrepancias mayores se encuentran en los puntos de fusión, humo e ignición, con valores más altos para el aceite comercial. Valores inferiores próximos al 10% se registraron en la energía de tensión y en la energía de flujo del aceite refinado con relación al aceite crudo.

Cálculo de procesos

Tostado

Indicador. Pérdida de peso

El proceso para la obtención del aceite de maní fue a través de un prensado partiendo de un grano levemente tostado. Este aceite no es refinado, ni ha sido obtenido por extracción con solventes, simplemente se obtiene por prensado, por eso es considerado como Extra Virgen, el cual es filtrado, lo que hace que pueda presentar pequeños residuos en suspensión de harina de maní que luego de un tiempo sedimentan.

El tostado es un proceso en seco que se realiza con el propósito de viabilizar la separación de la cutícula íntimamente ligada a la superficie del grano de maní. Para el estudio se trabajó a 3 temperaturas (60°, 70° y 80°C) y 4 tiempos de permanencia en el recipiente de tostado (5, 10, 15 y 20 [minutos]). Inmediatamente por frotamiento se descascaron los granos, luego se molieron en molino manual y se sometieron a la extracción del aceite en una prensa hidráulica manual (Figura 2.46), en las mismas condiciones para todos los casos.

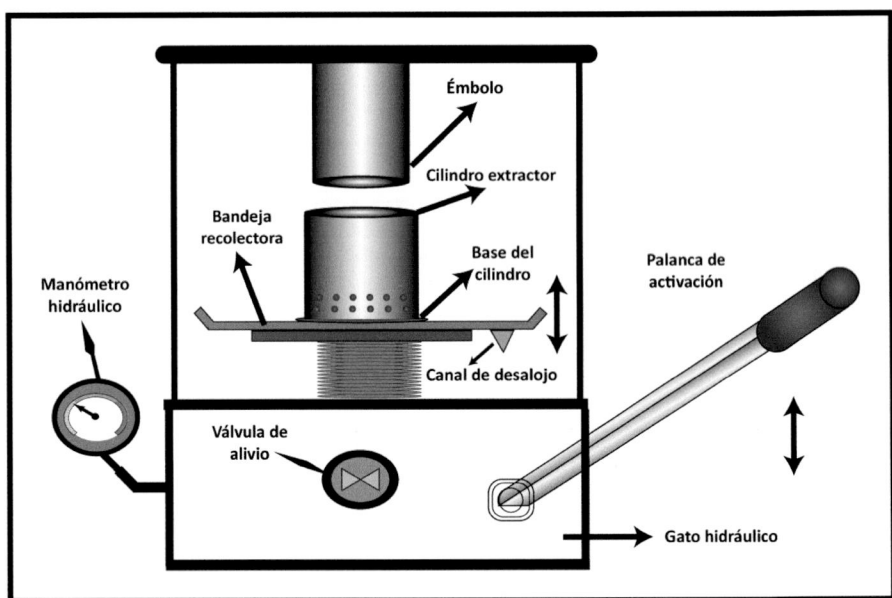

Figura 2.46. Prensa hidráulica de laboratorio utilizada en la extracción de aceite de maní.

El indicador fue la pérdida de peso expresada en porcentaje de la cantidad que ingresa al proceso de tostado con la que queda luego del descascarado y la separación de la cutícula, los valores reportados corresponden al promedio de 2 réplicas. En la Tabla 2.18. se presentan los datos obtenidos por Mélida Chuquitarco, Gabriela Pilco y Johana Aguiar en el Laboratorio del colegio Benjamín Araujo de Patate-Ecuador.

Tabla 2.18. Pérdida de peso expresada como porcentaje de granos de maní a diferentes temperaturas y tiempos de tostado.

Tiempo de tostado[min]	Temperatura		
	60 [°C]	70 [°C]	80 [°C]
5	10,033	10,745	13,843
10	10,253	11,165	14,133
15	10,300	11,993	16,275
20	10,459	12,562	16,930

Valores promedio de 2 réplicas.

Se observa que conforme se incrementa la temperatura y el tiempo de tostado aumenta el porcentaje de pérdida de maní correspondiente a la cutícula y parte del grano. Existe un límite de temperaturas pues al trabajar a 90°C se observó un cambio de coloración por chamuscado y falta de cocción en el centro del grano.

En la Figura 2.47. se grafica el porcentaje de pérdida de peso del maní como función del tiempo de tostado a tres temperaturas (60°, 70° y 80°C).

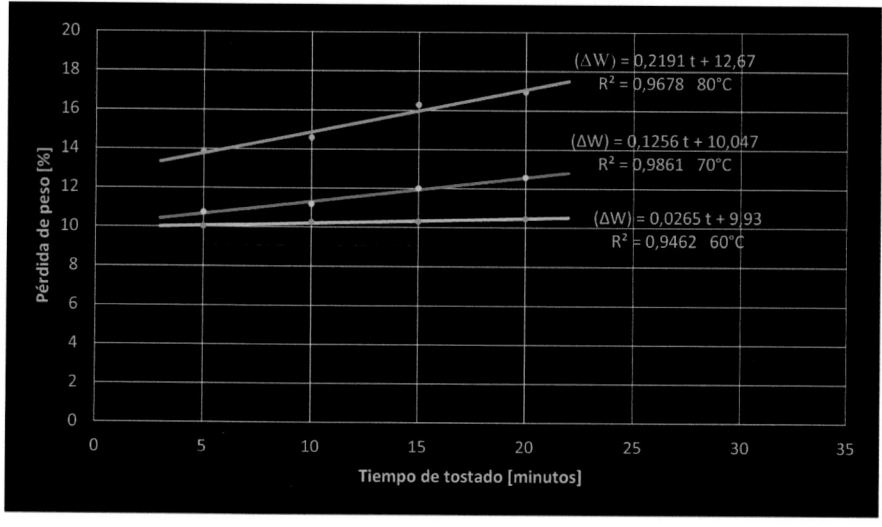

Figura 2.47. Porcentaje de pérdida de peso registrado en maní durante el tostado.

Si se acepta como máximo un 15% de pérdidas, se calculan los tiempos para llegar a este límite.

A 60°C

$$(\Delta W) = 0,0265\ t + 9,93 \qquad\qquad (2.81)$$

$$15 = 0,0265\ t + 9,93$$

$$(15 - 9,93)/0,0265 = t$$

$$t^*_{MT} = 191\ [minutos]$$

A 70°C

$$(\Delta W) = 0,1256\ t + 10,047 \qquad\qquad (2.82)$$

$$15 = 0,1256\ t + 10,047$$

$$(15 - 10,047)/0,1256 = t$$

$$t^*_{MT} = 39\ [minutos]$$

A 80°C

$$(\Delta W) = 0,2191\ t + 12,67 \qquad\qquad (2.83)$$

$$15 = 0,2191\ t + 12,67$$

$$(15 - 12,67)/0,2191 = t$$

$$t^*_{MT} = 11\ [minutos]$$

Con un factor de seguridad del 10% que asegure un tratamiento suficiente, los valores de F^*_{MT} son:

A 60°C

$$F^*_{MT} = 191 \times (1,1) = 210\ [minutos]$$

A 70°C

$$F^*_{MT} = 39 \times (1,1) = 43\ [minutos]$$

A 80°C

$$F^*_{MT} = 11 \times (1,1) = 12\ [minutos]$$

En las ecuaciones anteriores el subíndice $_{MT}$ se refiere al maní tostado.

En la Figura 2.48. se grafican estos valores que corresponden al tiempo de tostado de los granos de maní para que las pérdidas de peso sean hasta un 15% como función de la temperatura. La ecuación exponencial describe esta relación en forma muy adecuada ($R^2 = 0,996$), en consecuencia, puede ser utilizada para calcular el tiempo de tostado para la eliminación de la cáscara o cutícula que cubre a los granos.

La ecuación es:

$$F^*_{MT} = 10^6\ e^{-0,143\ (T)} \qquad\qquad (2.84)$$

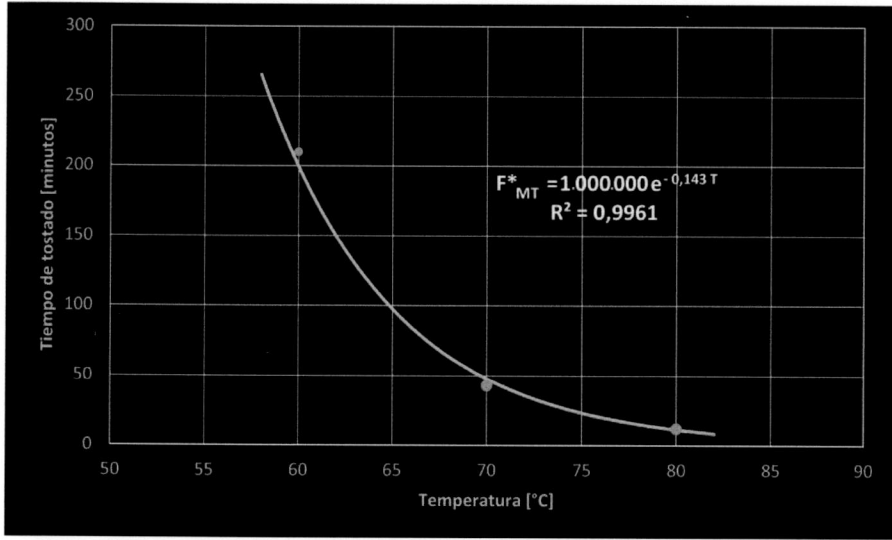

Figura 2.48. Relación entre la temperatura y el tiempo de tostado en maní.

Si se requiere calcular el tiempo de tostado de maní a 58°C, se obtiene:

$F^*_{MT} = 10^6 \ e^{-0,143 \ (T)}$

$F^*_{MT} = 1.000.000 \ e^{-0,143 \ (58)}$

$F^*_{MT} = 1.000.000 \ e^{-0,143 \ (58)}$

$F^*_{MT} = 250 \ [minutos]$

Si se desea conocer el tiempo de tostado a 82°C, se obtiene:

$F^*_{MT} = 10^5 \ e^{-0,143 \ (T)}$

$F^*_{MT} = 1.000.000 \ e^{-0,143 \ (82)}$

$F^*_{MT} = 1.000.000 \ e^{-0,143 \ (82)}$

$F^*_{MT} = 8 \ [minutos]$

Hay otras posibilidades para mejorar el proceso de tostado, las pérdidas son muy altas y se requiere renovar el método manual utilizado, posiblemente trabajar a temperaturas muy altas en tiempos muy cortos y con equipos mejor acondicionados. Una perspectiva del tiempo de tostado requerido para expresamente facilitar el retiro de la cutícula, se observa en la Figura 2.49.

La relación semi logarítmica entre el tiempo de tostado y la temperatura, facilita elaborar gráficos para observar el posible comportamiento de un determinado proceso a condiciones que se escapan de las facilidades prácticas de un laboratorio, en el presente caso temperaturas más altas.

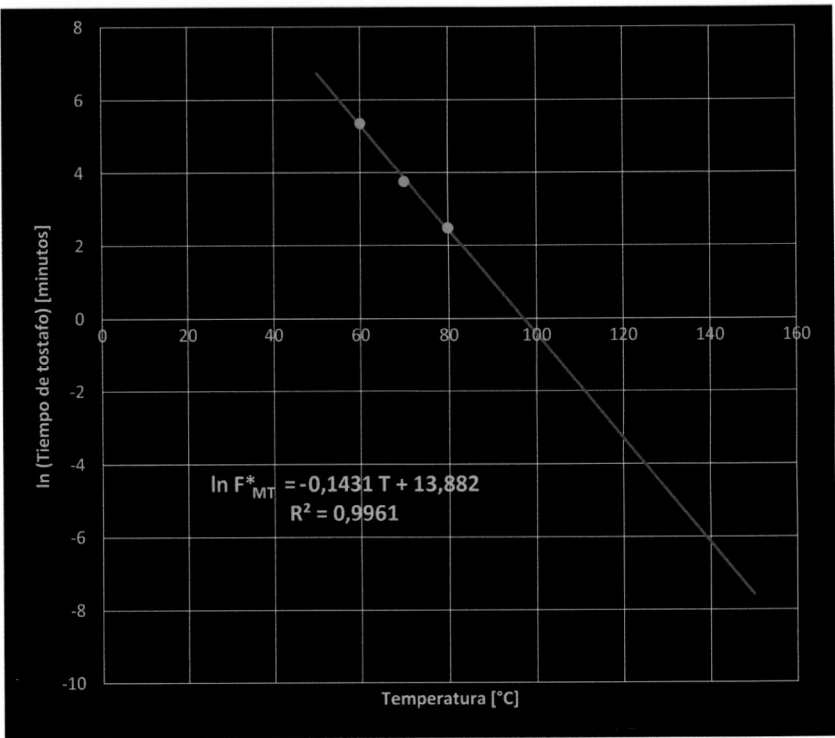

Figura 2.49. Logaritmo natural del tiempo de tostado como función de la temperatura.

Según la ecuación:

$$\ln F^*_{MT} = -0,1431\, T + 13,882 \tag{2.85}$$

Se puede calcular el tiempo requerido para el tostado si se trabaja a 100°C:

$\ln F^*_{MT} = -0,1431\, T + 13,882$

$\ln F^*_{MT} = -0,1431\, (100) + 13,882$

$\ln F^*_{MT} = -0,428$

$F^*_{MT} =$ **antilogaritmo natural** $-0,428 = 0,65$ **[minutos] = 39 [segundos]**

Si se trabajase a 120°C:

$\ln F^*_{MT} = -0,1431\, T + 13,882$

$\ln F^*_{MT} = -0,1431\, (120) + 13,882$

$\ln F^*_{MT} = -3,29$

$F^*_{MT} = 0,0373$ **[minutos] = 2 [segundos]**

Se destaca la importancia que tiene despertar inquietudes profesionales, como sería el diseño de equipos de tostado que posibiliten trabajar a las temperaturas indicadas.

Almacenamiento del aceite

Indicador. Índice de refracción

Durante el almacenamiento del aceite ocurren numerosos y variados procesos que definen su estabilidad. Un indicador físico de los cambios globales de los ácidos grasos insaturados y saturados es el índice de refracción. En la Tabla 2.19. se indican los valores registrados en aceite extraído de maní mediante prensa.

Tabla 2.19. Cambios en los valores del índice de refracción medidos en muestras de aceite de maní mantenidas a tres temperaturas.

TIEMPO [horas]	Refrigeración 7±1°C	Ambiente 20±2°C	Cámara 30 ±1°C
0	1,4581	1,4581	1,4581
24	1,4585	1,4594	1,4604
48	1,4602	1,4613	1,462
72	1,4611	1,4632	1,4653
144	1,4646	1,4661	1,4691
168	1,4654	1,467	1,4692
192	1,4677	1,4689	1,4718
216	1,4696	1,4721	1,4743
240	1,471	1,4725	1,475

Valores promedio de 3 lecturas.

Los valores iniciales del índice de refracción 1,4581 determinados a 20°C son ligeramente más bajos que los reportados por Kirk y colaboradores (2002) a 40°C que van entre 1,460 a 1,465. Conforme avanza el tiempo de almacenamiento se incrementan los valores del índice de refracción, los cambios son mayores cuando la temperatura es más alta, en el presente caso 30±1°C. En la Figura 2.50. se incluye la representación de estos datos.

Las regresiones lineales ajustan satisfactoriamente con los cambios registrados en el índice de refracción, los coeficientes de determinación son prácticamente uno. Kirschenbauer (1964) reportó para aceite de cacahuate un intervalo del índice de refracción medido a 20°C entre 1,4680 y 1,4720, al aceptar el valor superior como el límite admisible para el índice de refracción, se calculan los tiempos de almacenamiento en que se alcanza este valor en los aceites de maní mantenidos a las 3 temperaturas.

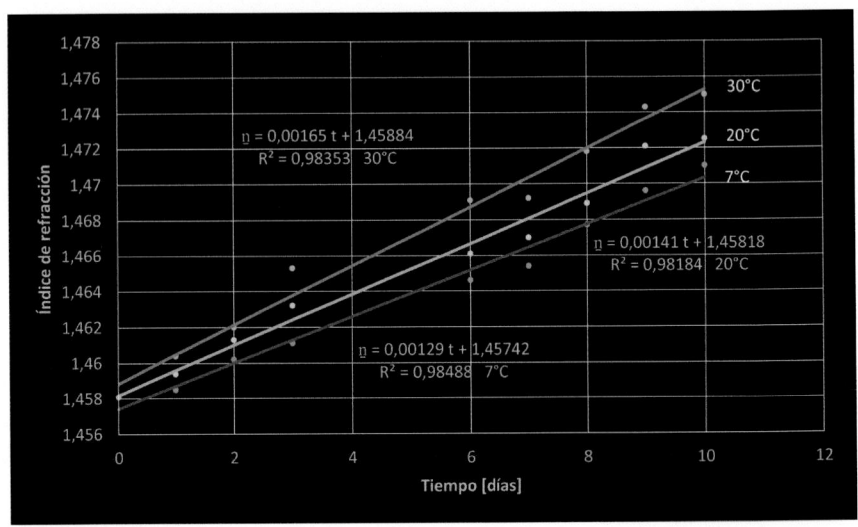

Figura 2.50. Índice de refracción como función del tiempo de almacenamiento en aceite de maní conservado a tres temperaturas.

A 30°C

$\underline{n} = 0,00165 \ t + 1,45884$ (2.86)

$1,4720 = 0,00165 \ t + 1,45884$

$(1,4720 - 1,45884)/0,00165 = t$

$t^*_{MA} = 7,8 \ [días]$

A 20°C

$\underline{n} = 0,00141 \ t + 1,45818$ (2.87)

$1,4720 = 0,00141 \ t + 1,45818$

$(1,4720 - 1,45818)/0,00141 = t$

$t^*_{MA} = 9,8 \ [días]$

A 7°C

$\underline{n} = 0,00129 \ t + 1,45742$ (2.88)

$1,4720 = 0,00129 \ t + 1,45742$

$(1,4720 - 1,45742)/0,00129 = t$

$t^*_{MA} = 11,3 \ [días]$

Al utilizar un factor de seguridad del 5% para prever el aparecimiento de la rancidez, los valores de F^*_{MA} son:

A 30°C

$F^*_{MA} = 7,8 \times (0,95) = 7,4 \ [días]$

A 20°C

$F^*_{MA} = 9,8 \times (0,95) = 9,3 \ [días]$

A 7°C

F*$_{MA}$ = 11,3 × (0,95) = 10,7 [días]

En la Figura 2.51. se representan estos valores del tiempo seguro de almacenamiento como función de la temperatura.

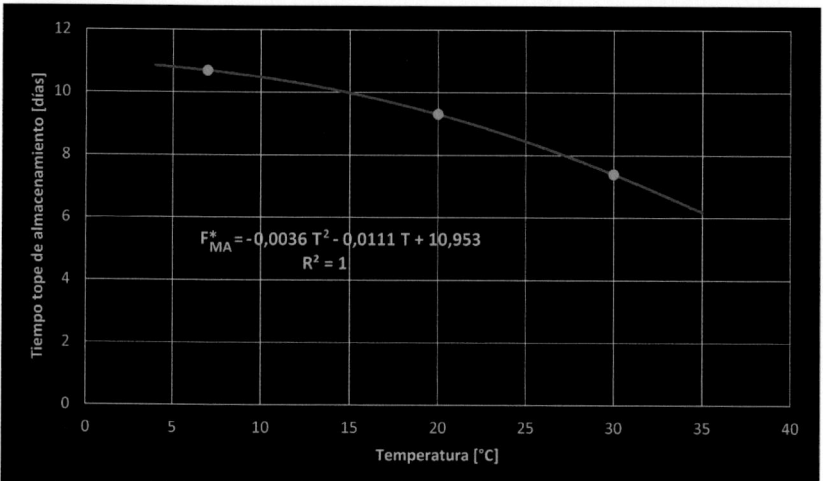

Figura 2.51. Tiempo seguro de almacenamiento de aceite de maní como función de la temperatura según datos del índice de refracción.

La relación polinómica de segundo grado es la más adecuada para establecer la correlación entre estas dos variables ($R^2 = 1$) y puede ser utilizada para calcular el tiempo de almacenamiento, antes del aparecimiento de la rancidez u otros signos de deterioro en aceite de maní almacenado a diferentes temperaturas entre 5°C y 35°C.

La ecuación es:

F*$_{MA}$ = − 0,0036 T² − 0,0111 T + 10,953   (2.89)

Si se requiere calcular el tiempo de almacenamiento que tiene el aceite de maní mantenido a temperatura constante de 15°C, temperatura ampliamente utilizada para el almacenamiento de aceites, se obtiene:

F*$_{MA}$ = − 0,0036 T² − 0,0111 T + 10,953
F*$_{MA}$ = − 0,0036 (15²) − 0,0111 (15) + 10,953
F*$_{MA}$ = 10,0 [días]

Cálculos similares se pueden hacer a otras temperaturas en el intervalo señalado o por lecturas directas en la figura anterior. En las ecuaciones anteriores **n** es el índice de refracción, **t** es el tiempo, **t*$_{MA}$** tiempo para el almacenamiento del aceite de maní, **F*$_{MA}$** corresponde al tiempo de almacenamiento máximo calculado para el aceite de maní a temperatura constante según datos del índice de refracción y **T** es la temperatura.

NUEZ DE NOGAL (*Juglans regia*)

Origen

El nogal (*Juglans regia* L.) pertenece a la familia Juglandaceae, orden Juglandales. Es una especie originaria de Asia Central, de la región geográfica comprendida entre los Cárpatos y Afganistán, sur de Rusia y norte de India (Fernández-López y colaboradores, 2000). Su cultivo se remonta aproximadamente al año 1000 antes de Cristo (Ducci y colaboradores, 1997), siendo una especie apreciada no solo por sus frutos comestibles, sino también por la calidad de su madera, utilizada en ebanistería

El fruto del nogal es una drupa globosa de 4 a 5 [cm] de longitud. El mesocarpio, que es verde y ennegrece rápidamente, encierra un hueso o carozo (la nuez propiamente dicha), formado por el endocarpio leñoso, debido a su elevado contenido en lignina. El mismo consta de dos valvas indehiscentes y encierra a la semilla, con sus característicos cotiledones muy lobulados, casi cerebriformes, esta última constituye la parte comestible. Como resultado de procesos de selección y mejoramiento varietal existe una gran diversidad de genotipos de nuez, los cuales presentan una elevada variabilidad en las características físicas y atributos químicos y organolépticos de frutos y semillas (Ebrahimi y colaboradores, 2009. Balta y colaboradores, 2007. Oskan y Koyuncu, 2005. Solar y colaboradores, 2002. Sharma y Sharma, 2001. Yarilgac y colaboradores, 2001). En la Figura 2.52. se pueden observar nueces abiertas y su aceite..

Un buen almacenamiento ayuda a conservar la calidad de la semilla. El alto contenido de aceite y el porcentaje de ácidos grasos son, junto con la temperatura y el contenido de humedad, los factores más importantes que influyen en el almacenamiento de las nueces. La disminución del contenido de humedad de las nueces hasta alrededor del 5% es una medida muy trascendente para su buen almacenamiento. La humedad de la nuez debe disminuirse tan pronto como esta sea cosechada, ya que con ello se evita el enmohecimiento, la decoloración y la descomposición del aceite (Herrera, 2004).

Figura 2.52. Nueces con su aceite.

La textura de la almendra está determinada por el contenido de humedad, la maduración de la almendra y en cierto grado por la variedad. El 4% de humedad en la almendra se considera óptimo. Si esta baja a 2,5% las semillas se vuelven frágiles; si tiene de 5% o más de humedad tienden a ser esponjosas y muy susceptibles de que desarrollen hongos y provoquen pudriciones de la nuez almacenada (Herrera, 2004).

La semilla del nogal representa aproximadamente un tercio del peso del fruto entero, contiene entre un 13 y un 60% de aceite. El mismo está compuesto fundamentalmente por triglicéridos y una pequeña proporción de ácidos grasos libres, fosfolípidos, material insaponificable y vitaminas liposolubles (Pereira y colaboradores, 2008. Li y colaboradores, 2007. Oskan y Koyuncu, 2005. Crews y colaboradores, 2005. Amaral y colaboradores, 2003. Demir y Çetin, 1999).

La semilla contiene además entre 13 a 18% de proteínas, 12 − 16% de hidratos de carbono, 1,5 − 2% de fibras, 1,7 − 2% de minerales (entre los que se destacan hierro, magnesio, potasio y fósforo), vitaminas (ácido fólico, tiamina y riboflavina) y otros compuestos hidrosolubles como ácido fítico, polifenoles y pigmentos (Zhang y colaboradores, 2009. Labuckas y colaboradores, 2008. Li y colaboradores, 2007. Lavedrine y colaboradores, 2000. Sze-Tao y Sathe, 2000. Wardlaw, 1999).

Aceite de la nuez

La calidad del alimento varía significativamente en función de las condiciones de almacenamiento, cuando la temperatura es muy variable se reducen los parámetros de calidad del producto. Sin embargo, en la realidad, se deben utilizar temperaturas bajas para alargar la duración del producto. La vida de los alimentos se reduce significativamente si se ven expuestos a variaciones de temperaturas durante el almacenamiento (Alvarado, 2018). Uno de los métodos comúnmente usados para extender la vida de almacenamiento de los frutos frescos y vegetales es el empleo de refrigeración, la cual retarda los procesos metabólicos controlando los cambios post-cosecha en la respiración y maduración.

Como cualquier otro tipo de grasa o aceite, el aceite de nuez se ve afectado por factores externos que comprometen su calidad. Así se tiene que está ligada directamente a ciertos cuidados que hay que tener en todas las etapas de procesamiento del aceite, es decir desde la cosecha pasando por la extracción, el almacenamiento y transporte.

Las reacciones de oxidación de los lípidos constituyen una de las causas de mayor importancia comercial en la industria alimentaria por las pérdidas que producen en grasas, aceites y alimentos que contienen lípidos. Los sustratos de estas reacciones son fundamentalmente los ácidos grasos no saturados que, cuando están libres, se oxidan por lo general más rápidamente que cuando son parte de moléculas de triglicéridos o fosfolípidos. Pero es sobre todo el grado de insaturación el que influye en la velocidad de oxidación; por ejemplo, a 100°C las velocidades relativas de oxidación de los ácidos esteárico (C18:0), oleico (C18:1), linoleico (C18:2) y linolénico (C18:3) son 1 a 100 – 1.000; 1 a 1.500 – 2.000; 1 a 3.500, respectivamente (Frankel, 2005).

Los ácidos grasos saturados solo se oxidan a temperaturas superiores a 60°C, mientras que los poliinsaturados se oxidan incluso durante el almacenamiento de los alimentos, en estado congelado. También pueden sufrir reacciones de oxidación otros sustratos no saturados: algunos hidrocarburos presentes en los aceites (escualeno), las vitaminas A y E y los pigmentos carotenoides. Las reacciones de oxidación motivan una disminución de la calidad nutricional y sensorial de los alimentos, debido a pérdidas de ácidos grasos esenciales, actividad vitamínica y color. Además, algunos productos de oxidación son potencialmente tóxicos (Dobarganese y Márquez-Ruiz, 2003. Colles y colaboradores, 2001. Esterbauer, 1993).

Alimentos ricos en lípidos son muy susceptibles a la oxidación y con frecuencia se tornan rancios durante el almacenamiento (Valenzuela y Nieto, 2001), resultado del desarrollo de sabores y olores desagradables, además de la destrucción de compuestos nutricionalmente importantes, como vitaminas liposolubles, ácidos grasos esenciales, carotenoides, aminoácidos, proteínas o enzimas (Maskan y Karatas, 1999).

En los lípidos esta oxidación ocurre de preferencia en los dobles enlaces de la molécula, conocidos como puntos de instauración. La oxidación inicial de los aceites y grasas en general es lenta y ocurre a una velocidad relativamente uniforme, esto se conoce como período de inducción, también es conocido como oxidación primaria. Al final de este período cuando la cantidad de formación de peróxidos alcanza determinado nivel, la velocidad se acelera con rapidez y se denomina oxidación secundaria. Una vez iniciado el proceso de oxidación en un lípido, este es continuo, es decir no se detiene hasta que la oxidación primaria y secundaria se haya llevado a cabo (Amattler y Dávila, 2000).

La oxidación lipídica se ve afectada por factores como la composición en ácidos grasos, contenido y actividad de pro y antioxidantes, radiación ultravioleta, temperatura, presencia de iones metálicos, presión de oxígeno, superficie de contacto con el oxígeno y actividad de agua (Kolakowska, 2003).

Como se indicó el aceite de nuez posee un elevado contenido de ácidos poliinsaturados, contenido superior al 68%, por lo que constituye un sustrato particularmente susceptible al ataque por el oxígeno atmosférico. La adición de antioxidantes, en su mayor parte sintéticos, es un procedimiento tecnológico habitual en la industria alimentaria ya que mejora la estabilidad de los lípidos y prolonga la vida útil de los alimentos que los contienen. Los mecanismos por los cuales estas sustancias ejercen su actividad son diferentes y su eficacia se ve influenciada notablemente por las características del sustrato (Frankel, 2005. Yanishlieva y Marinova, 2001).

La conservación de los aceites se puede extender si se agregan antioxidantes como la Vitamina E. Cuando se almacenan a temperatura ambiente, se recomienda que sea a temperaturas entre 18° y 28°C, más fresco es mejor, siempre. Se puede extender la vida útil de los aceites si se refrigeran o congelan en recipientes chicos. Dejar menos espacio con aire dentro del recipiente, significa alargar la vida del aceite. Krotcha y colaboradores (1994) señalaron la complejidad del tema por los numerosos factores involucrados en el deterioro, factores internos propios de cada alimento y factores ambientales, entre ellos la temperatura, la humedad relativa, el nivel de oxígeno, la luz. Señala que para el cálculo de tiempos de vida de anaquel se requiere: fijar un estándar o condición que hacen inaceptable al alimento y determinar o predecir la pérdida que ocurre desde un punto de distribución hasta el punto de consumo.

Extracción del aceite

Uno de los propósitos principales para la producción del aceite de nuez radica en encontrar el método de extracción adecuado. Los rendimientos de extracción y la calidad del aceite obtenido son de suma importancia para determinar la viabilidad de su producción comercial.

Para la extracción del aceite de las semillas oleaginosas existen dos sistemas, uno mecánico y el otro utilizando disolventes. En ambos sistemas, las semillas deben ser previamente limpiadas, descascarilladas, troceadas y molidas.

La extracción por solvente, principalmente hexano, es uno de los métodos más tradicionales para la obtención de aceites de semillas oleaginosas. El principio de extracción por solvente es simple y se basa en el hecho de que un componente (soluto) se distribuye entre dos fases según la relación de equilibrio determinada por la naturaleza del componente y las dos fases (Bockish, 1998). Para facilitar el proceso de extracción se requiere reducir el tamaño de la semilla o grano mediante el quebrado e inclusive el laminado (Karnofsky, 1987, 1986, 1949. Patricelli y colaboradores, 1979. Myers, 1977. Wingard, 1949. King y colaboradores, 1944).

La aplicación de un tratamiento térmico antes o durante la extracción produce la rotura de la emulsión celular, reduce la viscosidad del aceite, facilitando su fluidez y desplazamiento y disminuye la tensión superficial del aceite, pero puede afectar negativamente a la calidad química del mismo, incrementando los parámetros de oxidación. Si se hace antes o durante el prensado, generalmente mejora la extracción del aceite ya que influye sobre la viscosidad del fluido y la resistencia mecánica de las partículas (Ward, 1976).

Patricelli y colaboradores (1979) realizaron experiencias con girasol parcialmente descascarado en un sistema «batch», estudiando la influencia de la granulometría, el contenido de humedad, la temperatura de extracción y la relación sólido-solvente. Estos autores determinaron que la etapa limitante es la difusiva y que la extracción aumenta cuando disminuye el tamaño de partícula y se incrementa la temperatura de extracción.

En los últimos años, se ha intensificado el interés por la obtención de aceites a través de tecnologías de prensado. En el caso de la obtención de aceites vegetales no tradicionales, el prensado, tanto mediante prensa hidráulica como de tornillo, provee un método sencillo para obtener aceites de pequeños lotes de semillas (Zhang y colaboradores, 2009. Singh y colaboradores, 2002. Wiesenborn y colaboradores, 2001). A pesar de que los rendimientos en aceite obtenidos mediante esta tecnología son menores que en la extracción por solvente, resulta apropiado para materiales con alto contenido en aceite, requiere instalaciones menos costosas e implica operaciones más seguras y de menor riesgo para el ambiente.

El principio de extracción por prensado se basa en que cada partícula retiene el aceite en su interior y el objetivo del prensado es lograr que el mismo salga del sistema hacia el exterior. El aceite, en la estructura celular, se encuentra dentro de pequeños orgánulos de forma esférica (esferosomas), rodeados por una fina membrana. La aplicación de una fuerza externa durante el prensado produce una serie de alteraciones (deformaciones) tanto a nivel microscópico (células) como macroscópico. Se comprime cada partícula y se reacomodan en el conjunto. Las membranas que limitan a cada esferosoma se destruyen, al igual que las paredes celulares, permitiendo al aceite salir de la partícula y luego, a través del sistema macroscópico, hacia el exterior. Estos dos últimos efectos resultan de la deformación producida por la fuerza y la consecuente reducción del espacio físico disponible (Mattea, 1999).

El rendimiento en la extracción por prensa de tornillo depende de varios factores, entre ellos, el acondicionamiento del material, que consiste en una serie de operaciones como la limpieza, molienda, calentamiento, secado o humedecimiento hasta alcanzar el contenido de humedad óptimo (Singh y colaboradores, 2002. Fils, 2000).

El efecto del contenido de humedad de la semilla en el momento del prensado ha sido ampliamente estudiado en una gran variedad de materiales (Wiesenborn, 2001. Singh y Bargale, 2000. Fils, 2000. Singh y Bargale, 1990). El porcentaje de humedad resulta muy importante ya que no solo aumenta la plasticidad del material sino también contribuye en el prensado por su acción lubricante. Sin embargo, altos contenidos de humedad pueden afectar negativamente la extracción o alterar la calidad química del aceite, por ejemplo mediante la hidrólisis de glicéridos y el consiguiente incremento de la acidez.

En la Figura 2.53. se indican las operaciones y procesos utilizados para la obtención del aceite de nuez.

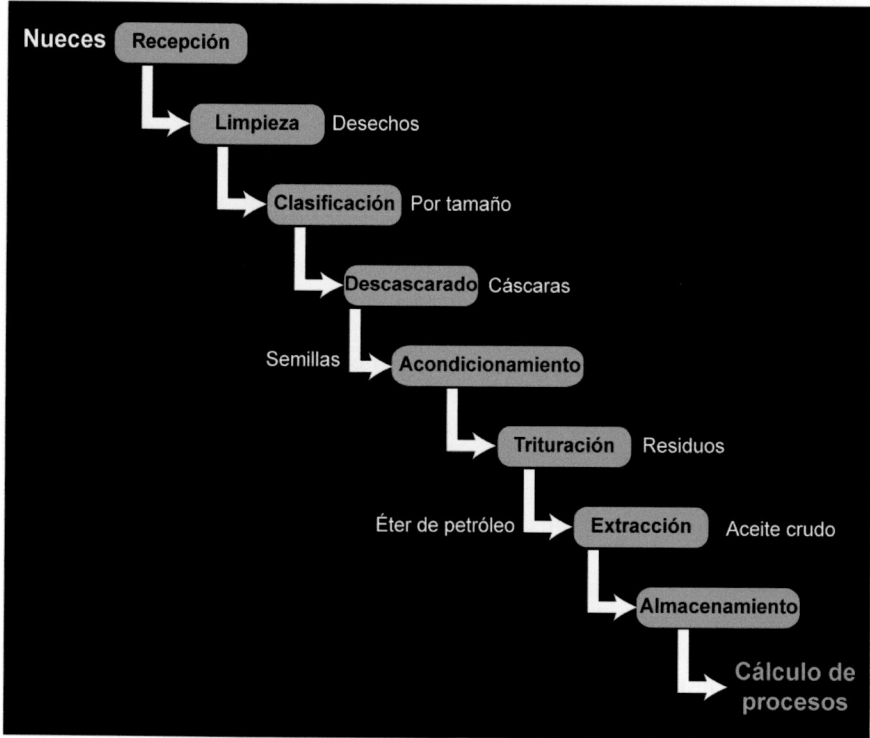

Figura 2.53. Diagrama de bloques para la obtención de aceite de la nuez de nogal.

Singh y Bargale (2000) desarrollaron un extrusor de dos etapas, en el cual analizaron la influencia de la humedad del material y de la temperatura de prensado sobre la cantidad de aceite extraído, relacionando estos parámetros con el tiempo de prensado y la energía consumida. Singh y colaboradores (2002) concluyeron que existe un porcentaje de humedad óptimo para lograr la máxima extracción de aceite. Asimismo, observaron que la energía consumida disminuye al aumentar el contenido de humedad, lo cual fue atribuido a una reducción del coeficiente de fricción por efecto de una mayor plasticidad del material.

Con el método de extracción por solvente se recupera casi todo el aceite y deja solo el 0,5% al 0,7% de aceite residual en la materia prima. En el caso de la prensa de tornillo el residuo que queda en la torta de aceite puede estar entre el 6% al 14%. El método de extracción por solvente se puede aplicar directamente a los materiales de bajo contenido de aceite crudo. También puede ser utilizado para extraer el aceite de tortas obtenidas de los materiales con alto contenido y que han sido pre-prensados. Debido al alto porcentaje de aceite recuperado, la extracción por solventes se ha convertido en el método más popular de extracción.

Cálculo de procesos

Almacenamiento

Indicador. Índice de refracción

Para realizar las pruebas de la estabilidad del aceite de nuez (*Juglans regia* L.), al inicio se procedió a la recepción de la materia prima, la cual provenía de nogales del sector de Huachi Grande de la ciudad de Ambato, provincia del Tungurahua, Ecuador, sitio localizado a una altura de 2.600 metros sobre el nivel del mar.

Se lavaron exteriormente los frutos que tienen la forma de cápsulas redondas y se los clasificó para utilizar nueces con más de 4 [cm] de diámetro. Luego para la extracción de aceite de nuez se procedió a la trituración de la corteza leñosa y se utilizó la parte comestible que corresponde a la semilla, posteriormente se colocó la muestra en un matraz Erlenmeyer y se adicionó el éter de petróleo, se dejó la muestra para extracción durante 6 horas aproximadamente, a continuación, se evaporó el disolvente con el fin de obtener el aceite de nuez.

Para seguir el proceso del deterioro del aceite durante el almacenamiento posterior, se utilizó como indicador al índice de refracción medido con un refractómetro Abbe. Para las mediciones se trabajó con muestras de aceite mantenidas a tres condiciones de almacenamiento: refrigeración (7°C ± 2°C), ambiente (20°C ± 2°C) y en una cámara a temperatura controlada (30°C ± 2°C). Todas las lecturas se realizaron por triplicado a 20°C.

Kirschenbauer (1964) recordó que existe una marcada diferencia entre los valores del índice de refracción de los glicéridos saturados y los no saturados o los ácidos grasos, por ello los cambios que se registren en el aceite almacenado y mantenido a temperaturas controladas son un indicativo del deterioro del aceite.

Bajo condiciones definidas de prueba, el índice de refracción es una constante característica para un medio particular, y se usa para identificar o determinar la pureza de una sustancia; también para determinar la composición de mezclas binarias de constituyentes conocidos. En industrias alimentarias que trabajan con azúcares su uso es generalizado, en el caso de aceites sirve para establecer su pureza y estimar el contenido de aceite en las semillas (Alvarado, 2001).

En la Tabla 2.20. se presentan los datos del índice de refracción registrados en aceite de nuez durante el almacenamiento y proporcionados por Ismael Placencio Pico, E. Lara y C. Riofrío.

Tabla 2.20. Cambios en los valores del índice de refracción medidos en muestras de aceite de nuez mantenidas a tres temperaturas.

TIEMPO [horas]	Refrigeración 7 ± 2°C	Ambiente 20 ± 2°C	Cámara 30 ± 2°C
0	1,4660	1,4660	1,4660
26	1,4663	1,4668	1,4670
52	1,4670	1,4677	1,4680
90	1,4677	1,4683	1,4690
114	1,4683	1,4690	1,4697
169	1,4690	1,4700	1,4707

Valores promedio de 3 lecturas.

Los valores iniciales del índice de refracción 1,4660 determinados a 20°C son ligeramente más bajos que los reportados por Kirschenbauer (1964) a 40°C que van entre 1,469 a 1,471. Conforme avanza el tiempo de almacenamiento se incrementan los valores del índice de refracción, los cambios son mayores cuando la temperatura es más alta, en el presente caso 30 ± 2°C. En la Figura 2.54. se incluye la representación de estos datos.

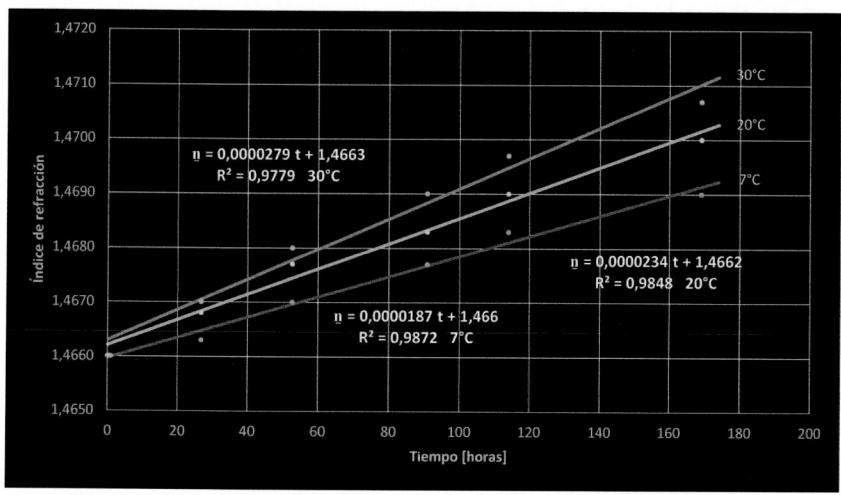

Figura 2.54. Índice de refracción como función del tiempo de almacenamiento en aceite de nuez mantenido a tres temperaturas.

Las regresiones lineales ajustan satisfactoriamente con los cambios registrados en el índice de refracción, los coeficientes de determinación son prácticamente uno. Lo anterior se explica en buena medida por las reacciones de oxidación que disminuye el grado de insaturación y que al inicio son relativamente lentas y uniformes, lo que explica la linealidad. Una de las causas principales del deterioro de los aceites son las reacciones de autooxidación y la formación de hidroperóxidos (R-OOH), están especialmente asociadas con el enranciado, que es una característica organoléptica posterior a otros cambios que ocurren en los aceites.

Al aceptar como el límite admisible para el índice de refracción el valor superior del intervalo reportado por Kirschenbauer (1964), que corresponde a 1,471, se calculan los tiempos de almacenamiento en que se alcanza este valor en los aceites de nuez mantenidos a las tres temperaturas.

A 30°C

$\underline{n}$ = 0,0000279 t + 1,4663 (2.90)
1,471 = 0,0000279 t + 1,4663
(1,471 − 1,4663)/0,0000279 = t
t*$_{NA}$ = 168 [horas]

A 20°C

$\underline{n}$ = 0,0000234 t + 1,4662 (2.91)
1,471 = 0,0000234 t + 1,4662
(1,471 − 1,4662)/0,0000234 = t
t*$_{NA}$ = 205 [horas]

A 7°C

$\underline{n}$ = 0,0000187 t + 1,466 (2.92)
1,471 = 0,0000187 t + 1,466
(1,471 − 1,466)/0,0000187 = t
t*$_{NA}$ = 267 [horas]

Kirk y colaboradores (2002) señalaron que los aceites y grasas comienzan a descomponerse desde el momento que se aíslan de su medio natural. La presencia de ácidos grasos libres indica actividad de la lipasa o actividad hidrolítica de otro tipo. Se efectúan cambios durante el almacenamiento que dan como resultado sabores y olores desagradables. Se dice que los aceites y grasas que han sufrido este procedimiento están rancios. Por ello los valores **$\underline{n}$** reflejan bastante bien el tiempo de almacenamiento para el aceite de nuez; sin embargo, con un factor de seguridad del 5% los valores de **F*$_{NA}$** son:

A 30°C

F*$_{NA}$ = 168 × (0,95) = 160 [horas] = 6,7 [días]

A 20°C

F*$_{NA}$ = 205 × (0,95) = 195 [horas] = 8,1 [días]

A 7°C

F*$_{NA}$ = 267 × (0,95) = 254 [horas] = 10,6 [días]

En la Figura 2.55. se representan estos valores del tiempo para que el aceite de nuez presente inicios de rancidez como función de la temperatura de almacenamiento. La relación lineal es muy adecuada para establecer la correlación entre estas dos variables (R^2 = 0,9926) y puede ser utilizada para calcular el tiempo de almacenamiento, antes del aparecimiento de la rancidez en aceite de nuez almacenado a diferentes temperaturas entre 5°C y 35°C.

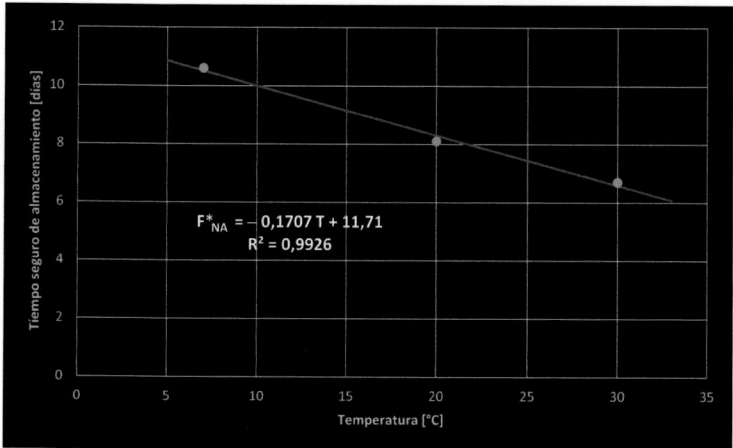

Figura 2.55. Tiempo de almacenamiento seguro de aceite de nuez de nogal como función de la temperatura según datos del índice de refracción.

La ecuación es:

$$F^*_{NA} = -0{,}1707\,(T) + 11{,}71 \tag{2.93}$$

Si se requiere calcular el tiempo de almacenamiento que tiene el aceite de nuez mantenido a temperatura constante de 5°C, temperatura utilizada para el almacenamiento de aceites sensibles a la oxidación, se obtiene:

$$F^*_{NA} = -0{,}1707\,(T) + 11{,}71$$
$$F^*_{NA} = -0{,}1707\,(5) + 11{,}71$$
$$F^*_{NA} = 10{,}9 \; [\text{días}]$$

Cálculos similares se pueden hacer a otras temperaturas en el intervalo señalado o por lecturas directas en la figura anterior. En las ecuaciones anteriores $\underline{n}$ es el índice de refracción, **t** es el tiempo, $\mathbf{t^*}_{NA}$ tiempo para el almacenamiento del aceite de nuez, $\mathbf{F^*}_{NA}$ corresponde al tiempo seguro de almacenamiento calculado para el aceite de nuez según datos del índice de refracción a temperatura constante y **T** es la temperatura.

Un caso común que se presenta en el almacenamiento y distribución de aceites hasta su consumo es que existan cambios en las temperaturas por el transporte, acopio y en el almacenamiento propiamente dicho, en especial si no existe un sistema de control de temperaturas. En estos casos el cálculo de procesos que conduce a establecer el tiempo de almacenamiento apropiado, se puede realizar de la manera siguiente.

Se requiere conocer los cambios en la temperatura con sus respectivos tiempos, a los que fue sometido el aceite antes de su consumo. En la Figura 2.56. se indica un caso particular si el aceite de nuez obtenido en una zona fría se traslada para su consumo a una zona cálida. En la planta extractora se obtiene y mantiene el aceite a 15°C durante 2 días, se acopia y se enfría lentamente durante 4 días hasta 10°C, luego se traslada a una zona donde la temperatura es más caliente y alcanza los 25°C en 2 días, por último, se guarda en una cámara de almacenamiento en donde se enfría en 4 días hasta 15°C, y permanece a esta temperatura que es la temperatura promedio de la cámara.

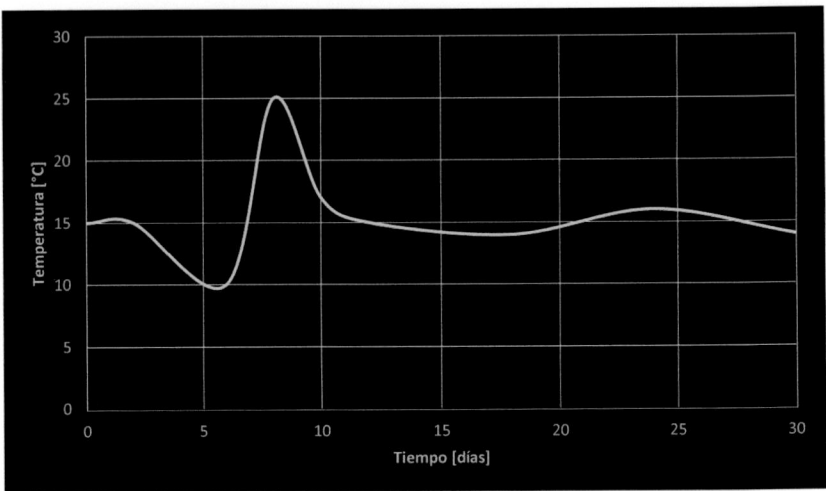

Figura 2.56. Cambios de temperatura asumidos para la distribución y almacenamiento de aceite de nuez.

Con la ecuación se calculan los tiempos seguros de almacenamiento del aceite de nuez a temperaturas entre 5° y 35°C a intervalos de 1°C y sus correspondientes valores inversos. Se construye un gráfico de estos valores inversos como función de la temperatura, como se observa en la parte izquierda de la Figura 2.57. Notar que al realizar los cálculos a intervalos de 1°C cada punto de la línea generada corresponde a una determinada temperatura, el primer punto es de 5°C, se continúa con el contaje de la secuencia de puntos y se sitúa el de 10°C y así sucesivamente.

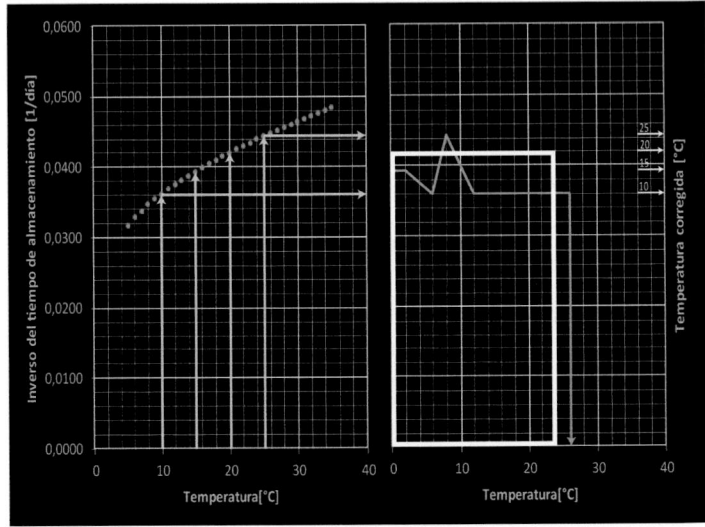

Figura 2.57. Gráfico que relaciona el tiempo de almacenamiento con la temperatura para aceite de nuez, en el caso de variaciones de la temperatura.

Lo anterior facilita definir una escala de temperaturas corregida, ubicada en la parte derecha de la Figura anterior, la cual es dependiente y derivada de los tiempos de almacenamiento calculados para el aceite de nuez. Sobre esta escala se grafica la historia de temperaturas previamente conocida y se obtiene la función definida por la línea irregular. Para delimitar un área de referencia que sirva de comparación, seleccionar cualquier temperatura en la escala de temperaturas corregida y trazar el cuadrilátero hasta su correspondiente tiempo de almacenamiento, en el presente caso 20°C y 24 días.

Mediante integración gráfica se establece el área definida bajo la curva irregular hasta que sea igual con el área de referencia, el punto de igualdad de áreas define el tiempo de permanencia para el caso de que existan variaciones de la temperatura antes o en el almacenamiento, lo cual sucede a los 26 días, siempre que el aceite de nuez se mantenga al final a 15°C. Los cambios de temperatura afectan los tiempos, se dispone de 2 días adicionales para su comercialización o consumo como consecuencia de utilizar temperaturas de almacenamiento inferiores y superiores a la seleccionada como estándar.

La Figura puede ser utilizada para precisar una temperatura de almacenamiento si se conoce el tiempo requerido de almacenaje. Si el tiempo de almacenamiento total requerido es de 30 días, con las variaciones de temperatura conocidas, la temperatura final deberá ser más baja, cuando el área delimitada por la línea irregular iguale al área de referencia.

En la Figura 2.58. se presenta en la parte izquierda el inverso del tiempo de almacenamiento del aceite de nuez a varias temperaturas, en un intervalo utilizado para almacenar aceites, que son proyectados a la parte derecha de la Figura como temperaturas corregidas.

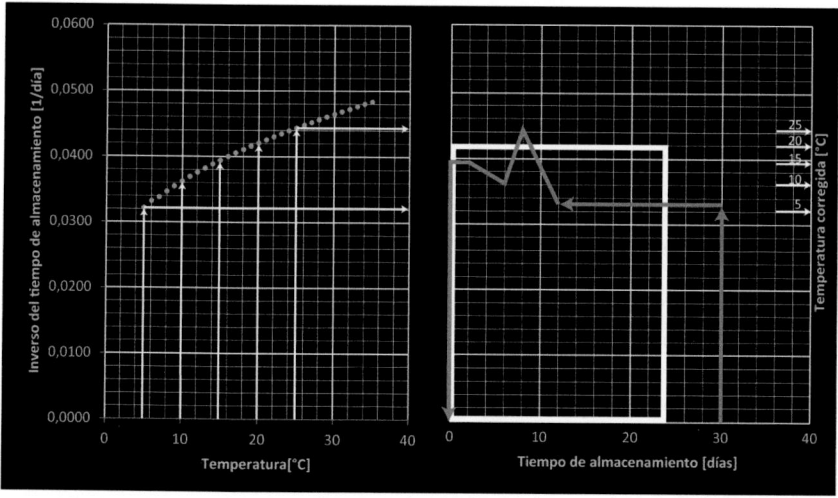

Figura 2.58. Gráfico que relaciona el tiempo de almacenamiento definido con la temperatura para aceite de nuez, en el caso de variaciones de la temperatura.

El área de referencia se define con una temperatura de 20°C y 24 días. Por otro lado, al graficar las variaciones de temperatura y prolongar la línea hasta los 30 [días] el área se incrementa, para igualar las áreas se requiere disminuir la temperatura al final del almacenamiento, lo cual se consigue con una temperatura de 6°C.

El índice de refracción es una medida directa, rápida y requiere una muy pequeña cantidad de muestra, lo que la hace muy económica si se dispone del refractómetro, se adapta bien al trabajo con aceites por su consistencia líquida. Proporciona una idea global de los múltiples procesos, especialmente químicos, que ocurren durante el almacenamiento de aceites como la oxidación e inicio de rancidez, lo cual convierte a este indicador en una herramienta útil para su aplicación en procesos.

Olivo (*Olea europaea*)

Origen

Según Ávila Granados (2000), el árbol de olivo es uno de los más antiguos frutales conocidos, se supone que fue cultivado desde hace 7.000 años. Se caracteriza por tener un crecimiento lento que contrarresta con su longevidad y adaptabilidad a distintos climas, desde fríos hasta subtropicales. Evidencia de fósiles, tablillas escritas, huesos de aceituna y fragmentos de madera encontrados en tumbas antiguas, indican que el olivo tuvo su origen en lo que ahora corresponde a Italia y la cuenca del Mediterráneo oriental, lugares desde los cuales se extendió a otras partes del Mundo. El olivo comestible parece haber coexistido con los humanos durante unos 5.000 a 6.000 años.

El fruto del olivo es una drupa de forma ovalada y se lo conoce como oliva o aceituna, en varios países de Suramérica se usa de manera indistinta ambos nombres. En el fruto se distinguen las siguientes partes: pedúnculo o rabillo, epicarpio o piel, mesocarpio o carne, endocarpio o hueso y embrión o semilla. La aceituna va experimentando cambios en su coloración al tiempo que madura, desde un verde intenso al comienzo a un verde amarillento, según va desarrollándose aparecen manchas púrpuras al iniciar el envero, sigue una tonalidad púrpura azulada, para terminar, cuando alcanza su madurez plena, en una tonalidad negro-azulada (Boskou, 1996).

En la Figura 2.59. se pueden observar olivas con el aceite.

Samish (1974) indicó que la composición química y el tamaño de la drupa cambia notablemente pues depende de la variedad, las condiciones ambientales, tipo de suelo, disponibilidad y cantidad de agua. El peso varía entre 2 a 12 [g], aproximadamente un 20% del peso corresponde al endocarpio. En su madurez el mesocarpio llega a contener hasta el 10% de sólidos solubles en su mayoría azúcares, el contenido de aceite varía desde el 15% hasta el 35% y la semilla tiene poco aceite del orden del 5%. Los compuestos fenólicos causantes del sabor amargo se encuentran concentrados en las partes exteriores de la fruta y son los causantes de que la fruta no sea comestible en su estado natural.

Figura 2.59. Aceitunas con su aceite.

Las aceitunas deben recolectarse de los olivares en el tiempo que presentan su máximo nivel de ácidos grasos en el mesocarpio de la oliva. La recolección de la aceituna es una labor agrícola con gran importancia en los costes de producción y tiene una marcada influencia en la calidad del aceite obtenido. La época de recolección influye directamente en la composición de los aceites y en los caracteres sensoriales de los mismos. Estas variaciones en el contenido de polifenoles inciden sobre las características sensoriales de los aceites. A medida que avanza la maduración del fruto los aromas se apagan y se suavizan los sabores.

Se debe evitar la caída al suelo de las aceitunas pues ocurren una serie de alteraciones que deterioran la calidad de los aceites obtenidos, esencialmente se incrementa la acidez conforme transcurre el tiempo que permanece en la tierra. Es imprescindible recolectar, transportar y procesar separadamente los frutos caídos al suelo y los prendidos del olivo, o del vuelo, pues pequeñas cantidades de frutos del suelo pueden alterar de forma importante los recolectados del olivo, si se mezclan para ser procesados. El empleo de herbicidas en la base de los olivos tiende a abandonarse debido a que deja residuos en los aceites.

Obtención del aceite

El Consejo Internacional del Olivo (1996) señaló que histórica y culturalmente el aceite de oliva ha sido un producto muy ligado al área del Mediterráneo. Hoy tan solo un 3% de la producción mundial se realiza fuera del área mediterránea. España produce casi la mitad del aceite de oliva de todo el Mundo, seguida por Italia y Grecia. Estos tres países acaparan las tres cuartas partes de la producción mundial. Se conoce que el rendimiento de aceite de la aceituna es muy alto, depende de la variedad, el porcentaje puede oscilar entre un 25 y un 30% de aceite.

Los procesos utilizados para la obtención del aceite desde los primeros tiempos de manufactura se indican a continuación. Según Avila Granados (2000), las aceitunas se limpian y criban, eliminando residuos como hojas, tallos, tierra o pequeñas piedras. Lo ideal es procesar las aceitunas en las 24 horas siguientes a su recogida para evitar que empeore su calidad. De no hacerse de esta forma puede tener lugar el atrojado del fruto, que es la principal razón del aumento de acidez del aceite. El atrojado es el sabor característico del aceite que se obtiene de aceitunas que se han amontonado y han fermentado.

Molienda

Antiguamente se utilizaban molinos de piedra, algunas veces con forma cónica, e impulsados por acción animal; posteriormente se utilizó energía hidráulica y luego motores de vapor o de explosión. Hoy en día se realiza con máquinas que funcionan con energía eléctrica. También puede usarse el molino de discos dentados, pero es lento y poco productivo. Lo más habitual hoy para la molienda ha pasado a ser el molino de martillos, que es una máquina de metal que tritura la aceituna mediante palas en forma de martillos.

Centrifugación

Tras la molienda tiene lugar una separación entre sólidos y líquidos de la pasta obtenida. A partir de la segunda mitad del siglo XX el prensado empezó a sustituirse por unas máquinas denominadas decantadores, centrifugadoras de eje horizontal o batidoras horizontales que realizan un proceso de centrifugación. En cualquier caso, antes del prensado o centrifugado es preciso someter a la pasta a un proceso de filtro conocido como tamizado para así quitarle todos los componentes sólidos que sea posible retirar para evitar que fermenten durante el proceso posterior.

Las batidoras se componen de varios cuerpos de acero inoxidable con un sistema de calefacción por agua caliente que se contiene en una capa que las rodea. Lo ideal es trabajar entre los 25 y los 30°C. A la extracción que no sobrepasa nunca los 27°C se le conoce como extracción en frío.

Dentro de la centrifugación existen dos sistemas: El sistema continuo de dos fases y sistema continuo de tres fases. Lo de sistema continuo se refiere a que la introducción de la masa obtenida en la molienda y la separación del sólido del líquido se ponen en marcha de forma continua.

Almacenamiento del aceite

El almacenamiento del producto tiene lugar en el almacén o bodega. El material del que estén hechos los depósitos debe de ser inerte. El más usado es el acero inoxidable. Dentro de ellos el aceite debe estar protegido de la luz y el aire. La bodega debe tener calefacción y techos aislantes para mantenerse entre 15 y los 18°C, una temperatura que favorece la maduración del aceite sin llegar a provocar la oxidación. También es positivo que tenga poca luminosidad.

Samish (1974) señaló que las mejores condiciones de almacenamiento son una temperatura cercana a los 14°C, en recipientes herméticos para prevenir el contacto con la luz, aire, agua y metales dañinos como el hierro y el cobre. El deterioro del aceite de oliva durante el almacenamiento causa un incremento de la acidez debido a la acción de lipasas y el desarrollo de rancidez debido a la oxidación que ocasiona cambios en el aroma y el sabor.

Propiedades del aceite

De acuerdo con la capacidad de saponificación que consiste en formar jabones, se puede resumir que en el aceite de oliva existen dos grandes grupos de sustancias.

Fracción saponificable. Comprende el 98-99% en el total de su peso y la constituyen los triglicéridos, ácidos grasos libres y fosfolípidos. Está formada por un 75,5% de ácido oleico (C18:1), un 11,5% de ácido palmítico (C16:0) y por un 7,5% de ácido linoleico (C18:2), además de otros ácidos grasos en concentración de trazas, como cafeico, margárico, esteárico, entre otros.

Fracción insaponificable. Constituye el 1,5% en el total de su peso. Comprende los hidrocarburos como el hexanal, responsable del gusto herbáceo de un aceite de aroma afrutado, alcoholes, esteroles y tocoferoles.

Además, se han identificado otros componentes menores. Polifenoles, están relacionados con el sabor del aceite y junto a los ácidos grasos monoinsaturados, son los responsables de los efectos en la salud, ya que confieren al aceite de oliva propiedades antioxidantes, actuando frente al envejecimiento (Papadopoulos y Boskou, 1991). Pigmentos clorofílicos y carotenoides, relacionados con el color que puede poseer el aceite y varios compuestos volátiles responsables del aroma del aceite.

Según las operaciones de refinado se distinguen tres tipos de aceite de oliva. El aceite de oliva virgen extra es el menos refinado y en consecuencia es el de mayor calidad. El aceite de oliva virgen es un poco más refinado con relación al anterior y presenta ligeros cambios en el sabor. El aceite de oliva ligero es el más refinado e industrializado, tiene un sabor neutro que lo hace muy adecuado para labores de cocina.

A continuación, en la Tabla 2.21. se presentan datos de veinte propiedades físicas de aceite de oliva ligero, ocho de ellas determinadas a nueve temperaturas entre 10° y 90°C, los cuales son muy útiles para el cálculo de procesos.

Tabla 2.21. Propiedades físicas de aceite refinado de oliva (*Olea europaea*).

Propiedad	Unidad	TEMPERATURA [°C]								
		10	20	30	40	50	60	70	80	90
Densidad	[kg/m³]	919	912	907	899	893	886	880	873	867
Tensión superficial	[mN/m]	26,6	26,2	25,8	25,2	24,8	24,4	23,9	23,4	23,0
Entropía de superficie	10^2 [erg/ m² x K]	−9,39	−8,94	−8,51	−8,05	−7,67	−7,32	−6,96	−6,63	−6,33
Energía libre de superficie	[mJ/m²]	53,2	52,4	51,6	50,4	49,6	48,8	47,8	46,8	46,0
Viscosidad	[mPa·s]	124,2	83,9	56,3	38,7	27,6	21,6	16,4	12,9	9,6
Viscosidad cinemática	[stoke]	1,351	0,920	0,621	0,430	0,309	0,244	0,186	0,148	0,111
Fluidicidad	[rhe]	0,81	1,19	1,78	2,58	3,62	4,63	6,10	7,75	10,42
Índice de refracción	---	1,4737	1,4701	1,4664	1,4627	1,4591	1,4554	1,4517	1,4481	1,4445
Calor específico	[J/kg x K]			1.930						
Conductividad térmica	[W/m x K]			0,18						
Difusividad térmica	[m²/s]			$1,04 \times 10^{-7}$						
Entalpía	[J/kg]			19.300 (303,2 → 313,2) [K]						
Energía de tensión	[kJ/kg x mol]			1.860 (303,2 → 313,2) [K]						
Coeficiente de expansión	[1/°C]	0,00076								
Energía de flujo	[kJ/kg x mol]	27.300								
Refracción específica	[m³/kg]	0,000306								
Punto de fusión	[°C]	1,0 (Inicio − 7,0; Final 9,0)								
Punto de humo	[°C]	243								
Punto de ignición	[°C]	318								
Punto de inflamación	[°C]	346								

Cálculo de procesos

Oxidación

Indicador. Índice de peróxidos

El índice de peróxidos es una determinación ampliamente utilizada para establecer la calidad y frescura de los aceites y grasas como un indicador de la oxidación de lípidos. Además de investigaciones en aceite de oliva virgen extra (Calligaris y colaboradores, 2022), otros trabajos se han reportado para distintos aceites (Manzocco y colaboradores, 2020; Jaimez y colaboradores, 2018; Tavacolipour y colaboradores, 2017; Wahle y colaboradores, 1993; Ragnarsson y Labuza, 1977),

Se acepta que la calidad del aceite de oliva se define por sus características comerciales, nutricionales y sensoriales. Esta calidad es el resultante de una serie de procesos y depende de la calidad inicial del aceite y de las condiciones de envasado y almacenamiento durante su vida útil. La calidad inicial del aceite, a su vez, depende de la calidad inicial de la materia prima y de sus condiciones de obtención y procesado.

Según el Reglamento de la Comunidad Económica Europea, así como, la Normativa del Consejo Oleícola Internacional (1996) se establecen categorías comerciales para el aceite de oliva virgen y así diferenciar calidades desde un punto de vista netamente comercial. Entre ellas: aceite de oliva Virgen Extra, Virgen o Fino, Corriente y Lampante, en ciertos casos la categoría Corriente está incluida en la Lampante. Los valores reglamentados del índice de peróxidos expresados como miliequivalentes de oxígeno activo por kilogramo de aceite son: menor o igual a 20 en el Virgen Extra y en el Virgen, mayor que 20 en el Lampante. Las muestras fueron disueltas en ácido acético y cloroformo en proporción 2:3, luego fueron tratadas con solución de yoduro potásico, el yodo liberado se valoró con una solución de tiosulfato de sodio.

En la Tabla 2.22. se presentan los datos del índice de peróxidos registrados en aceite de oliva Fino durante el almacenamiento a tres temperaturas.

Tabla 2.22. Cambios en los valores del índice de peróxidos determinados en muestras de aceite de oliva almacenadas a tres temperaturas.

TIEMPO [días]	30 ± 1°C	40 ± 1°C	50 ± 1°C
0	6,24	6,24	6,24
20	11,94	18,68	41,46
40	18,47	29,33	
60	20,16		

En general los aceites de oliva son bastante estables a temperaturas bajas de almacenamiento utilizadas para la comercialización de aceites, del orden de 20°C, mantienen su calidad por varios meses. En la Figura 2.60. se observa el incremento del índice de peróxidos con el tiempo de almacenamiento a tres temperaturas superiores a las recomendadas para guardar aceites.

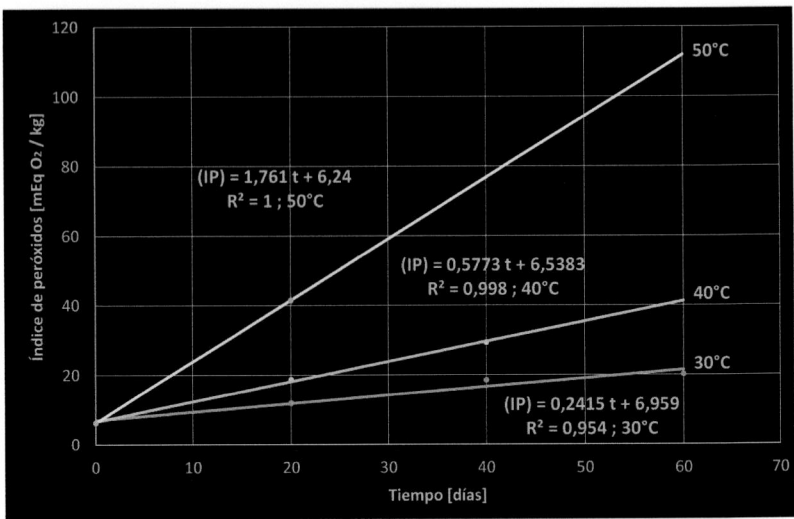

Figura 2.60. Índice de peróxidos como función del tiempo de almacenamiento en aceite de oliva Virgen mantenido a tres temperaturas.

Las regresiones lineales ajustan satisfactoriamente con los cambios registrados para conocer el proceso de oxidación que ocurre en el aceite de oliva, en el
presente caso de la categoría Virgen, los coeficientes de determinación son prácticamente uno. Los valores de las pendientes aumentan conforme la temperatura
de almacenamiento es más alta, las reacciones de autooxidación y la formación
de hidroperóxidos (R-OOH), es lenta a 30°C y aproximadamente siete veces más
rápida a 50°C.

Para calcular los tiempos de almacenamiento en los cuales el índice de peróxidos alcance los 20 [mili equivalentes de oxígeno activo por cada kilogramo de
aceite], se aplican las ecuaciones correspondientes a cada una de las temperaturas.

A 30°C

$$(IP) = 0,2415 \ t + 6,959 \tag{2.94}$$
$$20 = 0,2415 \ t + 6,959$$
$$(20 - 6,959)/0,2415 = t$$
$$t^*_{OA} = 54 \ [\text{días}]$$

A 40°C

$$(IP) = 0,5773 \ t + 6,5383 \tag{2.95}$$
$$20 = 0,5773 \ t + 6,5383$$
$$(20 - 6,5383)/0,5773 = t$$
$$t^*_{OA} = 23 \ [\text{días}]$$

A 50°C

$$(IP) = 1,761 \ t + 6,24 \tag{2.96}$$
$$20 = 1,761 \ t + 6,24$$
$$(20 - 6,24)/1,761 = t$$
$$t^*_{OA} = 8 \ [\text{días}]$$

Los tiempos calculados son extensos al considerar que se tratan de días de almacenamiento, por ello, no es necesario utilizar factores de seguridad, en consecuencia:

A 30°C
$$F^*_{OA} = 54 \times (1,0) = 54 \text{ [días]}$$

A 40°C
$$F^*_{OA} = 23 \times (1,0) = 23 \text{ [días]}$$

A 50°C
$$F^*_{OA} = 8 \times (1,0) = 8 \text{ [días]}$$

En la Figura 2.61. se representan estos valores. En ordenadas el tiempo para que el aceite de oliva presente valores de oxidación iguales al límite para que dejen de ser calificados como Fino, en abscisas la temperatura de almacenamiento.

La función que mejor describe esta relación es la exponencial, la cual refleja la estabilidad del aceite de oliva Virgen a temperaturas bajas próximas a la refrigeración, en el presente caso cuando se utiliza como guía al proceso de oxidación.

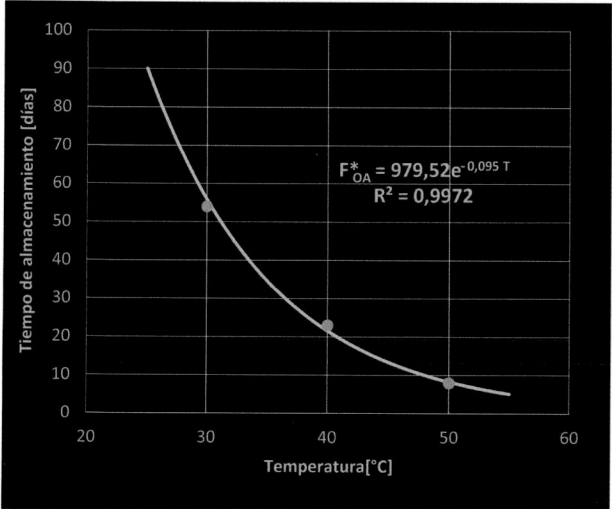

Figura 2.61. Tiempo de almacenamiento de aceite de oliva Virgen como función de la temperatura según datos del índice de peróxidos.

La ecuación es:

$$F^*_{OA} = 979,52 \, e^{-0,095 \, T} \tag{2.97}$$

Si se requiere calcular el tiempo de almacenamiento que tiene el aceite de oliva mantenido a temperatura constante de 20°C y 15°C, temperaturas fácilmente utilizadas para el almacenamiento de aceites, se obtiene:

$F^*_{OA} = 979{,}53 \; e^{-0{,}095 \, (20)}$

$F^*_{OA} = 979{,}53 \times 0{,}150$

$F^*_{OA} = 147 \; [\text{días}] = 5 \; [\text{meses}]$

$F^*_{OA} = 979{,}53 \; e^{-0{,}095 \, (15)}$

$F^*_{OA} = 979{,}53 \times 0{,}241$

$F^*_{OA} = 236 \; [\text{días}] = 8 \; [\text{meses}]$

Es un tiempo prolongado acorde con la estabilidad esperada. Cálculos similares se pueden hacer a otras temperaturas próximas o por lecturas directas en la Figura anterior. En las ecuaciones anteriores **(IP)** es el índice de peróxidos, **t** es el tiempo, t^*_{OA} tiempo para el almacenamiento del aceite de oliva, F^*_{OA} corresponde al tiempo de almacenamiento calculado para el aceite de oliva según datos del índice de peróxidos a temperatura constante y **T** es la temperatura.

Generalmente existen cambios en las temperaturas por el transporte, acopio y en el almacenamiento propiamente dicho. En estos casos el cálculo de procesos que conduce a establecer el tiempo de almacenamiento apropiado, se realiza de la manera siguiente.

Se requiere hacer un gráfico del inverso de los tiempos de almacenamiento que incluya a las dos temperaturas señaladas. A partir de este gráfico se construye otro derivado del anterior que conduce a obtener una escala de temperaturas corregida. Se establece un área de referencia con uno de los valores de estabilidad previamente conocidos y se delimita otra área con los datos de tiempo-temperatura hasta que se iguale con el área de referencia, se obtiene entonces el tiempo de almacenamiento total. En la Figura 2.62. se presenta lo indicado.

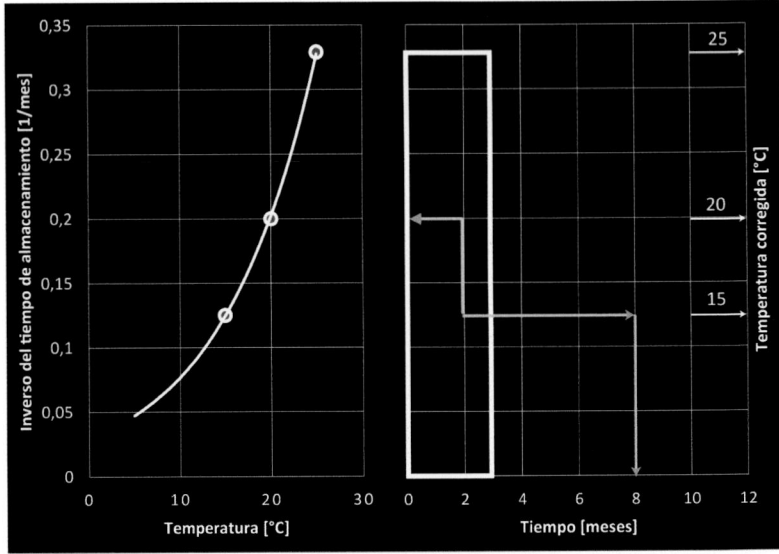

Figura 2.62. Gráfico que relaciona el tiempo de almacenamiento con la temperatura para aceite de oliva Virgen, en el caso de variaciones de la temperatura.

Es el caso de un aceite de oliva virgen mantenido en almacenamiento durante 2 meses a 20°C, luego disminuye la temperatura a 15°C, se requiere conocer el tiempo que el aceite mantendrá sus condiciones de calidad según el índice de peróxidos y el tiempo total de almacenamiento. Según la parte derecha de la Figura anterior, a la temperatura más baja el aceite mantiene su categoría durante 6 meses, los dos meses previos de almacenamiento, conducen a un tiempo total de 8 meses.

La Figura puede ser utilizada para precisar una temperatura de almacenamiento si se conoce el tiempo requerido de almacenaje. Si el tiempo de almacenamiento total requerido es de 1 año, con las variaciones de temperatura conocidas, la temperatura final deberá ser más baja, como se indica en la Figura 2.63.

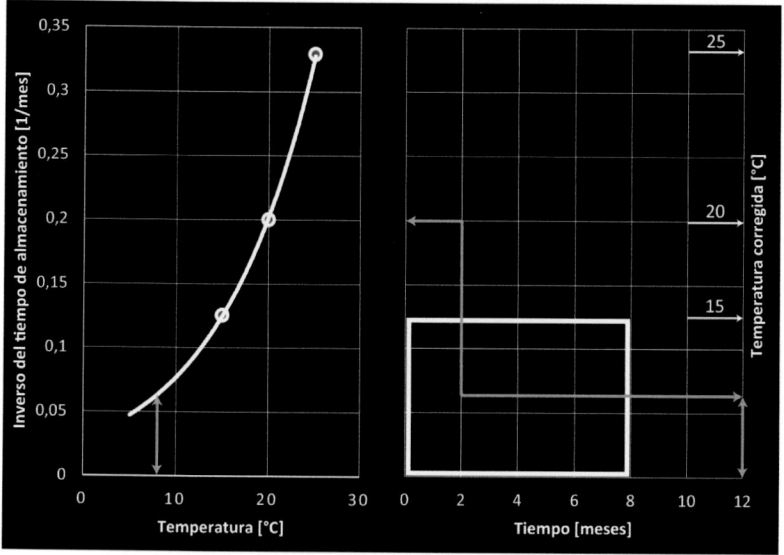

Figura 2.63. Gráfico que relaciona la temperatura con el tiempo de almacenamiento para aceite de oliva Virgen, en el caso de variaciones de la temperatura.

Al prolongar la línea horizontal que corresponde al final del almacenamiento a los 12 meses, el área bajo la línea quebrada aumenta y para establecer la igualdad con el área de referencia, en el presente caso a 15°C durante 8 meses, se disminuye la altura. La igualdad con el área de referencia se establece a una temperatura de 9°C.

SOJA O SOYA (*Glycine max*)

Origen

Las dos denominaciones son aceptadas para designar las semillas de una planta herbácea anual, pertenece a la familia de las leguminosas y es originaria del Asia Oriental. Restos arqueológicos señalan su uso por el hombre desde hace 10 siglos antes de Cristo en la antigua China, Su cultivo se ha extendido a diversas partes del mundo, al inicio como planta forrajera y luego para alimentación humana, por su elevado contenido de proteína y grasa. El auge del cultivo de la soja y de muchas de sus variedades con distinta forma, color y tamaño; ocurre en el siglo anterior llegando a convertirse desde un cultivo poco conocido y consumido hasta ser parte del grupo de los diez cultivos más utilizados en el Mundo, junto a otros tradicionales como trigo, maíz, arroz y papas.

Según Williams (1951), la cosecha se considera como una de las labores fundamentales para la mejor utilización de los granos de soja, esta labor no solo afecta a los rendimientos y la calidad del producto, sino que repercute también en la rentabilidad del cultivo. La cosecha se debe realizar cuando las plantas estén completamente secas y el grano contenga del 14 al 16% de humedad. A continuación, se utilizan máquinas de uso múltiple que cortan, trillan y limpian los granos de soja. Seguidamente las semillas deben ser almacenadas en un lugar limpio y desinfectado. Se recomienda que la semilla no sobrepase el 13% de humedad, y que el sitio de almacenamiento se mantenga a 15°C de temperatura y 40% de humedad relativa.

Cowan y Wolf (1974) reportaron que las partes principales de la semilla son: corteza que constituye un 8%, cotiledón 90% y germen 2%. El grano entero tiene la composición siguiente expresada en [g/100 g. seco]: proteínas 40, carbohidratos 34, grasa 21 y cenizas 5. Para los cotiledones y en las mismas unidades: proteínas 43, carbohidratos 29, grasa 23 y cenizas 5. Para las cáscaras la composición reportada en porcentaje en base a materia seca es: proteínas 9, carbohidratos 86, grasa 1 y cenizas 4. En su estado natural la semilla posee compuestos llamados principios anti nutricionales como son las hemaglutininas y los inhibidores de tripsina, los cuales deben ser eliminados antes de su consumo como harinas o sus derivados. En la Figura 2.64. se observan semillas de soja y una muestra de su aceite.

Figura 2.64. Granos y aceite de soja.

Aceite crudo de soja

Después de la cosecha, la extracción desde las vainas y limpieza de las semillas, se almacenan previo su procesamiento. El almacenamiento puede ser extenso de un año o más por la facilidad de conservación y la ventaja de su alta densidad de bulto próxima a 720 [kg/m^3], que facilita su transporte y exportación a sitios lejanos.

Los principales procesos a los que es sometida la soja para la obtención del aceite son: Limpieza. Troceado. Extracción casi en su totalidad mediante hexano por su mayor rendimiento, lo que permite obtener el aceite crudo, luego de la recuperación del solvente.

En la Tabla 2.23. se presentan los valores de algunas propiedades físicas de aceite crudo de soja obtenido mediante extracción con solvente hexano. Los datos fueron obtenidos a intervalos de 10°C entre 10° y 90°C. Se incluyen valores de puntos de humo, ignición e inflamación, que son útiles en especial cuando se utiliza el aceite en labores de cocción.

Tabla 2.23. Propiedades físicas de aceite crudo de soja (*Glycine max*).

Propiedad	Unidad	TEMPERATURA [°C]								
		10	20	30	40	50	60	70	80	90
Densidad	[kg/m^3]	925	918	912	907	899	893	886	880	873
Tensión superficial	[mN/m]	24,9	24,3	23,7	23,3	22,8	22,2	21,4	21,0	20,5
Entropía de superficie	10^2 [erg/m^2 x K]	−8,79	−8,29	−7,82	−7,44	−7,05	−6,66	−6,24	−5,95	−5,64
Energía libre de superficie	[mJ/m^2]	49,8	48,6	47,4	46,6	45,6	44,4	42,8	42,0	41,0
Viscosidad	[mPa·s]	93,4	63,5	41,9	30,1	22,6	15,7	12,6	9,5	7,9
Viscosidad cinemática	[stoke]	1,010	0,692	0,459	0,332	0,251	0,176	0,142	0,108	0,091
Fluidicidad	[rhe]	1,07	1,57	2,39	3,32	4,42	6,37	7,94	10,5	12,7
Índice de refracción	---	1,4793	1,4757	1,4720	1,4683	1,4648	1,4610	1,4575	1,4541	1,4505
Calor específico	[J/kg x K]			1.810						
Conductividad térmica	[W/m x K]			0,21						
Difusividad térmica	[m^2/s]			$1,28 \times 10^{-7}$						
Entalpía	[J/kg]			18.100 (303,2 → 313,2) [K]						
Energía de tensión	[kJ/kg x mol]			1.340 (303,2 → 313,2) [K]						
Coeficiente de expansión	[1/°C]			0,000741						
Energía de flujo	[kJ/kg x mol]			27.148						
Refracción específica	[m^3/kg]			0,000307						
Punto de fusión	[°C]			− 4,0 (Inicio − 7,0; Final − 1,0)						
Punto de humo	[°C]			193						
Punto de ignición	[°C]			295						
Punto de inflamación	[°C]			348						

Una característica química muy importante de los aceites es su composición de ácidos grasos, en el caso del aceite crudo de soja los valores determinados mediante cromatografía de gases y expresados como porcentaje del total de ácidos grasos, fueron: Palmítico 18,8%. Esteárico 1,9%. Oleico 14,1%. Linoleico 60,7%. Linolénico 4,5 (Navas y colaboradoras, 1988). Se destaca el alto contenido del ácido linoleico, el cual posee dos dobles enlaces en su cadena hidrocarbonada que lo hacen susceptible a la oxidación.

Aceite refinado de soja

El aceite crudo se mezcla con una pequeña cantidad de agua con el propósito de hidratar el remanente de fosfátidos, denominados gomas o lecitina, las cuales son continuamente separadas mediante centrífugas bajo presión, este proceso es conocido como desgomado y al aceite resultante se lo conoce como aceite desgomado. Este aceite se neutraliza con un álcali y está listo para ser sometido a procesos finales de refinación u obtención de otros productos, luego del blanqueado, hidrogenación y desodorización, se obtiene entonces el aceite de soja refinado para consumo en ensaladas o frituras.

Cowan y Wolf (1974) recopilaron las especificaciones que debe tener el aceite de soja totalmente refinado, para ser comestible. Apariencia, debe ser claro y brillante a temperaturas entre 24° y 29°C. Sedimentos, ninguno y libre de materia extraña. Olor y sabor, insípido y libre de rancidez y otros olores. Humedad y volátiles, porcentaje máximo 0,1. Punto de ignición, 288°C. Color Lovibond, rojo 2,0 y amarillo 20,0. Valor de peróxido máximo, 0,5 [mEq O_2/kg]. Valor de peróxido por el método del oxígeno activo luego de 8 [horas] de prueba, 35.

Con relación a la composición de ácidos grasos, en el caso del aceite refinado de soja los componentes principales, determinados mediante cromatografía de gases y expresados como porcentaje del total de ácidos grasos, fueron: Palmítico 20,2%. Esteárico 1,6%. Oleico 13,9%. Linoleico 60,0%. Linolénico 4,3 (Navas y colaboradoras, 1988). Los valores son muy similares a los del aceite crudo, nuevamente se destaca el alto contenido del ácido linoleico.

En la Tabla 2.24. se presentan datos de propiedades físicas determinados en muestras de aceite de soja refinado, adquirido en comercios de la localidad.

Tabla 2.24. Propiedades físicas de aceite refinado de soja (*Glycine max*).

Propiedad	Unidad	TEMPERATURA [°C]								
		10	20	30	40	50	60	70	80	90
Densidad	[kg/m³]	927	920	913	906	899	892	884	877	870
Tensión superficial	[mN/m]	29,1	28,4	27,6	26,8	26,0	25,3	24,5	23,7	23,0
Entropía de superficie	10^2 [erg/m² x K]	−10,28	−9,69	−9,10	−8,56	−8,04	−7,59	−7,14	−6,71	−6,33
Energía libre de superficie	[mJ/m²]	58,2	56,8	55,2	53,6	52,0	50,6	49,0	47,4	46,0
Viscosidad	[mPa·s]	101,4	66,9	43,3	30,6	23,3	17,1	13,6	10,5	8,4
Viscosidad cinemática	[stoke]	1,094	0,727	0,474	0,338	0,259	0,192	0,154	0,120	0,097
Fluidicidad	[rhe]	0,99	1,49	2,31	3,27	4,29	5,85	7,35	9,52	11,9
Índice de refracción	---	1,4786	1,4752	1,4718	1,4684	1,4650	1,4616	1,4582	1,4548	1,4514
Calor específico	[J/kg x K]	1.950								
Conductividad térmica	[W/m x K]	0,22								
Difusividad térmica	[m²/s]	$1,24 \times 10^{-7}$								
Entalpía	[J/kg]	19.500 (303,2 → 313,2) [K]								
Energía de tensión	[kJ/kg x mol]	2.320 (303,2 → 313,2) [K]								
Coeficiente de expansión	[1/°C]	0,000821								
Energía de flujo	[kJ/kg x mol]	26.500								
Refracción específica	[m³/kg]	0,000306								
Punto de fusión	[°C]	− 6,3 (Inicio − 14,0; Final 1,5)								
Punto de humo	[°C]	253								
Punto de ignición	[°C]	319								
Punto de inflamación	[°C]	351								

Al comparar los datos de las propiedades físicas del aceite crudo con el aceite refinado, se destaca en el aceite refinado un incremento en los valores de la tensión superficial, energía libre de superficie, viscosidad, calor específico, entalpía, coeficiente volumétrico de expansión térmica, energía de tensión y de manera notoria en los puntos de humo e ignición. Es claro que los procesos de refinación causan cambios notables en las propiedades físicas del aceite de soja.

Cálculo de procesos

Almacenamiento

Indicador. Acidez

Cálculo de las constantes de velocidad

Para el cálculo de las principales constantes que permiten evaluar la forma como influye la temperatura sobre un determinado proceso, como el almacenamiento, el indicador fue la acidez titulable expresada en términos de ácido linoleico, por ser el mayoritario en el aceite de soja, los valores reportados corresponden al promedio de 2 muestras por duplicado. En la Tabla 2.25. se presentan los datos obtenidos a cuatro temperaturas durante un mes.

Tabla 2.25. Acidez de aceite crudo de soja almacenado en recipientes de cristal y expresada como porcentaje de ácido linoleico a cuatro temperaturas y diferentes tiempos.

Tiempo [días]	Temperatura [°C]			
	25	35	45	55
0	0,045	0,045	0,045	0,045
8	0,186	0,217	0,248	0,272
15	0,263	0,299	0,373	0,445
22	0,452	0,506	0,554	0,625
28	0,592	0,644	0,715	0,832

Valores promedio de 2 réplicas por duplicado.

Se observa que conforme se incrementa la temperatura y el tiempo de almacenamiento aumenta la cantidad de ácidos libres, el acrecentamiento es reducido, en términos de porcentaje luego de 28 días a la temperatura más alta, se acerca al 1%.

En la Figura 2.65. se grafica la acidez como función del tiempo de almacenamiento a cuatro temperaturas.

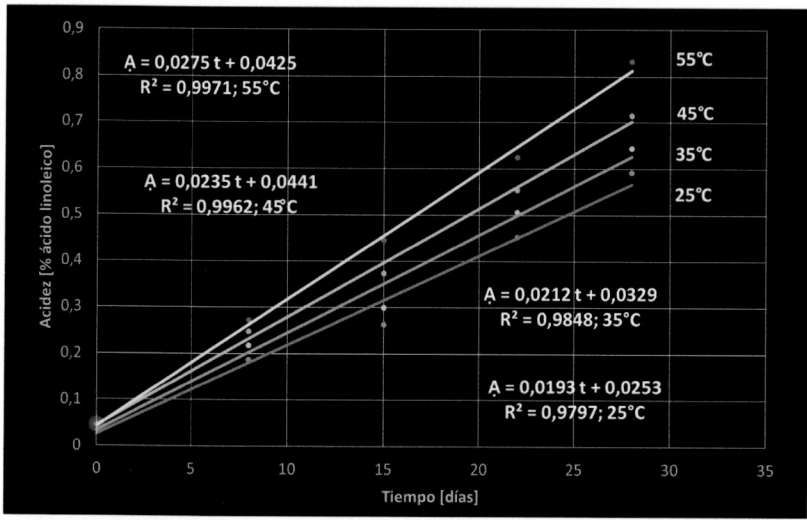

Figura 2.65. Acidez titulable registrada en aceite crudo de soja durante el almacenamiento.

Las ecuaciones lineales que corresponden a una cinética de orden cero, satisfacen de manera adecuada los incrementos de la acidez conforme transcurre el tiempo de almacenamiento de las muestras de aceite crudo de soja, los coeficientes de determinación son en todos los casos próximos a la unidad.

Los valores de las constantes de velocidad de reacción corresponden a las pendientes de las ecuaciones obtenidas.

A 55°C
$$(A)_{JA} = 0{,}0275 \ t + 0{,}0425 \tag{2.98}$$
$$K_0 = 0{,}0275 \ [\%/día]$$

A 45°C
$$(A)_{JA} = 0{,}0235 \ t + 0{,}0441 \tag{2.99}$$
$$K_0 = 0{,}0235 \ [\%/día]$$

A 35°C
$$(A)_{JA} = 0{,}0212 \ t + 0{,}0329 \tag{2.100}$$
$$K_0 = 0{,}0212 \ [\%/día]$$

A 25°C
$$(A)_{JA} = 0{,}0193 \ t + 0{,}0253 \tag{2.101}$$
$$K_0 = 0{,}0193 \ [\%/día]$$

Los valores del tiempo de reducción decimal D^*_{JA} a partir de la constante de velocidad K_0, se calculan con la siguiente ecuación:

$$D^*_{JA} = \ln (10)/K_0 \tag{2.102}$$

A 55°C

$$D^*_{JA} = 2{,}3026/0{,}0275 \tag{2.103}$$
$$D^*_{JA} = 83{,}7 \ [\text{días}]$$

A 45°C

$$D^*_{JA} = 2{,}3026/0{,}0235 \tag{2.104}$$
$$D^*_{JA} = 98{,}0 \ [\text{días}]$$

A 35°C

$$D^*_{JA} = 2{,}3026/0{,}0212 \tag{2.105}$$
$$D^*_{JA} = 108{,}6 \ [\text{días}]$$

A 25°C

$$D^*_{JA} = 2{,}3026/0{,}0193 \tag{2.106}$$
$$D^*_{JA} = 119{,}3 \ [\text{días}]$$

El cálculo de valores de vida media $(t_{0,5})_{JA}$, se realiza de la forma siguiente:

$$(t_{0,5})_{JA} = - D^*_{JA} (\log (0{,}5)) \tag{2.107}$$

A 55°C

$$(t_{0,5})_{JA} = - 83{,}7 \times (- 0{,}301) \tag{2.108}$$
$$(t_{0,5})_{JA} = 25{,}2 \ [\text{días}]$$

A 45°C

$$(t_{0,5})_{JA} = - 98{,}0 \times (- 0{,}301) \tag{2.109}$$
$$(t_{0,5})_{JA} = 29{,}5 \ [\text{días}]$$

A 35°C

$$(t_{0,5})_{JA} = - 108{,}6 \times (- 0{,}301) \tag{2.110}$$
$$(t_{0,5})_{JA} = 32{,}7 \ [\text{días}]$$

A 25°C

$$(t_{0,5})_{JA} = - 119{,}3 \times (- 0{,}301) \tag{2.111}$$
$$(t_{0,5})_{JA} = 35{,}9 \ [\text{días}]$$

Evaluadores del efecto de la temperatura

Utilizando la ecuación de Arrhenius se calcula la energía de activación mediante un gráfico del logaritmo natural de las constantes de velocidad contra el inverso de las temperaturas absolutas. A partir de la pendiente se determina la energía de activación que define la energía requerida para que una reacción proceda. La ecuación representada en la Figura 2.66. es:

$$K_{JA} = A_0 \ e- E_a/R \ T_a \tag{2.112}$$

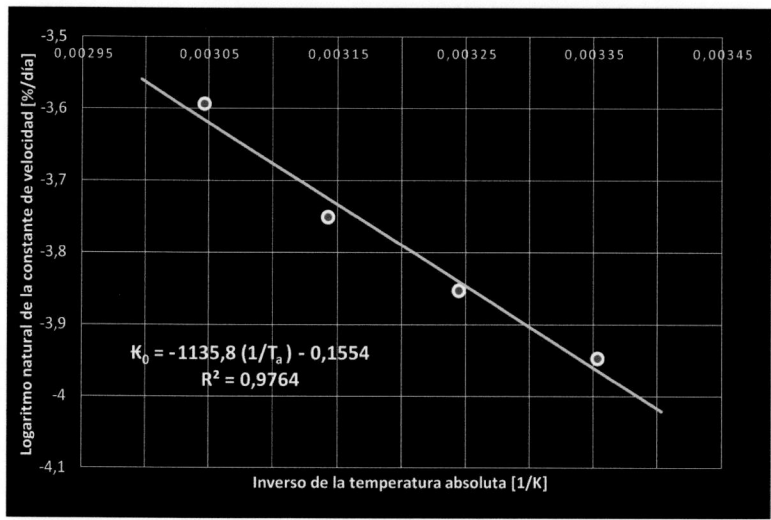

Figura 2.66. Gráfico tipo Arrhenius para determinar la energía de activación en el aumento de la acidez titulable durante el almacenamiento del aceite crudo de soja.

La ecuación tipo Arrhenius con un coeficiente de determinación de 0,9764, obtenida es:

$$\ln K_{JA} = - 1.135,8 \ (1/T_a) - 0,1554 \tag{2.113}$$
$$(- E_a/R) = - 1.135,8$$
$$E_a = 1.135,8 \ (8,314)$$
$$E_a = 9.443 \ [kJ/kg \ mol]$$

Para conocer el efecto de la temperatura en la reacción o cambio químico, se utiliza el valor Q_{10}, indica el número de veces que cambia la velocidad de reacción cuando hay una variación en la temperatura de 10°C. Al disponer de datos a intervalos de 10°C una forma directa de calcular es:

$$(Q_{10}) = (K_0)_{55}/(K_0)_{45} \tag{2.114}$$
$$(Q_{10}) = 0,0275/0,0235$$
$$(Q_{10})_{JA} = 1,17$$

Una forma de calcular el valor $\hat{z}$ es con la aplicación de la siguiente ecuación:

$$\hat{z} = 10 \ln 10/\ln Q_{10} \tag{2.115}$$
$$\hat{z} = 10 \ (2,3026)/\ln (1,17)$$
$$\hat{z}_{GD} = 147°C$$

En general los valores calculados de las constantes de velocidad indican que la velocidad de liberación de ácidos grasos libres es lenta, poco sensible a los cambios de temperatura y requiere de una limitada cantidad de energía para que ocurra.

Aumento de acidez durante el almacenamiento

Al aceptar como valor máximo 2% de acidez, dato ampliamente utilizado para calificar a los aceites de soja como de buena calidad y apto para consumo humano, se calculan a las cuatro temperaturas los tiempos de almacenamiento en lo cuales los aceites alcanzan este valor límite.

A 55°C

$$(A)_{JA} = 0,0275\ t + 0,0425 \tag{2.116}$$
$$t^*{}_{JA} = (2 - 0,0425)/0,0275 = 71,2\ [\text{días}]$$

A 45°C

$$(A)_{JA} = 0,0235\ t + 0,0441 \tag{2.117}$$
$$t^*{}_{JA} = (2 - 0,0441)/0,0235 = 85,6\ [\text{días}]$$

A 35°C

$$(A)_{JA} = 0,0212\ t + 0,0329 \tag{2.118}$$
$$t^*{}_{JA} = (2 - 0,0329)/0,0212 = 92,8\ [\text{días}]$$

A 25°C

$$(A)_{JA} = 0,0193\ t + 0,0253 \tag{2.119}$$
$$t^*{}_{JA} = (2 - 0,0253)/0,0193 = 102,3\ [\text{días}]$$

Con un factor de seguridad del 10% en menos, para asegurar un tiempo de almacenamiento en el cual no se alcanzará el valor de acidez fijado como límite máximo, los valores de $F^*{}_{JA}$ son:

A 55°C

$$F^*{}_{JA} = 71,2 \times (0,9) = 64,1\ [\text{días}]$$

A 45°C

$$F^*{}_{JA} = 85,6 \times (0,9) = 77,0\ [\text{días}]$$

A 35°C

$$F^*{}_{JA} = 92,8 \times (0,9) = 83,5\ [\text{días}]$$

A 25°C

$$F^*{}_{JA} = 102,3 \times (0,9) = 92,1\ [\text{días}]$$

En las ecuaciones anteriores el subíndice $_{JA}$ se refiere al aceite de soja almacenado. En la Figura 2.67. se grafican estos valores.

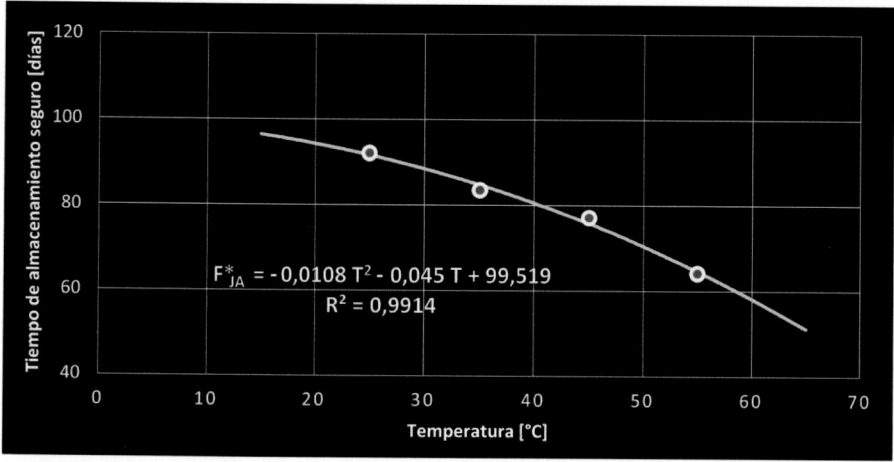

Figura 2.67. Tiempos seguros de almacenamiento de aceite de soja según la acidez.

La ecuación de segundo grado es la que mejor describe esta relación ($R^2 =$ 0,9914), en consecuencia, puede ser utilizada para calcular el tiempo de almacenamiento a temperaturas en las que se almacena el aceite, así a 15°C recomendada para almacenar aceite de soja crudo. La ecuación es:

$$F^*_{JA} = -- 0,0108 \, T^2 - 0,045 \, T + 99,519 \tag{2.120}$$
$$F^*_{JA} = -- 0,0108 \, (15)^2 - 0,045 \, (15) + 99,519$$
$$F^*_{JA} = 96,4 \, [días]$$

Según lo desarrollado, el almacenamiento de aceite crudo de soja se puede mantener durante 3 meses, en recipientes cerrados de vidrio, sin que el contenido de ácidos grasos libres supere el nivel máximo aceptado para estos aceites. Otros tiempos a diferentes temperaturas se pueden calcular o leer en la Figura anterior.

UNGURAHUA (*Oenocarpus bataua*)

Origen

El ungurahua o seje (*Oenocarpus bataua*) es un producto muy poco conocido salvo en las zonas en las que crece. La palma se encuentra en la región amazónica, en la parte norte de Suramérica y sur de Centroamérica, también en la costa del Pacífico: Ecuador, Colombia y Panamá. En Ecuador se encuentra en la región Costa y Amazónica, específicamente en las provincias de Carchi, Esmeraldas, Los Ríos, Morona-Santiago, Napo, Pastaza, Pichincha, Sucumbíos, Zamora-Chinchipe, dentro de las áreas protegidas de Jatun Sacha y el parque nacional Yasuní (Balick, 1992).

El ungurahua es una palma monoica, solitaria y grande que llega a medir de 30 a 35 [m] de altura y de 20 a 30 cm de diámetro; presenta hojas grandes, erectas y pineadas, llegando a medir hasta 6 [m] de largo, y 65-110 pineas a cada lado de la hoja, sus frutos llegan a medir 3-7 [cm] largo por 2-3 [cm] de ancho, presentando una pulpa delgada y con semilla dura. (Gómez y colaboradores, 1996). Taxonómicamente pertenece: División: Angiospermae. Orden: Arecales Bromhead. Familia: Arecaceae Bercht. y J. Presl. Especie: *Oenocarpus bataua* Mart.

Es una palmera de tallo simple, el número de hojas está entre 8 y 16, extendidas, dispuestas en espiral y producidas durante todo el año. En la axila de cada hoja adulta se produce una sola inflorescencia, alcanzando maduración completa durante el año de una a tres inflorescencias. Fruto oblongo o elipsoide, de 2,5 a 3,5 [cm] de largo y 2,0 a 2,5 [cm] de diámetro, de color violeta oscuro o negro en la madurez, agrupado en racimos con peso entre 2 y 32 [kg], con 500 a 4.000 frutos. Epicarpio liso, rojo oscuro a la maduración, cubierto por una delgada capa cerosa, blanquecina. Mesocarpio carnoso, oleaginoso, de color entre blanco y violeta con elevado contenido de aceite. Endocarpio duro, leñoso, cubierto por grandes fibras oscuras. Semilla recubierta por fibras delgadas. El conjunto de la cáscara y la pulpa tiene un espesor de 0,2 a 0,3 [cm]. Los troncos jóvenes están habitualmente cubiertos con vainas de hojas viejas, los troncos más viejos están limpios y tienen nudos más o menos conspicuos. Posee flores unisexuales de color pardo cremoso (Avila, 2009).

Pilco Saca (2015) publicó datos del peso, dimensiones, características físicas y composición de frutos de undurahua provenientes del Cantón Puyo de la Provincia de Pastaza, adquiridos en las Fincas de la Comunidad de Canelos. Los frutos tuvieron pesos que van desde 10,30 a 14,42 [g], con un peso promedio de 12,01 ± 1,04 [g], longitud 3,98 ± 0,13 [cm] y 2,21 ± 0,15 [cm] de diámetro, valores promedio obtenidos de 30 muestras tomadas aleatoriamente. Con relación a las características físicas del fruto de ungurahua, está formado por el pericarpio que representa el 64,75 ± 1,12% y la semilla en un 35,25% del peso total, el fruto recién cosechado presentó una humedad de 44,3 ± 2,50 [g/100 g]. El fruto seco presentó una humedad de 9,3 ± 0,58%, una longitud de 3,97 ± 0,15 [cm], un diámetro 1,91 ± 0,061 [cm] y un peso de 8,2 ± 0,76 [g], valores un poco más bajos que los del fruto fresco por el secado. En la Figura 2.68. se observa una planta con racimos y frutos de ungurahua.

Figura 2.68. Planta con racimos y frutos de ungurahua.

La composición proximal expresada en base a materia seca [g/100 g seco], determinada en el fruto entero fue: 16,3 ± 0,39 de grasa, 4,1 ± 0,15 de proteína, 27,5 ± 0,95 de fibra total, 1,9 ± 0,48 de cenizas y 50,2 de carbohidratos. El conjunto conformado por la pulpa y la cáscara, contiene: 21,2 ± 0,27 de aceite, 4,9 ± 0,27 de proteína, 32,3 ± 0,61 de fibra total, 2,1 ± 0,08 de cenizas y 39,5 de carbohidratos. La semilla contiene 6,0 ± 0,8 de aceite, 3,9 ±0.24 de proteína, 25,6 ± 1.42% de fibra total, 2,1 ± 0,21 de cenizas y 62,4 de carbohidratos.

Aceite de ungurahua

Según Balick (1992), el aceite de ungurahua tiene un 77,7% de ácido oleico, 13,2% de ácido palmítico, ácido linoleico 2,7%, y 0,6% de ácido linolénico. Se destaca el alto contenido del ácido graso monoinsaturado oleico.

Pilco Saca (2015) comparó las principales características fisicoquímicas del aceite de ungurahua sin refinar, aceite de ungurahua refinado y aceite de oliva virgen extra. El color es uno de los primeros atributos sensoriales de los aceites evaluados por los consumidores, y se puede considerar un parámetro de calidad que altamente influye en su aceptación y preferencia, el color del aceite de ungurahua refinado es menos amarillo que el aceite sin refinar y el de oliva virgen extra es más amarillo que los dos. El olor del aceite de oliva virgen extra es más afrutado que los aceites de ungurahua refinado y sin refinar.

La acidez es mayor en el aceite de ungurahua con un valor de 1,006% (expresado como ácido oleico) en comparación con el de oliva que tiene 0,301; los valores altos de la acidez se deben a la acción hidrolítica de enzimas en el fruto después de la cosecha, el aceite de ungurahua refinado es menos ácido con 0,06 ± 0,05%, estos dos últimos valores están dentro de lo regulado en la Norma INEN 29:2012 que señala un valor máximo de 0,5% para aceite de oliva refinado que es la referencia, ya que aún no se tiene una norma establecida o conocida para el aceite de ungurahua.

En la Figura 2.69. se muestran las semillas de ungurahua y una muestra del aceite crudo.

Figura 2.69. Muestras de aceite de ungurahua crudo.

Los valores del índice de peróxido, son prácticamente iguales, 6,80 (mEq. O_2/kg aceite) para ungurahua y 6,48 (mEq. O_2/kg aceite) para el de oliva, estos valores se encuentran dentro de lo permitido por la Norma INEN 29:2012, hasta un valor máximo de 10 (mEq. O_2/kg aceite), el índice de peróxidos del aceite refinado es más bajo, $4 \pm 0,6$ (mEq. O_2/kg aceite).

Los índices de saponificación están relacionados con el peso molecular promedio de los ácidos grasos presentes en los triglicéridos, el aceite de ungurahua crudo tiene un valor de 197,33 cercano a 190,53 determinado en el aceite de oliva virgen extra, al refinar el aceite disminuye muy poco el valor hasta 190,74, valor muy cercano al de oliva virgen extra. En todos los casos los valores son muy similares.

Los índices de refracción medidos a 25°C presentaron valores de 1,4605 para ungurahua sin refinar, 1,4615 para el aceite de ungurahua refinado y 1,4683 para el de oliva virgen extra, valor un poco más alto. La Norma INEN 29:2012 para aceite de oliva acepta un intervalo que va desde 1,4660 a 1,4685.

El índice de yodo del aceite de ungurahua sin refinar es de 90,43, luego de la refinación presenta un valor de 85,00, mientras que el aceite de oliva virgen extra tiene un valor más alto que es de 135,10.

La importancia económica que tiene esta palmera para el agricultor radica básicamente en los ingresos que genera la comercialización del fruto en los mercados locales, donde la pulpa se utiliza en helados, chupetes y refrescos, además del consumo directo como fruta. Esta actividad en la actualidad es básicamente extractiva, en un 80%, porque solo consiste de la cosecha de los frutos y para ello muchas veces el árbol es derribado, por lo que esta especie es muy escasa y cada vez es más difícil de encontrarla. Frente a esta problemática, la falta de información agronómica de este cultivo y el conocimiento empírico de los agricultores, se vio la necesidad de estudiar la propagación de esta especie, sobre todo en la fase de germinación, debido a que la semilla presenta un endocarpio duro induciendo latencia en el embrión.

Cálculo de procesos

Almacenamiento

Indicadores. Acidez e Índice de peróxidos

Taipicaña (2015) determinó la estabilidad del aceite de ungurahua luego de ser utilizado en la fritura de papas. Para la freidura se utilizó una freidora doméstica con 500 [ml] de aceite a una temperatura entre 180° a 185°C, durante 4 y 5 [minutos], luego se enfrió el aceite antes de volverlo a utilizar, hasta por 5 veces. Muestras de 5 [ml] del aceite calentado sirvieron para los análisis, realizados durante 6 semanas de almacenamiento a dos temperaturas, ambiente y de cuarentena. Las determinaciones fueron:

Índice de acidez según el método de la Norma Técnica Ecuatoriana INEN 38:1973. Se basa en la determinación de los ácidos libres en aceites, para lo cual se disuelve la muestra en etanol, y se valora los ácidos grasos libres mediante una solución etanólica de hidróxido de sodio con uso de fenolftaleína. El contenido en ácidos grasos libres en porcentaje se expresa en porcentaje de ácido oleico.

$$A = (V \times C \times M)/(10\ w) \tag{2.82}$$

A es la acidez expresada como porcentaje de ácido oleico. **V** es el volumen [ml] de la solución valorada de hidróxido de sodio. **C** es la concentración exacta, en moles por litro, de la solución de hidróxido de sodio. **M** es el peso molecular del ácido en que se expresa el resultado (ácido oleico = 282) y **w** es la masa en gramos de la muestra.

Índice de peróxido según el método de la Norma Técnica Ecuatoriana INEN 277:1978. El método consiste en disolver el aceite en ácido acético y cloroformo, luego se adiciona una solución de yoduro de potasio saturado y el yodo liberado se determina con solución valorada de tiosulfato de sodio. Se calcula mediante la fórmula siguiente:

$$(IP) = (V \times N/w)\ 1.000 \tag{2.83}$$

Donde: **(IP)** es el índice del peróxido en miliequivalentes de oxígeno por kilogramo del producto. **V** es el volumen en mililitros de la solución de tiosulfato de sodio empleado en la titulación de la muestra, corregido del blanco. **N** es la normalidad de la solución de tiosulfato de sodio y **w** es la masa de la muestra analizada en gramos.

En la Tabla 2.26. se presentan estos datos registrados a dos temperaturas cada 7 días por un lapso de 6 semanas.

Conforme avanza el tiempo de almacenamiento los valores de acidez e índice de peróxido se incrementan. Son un indicativo de que el aumento de los ácidos grasos libres es mínimo y, por otro lado, que también continúan las reacciones de oxidación, en el presente caso de tipo químico con el oxígeno del aire, pues las reacciones enzimáticas no pueden proceder por el calentamiento para la fritadura, en el cual todas las enzimas fueron destruidas. La temperatura de almacenamiento influye en el caso de los valores del índice de peróxido, los valores registrados son más altos en las muestras mantenidas a 37°C con relación a las mantenidas a 16°C al ambiente.

Tabla 2.26. Valores de acidez e índice de peróxido en muestras de aceite de ungurahua utilizadas en fritura y almacenadas a dos temperaturas.

TIEMPO [días]	TEMPERATURA 16±4°C				TEMPERATURA 37±2°C			
	Acidez [% ácido oleico]	ln acidez	(IP)* [mEq. O_2/kg]	ln (IP)	Acidez [% ácido oleico]	ln acidez	(IP) [mEq. O_2/kg]	ln (IP)
0	1,006	0,00598	6,415	1,8586	1,127	0,1196	6,543	1,8784
7	1,037	0,03633	6,615	1,8893	1,170	0,1570	6,952	1,9390
14	1,068	0,06579	6,735	1,9073	1,195	0,1781	7,637	2,0330
21	1,149	0,1389	7,242	1,9799	1,385	0,2964	9,349	2,2353
28	1,205	0,1865	7,821	2,0568	1,410	0,3436	11,212	2,4170
35	1,371	0,3155	8,281	2,1140	1,437	0,3626	12,349	2,5136
42	1,402	0,3379	8,859	2,1814	1,457	0,3764	13,848	2,6281

Valores promedios de 2 pruebas. Fuente: Taipicaña (2015).
* Índice de peróxido.

En la Figura 2.70. están graficados estos cambios expresados como porcentaje de ácido oleico en el caso de la acidez y en miliequivalentes de oxígeno por cada kilogramo de muestra en el caso del índice de peróxidos.

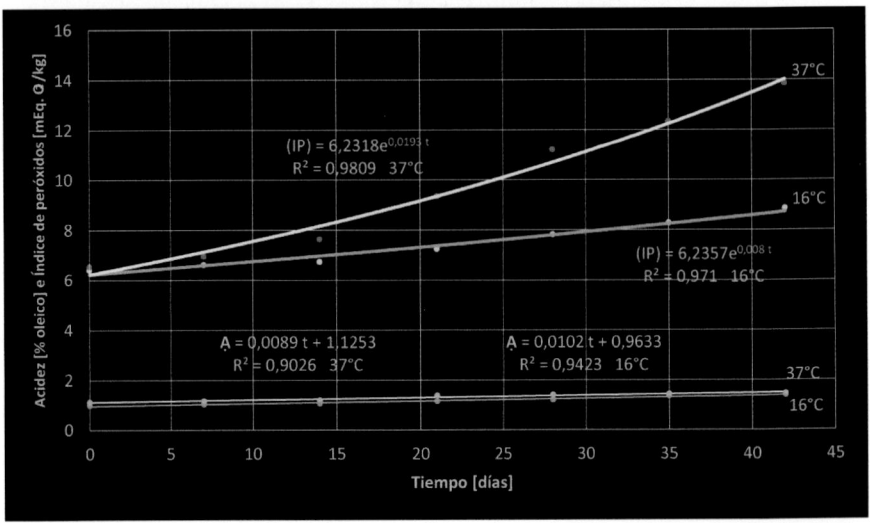

Figura 2.70. Índice de peróxidos y acidez en aceites de ungurahua reutilizados luego de la fritura y mantenidos en almacenamiento a dos temperaturas.

La acidez en los aceites y grasas es un indicativo de la cantidad de ácidos grasos libres que están presentes, al ser aceites recalentados y utilizados a temperaturas altas, no es extraño que se pierdan los ácidos grasos libres por ser más volátiles y la acidez sea baja en el orden del 1% expresado como ácido oleico, un límite fijado para aceite de oliva crudo (INEN, 29-2012) está en el 2%, valor que no alcanza ningunos de los aceites. El efecto de la temperatura sobre la acidez de estos aceites es mínimo, las rectas de sus regresiones lineales se superponen y la función es prácticamente horizontal que significa ausencia de cambios.

Los valores del índice de peróxidos presentan un incremento conforme avanza el tiempo de almacenamiento, las muestras mantenidas a 37°C tienen cambios más pronunciados que las muestras mantenidas a 16°C. Las funciones exponenciales describen satisfactoriamente esta relación, los coeficientes de determinación se aproximan a la unidad, son superiores a 0,97 y son más adecuados para calcular el proceso de oxidación que ocurre durante el almacenamiento del aceite de ungurahua, si se los compara con la acidez.

Constante de velocidad de los cambios en la acidez

La constante de velocidad para un cambio de concentración de tipo exponencial tiene como unidades el recíproco del tiempo y corresponde a la pendiente de un gráfico del logaritmo natural de la concentración contra el tiempo (Toledo, 1999). En la Figura 2.71. se representa lo indicado para determinar las constantes de velocidad en la acidez de aceite de ungurahua reutilizado y mantenido en almacenamiento en dos ambientes con diferente temperatura.

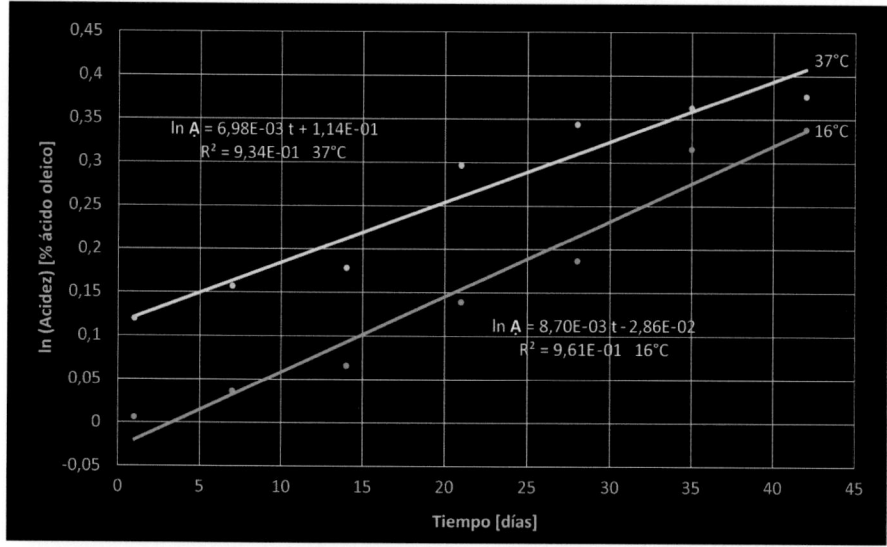

Figura 2.71. Logaritmo natural de la acidez como función del tiempo de almacena‾ miento de aceite de ungurahua reutilizado después de la fritura.

Las funciones lineales esperadas se cumplen de una manera satisfactoria, los coeficientes de determinación son superiores a 0,93. Las ecuaciones son:

A 37°C

$$\ln \dot{A} = 0,00698\ t + 0,114 \tag{2.121}$$

$$0,00698 = K$$

$$K_{UA} = 0,00698\ [1/\text{día}] = 4,85\ (10)^{-6}\ [1/\text{minuto}]$$

A 16°C

$$\ln \dot{A} = 0,0087\ t - 0,0286 \tag{2.122}$$

$$0,0087 = K$$

$$K_{UA} = 0,0087\ [1/\text{día}] = 6,04\ (10)^{-6}\ [1/\text{minuto}]$$

Los valores son bajos, indican que la velocidad de generación de ácidos grasos libres en el aceite de ungurahua almacenado después de ser utilizado en fritura, es lenta y algo más lenta a 37°C.

Constante de velocidad de los cambios del índice de peróxidos

Con las ecuaciones exponenciales es posible calcular el tiempo en que se alcanzan los 10 [mEq. O_2/kg] que es un valor tope aceptado por Normas Técnicas para aceites de mayor consumo (Kirk y colaboradores, 2002).

A 37°C

$$(IP) = 6,2318\ (e)^{0,0193\ t} \tag{2.123}$$

$$\ln(10) = \ln 6,2318 + 0,0193\ t$$

2,3026 = 1,8297 + 0,0193 t
t_{UA} = 24,5 [días]

A 16°C
(IP) = 6,2357 (e)$^{0,008\,t}$ (2.124)
ln (10) = ln 6,2357 + 0,008 t
2,3026 = 1,8303 + 0,008 t
t_{UA} = 59,0 [días]

Como se indicó previamente la constante de velocidad se calcula mediante un gráfico del logaritmo natural de la concentración contra el tiempo, a partir de la pendiente (Toledo, 1999). En la Figura 2.72. se representa lo indicado para determinar las constantes de velocidad de oxidación de aceite de ungurahua reutilizado y mantenido en almacenamiento en dos ambientes con diferente temperatura.

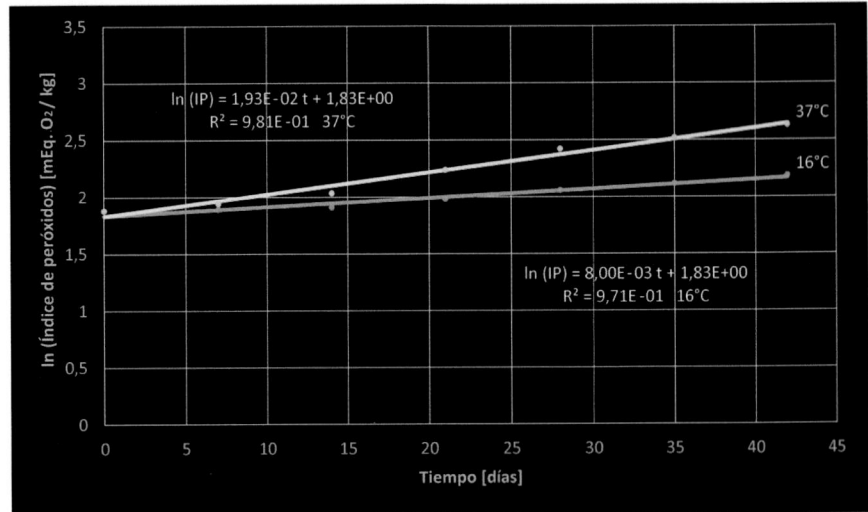

Figura 2.72. Logaritmo natural del índice de peróxidos como función del tiempo de almacenamiento en aceite de ungurahua reutilizado después de la fritura.

Las funciones lineales esperadas se cumplen de una manera satisfactoria, los coeficientes de determinación son superiores a 0,97. Las ecuaciones exponenciales son:

A 37°C
ln (IP) = 0,0193 t + 1,83   (2.125)
0,0193 = K
K_{UA} = 0,0193 [1/día] = 1,34 (10)$^{-5}$ [1/minuto]

A 16°C
ln (IP) = 0,008 t + 1,83   (2.126)
0,008 = K
K_{UA} = 0,008 [1/día] = 5,56 (10)$^{-6}$ [1/minuto]

Los valores son mínimos, del mismo orden que los determinados en acidez a 16°C, indican que la velocidad de oxidación en el aceite de ungurahua almacenado después de ser utilizado en freidura, es lenta y mucho más lenta a la temperatura más baja. Luego de ser recalentado el aceite de ungurahua es muy estable y puede ser mantenido a temperatura ambiente por tiempos prolongados.

Constante de resistencia térmica según los cambios del índice de peróxidos

Si se conocen las constantes de velocidad se pueden calcular parámetros utilizados en el cálculo de procesos, como el tiempo de reducción decimal (D^*) y de la constante de resistencia térmica ($\hat{z}$).

$$D^* = \ln 10/K \tag{2.127}$$

A 37°C
$$D^*_{UA} = \ln 10/K_{UA}$$
$$D^*_{UA} = 2{,}30259/1{,}34 \ (10)^{-5} \tag{2.128}$$
$$D^*_{UA} = 1{,}718 \ (10)^5 \ [minutos]$$

A 16°C
$$D^*_{UA} = 2{,}30259/5{,}56 \ (10)^{-6} \tag{2.129}$$
$$D^*_{UA} = 4{,}141 \ (10)^5 \ [minutos]$$

Al graficar el logaritmo D^*_{UA} como función de la temperatura T, el inverso de la pendiente corresponde a la constante de resistencia térmica. En la Figura 2.73. se representa lo indicado.

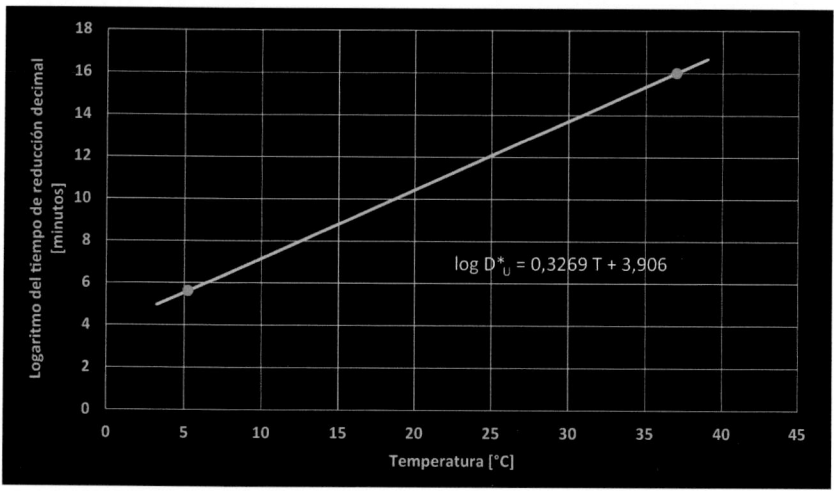

Figura 2.73. Logaritmo del tiempo de reducción decimal según el índice de peróxidos como función de la temperatura de aceite reutilizado de ungurahua.

La ecuación obtenida es:

$$\log D^*_{UA} = 0{,}3269\ T + 3{,}906 \qquad\qquad (2.130)$$
$$\hat{z} = 1/0{,}3269$$
$$\hat{z}_{UA} = 3{,}1\ [\text{minutos}]$$

El valor pequeño indica que la oxidación del aceite reutilizado de undurahua es muy sensible a los cambios de temperatura.

Comentarios

Las Tablas con datos de propiedades físicas presentadas para aceites de aguacate, ajonjolí, chocho, girasol, maíz, maní, olivo y soja son una referencia para la utilización de estas propiedades como indicadores de procesos, pues los métodos para su determinación resultan efectivos, rápidos y baratos. Además, son necesarios para cálculos de ingeniería como integrantes de los números adimensionales que constituyen las ecuaciones de operación y diseño.

En la extracción del aceite de inchi se hicieron cálculos dependientes de cambios de temperatura y se obtuvieron valores de las constantes de velocidad, lo destacado es que también se hicieron cálculos del proceso de prensado basados en los cambios de presión y se calcularon las constantes de velocidad báricas, por ser referidas a presión. Las constantes de velocidad, además de ser útiles para calcular procesos, en las dos causas de variación, temperatura y presión, presentaron valores cercanos. Confirman la posibilidad de seleccionar otras causas además de la temperatura, lo cual amplía extraordinariamente el campo de aplicación del método de cálculo en procesos.

Los tiempos de almacenamiento de aceites son relativamente extensos y en muchos de los casos los aceites pueden ser mantenidos a temperaturas ambientales, sin necesidad de instalaciones de refrigeración o cámaras de temperatura controlada, de hecho, en muchos casos los aceites se conservan en tanques para evitar la luz solar y de fondo cónico para facilitar el vaciado. En la Tabla 2.27. se observan los tiempos en que los aceites más sensibles mantienen buenas condiciones para su comercialización y consumo según los indicadores utilizados en este trabajo.

Tabla 2.27. Tiempos de almacenamiento [días] de aceites vegetales con altos niveles de insaturación a diferentes temperaturas según valores del índice de refracción.

ACEITE	TEMPERATURA [°C]			
	7	18	20	30
Nuez	11		8	7
Aguacate	4,7	2,6		2,1
Maní	11		9	7

Los aceites de nuez de nogal y maní presentaron tiempos similares de almacenamiento, son tiempos cortos que indican la necesidad de guardarlos en condiciones controladas de temperatura, humedad relativa baja y evitar la luz solar. Más sensible es el aceite de aguacate, a 18°C se dispone de 2,6 días para utilizarlo, de los aceites analizados el de aguacate se presenta como uno de los más sensibles a cambios. Aceites mantenidos en buenas condiciones de almacenamiento entre 5° a 10°C pueden permanecer un año o más, como el aceite de oliva, si el almacenamiento no es el adecuado el tiempo disminuye drásticamente a un período de un trimestre.

En el Codex Alimentarius (FAO-OMS, 2015), para el almacenamiento y transporte de aceites y grasas comestibles a granel, se indica que el aceite de maní puede ser almacenado y embarcado a temperatura ambiente. La experiencia del trabajo con aceite de maní mostró un tiempo medio de estabilidad de 4 días a 12±2°C, no se recomienda almacenar a temperaturas de 18°C y 30°C pues se acelera el proceso de oxidación afectando a las características organolépticas del aceite. En aceite de pulpa de aguacate guardado a 7 ± 2°C si bien el tiempo de almacenamiento fue de 4,7 [días], no por esto es el mejor conservado, pues existe la precipitación de ácidos grasos, la condición más adecuada para almacenar el aceite de aguacate fue a temperatura intermedia (18 ± 2°C).

Es importante anotar que el índice de refracción es uno de los múltiples indicadores que se pueden usar para calcular procesos, se lo utiliza por la facilidad de la medida, equipos simples y resistentes, pequeño volumen de muestra y bajo costo. Además, se debe recordar que existe una marcada diferencia entre los valores del índice de refracción de los glicéridos saturados y los no saturados o los ácidos grasos, por ello los cambios que se registren en el índice de refracción del aceite almacenado y mantenido a temperaturas controladas, son un indicativo del deterioro del aceite (Kirschenbauer, 1964).

Sin embargo, el índice de refracción no es la mejor opción, en muchos de los casos otros indicadores químicos o biológicos proporcionan respuestas más reales y exactas, tal es el caso del índice de peróxidos. Lo destacado es la versatilidad y las numerosas posibilidades de seleccionar y utilizar otros indicadores para aplicar el método de cálculo.

Aceites como el de soja pueden ser almacenados por períodos mucho más largos que superan el año, en el caso de que se mantengan en condiciones adecuadas y a temperatura ambiente entre los 10° y 20°C.

La tecnología para la extracción y refinamiento de aceites es amplia y compleja, como se indica en el caso del aceite de girasol o de pequeña escala tipo casera en ajonjolí. Se observa como indicadores mucho más profundos como son los cambios cis-trans, se utilizan para comprender y conocer de mejor manera los procesos. Es importante destacar el aporte de la ingeniería para el cálculo, diseño y construcción de equipos especializados y más allá, el desarrollo de nuevos equipos que se adaptan a procesos y productos específicos, como el desarrollo de centrífugas para la extracción de aceite en reemplazo de prensas o el desarrollo de extrusores o expellers para la obtención de aceites desde masas o pastas.

Referencias y Bibliografía

Aguilera, J. M. and Trier, A. 1978. The revival of the lupin. Food Technology. 32(8):70-76.

Alba, A. y Llanos, M. 1990. El Cultivo del Girasol. Colección Agroguías. Mundi-Prensa. 158.

Alvarado, J. de D. 2018. Cálculo de procesos en leche y productos lácteos. Zaragoza, España. Editorial Acribia. 286p.

Alvarado, J. de D. 2014. Principios de ingeniería aplicados en alimentos. 2da. Edición. Ambato, Ecuador. Universidad Técnica de Ambato. MEGAGRAF. 478p.

Alvarado, J. de D. y Aguilera, J. M. 2001. Métodos para medir propiedades físicas en industrias de alimentos. Zaragoza, España. Editorial Acribia. pp:347-368.

Alvarado, J. de D. 1989. Determinación de Propiedades Físicas y Térmicas en Aceite, y Jugo, Pulpa de Hortalizas y Frutas Cultivadas en Ecuador. Sexto Informe y Final. UTA-FCIAL. CONUEP. 80p.

Allen, R. R.; Formo, M. W. Krishnamurthy, R. G. McDermott, G. N. Norris, F. A. and Sonntag, N.O.V. 1982. Physical properties of fats and fatty acids. En: Bailey's Industrial Oil and Fat Products. New York, USA: John Wiley & Sons. pp. 666-679.

Amaral, J.S.; Casal, S. Pereira, J.A. Seabra, R.M. and Oliveira, B.P.P. 2003. Determination of sterol and fatty acid compositions, oxidative stability, and nutritional value of six walnuts (*Juglans regia* L.) cultivars grown in Portugal. Journal of Agricultural and Food Chemistry, 51: 7698-7702.

Amattler, R. y Dávila, L. 2000. Procesamiento de aceite rojo de palma africana (*Elaeis guineensis*), para consumo humano. Escuela de Agricultura de la Región Tropical Húmeda. Costa Rica.

ANACAFE. 2004. Asociación Nacional del Café. Cultivo de Aguacate. Programa de Diversificación de Ingresos en la Empresa Cafetalera. Guatemala, Guatemala.

Anderson-Vázquez, Hazel Ester; Cabrera, Soralys. Lozano, Rosa. Gónzalez-Inciarte, Luisandra. 2009. Efecto del consumo de aguacate (*Persea americana* Mill.) sobre el perfil lipídico en adultos con dislipidemia. Anales Venezolanos de Nutrición. 22(2):84-89.

Andrikopoulos, N. K.; Kalogeropoulos, N. Falirea, A. and Barbagianni, Maria N. 2002. Performance of virgin olive oil and vegetable shortening during domestic deep-frying and pan-frying of potatoes. International Journal of Food Science & Technology. 37(2):177-190.

Apama Sharma; Khare, S.K. and Gupla, M.N. 2002. Enzyme–Aqueous extraction of peanut oil. Chemistry Department. Nueva Dehli, India.

Arancibia, M.; Almeida, A. y Alvarado, J. de D. 2007. Tiempos de vida útil de naranjillas recubiertas con quitosano almacenadas a temperatura variable y constante. Alimentos Ciencia e Ingeniería. 16(1):215-217.

Augstburger, F.; Berger, J. Censkowsky, U. Heid, P. Joachim, M. and Streit, C. 2000. Maní (cacahuate). Guía de 18 cultivos. Agricultura Orgánica en el Trópico y Subtrópico. Asociación Nutriland.

Aurand, L.W. and Woods, A. 1973. Food Chemistry. Westport. Connecticut. Ch. 5.

Ávila, Eduardo. 2009. Aprovechamiento de la *Scopraria dulcis* (Screphu lariaceael), *Oneocarpus batagua* (Arecaceae) y *Solanum brugmancia* (Solanaceae) en la producción de una pomada antiinflamatoria, Tesis previa a la obtención del Título de Tecnología en Procesamiento de Recursos Biológicos Amazónicos de la Universidad Politécnica Salesiana. Quito, Ecuador.

Ávila Granados, J. 2000. Enciclopedia del Aceite de Oliva (1ra. ed.). Barcelona. España. Editorial Planeta.

Avillan, L. 2005. Comportamiento fenológico híbridos guatemalteca por antillana de aguacate en la región centro-norte costera de Venezuela. Centro Nacional de Investigaciones Agrícolas (CENIAP). Maracay - Venezuela. Pág. 535

Balick, M. J. 1992. Jessenia y Oenocarpus: palmas aceiteras neotropicales dignas de ser domesticadas. FAO. Estudio para la Producción y Protección Vegetal 88. Roma. 180p

Balta, M.F.; Dogan, A. Kazankaya, A. Ozrenk, K. and Celik, F. 2007. Pomological definition of native walnuts (*Juglans regia* L.) grown in Central Bitlis. Journal of Biological Sciences, 7 (2): 442-444.

Batista-Cerdeño, Aida Rosa; Cerezal-Mezquita, P. y Fung-Lay V. 1993. El aguacate (*Persea americana*, M.). 1. Valor nutricional y composición. Alimentaria. 247:63-69.

Blaicher, F. M.; Nolte, R. and Mukherjee. 1982. Lupine protein concentrates by extraction with aqueous alcohols. En: Gross, R. and Bunting, E. S. Agricultural and Nutritional Aspects of Lupines. Eschborn, Germany. Germany Agency for Technical Cooperation. pp:371-383.

Bocanegra, M.; Elmadfa, I. Gross, R. and Hatzold, T. 1982. Use of *Lupinus mutabilis* seeds for edible oil production. En: Gross, R. and Bunting, E. S. Agricultural and Nutritional Aspects of Lupines. Eschborn, Germany. Germany Agency for Technical Cooperation. pp:319-332.

Bockish, M. 1998. Extraction of vegetable oils. En: Fats and Oils Handbook. Ed. AOCS Press, Champaign, USA.

Boskou, D. (Ed.). 1996. Olive oil. Chemistry and Technology. Champaign, Illinois. USA. AOCS Press. pp:167.

Calligari, S.; Lucci, P. Milani, A. Rovellini, P. Lagazio, C. Conte, L. and Nicoli, M. 2022. Application of accelerates shelf-life test (ASLT) procedure for the estimation of the shelf-life of extra virgin olive oil: A validation study. Food Packanging and Shelf Life. 34

Canella, M.; Gastriotta, G. Mignini, V. and Sodini, G. 1976. Composition and biological value of the kernels of Italian sunflower cultivars. La Rivista italiana delle Sostanze Grasse, 53, 156-160.

Cárdenas, N.; Camacho, A. y Mondragon, F. 2001. Extracción del Aceite de Cacahuate. México D.E. pp 30.

Carranza, J.; Alvizouri, M. Alvarado, M. R. Chávez, F. Gomez, M. y Herrera, J.E. 1995. Effects of avocado on the level of blood lipids in patients with phenotype II and IV dyslipidemias. Archivos del Instituto de Cardiología de México. 65(4):342-348.

Colles, S.M.; Maxson, J.M. Carlson, S.G. and Chisolm, G.M. 2001. Oxidized LDL-induced injury and apoptosis in atherosclerosis. Potential roles of oxysterols. Trends in Cardiovascular Medicine. 11: 131-138.

Consejo Oleícola Internacional (COI). 1996. Resolución RES-4/75-IV/96.

Córdoba, N. 2005. Aceite de maní. Ingredientes. Provincia de Córdoba, Argentina. Nutrición Internacional. pp:2

Cowan, J. C. and Wolf, W. J. 1974. Soybeans. En: Encyclopedia of Food Technology. Johnson, A. H. and Peterson, M. S. (Eds.). Westport, Connecticut. USA. The AVI Pub. Co., Inc. pp:818-828.

Crews, C.; Hough, P. Godward, P. Brereton, P. Lees, M. Guiet, S. and Winkelmann, W. 2005. Study of the main constituents of some authentic walnut oils. Journal of Agricultural and Food Chemistry. 53:4853-4860.

Demir, C. and Cetin, M. 1999. Determination of tocopherols, fatty acids and oxidative stability of pecan, walnut and sunflower oils. Deutsche Lebensmittel Rundschau, 95 (7): 278-282.

Ducci, F.; Rogatis, A. Proietti, R. 1997. Protezione delle risorce genetiche di *Juglans regia* L. Ann. Inst. Sper. Selv., 25/26: 35-55.

Dorbarganese, C. and Márquez-Ruiz, G. 2003. Oxidized fats in foods. Current Opinion in Clinical Nutrition & Metabolic Care. 6: 157-163.

Ebrahimi, A.; Zarei, A. Fatahi, R. and Ghasemi Varnamkhasti, M. 2009. Study on some morphological and physical attributes of walnut used in mass models. Scientia Horticulturae, 121: 490-494.

Esterbauer, H. 1993. Cytotoxicity and genotoxicity of lipid oxidation products. American Journal of Clinical Nutrition, 56: 7796-7865.

Estrella, E. 1998. El Pan de América. Etnohistoria de los Alimentos Aborígenes en el Ecuador. (3ra. Ed.). Quito, Ecuador. FUNDACYT. Cicetronic Offset. pp:76-77. 257p.

FAO-OMS. 2015. Codex Alimentarius. Normas Internacionales de los Alimentos. Código CAC/RCP 36-1987. Revisión 2015. Apéndice 1.

FAO. 2001. Departamento de Nutrición. Grasas y Aceites en Nutrición Humana. Roma, Italia. Capítulo 5.

Fernández García, J. D. 2015. Clonación y Caracterización de las Aciltransferasas LPAAT y DAGAT implicadas en la Síntesis de Triacilglicéridos en Semillas de Girasol (*Helianthus annuus* L.) y Búsqueda de nuevos Mutantes. Trabajo presentado para optar al grado de Doctor. Universidad de Sevilla, España. (CSIC). 379p.

Fernández-López, J.; Aleta, N. and Alía, R. 2000. Forest genetic resources conservation of *Juglans regia* L. IPGRI. Rome, Italy.

Fils, J.M. 2000. The production of oils. En: Hamm, W. and Hamilton, R.J., Eds. Edible Oil Processing, Sheffield Academic Press, Sheffield, England, pp:47-78.

Frankel, E.N. 2005. Lipid Oxidation. Bridgwater, England. Ed. Barnes & Associates.

Garcés, N. 1983. Tubérculos y Raíces. Quito, Ecuador. Facultad de Ciencias Agrícolas. Universidad Central del Ecuador.

García González, A. 2019. Obtención de Aceites Comestibles a partir de Nuevas Semillas de Girasol Enriquecidas con Fitoesteroles. Tesis Doctoral. Sevilla, España. 179p.

Gómez, D.; Lebrum, L. Paymal, N. y Soldi, A. 1996. Palmas Utiles en la Provincia de Pastaza, Amazonia Ecuatoriana. Manual práctico. Fundacion Omare, Quito, Ecuador. Serie de Manuales de Palmas Útiles Amazónicas. 1:1-71.

Gross, R.; von Baer, E. Koch, F. Marquard, R. Trugo, L. and Wink, M. 1988. Chemical composition of a new variety of the Andean lupin (*Lupinus mutabilis* cv. Inti) with low alkaloid content. Journal of Food Composition and Analysis. 1:353-361.

Hatzold, T.; Gonzales, J. Bocanegra, M. Gross, R. and Elmadfa, I. 1982. Possibilities of lupine debittering through extraction with different solvents. En: Gross, R. and Bunting, E. S. Agricultural and Nutritional Aspects of Lupines. Eschborn, Germany. Germany Agency for Technical Cooperation. pp:333-349.

Head, S. W.; Swetman, A. A. Hammonds, T. W. Gordon, A. Southwell, K. H. and Harris, R. V. 1995. Small Scale Vegetable Oil Extraction. National Resources Institute. Hampshire, England. Hobbs the Printers. pp:56-60.

Herrera, E. A. 2004. Manejo de Huertas de Nogal. New Mexico State University. Cooperative Extensión Service, México. pp:183-267.

ICONTEC. 1998. Instituto Colombiano de Normas Técnicas y Certificación. Método de Determinación del índice de peróxido. Bogotá. Colombia. (NTC 236).

INEN. 2020. Servicios Ecuatorianos de Normalización. NT INEN-ISO 3657. Aceites y grasas de origen vegetal. Determinación del índice de saponificación.

INEN. 1978. Instituto Ecuatoriano de Normalización. NT INEN-277:1978. Grasas y Aceites. Determinación del Índice de Peróxido.

INEN. 2012. Instituto Ecuatoriano de Normalización. NT INEN-29:2012. Aceite de Oliva. Requisitos.

INEN. 1973. Instituto Ecuatoriano de Normalización. NT INEN-38:1973. Grasas y Aceites Comestibles. Determinación de la acidez.

INIAP. 2001. Instituto Nacional Autónomo de Investigaciones Agropecuarias. Poscosecha y mercado de chocho (*Lupinus mutabilis* Sweet) en Ecuador. Quito, Ecuador. TECNIGRAVA. Publicación Miscelánea 105. 47p. y anexos.

INNE. 1965. Instituto Nacional de Nutrición. Tabla de Composición de Alimentos Ecuatorianos. Quito, Ecuador. 36p.

Jaimez, J.; Pérez-Flores, J. Castañeda, A. González-Olivares, L. Añorve-Morga, J. and Lopez, E. 2018. Kinetic parameters of lipid oxidation in third generation (3G) snacks and its influence on shelf-life. Food Science and Technology. 39:285.

Jiménez, L. C. y Bernal, H. Y. 1989. El Inchi (*Caryodendron orinocense* Karsten) (EUPHORBIACEAE) la Oleaginosa más Promisoria de la Subregión Andina. Secretaría Ejecutiva del Convenio Andrés Bello. Programa de Recursos Vegetales. Especies Vegetales Promisorias. Bogotá, Colombia. Editora Guadalupe Ltda. 447p.

Jiménez, E.; Aguilar, M. Zambrano, l. y Kolar, E. 2001. Propiedades físicas y químicas del aceite de aguacate obtenido de puré deshidratado por microondas. Journal of the Mexican Chemical Society. 45(2): 89-92

Karnofsky, G. 1987. Design of oil seed extractors I. Oil extraction (Supplement). Journal of the American Oil Chemist's Society. 64 (11): 1533-1536.

Karnofsky, G. 1986. Design of oil seed extractors I. Oil extraction. Journal of the American Oil Chemist's Society. 63 (6): 1011-1014.

Karnofsky, G. 1949. The theory of solvent extraction, Journal of the American Oil Chemist's Society. 26 (10): 564-569.

Kent, N. L. 1971. Tecnología de los cereales. Zaragoza, España. Editorial Acribia. pp:249-259.

King, Ch.O.; Katz, D.L. and Brier, J.C. 1944. The solvent extraction of soybean flakes. American Institute of Chemical Engineers, University of Michigan, Ann Arbor, Michigan. pp:533-556.

Kirk, R.S.; Sawyer, R. y Egan, H. 2002. Composición y Análisis de Alimentos de Pearson. Segunda edición en español. México. Compañía Editorial Continental. pp:671-725.

Kirschenbauer, H. G. 1964. Grasas y Aceites. Química y Tecnología. México, D.F. Compañía Editorial Continental S.A. 309p.

Kolakowska, A. 2003. Lipid Oxidation in Food Systems. En: Sikorski, Z. E. and Kolakowska, A. (Eds). Chemical and Functional Properties of Food Lipids. London, UK. CRC Press. 133-165.

Krotcha, J.M.; Baldwin, J. and Nisperos-Carriedo, M. 1994. Edible Coatings and Films to Improve Food Quality. USA. Technomic Publishing Company. pp. 89-101 y 121-133.

Labuckas, D.O.; Maestri, D.M. Perelló, M. Martínez, M.L. and Lamarque, A.L. 2008. Phenolics from walnut (*Juglans regia* L.) kernels: Antioxidant activity and interactions with proteins. Food Chemistry. 107: 607-612.

Labuza, T. P. and Bergquist, S. (1983). Kinetics of oxidation of potato chips under constant temperature and sine wave temperature conditions. Journal of Food Science. 48(3):712-715.

Lamas, D. L. 2014. Desgomado Enzimático de Aceites. Tesis de Doctor en Ciencia y Tecnología de Alimentos. Universidad Nacional del Sur. Bahía Blanca. Argentina. 179p.

Lavedrine, F.; Ravel, A. Villet, A. Ducros, V. Alary, J. 2000. Mineral composition of two walnut cultivars originating in France and California. Food Chemistry. 68: 347-351.

León Camacho, M.; Ruiz Méndez, Mª. V. y Graciani Constante, E. 2003. Cinética de la reacción de elaidización del ácido oleico durante la desodorización y/o refinación física industrial de las grasas comestibles. Grasas y Aceites. 54(2):138-144.

Li, L.; Tsao, R. Yang, R. Kramer, J.K.G. and Hernández, M. 2007. Fatty acid profiles, tocopherol contents, and antioxidant activities of hearnut (*Juglans ailanthifolia* var. Cordiformis) and Persian walnut (*Juglans regia* L.). Journal of Agricultural and Food Chemistry, 55: 1164-1169.

López-Ledesma, R.; Frati-Munari, A.C. Hernández-Domínguez, B.C. Cervantes-Montalvo, S. Hernández-Luna, M.H. Juárez, C. and Moran-Lira, S. 1996. Monounsaturated fatty acid (avocado) rich diet for mild hypercholesterolemia. Archives of Medical Research. 27(4):519-523.

Manzocco, L.; Romano, G. Calligaris, S. and Nicoli, M. 2020. Modeling the effect of the oxidation status of the ingredient oil on stability and shelf life of low moisture bakery products: The case study of crackers. Foods. 9:749.

Martínez, M. 2002. La Refinación del Aceite de Aguacate. Tesis para optar al título de Ingeniero Químico, Facultad de Ingeniería, Universidad de los Andes, Bogotá, Colombia. 148 p.

Martínez, J. B. 1980. El inchi (*Caryodendron orinocense* Karst) oleaginosa nativa de la América Tropical (Continuación). El Agro. 25(3):21-23.

Martínez, J. B. 1979. El inchi (*Caryodendron orinocense* Karst) oleaginosa nativa de la América Tropical. El Agro. 24(4):16-18.

Maskan, M. and Karatas, S. 1999. Storage stability of wholesplit pistachio nuts (*Pistachia vera* L.) at various conditions. Food Chemistry. 66:227-233.

Matissek, R.; Schnepel, F.M. y Steiner, Gabriele. 1998. Análisis de los alimentos: Fundamentos. Métodos. Aplicaciones. Zaragoza, España. Editorial Acribia, S. A. pp. 297-302.

Mattea, M.A. 1999. Fundamentos sobre el prensado de semillas oleaginosas. Aceites y Grasas. 50:427-431.

Morales, I. 2005. Vida Útil de Alimentos. CITA-UCR. San José, Costa Rica. pp:1

Myers, N.W. 1977. Solvent extraction in the soybean industry. Journal of the American Oil Chemist's Society. 54: 491-493.

Navas, G. 1991. Obtención de concentrado proteico de chocho (*Lupinus mutabilis*). Informe final. Proyecto de investigación. UTA-CONUEP. 25p., tablas y anexos.

Navas, G.; Santamaría, P. y Meléndez, M. 1988. Contenido de ácidos grasos en aceite de chocho y otras grasas y aceites vegetales. VI Jornadas Ecuatorianas de Ciencia y Tecnología de Alimentos. Ambato, Ecuador. 12p.

Norma Mexicana. 2008. Aceites y grasas. Aceite de aguacate – especificaciones. NMX-F-052-SCFI-2008.

Ortiz-Moreno Alicia; Dorantes, Lidia; Galíndez, Juvencio and Guzmán, Rosa I. 2003. Effect of different extraction methods on fatty acids, volatile compounds, and physical and chemical properties of avocado (*Persea americana* Mill.) oil. Journal of Agricultural and Food Chemistry. 51(8):2216-2221.

Ozkan, G. and Koyuncu, M.A. 2005. Physical and chemical composition of some walnut (*Juglans regia* L.) genotypes grown in Turkey. Grasas y Aceites. 56 (2): 141-146.

Papadopoulos, George and Boskou, Dimitrios. 1991. Antioxidant effect of natural phenols on olive oil. Journal of the American Oil Chemists Society. 68 (9): 669.

Pascual Chagman, Gloria y Molina Mendoza, Selim. 2006. Extracción y caracterización de aceite de diez entradas de semilla de maní (*Arachis hypogaea* L.) elaboración de maní bañado con chocolate. Mosaico Científico. Lima, Perú.

Patricelli, A.; Assogna, A. Emmi, E. and Sodini, G. 1979. Fattori che influenzano lèstrazione del lipidi da semi decorticati di girasole. Rivista italiana delle Sostanze Grasse. 61: 136-142

Pedraza, D. A. 1999. Procesos alternativos para extracción de almendra de palma y palmiste. El Palmicultor. 13:28-30.

Pereira, J.A.; Oliveira, I. Sousa, A. Ferreira, I.C.F.R. Bento, A. and Estevinho, L. 2008. Bioactive properties and chemical composition of six walnuts (*Juglans regia* L.) cultivars. Food and Chemical Toxicology. 46: 2103-2111.

Pérez, E. E.; Baümler, E. R. Crapiste, G. H. and Carelli, A. A. 2019. Effect of sunflower collets moisture on extraction yield and oil quality. European Journal of Lipid Science and Technology, 121(2), 1800234.

Pilco Saca, G. E. 2015. Optimización del Proceso de Extracción de Aceite de Ungurahua (*Oenocarpus bataua*) en Función del Rendimiento. Trabajo de graduación de Ingeniera en Alimentos. Universidad Técnica de Ambato, Ecuador. FCIAL. 122p.

Pompei, C. and Lucisano, M. 1976. The lupin (*Lupinus albus*) comme source de proteins pour l'alimentation humaine. Lebensm. -Wiss. u. Technol. 9:289-295.

Prohaciendo. 2001. Corporacion para la promoción del desarrollo rural y agroindustrial del Tolima. El cultivo de aguacate. Módulo para el desarrollo tecnológico de la comunidad rural. Ibagué. Colombia.

Ragnarsson, J. and Labuza, T. 1977. Accelerated shelf -life testing for oxidative rancidity in foods: A review. Food Chemistry. 2(4):291-308.

Ratovohery, Julie V.; Lozano, Yves F. and Gaydou, Emile M. 1988. Fruit development effect on fatty acid composition of *Persea americana* fuit mesocarp. Journal of Agricultural and Food Chemistry. 36(2):287-293.

Rieseberg, L.H.; Baird, S.J.E. and Gardner, K.A. 2000. Hybridization, introgression, and linkage evolution. Plant Molecular Biology 42, 205-224.

Ruiz-Méndez, M. V.; Aguirre-González, M. R. and Marmesat, S. 2013. Olive oil refining process. En: Handbook of Olive Oil. Boston, USA. Springer.

Ruiz, L. P. 1977. A rapid screening text for lupin alkaloids. N. Z. J. Agric. Res. 20;51-58.

Samish, Z. 1974. Olives. En: Encyclopedia of Food Technology. Johnson, A. H. and Peterson, M. S. (Eds.). Westport, Connecticut. USA. The AVI Pub. Co., Inc. pp:664-668.

Sharma, O.C. and Sharma, S.D. 2001. Genetic divergence in seedling trees of Persian walnut (*Juglans regia* L.) for various metric nut and kernel characters in Himachal Pradesh. Scientia Horticulturae. 88: 163–171.

Singh, J. and Bargale, P.C. 2000. Development of a small capacity double stage compression screw press for oil expression. Journal of Food Engineering. 43 (2): 75-82.

Singh, J. and Bargale, P.C. 1990. Mechanical expression of oil from linseed. Journal of Oilseeds Research. 7: 106-110.

Singh, K.K.; Wiesenborn, D.P. Tostenson, K. and Kangas, N. 2002. Influence of moisture content and cooking on screw pressing of crambe seed. Journal of the American Oil Chemist's Society. 79 (2): 165-170.

Solar, A.; Ivancic, A. Stampar, F. and Hudina, M. 2002. Genetic resources for walnut (*Juglans regia* L.) improvement in Slovenia. Evaluation of the largest collection of local genotypes. Genetic Resources and Crop Evolution, 49: 491–501.

Sze-Tao, K.W.C. and Sathe, S.K. 2000. Walnut (*Juglans regia* L.): Proximate composition, protein solubility, protein amino acid composition and protein in vitro degestibility. Journal of the Science of Food and Agriculture. 80: 1393-1401.

Taipicaña Padilla, D. M. 2015. Estudio Comparativo del Grado de Estabilidad del Aceite de Ungurahua (*Oenocarpus bataua*) con otros Aceites en la Fritura. Trabajo de investigación para optar por el título de Ingeniera en Alimentos. Universidad Técnica de Ambato. FCIAL. Ecuador. 142p.

Tavakolipour, M.; Mokhtarian, M. and Kalvazi-Ashtari, A. 2017. Lipid oxidation kinetics of pistachio powder during different storage conditions. Journal of Food Process Engineering. 40(3):e12423.

Toledo, R. 1999. Fundamentals of Food Process Engineering. 2nd ed. New York, USA. Kluwer Academic/Plenum Publishers. Aspen Publishers, Inc. 602p.

Torres Tello, F,; Nagata, A. y Dreifuss, W. 1980. Métodos de eliminación de alcaloides de la semilla de *Lupinus mutabilis* Sweet. Archivos Latinoamericanos de Nutrición. 30(2):200-209.

Valenzuela, A.B. y Nieto, S.K. 2001. Los antioxidantes: protectores de la calidad en la industria alimentaria. Libro 10° Aniversario. Recopilación de Artículos Técnicos de 1990-2000. ASAGA- Asociación Argentina de Grasas y Aceites. 1-41, 85-94.

Vargas, J. 1993. Los ácidos grasos omega-3. Trabajo final para optar al título de Especialista en Farmacología, Facultad de Ciencias, Universidad Nacional de Colombia, Bogotá.

Velasco, J de. 1946. Historia del Reino de Quito en la América Meridional. 1. La Historia Natural (1789). Quito, Ecuador. Editora El Comercio. 304p.

Villacrés, E.; Navarrete, M. Lucero, O. Espín, S. y Peralta, E. 2010. Evaluación del rendimiento, características físico-químicas y nutracéuticas del aceite de chocho (*Lupinus mutabilis* Sweet). Revista Tecnológica ESPOL-RTE. 23(2):57-62.

Vrânceanu, A.V. 1977. El girasol. Traducción de A. Guerrero. Madrid, España. Mundi Prensa.

Wahle, K.; Hoppe, P. and McIntosh, G. 1993. Effects of storage and various intrinsic vitamin E concentrations on lipid oxidation of dried egg powders. Journal of Food Science and Agriculture. 61:463-469.

Ward, J.A. 1976. Processing high oil content seeds in continuous press. Journal of the American Oil Chemist´s Society. 53:261-264.

Wardlaw, G.M. 1999. Perspectives in Nutrition. New York, USA. McGraw-Hill.

Wiesenborn, D.; Doddapaneni, R. Tostenson, K. and Kangas, N. 2001. Cooking indices to predict screw-press performance for crambe seed. Journal of the American Oil Chemist´s Society. 78 (5): 467-471.

Williams, L. F. 1951. Soybeans. In: Markley, K. (Ed,). Soybeans and Soybeans Products. V1. New York. USA, Interscience Publishers.

Wingard, M.R. and Phillips, R.C. 1949. The determination of the rate extraction of crude lipids from oilseeds with solvents. Journal of the American Oil Chemist´s Society, 26: 422-426.

Yanishlieva, N.V. and Marinova, E.M. 2001. Stabilization of edible oils with natural antioxidants. European Journal of Lipid Science and Technology. 103: 752-767.

Yarilgac, T.; Koyuncu, F. Koyuncu, M.A. Kazankaya, A. and Sen, S.M. 2001. Some promising walnut selections (*Juglans regia* L.). Acta Horticulturae (ISHS), 544: 93–96.

Zapata, C. G. y Hernández, O. 1978. Extracción Hidráulica de Aceite a partir del Inchi. Análisis de las Variables que Influyen en la Eficiencia de la Extracción. Tesis para optar por el título de Ingeniero Químico. Universidad del Valle. Colombia. 84p.

Zhang, Z.; Liao, L. Moore, J. Wu, T. and Wang, Z. 2009. Antioxidant phenolic compounds from walnut kernels (*Juglans regia* L.). Food Chemistry. 113:160-165.

Capítulo 3.
Cálculo de procesos en grasas

PREÁMBULO

Las grasas son los constituyentes principales de las células almacenadoras de energía en animales y plantas, constituyen una de las reservas importantes de energía del organismo humano. En su composición química son ésteres carboxílicos derivados de un solo alcohol, el glicerol, por ello se los conoce como glicéridos, más específicamente se trata de triglicéridos. Cada sustancia grasa se compone de glicéridos derivados de ácidos carboxílicos diferentes. Las proporciones de los diversos ácidos varían de unas grasas a otras, cada una de ellas tiene su composición característica y única.

De manera general el término grasa se utiliza para referirse a los triglicéridos que se presentan como sólidos a temperatura ambiente, a diferencia de los denominados aceites que están en estado líquido a las mismas temperaturas. Tienen como características principales que son solubles en solventes orgánicos, pero son insolubles en agua y poseen una densidad menor que el agua. De acuerdo con su origen se clasifican en animales, vegetales y mezclas. Dentro de las grasas de origen animal hay poliinsaturadas de origen marino, grasas insaturadas en las aves, moderadamente insaturadas como la grasa de cerdo y mezclas de las anteriores. Un tercer grupo es el formado por mezclas de grasas y subproductos industriales derivados de grasas, entre ellos están las oleínas, las lecitinas, grasas para fritura, los subproductos de la industria del glicerol y de los ácidos grasos (Padrón Moreno, 2015).

Procedencia vegetal

CACAO (*Theobroma cacao*)

Origen

Braudeau (1970) indicó que *Theobroma cacao* es el nombre del árbol del cacao (o cacaotero). Según estudios de su materia genética, es nativa de América del Sur, de la cuenca del río Orinoco y del río Amazonas. Actualmente se extiende desde

México a Brasil, en zonas tropicales, y también se lo siembra en el oeste de África. Según el mismo autor, fue domesticado en América del Sur. Una plantación de cacaoteros es un *cacaotal*. El cacaotero es un árbol pequeño que necesita de humedad y de calor. Es de hoja perenne y siempre se encuentra en floración, crece hasta los 6 y los 10 [m] de altura. Requiere sombra (crecen a la sombra de otros árboles más grandes como cocoteros y plataneros), protección del viento y un suelo rico y poroso, pero no se desarrolla bien en las tierras bajas de vapores cálidos, la altura ideal para su cultivo es del orden de los 400 [msnm].

Estrella (1998) señaló que es una especie originaria de las costas del golfo de México y del norte de América Meridional. Cuando los españoles conquistaron México encontraron que los aztecas consideraban al cacao un fruto especialísimo destinado a la nobleza, luego se popularizó su consumo. En Nueva España y Guatemala se lo utilizaba como alimento, medicina y moneda. Su primer nombre botánico significa «alimento de los dioses», pero *cacao* proviene del maya «ka'kaw».

Los árboles comienzan a producir mazorcas tras dos o tres años, pero el rendimiento pleno no lo alcanzan hasta los 6-7 años. Se reconocen tres tipos de cacao. El Criollo tiene habas con cotiledones blancos y un gusto intermedio, sin embargo, los árboles dan un rendimiento relativamente bajo. La mayoría del cacao es Forastero, que es el de mayor resistencia y a menudo se cultiva en África Occidental en pequeñas explotaciones (tierras cultivadas por una familia que tiene extensión menor que la de una granja). El tercer tipo, el Trinitario, se piensa que es un híbrido de los otros dos tipos.

Maisincho Asqui (2006) indicó que el cacao por poseer excelentes características organolépticas y nutricionales es apetecido en todo el mundo, en especial el cacao conocido como «Arriba», único en Ecuador. En los últimos años ha sido muy difícil encontrar cacao de buena calidad, por ello los agricultores prefieren sembrar variedades nuevas o clónades oriundas de esta zona y con ventajas, rinde un 80% de su fermentación, su peso en semillas está alrededor de 150 [gramos] por 100 granos, es más resistente a enfermedades y plagas, contiene mayor porcentaje de grasa que el cacao «Nacional»; su principal desventaja es no poseer el sabor del Arriba, ni buen gusto a chocolate como la acidez, astringencia y otras características de la bebida preparada con su pasta.

La descomposición microbiana de la pulpa durante la fermentación produce ácido acético y ácido láctico que se difunden hacia el interior del grano, lo cual incrementa la acidez y provoca reacciones de hidrólisis y oxidación de pigmentos. El sabor a chocolate se inicia en la fermentación donde las semillas sufren cambios internos que se manifiestan por pérdida de astringencia y en el color que se vuelve marrón, finalizada la etapa de una correcta fermentación, se procede a secarlas, luego son tostadas, el cambio más importante en esta etapa se lo conoce como «precursor del sabor a chocolate».

Para mejorar el sabor a chocolate y obtener cacao de mejor calidad inocularon acetobacter en el proceso de fermentación, microorganismos que soportan bajos pH, oxidan el etanol a ácido acético y conjuntamente con temperaturas y tiempos adecuados, permite acelerar la muerte del embrión y el desarrollo de reacciones enzimáticas que conllevan una serie de transformaciones bioquímicas que caracterizan al buen chocolate.

Alvarado, Villacís y Zamora (1983) obtuvieron datos de semillas de cacao variedad Arriba durante 6 meses, con análisis mensuales de las diferentes fracciones del grano y de su composición proximal, los valores promedios de 10 determinaciones con su respectiva desviación estándar se indican a continuación. Peso [g]: Mazorca 566 ±188. Corteza 475±170. Semillas con mucílago y germen 97,6 ± 25,9. Semillas con germen 56, ± 10,1. Semilla sin germen 54,9 ± 10,7. Número de semillas por mazorca 36 ± 3,3. Composición proximal producto crudo [g/100 g materia seca]: Humedad 30,3 ± 1,5. Proteína (N×6,25) 14,0 ± 1,7. Extracto etéreo 45,3 ± 1,2. Cenizas 4,1 ± 0,2. Hidratos de carbono totales 6,3 ± 1,0. Producto fermentado y secado [g/100 g materia seca]: Humedad 7,3 ± 1,1. Proteína (N x 6,25) 14,4 ± 1,3. Extracto etéreo 52,3 ± 0,92. Cenizas 3,3 ± 0,2. Hidratos de carbono totales 22,7 ± 1,8.

En la Figura 3.1. se observan semillas de cacao fermentadas y secas con una muestra de su aceite.

Figura 3.1. Semillas "beneficiadas" y aceite de cacao.

La fermentación incluye dos fenómenos distintos pero no excluyentes. Un primero anaerobio con hidrólisis en donde abundan las levaduras que convierten al mucílago azucarado en alcohol y anhídrido carbónico. El segundo es aerobio y puede ocurrir de manera simultánea con el primero, produce un conjunto de reacciones bioquímicas internas que conlleva entre otros cambios, una profunda modificación de los compuestos fenólicos y formación de los precursores del sabor a chocolate que aparecen durante el tostado. El movimiento y volteo periódico de la masa que se fermenta, influye en la cantidad de aire que participa en el proceso, por ello tiene un rol importante en la calidad del producto final (Schwan y colaboradores, 1990).

Los métodos utilizados para el secado del cacao pueden ser incluidos en dos grandes grupos: natural o solar y secado artificial. Partiendo de una humedad aproximada del 55%, los granos se secan hasta el 7 o 6%. En el secado también se produce una transformación enzimática en la cual se oxidan algunas sustancias, las semillas se oscurecen y el aroma a chocolate continúa desarrollándose, además se volatiliza el exceso de ácido acético. Los rayos solares favorecen la buena coloración y el desarrollo de las diferentes etapas de aromatización. Un secado lento y cuidadoso al Sol, suele demandar hasta 7 días. De especial importancia es el secado uniforme y cuidadoso, removiendo constantemente el lecho de semillas con un rastrillo hasta que la humedad de los granos alcance el 7% (Jácome Bazurto, 2010).

Gaibor y Aldaz (1991) mencionaron que el secado artificial permite una buena conservación del producto por el bloqueo de reacciones enzimáticas y limitación de los riesgos de desarrollo de mohos. La mayor parte del cacao insuficientemente secado se degrada rápidamente bajo la acción de la humedad y de los insectos, y en ocasiones ocurren reacciones de oxidación de grasas. El secado artificial conduce a un producto terminado bastante homogéneo, con un contenido de agua suficientemente bajo en corto tiempo, por otro lado, presenta un problema de calidad, ya que varias semillas obtenidas por secado artificial presentan: una acidez más fuerte que las obtenidas por secado solar y un «sabor a fruta» característico que aparece debido a un mayor contenido de ácido acético.

Recomiendan secar el cacao a una temperatura moderada (inferior a los 80°C) porque una temperatura mayor favorece la retención de acidez en los cotiledones. Establecieron las siguientes condiciones para el secado artificial en túnel: Temperatura de 64° a 70°C, con lo que la acidez de las semillas se mantiene baja y las características del cacao obtenido son más parecidas a las obtenidas por secado solar. Velocidad del aire de secado moderada de 0,4 a 0,5 [m/s] para evitar el fenómeno del encostrado. Cada 2 horas remover el producto para uniformizar el proceso hasta humedades próximas al 9%, luego se continúa hasta alcanzar del 7 al 6% de humedad. A los cotiledones fermentados y secados se los conoce vulgarmente como «beneficiados» o que superaron el «beneficio» y es la forma en la que son comercializados.

En el beneficio del cacao la fermentación y el secado son procesos de gran importancia. En la primera se producen reacciones bioquímicas que causan una disminución del amargor y la astringencia, además dan origen a los precursores del aroma y sabor a chocolate. En la segunda se reduce el exceso de humedad lo que evita el desarrollo de hongos, facilita el almacenamiento, el manejo y la comercialización del cacao, también continúa la fase oxidativa iniciada en la fermentación y se completa la formación de los compuestos responsables del aroma y del sabor, también ocurre el desarrollo de los pigmentos de color marrón a partir de los compuestos fenólicos (Ortiz de Bertorelli, y colaboradores, 2009).

Extracción y características de la grasa

Luego de la fermentación y secado los cotiledones se utilizan para la elaboración de los semi elaborados mediante la acción de molinos giratorios: licor o pasta de cacao, torta o polvo de cacao y manteca de cacao. A partir de estos subproductos se llega a la obtención de chocolates. En todos los casos las semillas se limpian y son sometidas a un proceso de tostación, con el propósito de separar la cascarilla y completar o culminar cambios químicos y bioquímicos que le otorgan el aroma y sabor característico del chocolate, en esta etapa a los granos se los conoce como «nibs».

Los valores analíticos determinados por Alvarado, Villacís y Zamora (1983), en manteca de cacao proveniente de semillas sin fermentar o crudas y fermentadas de la variedad Arriba, se indican a continuación. Manteca de cacao de semillas crudas: Índice de yodo [gramos de yodo absorbidos por 100 gramos de grasa] 39 ± 1. Índice de saponificación [miligramos de KOH requeridos para saponificar 1 gramo de grasa] 190 ± 1. Índice de acidez [miligramos de KOH requeridos para neutralizar los ácidos libres de 1 gramo de grasa] 0,68 ± 0,09. Punto de goteo [°C] 35 ± 0,2. Los correspondientes datos para manteca de cacao fermentado: Índice de yodo 37 ± 1. Índice de saponificación 192 ± 1. Índice de acidez 0,80 ± 0,06. Punto de goteo 35 ± 0,4.

En la Tabla 3.1. se incluyen los valores de las principales propiedades físicas determinados en manteca de cacao variedad Arriba, la cual se distingue por su aroma y sabor.

Tabla 3.1. Propiedades físicas de manteca de cacao «beneficiado» (*Theobroma cacao*).

Propiedad	Unidad	TEMPERATURA [°C]						
		30	40	50	60	70	80	90
Densidad	[kg/m³]	902	894	886	879	872	865	857
Tensión superficial	[mN/m]	24,6	24,0	23,5	23,0	22,5	22,0	21,4
Entropía de superficie	10^2 [erg/m² K]	−8,11	−7,66	−7,27	−6,90	−6,56	−6,23	−5,89
Energía libre de superficie	[mJ/m²]	49,2	48,0	47,0	46,0	45,2	44,0	42,8
Viscosidad	[mPa·s]	75,6	45,8	30,7	21,5	17,2	13,3	10,8
Viscosidad cinemática	[stoke]	0,838	0,512	0,347	0,245	0,197	0,154	0,126
Fluidicidad	[rhe]	1,32	2,18	3,26	4,65	5,81	7,52	9,26
Índice de refracción	---	1,4614	1,4576	1,4541	1,4505	1,4468	1,4434	1,4401
Calor específico	[J/kg × K]	2.110						
Conductividad térmica	[W/m × K]	0,19						
Difusividad térmica	[m²/s]	$1,01 \times 10^{-7}$						
Entalpía	[J/kg]	21.100 (303,2 → 313,2) [K]						
Energía de tensión	[kJ/kg × mol]	1.950 (303,2 → 313,2) [K]						
Coeficiente de expansión	[1/°C]	0,000861						
Energía de flujo	[kJ/kg × mol]	29.285						
Refracción específica	[m³/kg]	0,000306						
Punto de solidificación	[°C]	21,5 (Inicio 26,0; Final 17,0)						
Punto de fusión	[°C]	33,5 (Inicio 32,0; Final 35,0)						
Punto de humo	[°C]	171						
Punto de ignición	[°C]	272						
Punto de inflamación	[°C]	339						

La composición de los principales ácidos grasos para la grasa proveniente de granos crudos fue: Palmítico 31,8 ± 5,5. Esteárico 28,1 ± 6,4. Oleico 37,1 ± 1,6. Linoleico 3,0 ± 1,0. Grasa extraída de los granos fermentados: Palmítico 34,4 ± 3,9. Esteárico 23,5 ± 3,9. Oleico 38,4 ± 1,2. Linoleico 3,7 ± 1,5.

Cálculo de procesos

Fermentación

Indicadores. pH, ácidos volátiles, temperatura e índice de permanganato

En la Figura 3.2. se indican algunas de las múltiples relaciones causa-efecto que ocurren en el proceso de fermentación de semillas de cacao.

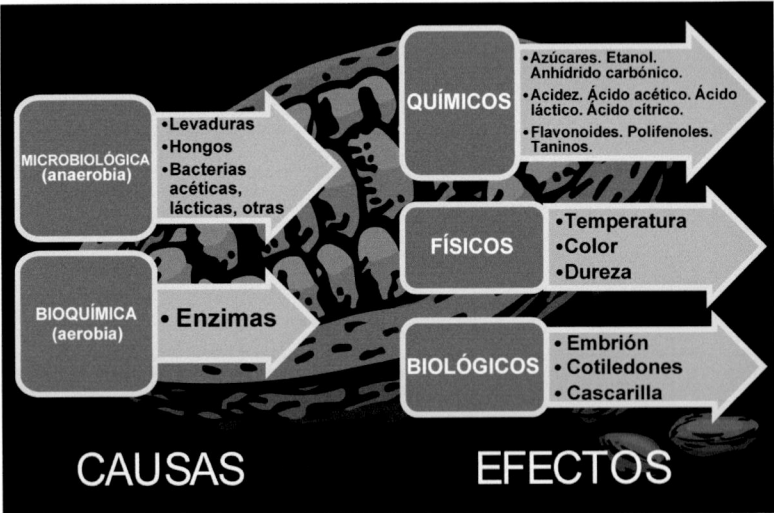

Figura 3.2. Principales relaciones causa-efecto en el proceso de fermentación de cacao.

El proceso de fermentación es extremadamente complejo pues son muchos los factores que intervienen, con el propósito de simplificarlo se reducen a dos causas principales, microbiológica que está más asociada con la condición de ausencia de aire y bioquímica asociada con la presencia de aire. Las dos actúan de manera independiente pero también lo hacen de manera conjunta en menor proporción. Los efectos son muy numerosos y de todo tipo, sin embargo, los más destacados son los efectos biológicos, la muerte del embrión que ocurre primero y la muerte de los cotiledones que ocurre algo después. La fermentación interna comienza cuando mueren los cotiledones por ello es fundamental conocer cuándo ocurre.

En la Tabla 3.2. se indican datos de cambios registrados en cotiledones durante la fermentación de cacao, se incluyen valores del índice de permanganato por ser una medida utilizada para definir la finalización de la fermentación, además del cambio de color hacia el pardo.

Tabla 3.2. Valores de pH, ácidos volátiles, índice de permanganato de potasio y temperatura registrados durante la fermentación de cacao.

TIEMPO [días]	pH	Ácidos volátiles como acético [% × 100]	Temperatura [°C]	Índice de permanganato [ml/g seco]
0	6,26	1	24	25
1	6,20	2	28	22
2	5,45	3	32	19
3	5,20	14	44	16
4	5,00	18	47	11
5	4,92	23	48	10
6	4,85		48	8
7	4,80		49	7
8	4,80		48	7

Conforme transcurre la fermentación de los granos, existe un aumento de la temperatura y del contenido de ácidos volátiles, en forma contraria hay una disminución del pH y del índice de permanganato.

En la Figura 3.3. se representan los cambios en el pH, ácidos volátiles expresados como ácido acético y los cambios de temperatura durante la fermentación de cacao, además datos del índice de permanganato de potasio utilizados para conocer la muerte de los cotiledones.

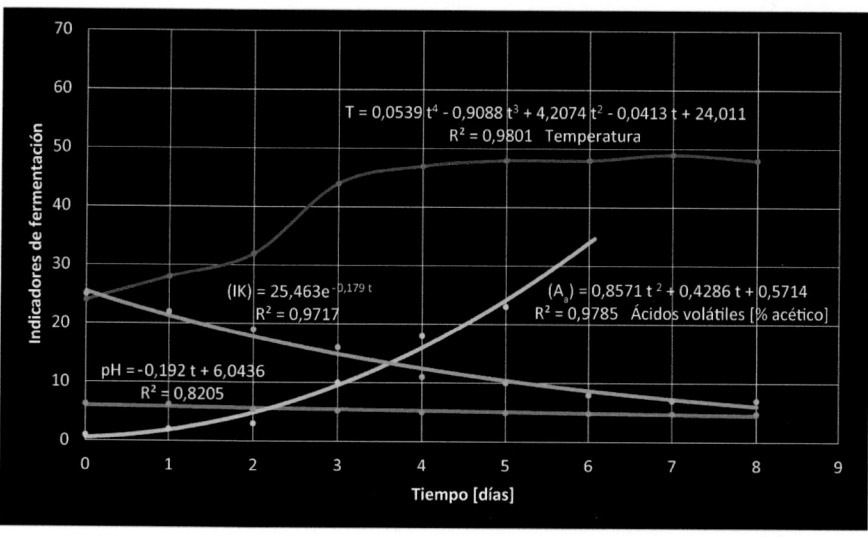

Figura 3.3. Cambios en cuatro indicadores del proceso de fermentación de cacao.

Roelofsen (1958) puntualizó la manera cómo se realiza el beneficio del cacao fresco, lo cual es muy importante pues determina el sabor y el aroma de la cocoa y el chocolate que se obtienen como productos de consumo. Una de las principales consecuencias de la fermentación es la muerte de la semilla que conlleva la imposibilidad de germinar. Se acepta que la temperatura es una de las causas primarias de la muerte. Utilizando la capacidad de germinación como criterio de la muerte de la semilla, se estableció que se requieren 2 [horas] a 45°C, 6 [horas] a 44°C o 9 [horas] a 43°C, para que ello ocurra; sin embargo, basado en la difusión del color encontró que se requieren 24 [horas] a 45°C para la muerte de la semilla. Otros trabajos señalan al ácido acético como agente primario de la muerte de los cotiledones de cacao y en menor grado al etanol.

La información anterior se utiliza para fijar límites en el cálculo del proceso de fermentación de cacao según valores previamente establecidos del indicador utilizado, así: temperatura 45°C, ácido acético 0,20%, índice de permanganato 10 [ml/g seco]. Los valores de pH no son convenientes para realizar cálculos por la mínima variación que presentan, la cual puede alterarse por cambios externos en la pulpa o internos en la semilla.

Al utilizar la ecuación de temperatura:

$$T = 0,0539\ t^4 - 0,9088\ t^3 + 4,2074\ t^2 - 0,0413\ t + 24,011 \qquad (3.1)$$

Mediante ensayo y error se obtiene:
$$40 = 0,0539\ (2,8)^4 - 0,9088\ (2,8)^3 + 4,2074\ (2,8)^2 - 0,0413\ (2,8) + 24,011$$
$$t_{CF} = 2,8\ [\text{días}] = 67\ [\text{horas}]$$

La ecuación de ácidos volátiles como porcentaje de ácido acético:
$$A = 0,8571\ t^2 + 0,4286\ t + 0,5714 \qquad (3.2)$$
$$20 = 0,8571\ t^2 + 0,4286\ t + 0,5714$$
$$0,8571\ t^2 + 0,4286\ t - 19,429 = 0$$

$$x = \frac{-b \pm \sqrt{b^2 - 4ac}}{2a}$$

$$x = \frac{-0,4286 \pm \sqrt{(0,4286)^2 - 4(0,8571)(-19,429)}}{2(0,8571)}$$

$$t_{CF} = 4,5\ [\text{días}] = 108\ [\text{horas}]$$

Que corresponde a la solución positiva real de la ecuación de segundo grado.

La ecuación para el índice de permanganato (IK) [ml de solución de permanganato de potasio N/10 necesarios para oxidar una solución diluida de 1 gramo de sustancia seca de cacao sin mucílago].

$$(IK) = 25,463\ (e)^{-0,179\ t} \qquad (3.3)$$
$$\ln 10 = \ln 25,463 - 0,179\ t$$
$$2,30259 = 3,23723 - 0,179\ t$$
$$t_{CF} = 5,2\ [\text{días}] = 125\ [\text{horas}]$$

El último valor asegura una buena fermentación en especial en cacao del tipo Forastero.

Secado

Indicador. Humedad

Tomlins y colaboradores (1993) observaron que el tipo de cultivar, el almacenamiento poscosecha de la mazorca y el método de fermentación, afectaron a las características físicas y químicas durante el proceso fermentativo de cacaos de Ghana, pero después del secado al Sol o mecánico, la calidad de los granos medida por la concentración de los ácidos orgánicos era similar. Otros autores tampoco observaron diferencias significativas en los resultados de la prueba del corte para observación visual.

Sin embargo, Ortiz de Bertorelli y colaboradores (2009) recordaron que el secado afecta las características químicas del grano, ya que, además de continuar las reacciones que se inician en la fermentación, indicado por varios autores, se producen reacciones térmicas que ocasionan cambios en los compuestos precursores del sabor y también se originan fracciones volátiles mediante reacciones de oscurecimiento no enzimático vía Maillard y formación de pigmentos marrones. Estas reacciones térmicas dependen de la temperatura que se alcance en el grano, en general con el aumento de la temperatura en el secado, se acelera la velocidad de la degradación de polifenoles que ocurre en esta etapa.

En la Tabla 3.3. se encuentran los datos de humedad [g/100 g] registrados a tres temperaturas durante el secado de granos de cacao fermentado en un túnel de laboratorio. Se incluyen los datos expresados como fracción con los valores de materia seca, calculados de la forma siguiente (Alvarado, 2014).

Humedad inicial de los granos de cacao fermentado: 61,4 [g/100 g]
Materia seca: 100,0 – 61,4 = 38,6 [g materia seca/100 g]
Humedad en base seca: 61,4/38,6 = 1,591 [g/g materia seca]
Humedad como fracción: 1,591/1,591 = 1 [kg/kg seco]
Para el valor siguiente:
Humedad en base seca 56,6/38,6 = 1,466 [g/g materia seca]
Humedad como fracción 1,466/1,591 = 0,921 [kg/kg seco]

Tabla 3.3. Humedad [g/100 g] y Razón de humedades [kg/kg seco] de granos de cacao durante el secado en túnel a tres temperaturas.

TIEMPO [minutos]	TEMPERATURA [°C]					
	50		60		70	
	H	H°	H	H°	H	H°
0	61,4	1,000	60,4	1,000	61,0	1,000
120	56,6	0,921	47,7	0,790	40,6	0,665
240	49,5	0,806	33,3	0,551	29,3	0,48
360	42,7	0,695	24,2	0,401	19,5	0,32
480	38,1	0,621	20,3	0,336	15,3	0,251
600	34,7	0,565	14,8	0,245	10,8	0,177
720	26,9	0,438	9,9	0,164	7,8	0,128

Valores promedio de 2 pruebas. Fuente: María Belén Jácome Bazurto (2010).

La representación de los datos como fracción de humedad contra el tiempo se observa en la Figura 3.4. a tres temperaturas.

Se definen curvas características para el secado de alimentos, una mayor velocidad inicial de remoción de agua que luego disminuye conforme avanza el proceso. Se definen dos etapas de secado decreciente controlado por la difusión, la primera desde 1,0 hasta aproximadamente 0,5 [kg agua/kg materia seca] y un segundo período de secado decreciente desde 0,5 hasta el punto final del proceso en el orden de 0,1 [kg agua/kg materia seca]. El secado ocurre de una manera similar a 60° y 70°C, a la temperatura más baja el proceso es muy lento.

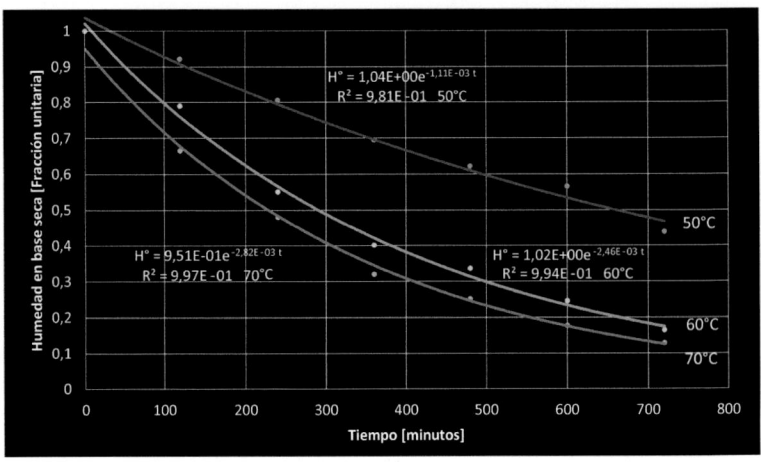

Figura 3.4. Curvas de secado en túnel a tres temperaturas en granos de cacao.

Al fijar como límite del secado 0,1 [kg agua/kg materia seca] que es igual a 6 [g/100 g], los tiempos requeridos para alcanzar este contenido de agua, se calculan utilizando las ecuaciones obtenidas.

A 70°C

$$H° = 0,951 \, (e)^{-0,00282 \, t} \tag{3.4}$$
$$\ln H° = \ln 0,951 - 0,00282 \, t$$
$$(\ln 0,1 - \ln 0,951) = -0,00281 \, t$$
$$(-2,3026 + 0,0502) = -0,00282 \, t$$
$$t^*_{cs} = 802 \, [\text{minutos}] = 13,4 \, [\text{horas}]$$

A 60°C

$$H° = 1,02 \, (e)^{-0,00246 \, t} \tag{3.5}$$
$$\ln H° = \ln 1,02 - 0,00246 \, t$$
$$(\ln 0,1 - \ln 1,02) = -0,00246 \, t$$
$$(-2,3026 - 0,0198) = -0,00246 \, t$$
$$t^*_{cs} = 944 \, [\text{minutos}] = 15,7 \, [\text{horas}]$$

A 50°C

$$H° = 1,04 \, (e)^{-0,00111 \, t} \tag{3.6}$$
$$\ln H° = \ln 1,04 - 0,00111 \, t$$

(ln 0,1 – ln 1,04) = – 0,00111 t

(– 2,3026 – 0,0392) = – 0,00111 t

t*$_{CS}$ = 2.110 [minutos] = 35,2 [horas]

Con un factor de seguridad del 5% más bajo para evitar que los granos se vuelvan quebradizos por un excesivo secado, los valores de **F*$_{CS}$** son:

A 70°C

F*$_{CS}$ = 13,4 × (0,95) = 12,7 [horas]

A 60°C

F*$_{CS}$ = 15,7 × (0,95) = 14,9 [horas]

A 50°C

F*$_{CS}$ = 35,2 × (0,95) = 33,4 [horas]

En la Figura 3.5. se representan estos valores del tiempo de secado seguro en cacao como función de la temperatura, en un túnel secador con flujo de aire en contracorriente.

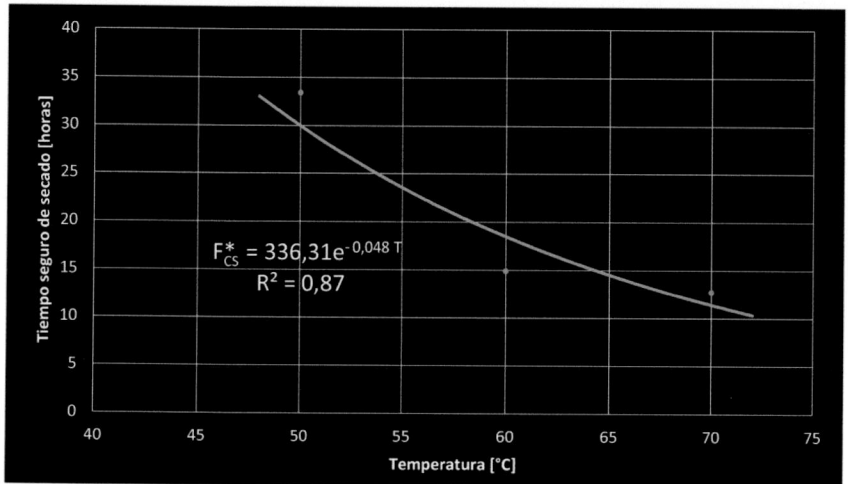

Figura 3.5. Tiempo de secado de granos de cacao como función de la temperatura según datos de humedad.

La relación exponencial se presenta como adecuada para establecer la asociación entre estas dos variables ($R^2 = 0,87$) y puede ser utilizada para calcular el tiempo de secado seguro, para alcanzar una humedad de 0,1 [kg/kg de materia seca].

La ecuación es:

F*$_{CS}$ = 336,31 (e)$^{-0,048\,T}$ **(3.7)**

Si se requiere conocer el tiempo de secado si la temperatura de secado está a 72°C, se obtiene:

$$F^*_{CS} = 336{,}31 \ (e)^{-0{,}048 \ (T)}$$
$$F^*_{CS} = 336{,}31 \ (e)^{-0{,}048 \ (72)}$$
$$F^*_{CS} = 10{,}6 \ [\text{horas}]$$

Cálculos similares se pueden hacer a otras temperaturas en el intervalo señalado o por lecturas directas en la Figura anterior. En las ecuaciones anteriores $H°$ es la humedad expresada como fracción unitaria en base a materia seca, t es el tiempo, t^*_{CS} es el tiempo de secado de cacao, F^*_{CS} corresponde al tiempo seguro de secado para bajar la humedad al 6% y T es la temperatura.

En el caso de que existan cambios en la temperatura durante el secado, se pueden calcular las condiciones en las que se complete el proceso. En la situación de trabajar al inicio a una temperatura de 60°C que aumenta a una razón de 1 [°C/hora] hasta un máximo de 70°C que luego se mantiene, se desea conocer el tiempo de secado para reducir la humedad hasta 0,1 [kg/kg seco].

En la Figura 3.6. se utiliza un método gráfico que posibilita resolver casos con variaciones de temperatura.

En la parte izquierda en ordenadas está el inverso del tiempo seguro de secado como función de la temperatura calculado con la ecuación anterior, a cada temperatura corresponde un tiempo de secado y se grafica su valor inverso. En la parte derecha consta un cuadrado construido para la temperatura de 65°C en una escala corregida basada en la función graficada en el lado izquierdo y el tiempo de secado a esa temperatura 14,8 [horas], es el área de referencia para los cálculos. La línea quebrada se traza de acuerdo con los cambios de temperatura y tiempos señalados, al área de referencia se iguala con el área abarcada por la línea quebrada a las 12 [horas], que sería el tiempo de secado en el túnel cuando hay variaciones de temperatura.

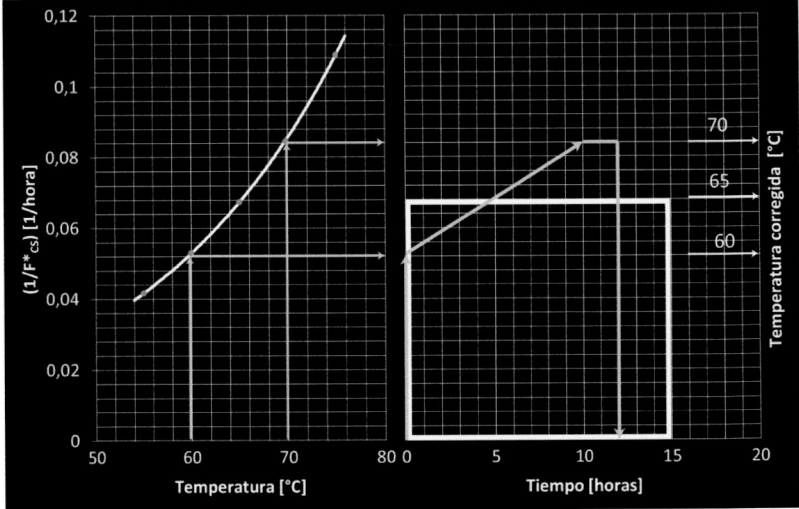

Figura 3.6. Representación temperatura-tiempo de secado en semillas fermentadas de cacao para establecer las condiciones de proceso cuando hay variaciones de temperatura.

Cálculo de las constantes de velocidad

Los datos de humedad en base seca expresados como fracción o razón [kg/kg materia seca] de los granos de cacao, a tres temperaturas y con un flujo de aire caliente en contracorriente de 1 [m/s], se utilizan para determinar las constantes de velocidad en el proceso de secado.

Los valores del tiempo de reducción decimal $(D^*)_{CS}$ se calculan graficando el logaritmo de la razón de humedades en base seca como función del tiempo de secado, se deben cumplir funciones lineales de cuya pendiente, el valor inverso, se determina el tiempo requerido para eliminar el 90% del agua contenida inicialmente en los granos de cacao luego de la fermentación, que corresponde al valor $(D^*)_{CS}$.

En la Figura 3.7. se grafica esta relación y se observa el cumplimiento de la linealidad esperada, los coeficientes de determinación son muy altos, superiores a 0,98.

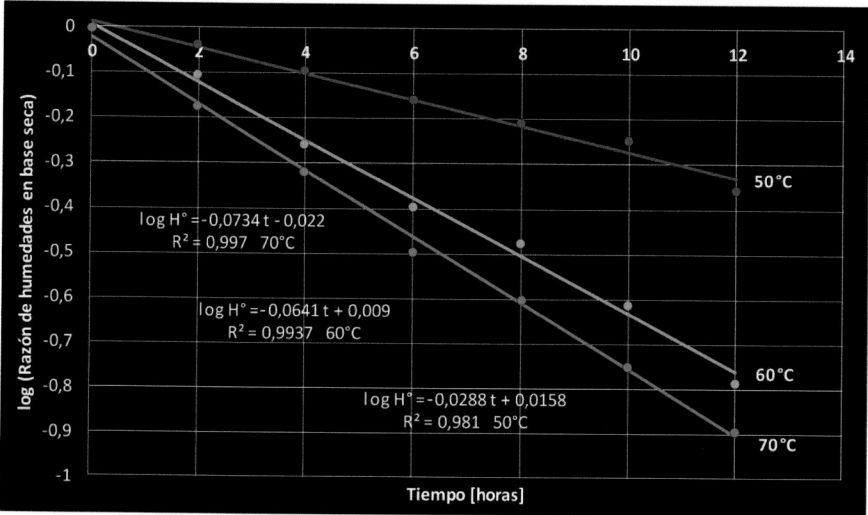

Figura 3.7. Logaritmo de la Razón de humedades en base seca como función del tiempo de secado en semillas fermentadas de cacao a tres temperaturas.

Por definición los valores inversos negativos de las pendientes de las ecuaciones obtenidas corresponden al valor **D*** o tiempo de reducción decimal.

A 70°C
$$\log (H°) = -0,0734\ t - 0,022 \tag{3.8}$$
$$D^* = 1/0,0734$$
$$(D^*)_{CS} = 13,6\ [horas] = 817\ [minutos]$$

A 60°C
$$\log (H°) = -0,0641\ t + 0,009 \tag{3.9}$$
$$D^* = 1/0,0641$$
$$(D^*)_{CS} = 15,6\ [horas] = 936\ [minutos]$$

A 50°C

log (H°) = − 0,0288 t + 0,0158   (3.10)

(D*) = 1/0,0288

$(D*)_{CS}$ = 34,7 [horas] = 2.082 [minutos]

Los valores **$D*_{CS}$** se utilizan para calcular los valores de la constante de velocidad **K**, con la siguiente ecuación:

K = ln (10)/$(D*)_{CS}$ (3.11)

A 70°C

K = 2,3026/817   (3.12)

K_{CS} = 0,00282 [1/minuto]

A 60°C

K = 2,3026/936   (3.13)

K_{CS} = 0,00246 [1/minuto]

A 50°C

K = 2,3026/2082   (3.14)

K_{CS} = 0,00111 [1/minuto]

También facilita el cálculo de valores de vida media **($t_{0,5}$)**. La ecuación es:

$(t_{0,5})$ = − $(D*)_{CS}$ (log (0,5))   (3.15)

A 70°C

$(t_{0,5})$ = − 817 × (− 0,301)   (3.16)

$(t_{0,5})_{CS}$ = 246 [minutos]

A 60°C

$(t_{0,5})$ = − 936 × (− 0,301)   (3.17)

$(t_{0,5})_{CS}$ = 282 [minutos]

A 50°C

$(t_{0,5})$ = − 2.082 × (− 0,301)   (3.18)

$(t_{0,5})_{CS}$ = 627 [minutos]

Un modelo tipo Arrhenius se utiliza para calcular la energía de activación mediante un gráfico del logaritmo natural de las constantes de velocidad contra el inverso de las temperaturas absolutas. A partir de la pendiente se determina la energía de activación que define la energía requerida para que una reacción proceda. La ecuación representada en la Figura 3.8. es:

ln K = ln A* − (E_a/R T_a)   (3.19)

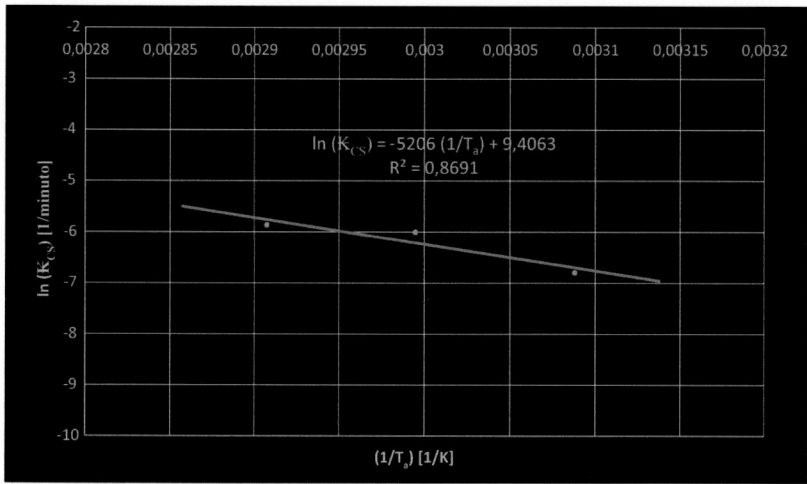

Figura 3.8. Gráfico tipo Arrhenius para determinar la energía de activación en el secado de granos fermentados de cacao.

$\ln K_{CS} = -5206 \, (1/T_a) + 9{,}4063$ (3.20)

$(-E_a/R) = -5206$

$E_a = 5.206 \, (8{,}314)$

$(E_a)_{CS} = 43.283 \, [\text{kJ/kg mol}]$

Para la determinación del valor Q_{10}, la ecuación aplicada es:

$\ln (Q_{10}) = 10 \, (E_a/R) \, (1/T_{a1} \, T_{a2})$ (3.21)

$\ln (Q_{10}) = 10 \, (+5.206) \, (1/(333{,}2 \times 343{,}2))$

$\ln (Q_{10}) = (52.060) \, (0{,}000008745)$

$\ln (Q_{10}) = 0{,}4553$

$(Q_{10})_{CS} = 1{,}6$

El valor $(\hat{z})_{CS}$ se calcula con la aplicación de la siguiente ecuación:

$(\hat{z}) = 10 \ln (10)/\ln (Q_{10})$ (3.22)

$(\hat{z}) = 10 \, (2{,}3026)/0{,}4553$

$(\hat{z})_{CS} = 51°C$

Este valor es muy utilizado en el cálculo de procesos pues facilita su operación. La aplicación del Método General Numérico desarrollado por Patashnik (1953) para procesos térmicos, aplicada al caso del secado de cacao con temperatura variable, ilustra lo indicado.

Se calculan los tiempos seguros de secado.

$L^* = 10^{((T-72)/\hat{z})}$ (3.23)

El valor de $\dot{F}$ corresponde a:

$\dot{F} = \int_0^t L^* \, dt$ (3.24)

O también:

$$\dot{F} = \Sigma_0^t L^* \Delta t \tag{3.25}$$

Con el propósito de obtener el tiempo de proceso seguro de secado para obtener una humedad previamente determinada, 0,1 [kg/kg seco], se realizan los cálculos cada hora en tal forma que $\dot{F}$ se establece de manera directa al calcular L^*. Se conoce que $F^*_{CS} = 10{,}6$ [horas] a 72°C y $(\hat{z})_{CS} = 51°C$.

$$\dot{F} = \Sigma_0^t L^* \Delta t \tag{3.26}$$
$$\dot{F} = \Sigma_0^t (10^{((T-72)/\hat{z})}) \Delta t \tag{3.27}$$
$$\dot{F} = [(10^{((60-72)/51)}) (1) + (10^{((61-72)/51)}) (1) + \ldots\ldots (10^{((70-72)/51)}) (1)]$$
$$\dot{F} = 10{,}84$$

En la Tabla 3.4. se presentan los resultados de la aplicación de este método de cálculo a intervalos de 1 [hora], desde 60°C con un aumento de la temperatura de 1°C/hora, hasta que el producto alcance una temperatura de 70°C.

Tabla 3.4. Datos de tiempo de calentamiento, temperatura y tiempo seguro de operación según el Método General Numérico en un proceso de secado de granos de cacao en túnel.

TIEMPO	TEMPERATURA	TIEMPO SEGURO DE SECADO ($\dot{F}$)
[horas]	[°C]	[horas]
0	60	0,5817
1	61	0,6086
2	62	0,6367
3	63	0,6661
4	64	0,6968
5	65	0,7290
6	66	0,7627
7	67	0,7979
8	68	0,8348
9	69	0,8733
10	70	0,9137
11	70	0,9137
12	70	0,9137
13	70	0,9137
	Σ	10,8

Según este método a las 13 [horas] se alcanzará una humedad de 0,1 [kg/kg seco], el sumatorio de la columna correspondiente al tiempo seguro de secado alcanza un valor de 10,8, supera a 10,6 del valor de F^*_{CS}.

Coeficiente de difusión efectivo másico

El cálculo del coeficiente de difusión efectivo $(D_e)_{CS}$ se realiza con la ecuación basada en la Segunda Ley de Fick para el caso de esferas, desarrollada asumiendo difusión constante de un líquido en un sólido, distribución de humedad inicial uniforme y que la resistencia a la remoción del agua desde la superficie es despreciable comparada con la resistencia a la difusión interna.

$$\ln H^o = \ln (H/H_0) = (- \pi^2 (D_e) t/4 r^2) \tag{3.28}$$

Donde H^o es la razón de humedades expresadas en base a materia seca, H es la humedad, H_0 es la humedad inicial, t es el tiempo, r es el radio aproximado a una esfera, el subíndice $_{CS}$ se refiere a cacao secado. Un gráfico del logaritmo natural de la razón de humedades contra el tiempo conduce a determinar el coeficiente de difusión efectivo a partir de la pendiente, en la forma señalada por Alvarado (2014).

En la Figura 3.9. se representa el logaritmo natural de la Razón de humedades expresadas en base a materia seca como función del tiempo de secado de pepas de cacao a tres temperaturas.

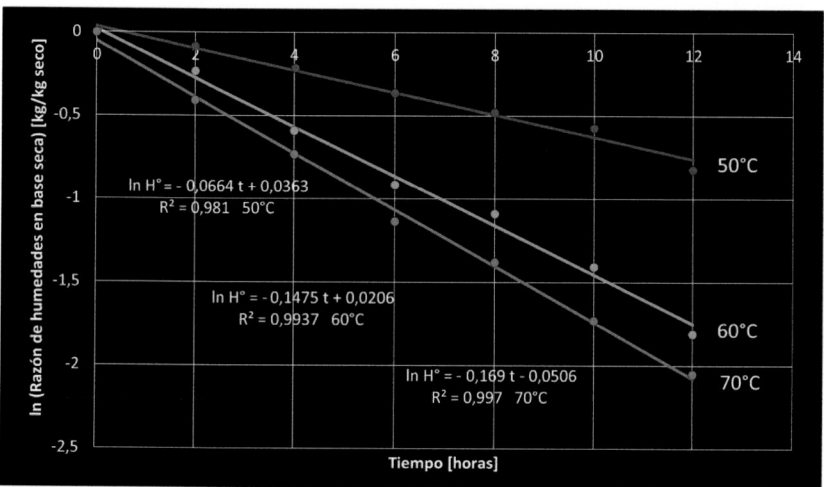

Figura 3.9. Logaritmo natural de la Razón de humedades determinada en semillas fermentadas de cacao secadas en un túnel a tres temperaturas.

La linealidad prevista en la ecuación anterior se cumple de manera satisfactoria, las ecuaciones lineales presentan coeficientes de determinación superiores a 0,98. Los valores del coeficiente de difusión efectivo del agua en cacao, se determinaron en la forma siguiente.

A 70°C
$$\ln H^o = - 0,169\, t - 0,0506 \tag{3.29}$$
$$- 0,169 = - (\pi^2 (D_e) /4\, r^2)$$
$$(D_e)_{CS} = (0,169 \times 4 \times (0,005)^2)/(3,1416)^2$$
$$(D_e)_{CS} = 1,71 (10)^{-6} [m^2/hora] = 4,76 (10)^{-10} [m^2/s]$$

A 60°C

$$\ln H° = -0,1475\ t + 0,0206 \tag{3.30}$$

$-0,1475 = -(\pi^2\ (D_e)/\dot{r}^2)$

$(D_e)_{CS} = (0,1475 \times 4 \times (0,005)^2)/(3,1416)^2$

$(D_e)_{CS} = 1,49\ (10)^{-6}\ [m^2/hora] = 4,15\ (10)^{-10}\ [m^2/s]$

A 50°C

$$\ln H° = -0,0664\ t - 0,0363 \tag{3.31}$$

$-0,0664 = -(\pi^2\ (D_e)/\dot{r}^2)$

$(D_e)_{CS} = (0,0664 \times 4 \times (0,005)^2)/(3,1416)^2$

$(D_e)_{CS} = 6,73\ (10)^{-7}\ [m^2/hora] = 1,87\ (10)^{-10}\ [m^2/s]$

Los valores son del mismo orden de magnitud que los reportados para alimentos sólidos. En la Figura 3.10. se representan los valores del coeficiente de difusión efectivo como función de la temperatura, con el propósito de disponer de datos a otras temperaturas adicionales.

La ecuación que describe esta función es:

$$(D_e)_{CS} = 1,45\ (10)^{-11}\ T - 5,08\ (10)^{-10} \tag{3.32}$$

Si se requiere calcular el coeficiente de difusión efectivo del agua que tienen las semillas fermentadas de cacao mantenidas a temperatura constante de 75°C, se obtiene:

$(D_e)_{CS} = 1,45\ (10)^{-11}\ T - 5,08\ (10)^{-10}$

$(D_e)_{CS} = 1,45\ (10)^{-11}\ (75) - 5,08\ (10)^{-10}$

$(D_e)_{CS} = 5,80\ (10)^{-10}\ [m^2/s]$

Los coeficientes de difusión efectivos determinados en el secado de pepas de cacao en $[m^2/s]$ son muy cercanos a los indicados previamente para otros alimentos, en el orden de $(10)^{-10}$, las diferencias son pequeñas a pesar de tratarse de productos diferentes y secados en equipos distintos.

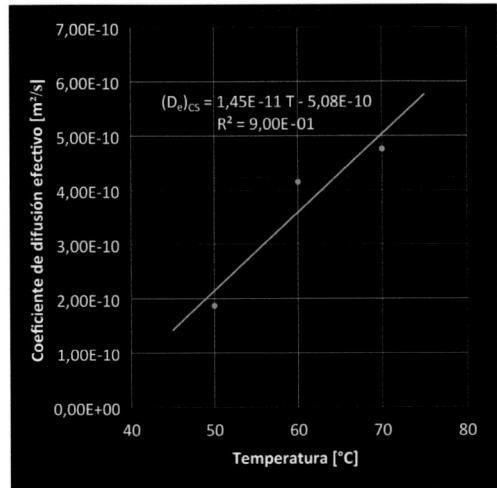

Figura 3.10. Coeficiente de difusión efectivo como función de la temperatura de secado en un túnel con semillas fermentadas de cacao.

Los datos son útiles para hacer simulaciones de la manera como ocurre el secado a otras temperaturas, así para el caso de trabajar a una temperatura de 75°C en el túnel de secado, la ecuación es:

ln H° = ln (H/H₀) = (− π² (D_e) t/4 r²)
ln H° = ln (H/H₀) = (− (3,1416)² (5,80 (10)⁻¹⁰) (3600 t)/4 (0,005)²)
ln H° = ln (H/H₀) = − 0,2061 t   (3.33)

El reemplazo de valores de tiempo conduce a encontrar los valores de razón de humedades **H°**, a partir del cual se calcula la humedad en base seca y por último la humedad como porcentaje. Si **t** = 1 [hora].

ln H° = ln (H/H₀) = − 0,2061 (1) = − 0,2061
H° = (H/H₀) = 0,8138
H = 0,8138 × 1,564 = 1,2728
Ḥ = 1,2728 × 39 = 49,6 [g/100 g]

En la Figura 3.11. se representa la curva de secado simulada para 75°C, conjuntamente con la curva experimental y calculada para 70°C.

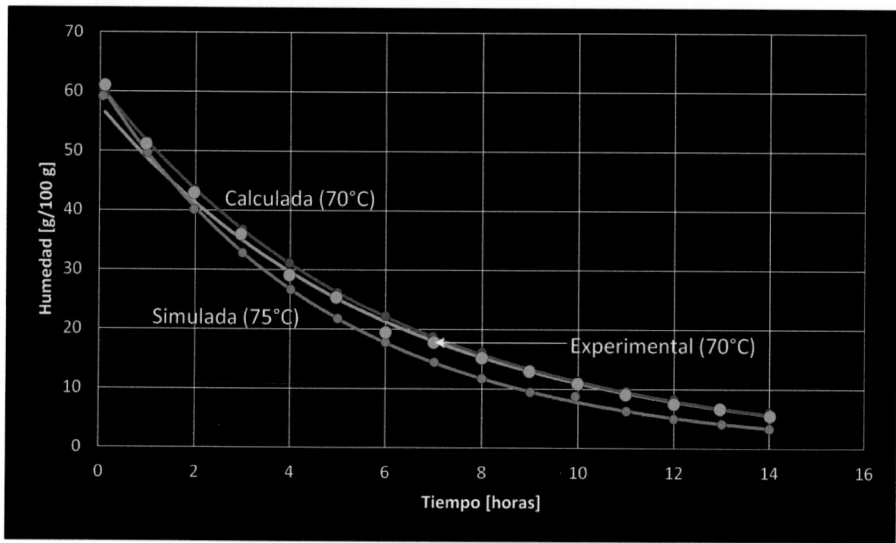

Figura 3.11. Curvas de secado en semillas de cacao fermentadas.

El ajuste es adecuado, se han desarrollado otras ecuaciones que incluyen un mayor número de parámetros que permiten realizar los cálculos con mayor exactitud de ser necesario. Otra alternativa es simular el comportamiento durante el secado con semillas de diferente distancia radial. Para el caso de trabajar a 70°C con semillas más pequeñas con una distancia radial de 0,0025 [m], se obtiene:

ln H° = ln (H/H₀) = (− π² (D_e) t/4 r²)

$$\ln H^o = \ln (H/H_0) = (-(3,1416)^2 (4,76 (10)^{-10}) (3600\ t)/4 (0,0025)^2)$$
$$\ln H^o = \ln (H/H_0) = -0,6765\ t \qquad\qquad (3.34)$$

El reemplazo de valores de tiempo conduce a encontrar los valores de razón de humedades H^o, a partir del cual se calcula la humedad en base seca y por último la humedad como porcentaje. Si $t = 1$ [hora].

$$\ln H^o = \ln (H/H_0) = -0,6765\ (1) = -0,6765$$
$$H^o = (H/H_0) = 0,5084$$
$$H = 0,5084 \times 1,564 = 0,7951$$
$$H = 0,7951 \times 39 = 31,0\ [g/100\ g]$$

El reemplazo del tiempo en horas permitirá construir la curva de secado como se indica en la Figura 3.12., conjuntamente con la calculada para una distancia radial de 0,0075 [m] en el caso de semillas más grandes.

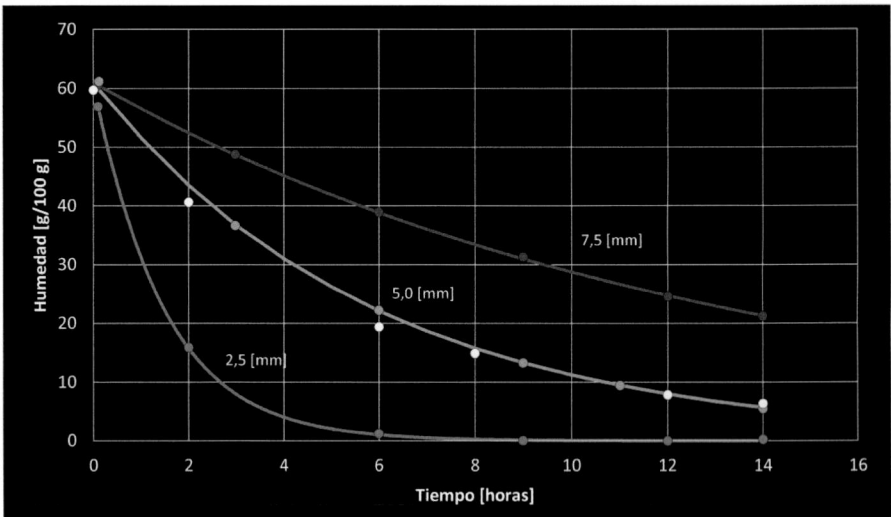

Figura 3.12. Curvas de secado calculadas para semillas de cacao en túnel a 70°C con distinta distancia interna de difusión.

El efecto del tamaño de los granos de cacao y la consecuente distancia interna de difusión, tiene un efecto notable en la velocidad de secado, con mayor impacto que la temperatura, disminuir la distancia radial acorta notablemente el tiempo de secado, en cambio aumentar la distancia radial hace que los tiempos se vuelvan excesivos. El ajuste del modelo según la Segunda Ley de Fick es satisfactorio al observar en la línea central los puntos experimentales que casi son coincidentes con la línea que corresponde a los valores calculados.

Coco (*Cocos nucifera*)

Origen

El cocotero (*Cocos nucifera*) es una especie de palmeras de la familia Arecaceae, su origen se desconoce, algunos botánicos consideran que es de origen asiático y otros del Caribe. Los cocoteros se han expandido a través de muchas de las zonas tropicales del Mundo, ayudado mayormente por el factor humano, aunque algunos cocos son arrastrados por las corrientes marítimas hacia muchas partes del mundo. Su clasificación botánica es la siguiente: Reino: Plantae. División: Fanerógama, Magnoliophyta. Clase: Liliopsida. Orden: Arecales. Familia: Arecaceae. Subfamilia: Cocoideae. Género: Cocos. Especie: *Cocos nucifera* (Soto Franco, 2014).

El fruto del árbol cocotero, es comúnmente llamado coco, el árbol tiene un tronco cilíndrico de 45 centímetros de diámetro aproximadamente, y dependiendo de la especie, hasta 30 metros de altura, marcado por anillos que señalan la posición de las hojas que ha perdido. En el extremo superior se encuentran las hojas curvadas en forma de arco que llegan a tener de 3,9 a 6,2 metros de longitud. El fruto cuelga en racimos de 10 a 20 unidades y cada árbol puede tener, dependiendo de la época, unos 10 racimos. El cocotero se encuentra distribuido en regiones tropicales, es una de las plantas que proporciona una mayor diversidad de productos, pues es fuente de alimento, bebida y de abrigo.

El coco maduro tiene la forma de un ovoide, puede pesar hasta 2,5 kilogramos, sus partes son: Exocarpio, cáscara fibrosa de 4 a 5 [cm] de espesor que envuelve una cáscara dura. Endocarpio, cáscara dura de 5 [mm] de espesor. Mesocarpio, capa intermedia fina, lisa, menor a 1 [mm] de espesor y dentro se encuentra una pulpa blanca oleaginosa de aproximadamente 10 [mm]. El coco, en su cavidad central, contiene un líquido dulce denominado agua de coco. En la Figura 3.13. se observan cocos y su parte comestible, incluido su aceite.

Figura 3.13. Cocos sin exocarpio y aceite de coco.

El contenido nutritivo de la porción aprovechable expresado en [g/100 g] es el siguiente: Humedad 50,9. Proteína 3,7. Extracto etéreo 31,1. Carbohidratos 7,3. Fibra 6,3. Ceniza 0,7. (INNE, 1965).

El coco seco es un producto con una amplia utilización en la industria alimenticia. Los pasos que se siguen para la obtención de pulpa o copra de coco deshidratado son: Recepción del coco entero, se guarda en la bodega de materias primas, no por más de tres días. Traslado a la planta y se inicia el descascarado, también se puede hacerlo con sierras de cinta eléctricas. La pulpa del coco se retira manualmente, mediante el uso de una cuchara grande especial para separar la pulpa del coco. El agua se desecha o, al igual que la cáscara, se empaca para después ser vendida. La pulpa blanca se lava en agua clorada y se hace la inspección de la materia dañada y/o materia decolorada, para retirarla. Lavado con propionato de calcio, el propionato es un preservativo para alimentos, combate las bacterias y la formación de moho. La desintegración de la pulpa lavada se hace mediante un molino de rozamiento, para obtener el tamaño de la partícula de coco que varía de 5 [mm] a 1 [mm], se requiere el uso de diferentes máquinas cortadoras. La pulpa lavada y rallada se seca, generalmente se usan secadores de bandejas por lotes o de bandejas movibles, hasta un contenido de humedad de aproximadamente 2,5%. El coco seco se enfría. Por último se realiza el tamizado para tener el tamaño deseado de partícula, alrededor de los 200 mesh (Soto Franco, 2014).

A temperaturas de 15°C o inferiores la materia grasa aparece en estado sólido o como grasa, lo cual se debe al contenido alto de ácidos grasos saturados. Se conocen dos tipos de grasa de coco, refinada y sin refinar, la refinada se utiliza para fritura o uso culinario por ser más delicada en el sabor, la sin refinar presenta aroma y sabor más fuertes, en ciertos casos se la utiliza como sustituto de la mantequilla. No se recomienda sustituir cantidades elevadas de otros aceites o mantequilla por grasa de coco, por su elevado contenido de grasas saturadas, un reemplazo moderado para mejorar el sabor es aconsejado o utilizarlo mezclado con otros aceites.

La forma más común de obtención de la grasa de coco es hirviendo la copra molida lo que produce su separación como aceite. En la actualidad la separación de la materia grasa se realiza por prensado, en algunos casos se muele y calienta la copra y se trabaja en expellers o mediante prensas hidráulicas previa cocción de la copra, también se trabaja de manera combinada con los dos tipos de equipos. Otro método de obtención de la grasa ampliamente utilizado es con el uso de solventes para obtener una mayor extracción que llega hasta el 99%.

En la Tabla 3.5. se presentan datos de las principales propiedades físicas determinados en grasa de coco sin refinar. Además de las propiedades relacionadas con la mecánica, se incluyen datos de las propiedades térmicas y valores de los puntos de temperatura que son característicos de las grasas cuando se someten a calentamiento.

Tabla 3.5. Propiedades físicas de grasa cruda de coco (*Cocos nucifera*).

Propiedad	Unidad	TEMPERATURA [°C]						
		30	40	50	60	70	80	90
Densidad	[kg/m³]	916	909	901	893	888	880	873
Tensión superficial	[mN/m]	24,1	23,5	22,8	22,2	21,5	20,9	20,3
Entropía de superficie	10^2 [erg/m² K]	−7,95	−7,50	−7,05	−6,66	−6,26	−5,92	−5,59
Energía libre de superficie	[mJ/m²]	48,2	47,0	45,6	44,4	43,0	41,8	40,6
Viscosidad	[mPa·s]	68,5	49,7	36,7	27,3	20,1	14,2	10,4
Viscosidad cinemática	[stoke]	0,748	0,547	0,407	0,306	0,226	0,161	0,119
Fluidicidad	[rhe]	1,46	2,01	2,72	3,66	4,98	7,04	9,62
Índice de refracción	---	1,4538	1,4502	1,4463	1,4426	1,4388	1,4352	1,4314
Calor específico	[J/kg × K]	1.990						
Conductividad térmica	[W/m × K]	0,19						
Difusividad térmica	[m²/s]	$1,01 \times 10^{-7}$						
Entalpía	[J/kg]	19.900 (303,2 → 313,2) [K]						
Energía de tensión	[kJ/kg × mol]	1.990 (303,2 → 313,2) [K]						
Coeficiente de expansión	[1/°C]	0,000832						
Energía de flujo	[kJ/kg × mol]	28.608						
Refracción específica	[m³/kg]	0,000296						
Punto de solidificación	[°C]	18,5 (Inicio 23,0; Final 14,0)						
Punto de fusión	[°C]	25,6 (Inicio 21,2; Final 30,0)						
Punto de humo	[°C]	199						
Punto de ignición	[°C]	285						
Punto de inflamación	[°C]	322						

Cálculo de procesos

Secado

Indicador. Humedad

En el proceso de secado actúan muchas relaciones de transferencia de calor y transferencia de masa, se requiere diferenciar las mismas para realizar un análisis adecuado del proceso. En la Figura 3.14. se indican algunas de las múltiples relaciones posibles y se destaca la relación causa-efecto de un caso físico-físico, causa calórica medida por la temperatura y efecto físico determinado por la pérdida de agua.

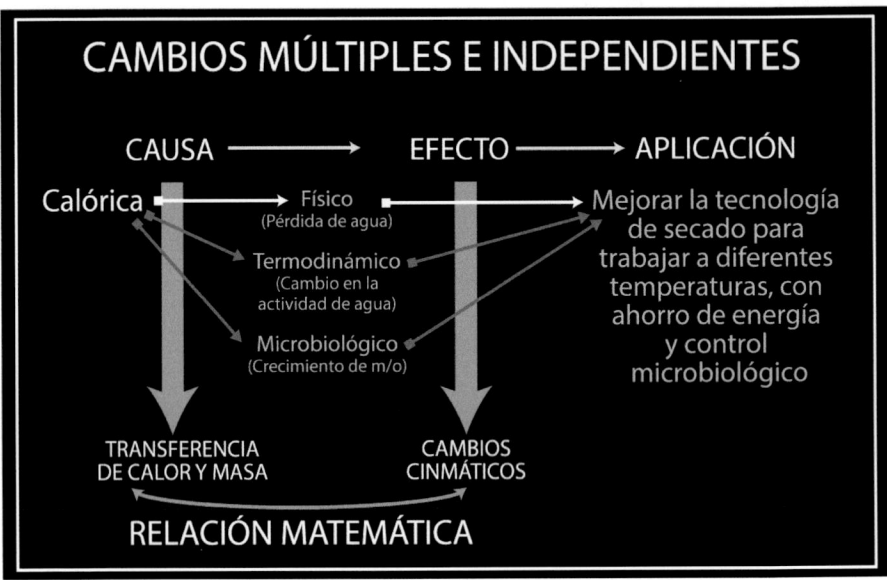

Figura 3.14. Relaciones causa-efecto en el proceso de secado de pulpa de coco.

Las causas son varias y de todo tipo, sin embargo, se acepta que el calor es la principal causa y ocasiona varios efectos, entre ellos se incluyen a los físicos como la pérdida de humedad, termodinámicos como los cambios en la actividad acuosa, microbiológicos con el crecimiento de microorganismos. Varios otros efectos ocurren de manera independiente o también en forma simultánea, como son los cambios químicos con múltiples reacciones de compuestos o bioquímicos por la acción de enzimas. En el presente caso se asume que la principal relación en el proceso de secado es calor-humedad y que actúa en forma independiente del resto de relaciones.

En la Figura 3.15. se grafican las curvas de secado registradas en láminas de pulpa de coco en un secador de gabinete con bandejas mediante convección forzada, a tres temperaturas. Se utilizan los datos de humedad expresados en base húmeda como porcentaje, por ser la manera más simple y directa de percibir la cantidad de agua presente.

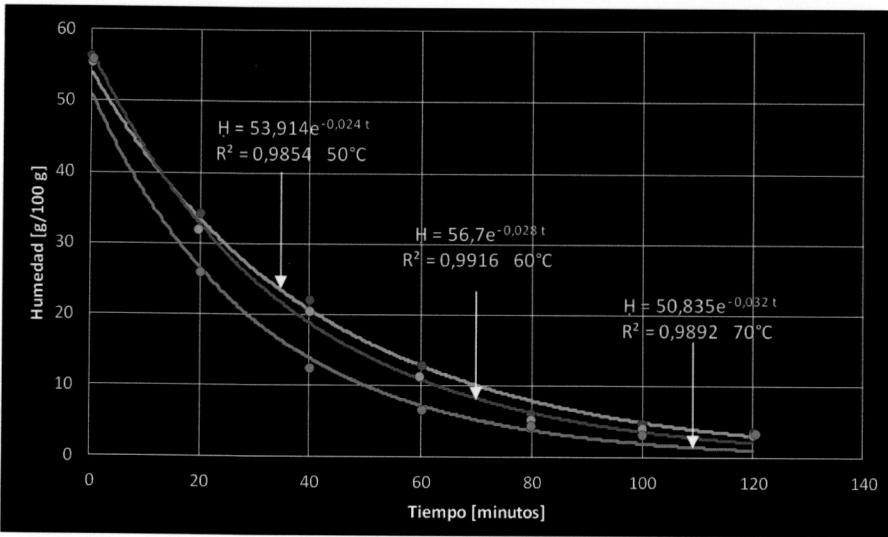

Figura 3.15. Curvas de secado en gabinete de láminas de pulpa de coco a tres temperaturas.

Las ecuaciones exponenciales definen adecuadamente las curvas de secado, los coeficientes de determinación en los tres casos son superiores a 0,98. Al fijar como límite del secado 2,5 [g/100 g] de humedad, los tiempos requeridos para alcanzar este contenido de agua, se calculan utilizando las ecuaciones obtenidas.

A 70°C

$$H = 50,835 \ (e)^{-0,032 \ t} \tag{3.35}$$

$\ln H = \ln 50,835 - 0,032 \ t$

$(\ln 2,5 - \ln 50,835) = -0,032 \ t$

$(0,9163 - 3,9286) = -0,032 \ t$

$t^*_{os} = 94,1 \ [\text{minutos}] = 1,57 \ [\text{horas}]$

A 60°C

$$H = 56,7 \ (e)^{-0,028 \ t} \tag{3.36}$$

$\ln H = \ln 56,7 - 0,028 \ t$

$(\ln 2,5 - \ln 56,7) = -0,028 \ t$

$(0,9163 - 4,0378) = -0,028 \ t$

$t^*_{os} = 111,5 \ [\text{minutos}] = 1,86 \ [\text{horas}]$

A 50°C

$$H = 53,914 \ (e)^{-0,024\,t}$$ (3.37)

$$\ln H = \ln 53,914 - 0,024\ t$$

$$(\ln 2,5 - \ln 53,914) = -0,024\ t$$

$$(0,9163 - 3,9874) = -0,024\ t$$

$$t^*_{os} = 128,0 \ [\text{minutos}] = 2,13 \ [\text{horas}]$$

Con un factor de seguridad del 5% adicional para tener la seguridad que se alcanzó la humedad fijada o menor, los valores de F^*_{os} son:

A 70°C

$$F^*_{os} = 1,57 \times (1,05) = 1,65 \ [\text{horas}]$$

A 60°C

$$F^*_{os} = 1,86 \times (1,05) = 1,95 \ [\text{horas}]$$

A 50°C

$$F^*_{os} = 2,13 \times (1,05) = 2,24 \ [\text{horas}]$$

En la Figura 3.16. se representan estos valores del tiempo de secado seguro en pulpa de coco como función de la temperatura.

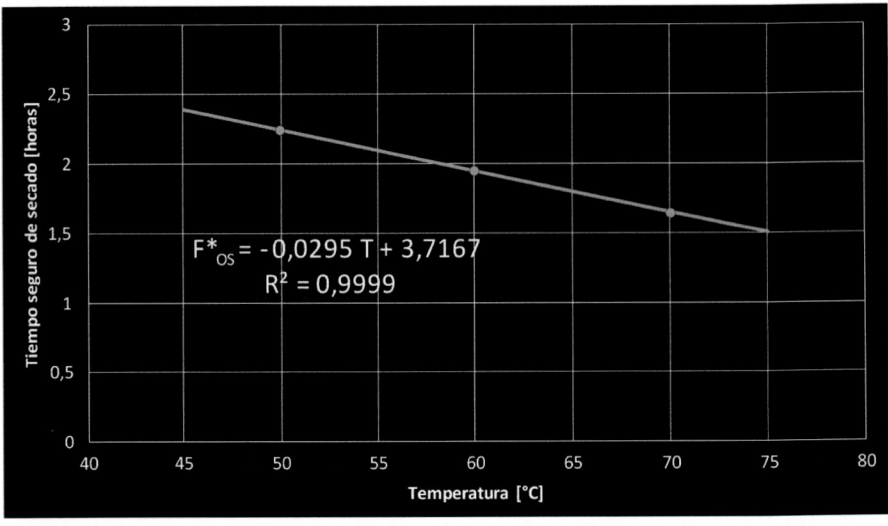

Figura 3.16. Tiempo seguro de secado en láminas de pulpa de coco como función de la temperatura según datos de humedad.

La relación lineal es completamente adecuada para establecer la asociación entre estas dos variables ($R^2 = 0,9999$) y puede ser utilizada para calcular el tiempo de secado seguro, para alcanzar una humedad de 2,5 [g/100 g].

La ecuación es:

$$F^*_{os} = -0,0295\ T + 3,7167$$ (3.38)

Si se requiere conocer el tiempo de secado a una temperatura constante de 72°C, se obtiene.

$$F^*_{os} = -\,0{,}0295\ T + 3{,}7167$$
$$F^*_{os} = -\,0{,}0295 \times 72 + 3{,}7167$$
$$F^*_{os} = 1{,}59\ [horas]$$

Cálculos similares se pueden hacer a otras temperaturas en el intervalo señalado o por lecturas directas en la Figura anterior. En las ecuaciones anteriores **H** es la humedad en base húmeda expresada como porcentaje, **t** es el tiempo, **t***$_{os}$ es el tiempo de secado de pulpa de coco, **F***$_{os}$ corresponde al tiempo seguro de secado para bajar la humedad hasta 2,5% y **T** es la temperatura.

En el caso de que existan cambios en la temperatura durante el secado, que es la situación real, se pueden calcular las condiciones en las que se complete el proceso. En el caso de trabajar al inicio a una temperatura de 60°C que aumenta paulatinamente 5°C hasta los 15 minutos y luego disminuye 10°C en los siguientes 15 minutos, variación que luego se repite. Se desea conocer el tiempo de secado para reducir la humedad hasta 2,5 [g/100 g].

En la Figura 3.17. se utiliza un método gráfico que posibilita resolver casos de cálculo en procesos con variaciones de temperatura.

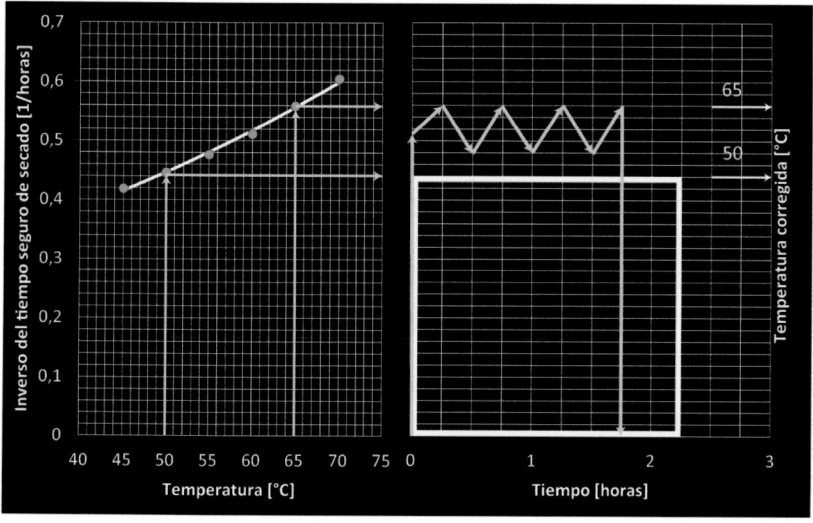

Figura 3.17. Representación temperatura-tiempo de secado en rodajas de pulpa de coco para establecer las condiciones de proceso cuando hay variaciones de temperatura.

En la parte izquierda en ordenadas está representado el inverso del tiempo seguro de secado calculado con la ecuación anterior como función de la temperatura, a cada temperatura corresponde un tiempo de secado y se grafica su valor inverso. En la parte derecha consta un cuadrado construido para la temperatura de 50°C en una escala corregida basada en la función graficada en el lado izquierdo y el tiempo de secado a esa temperatura 2,24 [horas], es el área de referencia para los cálculos. La línea quebrada se traza de acuerdo con los cambios de temperatura y tiempos señalados, al área de referencia se iguala con el área abarcada por la línea quebrada a las 1,75 [horas], que sería el tiempo de secado en la cámara con circulación forzada del aire cuando hay variaciones de temperatura.

Cálculo de las constantes de velocidad

Los datos de humedad en base seca expresados como fracción o razón [kg/kg materia seca] de rodajas o láminas de coco de 5 [mm] de espesor, en un secador de bandejas con aire forzado a tres temperaturas, se utilizan para determinar las constantes de velocidad en el proceso de secado. En la Tabla 3.6. se indican los datos de humedad expresados como porcentaje y como fracción de los datos expresados en base a la materia seca. El contenido inicial de humedad 55,6 [g/100 g] que corresponde a 125,2 [g/100 g seco].

Tabla 3.6. Humedad [g/100 g] y Razón de humedades [kg/kg seco] de rodajas de pulpa de coco durante el secado en cámara de aire forzado a tres temperaturas.

TIEMPO [minutos]	TEMPERATURA [°C]					
	50		60		70	
	$\underset{.}{H}$	H°	$\underset{.}{H}$	H°	$\underset{.}{H}$	H°
0	55,6	1,000	55,4	1,000	55,7	1,000
20	34,1	0,613	32,1	0,579	26,1	0,468
40	22,0	0,395	20,6	0,371	12,4	0,223
60	12,8	0,231	11,4	0,206	6,6	0,118
80	6,2	0,112	5,3	0,095	4,3	0,078
100	4,8	0,087	3,9	0,071		
120	3,6	0,064				

Los valores del tiempo de reducción decimal $(D^*)_{os}$ se calculan graficando el logaritmo de la razón de humedades en base seca como función del tiempo de secado, se deben cumplir funciones lineales de cuya pendiente, el valor inverso, se determina el tiempo requerido para separar el 90% del agua contenida inicialmente en la pulpa de coco.

En la Figura 3.18. se grafica esta relación y se observa el cumplimiento de la linealidad esperada, los coeficientes de determinación son muy altos, superiores a 0,98.

Las ecuaciones obtenidas son:

A 70°C
$$\log (H°) = - 0,0141\, t - 0,0407 \qquad\qquad (3.39)$$
$$D^* = 1/0,0141$$
$$(D^*)_{os} = 70,9 \text{ [minutos]}$$

A 60°C

log (H°) = − 0,0119 t + 0,0092   (3.40)

D* = 1/0,0119

(D*)$_{OS}$ = 84,0 [minutos]

A 50°C

log (H°) = − 0,0104 t − 0,0127   (3.41)

(D*) = 1/0,0104

(D*)$_{OS}$ = 96,2 [minutos]

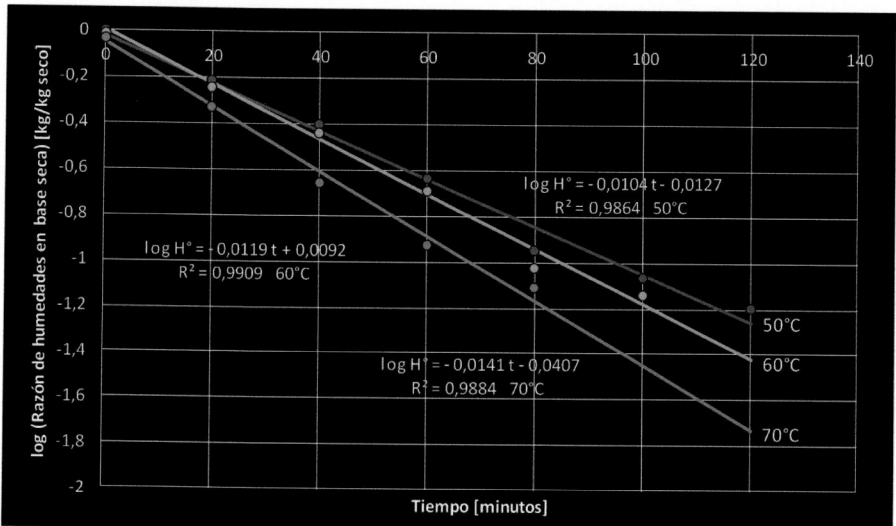

Figura 3.18. Logaritmo de la Razón de humedades en base seca como función del tiempo de secado en rodajas de pulpa de coco a tres temperaturas.

Los valores **(D*)$_{OS}$** facilitan el cálculo de los valores de la constante de velocidad **K** de secado, con la siguiente ecuación:

K = ln (10)/(D*)$_{OS}$ (3.42)

A 70°C

K = 2,3026/70,9   (3.43)

K$_{OS}$ = 0,0325 [1/minuto]

A 60°C

K = 2,3026/84,0   (3.44)

K$_{OS}$ = 0,0274 [1/minuto]

A 50°C

K = 2,3026/96,2   (3.45)

K$_{OS}$ = 0,0239 [1/minuto]

También ayuda en el cálculo de valores de vida media $(t_{0,5})$ que sería el tiempo requerido para disminuir la humedad en el 50%. La ecuación es:

$$(t_{0,5}) = - (D^*)_{OS} (\log (0,5)) \tag{3.46}$$

A 70°C
$$(t_{0,5}) = - 70,9 \times (- 0,301) \tag{3.47}$$
$$(t_{0,5})_{OS} = 21,3 \text{ [minutos]}$$

A 60°C
$$(t_{0,5}) = - 84,0 \times (- 0,301) \tag{3.48}$$
$$(t_{0,5})_{OS} = 25,3 \text{ [minutos]}$$

A 50°C
$$(t_{0,5}) = - 96,2 \times (- 0,301) \tag{3.49}$$
$$(t_{0,5})_{OS} = 29,0 \text{ [minutos]}$$

Un modelo tipo Arrhenius se utiliza para calcular la energía de activación mediante un gráfico del logaritmo natural de las constantes de velocidad contra el inverso de las temperaturas absolutas. A partir de la pendiente se determina la energía de activación que define la energía requerida para que una reacción proceda. La ecuación representada en la Figura 3.19. es:

$$\ln K = \ln A^* - (E_a/R\, T_a)$$

$$\ln K = - 1.702,2\, (1/T_a) + 1,5259 \tag{3.50}$$
$$(- E_a/R) = - 1.702,2$$
$$E_a = 1.702,2\, (8,314)$$
$$E_a = 14.152 \text{ [kJ/kg mol]}$$

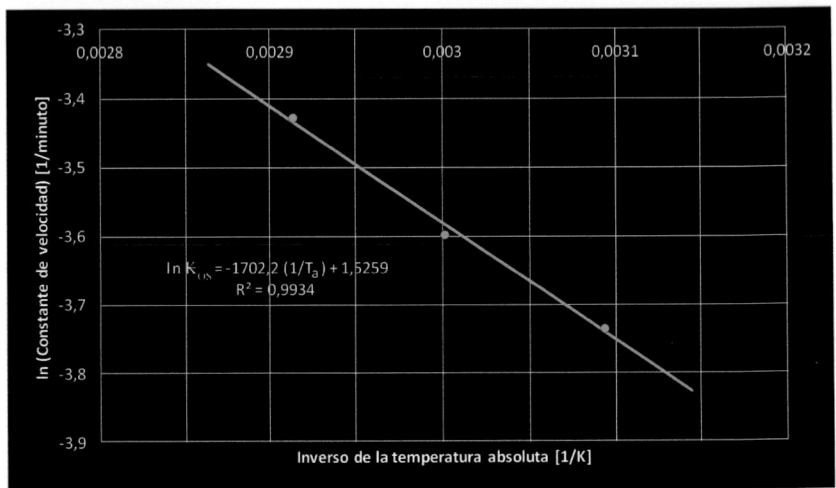

Figura 3.19. Gráfico tipo Arrhenius para determinar la energía de activación en el secado de rodajas de pulpa de coco.

Para la determinación del valor Q_{10}, que es un factor que indica la sensibilidad de la velocidad de secado cuando hay un cambio de 10°C en la temperatura, un valor de 2 significa que se duplica la velocidad. La ecuación aplicada es:

$$\ln (Q_{10}) = 10 \, (E_a/R) \, (1/T_{a1} \, T_{a2}) \tag{3.51}$$
$$\ln (Q_{10}) = 10 \, (+ \, 1.702,2) \, (1/(333,2 \times 343,2))$$
$$\ln (Q_{10}) = (17.022) \, (0,000008745)$$
$$\ln (Q_{10}) = 0,149$$
$$(Q_{10})_{OS} = 1,2$$

El valor $(\hat{z})_{CS}$ se calcula con la aplicación de la siguiente ecuación:

$$(\hat{z}) = 10 \ln (10)/\ln (Q_{10}) \tag{3.52}$$
$$(\hat{z}) = 10 \, (2,3026)/0,149$$
$$(\hat{z})_{OS} = 154,5°C.$$

Este valor es bastante utilizado en el cálculo de procesos pues facilita su operación, además es un indicador de la sensibilidad que tiene un proceso a los cambios de temperatura, el valor es alto comparado con otros valores registrados en procesos biológicos y microbiológicos, indica que para el secado de coco el incremento de la temperatura tiene un efecto reducido en aumentar la velocidad de secado.

Coeficiente de difusión efectivo másico

Se acepta que las condiciones de secado en muchos alimentos que presentan períodos de secado con desaceleración o disminución de la velocidad, puede ser explicada por la ecuación de difusión de Fick. Se han presentado varias soluciones que consideran la forma geométrica sea esta rectangular, cilíndrica o esférica. El cálculo del coeficiente de difusión efectivo másico $(D_e)_{OS}$ se lo realiza con la ecuación para el caso de planos, desarrollada asumiendo difusión constante de un líquido en un sólido, distribución de humedad inicial uniforme y que la resistencia a la remoción del agua desde la superficie es despreciable comparada con la resistencia a la difusión interna. La ecuación simplificada sin incluir el valor de la humedad de equilibrio puede ser escrita como:

$$\ln H° = \ln (H/H_0) = (- \, \pi^2 \, (D_e) \, t/\acute{z}^2) \tag{3.53}$$

Donde $H°$ es la razón de humedades expresadas en base a materia seca, H es la humedad, H_0 es la humedad inicial, t es el tiempo, $\acute{z}$ es la mitad del espesor de las rodajas, el subíndice $_{OS}$ se refiere a coco secado. Un gráfico del logaritmo natural de la razón de humedades contra el tiempo conduce a determinar el coeficiente de difusión efectivo a partir de la pendiente.

En la Figura 3.20. se representa el logaritmo natural de la Razón de humedades expresadas en base a materia seca como función del tiempo de secado de láminas de pulpa de coco a tres temperaturas.

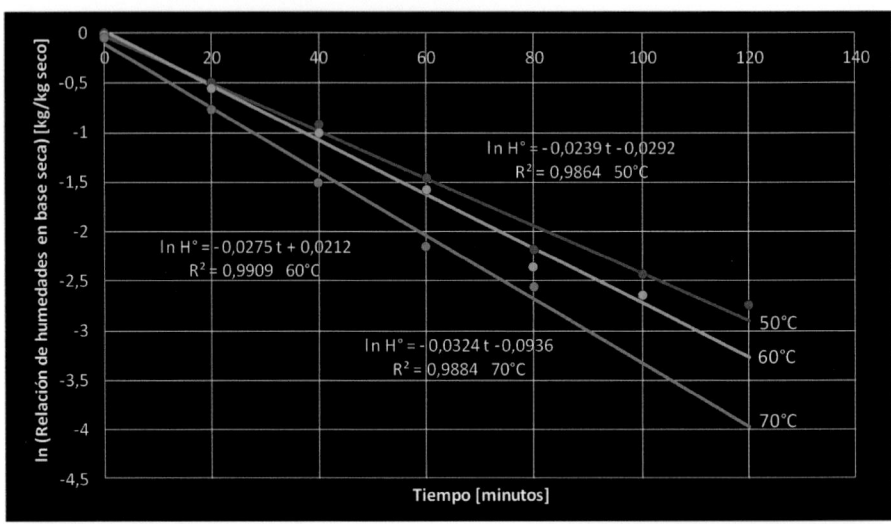

Figura 3.20. Logaritmo natural de la Razón de humedades determinada en láminas de pulpa de coco secadas en gabinete a tres temperaturas.

La linealidad prevista en la ecuación anterior se cumple de manera satisfactoria, las ecuaciones lineales presentan coeficientes de determinación superiores a 0,98. Los valores del coeficiente de difusión efectivo del agua en las láminas de coco, se determinaron en la forma siguiente.

A 70°C

$$\ln H° = -0,0324\ t - 0,0936 \tag{3.54}$$
$$-0,0324 = -(\pi^2\ (D_e)/\acute{z}^2)$$
$$(D_e)_{OS} = (0,0324 \times (0,0025)^2)/(3,1416)^2$$
$$(D_e)_{OS} = 2,05\ (10)^{-8}\ [m^2/minuto] = 3,42\ (10)^{-10}\ [m^2/s]$$

A 60°C

$$\ln H° = -0,0275\ t + 0,0212 \tag{3.55}$$
$$-0,0275 = -(\pi^2\ (D_e)/\acute{z}^2)$$
$$(D_e)_{OS} = (0,0275 \times (0,0025)^2)/(3,1416)^2$$
$$(D_e)_{OS} = 1,74\ (10)^{-8}\ [m^2/minuto] = 2,90\ (10)^{-10}\ [m^2/s]$$

A 50°C

$$\ln H° = -0,0239\ t - 0,0292 \tag{3.56}$$
$$-0,0239 = -(\pi^2\ (D_e)/\acute{z}^2)$$
$$(D_e)_{OS} = (0,0239 \times (0,0025)^2)/(3,1416)^2$$
$$(D_e)_{OS} = 1,51\ (10)^{-8}\ [m^2/minuto] = 2,52\ (10)^{-10}\ [m^2/s]$$

Los valores son del mismo orden de magnitud que los reportados para alimentos sólidos. Kamalanathan y Meyyappan (2015) trabajaron con rodajas de pulpa de coco sin y con pre tratamiento de secado por ósmosis en solución azucarada, reportaron datos de la difusividad efectiva de la humedad para el caso del coco sin pre secado que sería similar al secado analizado, los valores estuvieron entre 6,42

$(10)^{-10}$ y $1,11(10)^{-9}$ [m²/s] que son del mismo orden a los encontrados 2,52 $(10)^{-10}$ y 3,42 $(10)^{-10}$ [m²/s], para el intervalo de temperaturas entre 50° y 70°C. Utilizaron una ecuación tipo Arrhenius para determinar la energía de activación que fue 25.288 [kJ/kg mol].

Para establecer comparaciones, en la Figura 3.21. se incluye la representación de la ecuación tipo Arrhenius con los datos analizados.

La ecuación obtenida es:

$$\ln (D_e)_{OS} = \ln A^* - (E_a/R\,T_a) \tag{3.57}$$

$$\ln (D_e)_{OS} = -1.691,8\,(1/T_a) - 16,873 \tag{3.58}$$
$$(-E_a/R) = -1.691,8$$
$$E_a = 1.691,8\,(8,314)$$
$$E_a = 14.066 \text{ [kJ/kg mol]}$$

El valor encontrado es menor que el reportado lo cual posiblemente se explica por la eficiencia de los equipos utilizados. Se debe anotar que el valor calculado con los datos del coeficiente de difusión efectivo es prácticamente igual al determinado con los datos de la constante de velocidad.

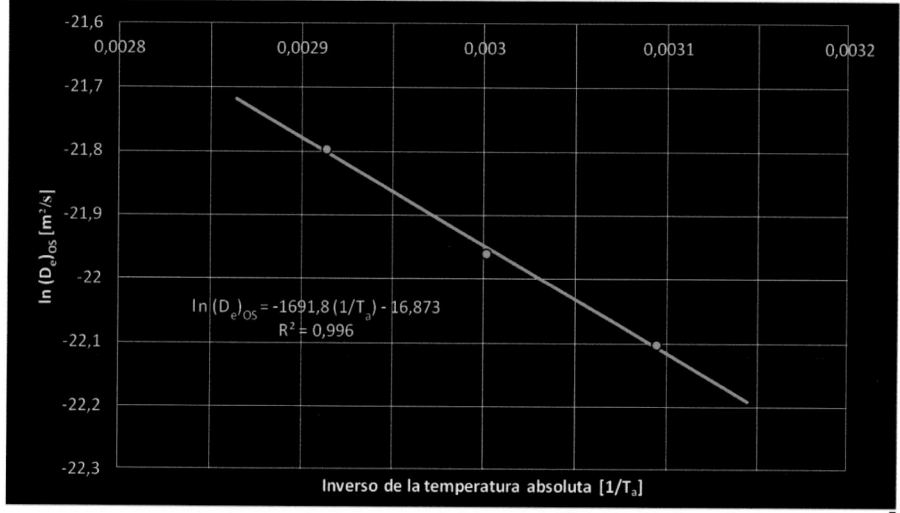

Figura 3.21. Gráfico tipo Arrhenius para determinar la energía de activación en el se cado de rodajas de pulpa de coco con datos de difusión másica efectiva.

Umaña-Calderón y colaboradores (2019) evaluaron el secado por radiación de coco molido y homogenizado manualmente, para establecer la relación entre la rapidez y temperatura de secado. Establecieron que la relación matemática de la rapidez del secado es una doble exponencial que depende directamente de la temperatura y el tiempo de secado, expresado por el modelo matemático de Midilli. Determinaron que la energía de activación del proceso de secado por radiación en coco calculada con las constantes de velocidad fue de 60.700 [kJ/kg mol]. Este valor es bastante más alto que los valores previamente indicados y responde al uso de radiaciones, sin embargo, señalan que la radiación puede ser utilizada para trabajar a temperaturas altas hasta 120°C.

Almacenamiento

Indicadores. Humedad y actividad acuosa

Durante el almacenamiento de alimentos ocurren muchos procesos, pues continúan los cambios especialmente bioquímicos y químicos, tanto anabólicos como catabólicos. En ocasiones los efectos no son independientes, se producen en forma simultánea y están relacionados, como se indica en la Figura 3.22.

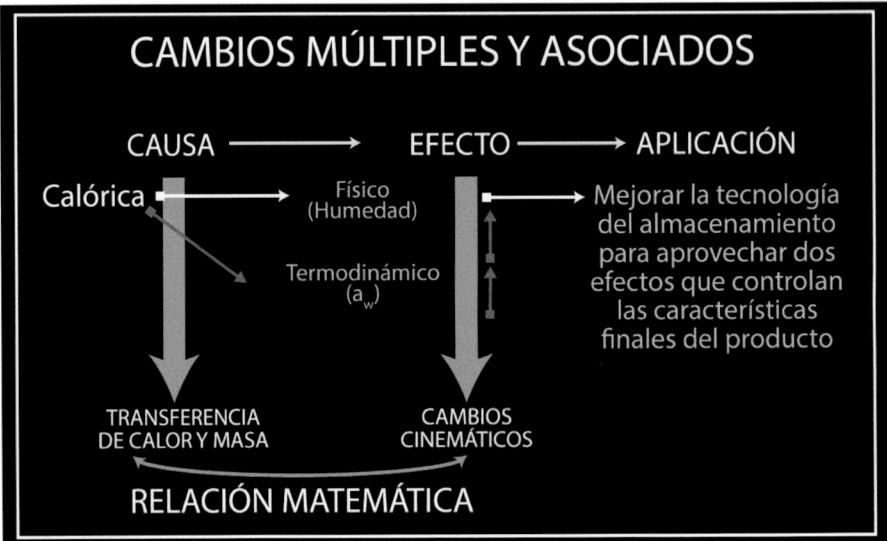

Figura 3.22. Relaciones causa-efecto en el proceso de almacenamiento de coco seco.

Lucas Aguirre (2017) optimizó el proceso de secado por aspersión para la obtención de polvo de coco fortificado con compuestos fisiológicamente activos. En pruebas de almacenamiento a tres temperaturas se determinó el aumento de la humedad y de la actividad acuosa o actividad de agua, obtuvo los resultados indicados en la Tabla 3.7.

Tabla 3.7. Humedad [g/100 g] y actividad acuosa (a$_w$) de polvo de coco con grasa durante el almacenamiento a tres temperaturas.

TIEMPO [días]	TEMPERATURA [°C]					
	35		25		15	
	Ḥ	a$_w$	Ḥ	a$_w$	Ḥ	a$_w$
0	1,6	0,170	1,6	0,170	1,6	0,170
30	2,4	0,270	2,3	0,260	2,2	0,240
60	2,6	0,310	2,5	0,280	2,4	0,245
90	2,8	0,315	2,7	0,285	2,5	0,250
120	3,0	0,330	2,9	0,290	2,5	0,255
150	3,1	0,340	3,0	0,300	2,6	0,290
180	3,3	0,350	3,1	0,330	2,8	0,310

Las ecuaciones que describen estas relaciones con sus gráficos constan en la Figura 3.23.

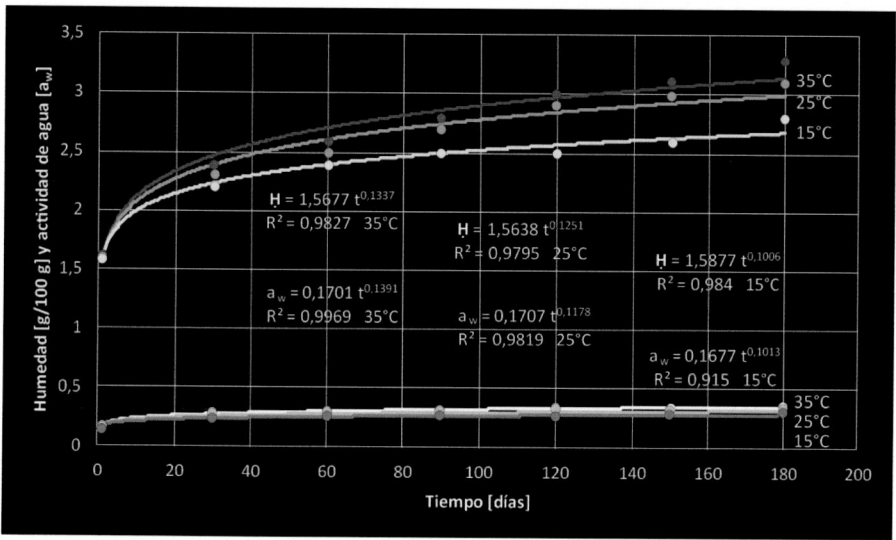

Figura 3.23. Curvas de rehidratación y aumento de la actividad acuosa en pulpa de coco seca.

Al aceptar como límite de la rehidratación un valor de 2,5 [g/100 g] y de actividad acuosa 0,25, la aplicación de las ecuaciones conduce a los siguientes tiempos.

Humedad:

A 35°C

$$\dot{H} = 0,1701 \ (t)^{0,1337}$$

$$\log 2,5 = \log 1,5677 + 0,1337 \log t$$

(3.59)

$0,3979 - 0,1953 = 0,1337 \log t$

$1,5153 = \log t$

$t^*_{OA} = 32,8$ [días]

A 25°C

$\underline{H} = 1,5638 \ (t)^{0,1251}$ (3.60)

$\log 2,5 = \log 1,5638 + 0,1251 \log t$

$0,3979 - 0,1942 = 0,1251 \log t$

$1,6383 = \log t$

$t^*_{OA} = 42,5$ [días]

A 15°C

$\underline{H} = 1,5877 \ (t)^{0,1006}$ (3.61)

$\log 2,5 = \log 1,5877 + 0,1006 \log t$

$0,3979 - 0,2008 = 0,1006 \log t$

$1,9592 = \log t$

$t^*_{OA} = 91,0$ [días]

Actividad de agua:

A 35°C

$a_w = 0,1701 \ (t)^{0,1391}$ (3.62)

$\log 0,25 = \log 0,1701 + 0,1391 \log t$

$-0,6021 + 0,7642 = 0,1391 \log t$

$1,1654 = \log t$

$t^*_{OA} = 14,6$ [días]

A 25°C

$a_w = 0,1707 \ (t)^{0,1178}$ (3.63)

$\log 0,25 = \log 0,1707 + 0,1178 \log t$

$-0,6021 + 0,7678 = 0,1178 \log t$

$1,4066 = \log t$

$t^*_{OA} = 25,5$ [días]

A 15°C

$a_w = 0,1677 \ (t)^{0,1013}$ (3.64)

$\log 0,25 = \log 0,1677 + 0,1013 \log t$

$-0,6021 + 0,7755 = 0,1013 \log t$

$1,7118 = \log t$

$t^*_{OA} = 51,5$ [días]

Los subíndices$_{OA}$ se refieren al proceso de almacenamiento de coco. En la Figura 3.24. se representan estos tiempos como función de la temperatura.

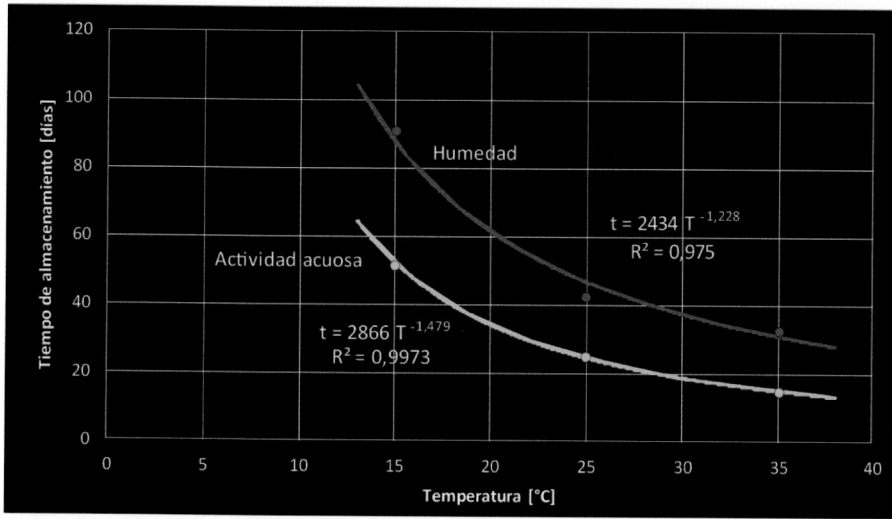

Figura 3.24. Tiempos de almacenamiento de coco deshidratado como función de la temperatura según datos de humedad y de actividad acuosa.

Si se acepta que los dos indicadores están asociados pues responden al contenido de agua, la humedad en términos de cantidad y la actividad acuosa en la manera como está inmersa en el producto, se puede pensar que una ecuación promedio que permita calcular los tiempos de almacenamiento que incorporen a los dos indicadores. La ecuación es:

$$t^*_{OA} = 2.650\ T^{-1,3535} \tag{3.65}$$

En el caso de que se desee calcular el tiempo de almacenamiento a 40°C en coco deshidratado hasta que alcance un valor de actividad acuosa de 0,25 y 2,5 [g%100 g] de humedad.

$t^*_{OA} = 2.650\ T^{-1,3535}$
$t^*_{OA} = 2.650\ (40)^{-1,3535}$
$t^*_{OA} = 18\ [\text{días}]$

Iguales cálculos se pueden hacer a otras temperaturas en el intervalo de 40° y 10°C cuando la temperatura se mantiene constante o también cuando existan cambios debidos a las condiciones del medio o funcionamiento de los equipos.

En el caso de almacenar coco seco con grasa en un lugar con temperatura promedio de 16±6°C, los tiempos de almacenamiento serían.

Tiempo máximo:
$t^*_{OA} = 2.650\ T^{-1,3535}$
$t^*_{OA} = 2.650\ (10)^{-1,3535}$
$t^*_{OA} = 117\ [\text{días}]$

Tiempo mínimo:

$$t*_{OA} = 2.650 \ T^{-1,3535}$$
$$t*_{OA} = 2.650 \ (22)^{-1,3535}$$
$$t*_{OA} = 40 \ [\text{días}]$$

En todos los casos la temperatura debe ser registrada y controlada con cuidado.

PULPA Y ALMENDRA DE PALMA AFRICANA (*Elaeis guineensis*)

Origen

Choo Yuen May (1994) indicó que la palma africana es originaria de África Occidental, de ella ya se obtenía aceite hace cinco milenios, especialmente en la Guinea Occidental, de allí pasa a América introducida después de los viajes de Colón y en épocas más recientes fue introducida en Asia desde América. Su cultivo es de gran importancia económica. Malasia provee la mayor cantidad de aceite de palma y sus derivados a nivel mundial. La palma es el cultivo más prolífico en la producción de aceite.

El fruto se presenta en grandes racimos de peso comprendido entre 10 y 25 [kg], el tamaño del fruto varía entre 3 y 5 [cm], según la variedad. Se trata de un fruto con alto contenido de agua (20–25%) y por consiguiente se fermenta fácilmente y debe ser procesado rápidamente para evitar el incremento de la acidez (Bernardini, 2006).

Los frutos de la palma aceitera son carnosos y forman un racimo, estos racimos son cosechados y llevados a las plantas extractoras de aceite donde después de varios procesos físicos y químicos, se logra extraer el aceite. Este se utiliza en la industria alimenticia para hacer manteca vegetal, utilizada como aceite para freír o aliñar; se puede elaborar también derivados sucedáneos del aceite de cacao y jabón (ANCUPA, 2010).

Según la Tabla de Composición de Alimentos para uso en América Latina (IN-CAP-ICNND, 1970) para la porción comestible de la fruta expresado en [g/100 g] se reporta: Humedad 28,0. Proteína 1,6. Grasa 59,0. Hidratos de carbono 7,8. Fibra 2,7. Cenizas 0,9. Se destaca el alto contenido de lípidos que supera la mitad del peso total.

La almendra de palma, conocida también como «palmiste», corresponde a la nuez o semilla del fruto de la palma africana (*Elaeis guineensis*), es un subproducto de la extracción del aceite de palma, su industrialización es relativamente nueva, hasta hace pocos años la almendra se desechaba o se quemaba en las calderas, para evitarlo las pocas plantas dedicadas a la obtención de este aceite, se han visto obligadas a adquirir tecnologías generadas en Malasia y otras regiones del mundo (Gutt, 1999). Las semillas también se caracterizan por su alto contenido de aceite del 45-50% de su peso (Kirschenbauer, 1964).

En la Figura 3.25. se pueden observar frutos de palma africana utilizados para la extracción de aceites.

Figura 3.25. Frutos, semillas y aceite de palma africana.

Uno de los métodos frecuentemente utilizados para extender la vida de almacenamiento de los frutos frescos y vegetales es el uso de refrigeración, la cual retarda los procesos metabólicos controlando los cambios poscosecha como la respiración y maduración (Saucedo, 1977). Sin embargo, la mayoría de los frutos tropicales muestran desórdenes fisiológicos conocidos como «daños por frío» cuando son expuestos a temperaturas por debajo de 10°C. El daño se manifiesta por decoloración de la piel, puntuaciones en la piel y madurez anormal, afectando su valor de mercado (Farooqi y colaboradores, 2001).

La más seria desventaja de la refrigeración para extender la vida de almacenamiento de los frutos de palma es la incidencia de los daños causados por frío. Los daños aparecen como decoloraciones, regiones hundidas en la piel, seguidas por madurez desigual, poco color y olor, incremento de la susceptibilidad a manchas microbianas e incremento en la acidez titulable. Sin embargo, la temperatura a la cual aparecen los daños por frío, difiere entre cultivares (O'Haret y Prasad, 1993).

Las condiciones de almacenamiento son aspectos importantes que pueden afectar, tanto a la población final como a los tipos de microorganismos que crecen en los productos en forma natural. La temperatura, la concentración de gases y la humedad relativa en el embalaje son los factores de mayor influencia sobre la microbiota y la determinación de vida útil de los productos (Rosa, 2002).

Aceite de la pulpa y de la almendra

El aceite de pulpa de palma es un aceite de origen vegetal, obtenido del mesocarpio de la fruta de la palma *Elaeis guineensis*. Este aceite se clasifica como el segundo más ampliamente producido, solo superado por el aceite de soja. El fruto de la palma es ligeramente rojo y este es el color que tiene el aceite embotellado sin refinar, es una rica fuente de precursores de vitamina A y posee una cantidad importante de vitamina E (Morillo, 2005). Rukmini (1994) indicó que el aceite crudo de palma contiene 550 [mg/g] de carotenoides totales de los cuales 375 [mg/g] representan β-caroteno. El contenido de tocoferoles y tocotrienoles es de 1.000 [mg/g].

Serbinova y Packer (1994) señalan que vitamina E es el nombre genérico de los derivados de tocoferol y tocotrienol que tienen actividad vitamínica. Resaltan las propiedades antioxidantes del α-tocoferol, α-tocotrienol y la vitamina E del aceite de palma, el cual contiene 45% de tocoferol y 55% de tocotrienol. El contenido, relativamente alto de estos compuestos hacen que la vitamina E del aceite de palma sea un protector de los sistemas biológicos contra la oxidación de lípidos y proteínas.

El aceite crudo presenta un color rojo anaranjado muy fuerte, debido al alto contenido en carotenoides, que alcanza niveles de 500-700 [mg/litro]. En consecuencia, el aceite sin refinar representa la fuente alimentaria más rica en compuestos carotenoides y algunos pueblos lo utilizan en forma natural, pero el caroteno se destruye en el proceso de refinación, mediante el cual se produce el aceite de color claro que prefiere la mayoría de los consumidores (Mehlenbacher, 2000).

El aceite de palma es un aceite con un contenido glicérido sólido alto, lo cual le da una consistencia semisólida deseada, sin necesidad de pasar por el proceso de hidrogenación. Dicho proceso es requerido para modificar la consistencia de cualquier otro tipo de grasa o aceite vegetal para obtener la consistencia adecuada (Quesada, 1998). Contiene una relación 1:1 entre ácidos grasos saturados e insaturados, es decir que el 50% son saturados, los demás son ácidos grasos insaturados. De los saturados el 45% corresponde al ácido palmítico y el 5% al ácido esteárico y de los no saturados, el 40% corresponde al ácido oleico (monoinsaturado) y el 1% del ácido linoleico (poliinsaturado) (Araya y Bacigalupo, 1986).

También el contenido de triglicéridos de punto de fusión alto, permite su inclusión en la formulación de productos con un intervalo plástico muy alto, ideal para climas muy cálidos y para muchas aplicaciones industriales (Smith, 2006). En general el aceite de palma reúne varias características importantes que determinan una gran versatilidad para ser utilizado en la alimentación y en la industria.

Mori y Kaneda (1994) presentaron un resumen de posibles usos del aceite de palma en Japón. Si es refinado para tallarines instantáneos, frituras, helados de crema, margarina, manteca. Si es hidrogenado para grasa pulverizada, grasa de fritura. Si es fraccionado se producen tres derivados, la estearina sirve para grasas vegetales; la oleína para crema grasa, chocolate, margarina, manteca, caramelos, mayonesa; derivado PMF para chocolate, helados de crema, margarina. Si es esterificado para producir margarina, manteca.

Los aceites de palma y palmiste son física y químicamente diferentes y por ello de sus fracciones se derivan productos con diferentes usos, se puede decir que la aplicación de estos aceites dependerá del tipo de proceso al cual han sido sometidos. El aceite de palmiste tiene una composición de ácidos grasos similar a la del aceite de coco y se usa especialmente para hacer jabones, detergentes y otros oleoquímicos. El aceite de palma es muy diferente de los aceites de coco y palmiste (Brody, 2003).

El aceite de semilla de palma es un producto bien definido, con estrechos intervalos de variación en su composición química. La principal característica es el alto contenido de ácidos grasos saturados de bajo peso molecular, de los cuales hay del 44 al 50 % de ácido láurico (C12), del 14 al 20% de mirístico (C14). El aceite de palmiste se diferencia del aceite de coco por tener menos cantidad de ácidos grasos muy cortos (C6 a C10), compensado por una mayor cantidad de ácido oleico (C18:1) (Arteaga y Campos, 1996).

Los aceites láuricos no tienen mucho uso como aceites de cocina y freído, a pesar de su poca formación de polímeros y ácidos grasos oxidados, debido a su bajo punto de humo, susceptibilidad a la hidrólisis y su tendencia a producir humo cuando se mezcla con aceites no láuricos, siendo entonces necesario freír a menor temperatura y por consiguiente los alimentos absorben más aceite. Sin embargo, hay autores que mencionan su uso en países tropicales para mejorar la resistencia al frío de oleínas de palma (FAO, 1986).

Hernández y Mieres (1987) indicaron que comúnmente se utiliza un 20 a 50% de aceite de palmiste en la formulación de grasas para galletería, con el fin de mejorar la consistencia quebradiza y disminuir la sensación grasosa de la masa en el paladar. El aceite de palmiste es particularmente apreciado en la fabricación de confites, ya que su contenido de grasa en estado sólido a 15 y 20°C es alto y funde rápidamente en el paladar. Como sustitutos de manteca de cacao se utilizan las grasas láuricas en forma hidrogenada, fraccionada y/o interesterificada, de forma tal que su punto de fusión sea lo más aproximado al de la manteca de cacao. Estos productos reciben el nombre común de sustitutos de mantequilla de cacao (CBS), los cuales además de ser sólidos y quebradizos a temperatura ambiente, deben tener una rápida fusión de tal manera que a 35°C sean completamente líquidos.

Estas características contribuyen a una excelente palatabilidad, ausencia de adherencia y buen moldeo durante la fabricación de productos de chocolatería. El mejor (CBS) es el fabricado con la estearina resultante del palmiste fraccionado. Igualmente, el problema del «sabor jabonoso» debido a la presencia de lipasas puede eliminarse mediante buenas prácticas sanitarias, limpieza de materias primas, disminución de niveles de humedad.

Extracción de los aceites

Aceite rojo de la pulpa

La extracción del aceite rojo de palma africana se puede llevar a cabo de varias formas, ya sea a nivel industrial, en donde se utilizan equipos de gran capacidad y precisión que reducen las pérdidas de aceite por fallas en los equipos, también está la extracción artesanal, en donde se utilizan equipos de fabricación casera. En los últimos años en América Latina se han desarrollado nuevas técnicas para la extracción de aceite de palma con procedimientos básicos, comunes a muchas tecnologías (Araya y Bacigalupo, 1986).

Cosecha. Se realiza de forma manual, tomando en cuenta el estado de madurez óptimo de los frutos, el cual está dado por tres características principales que deben cumplir los racimos de fruta fresca. El fruto maduro es pardo rojizo en su cima y rojo anaranjado en su base; si se pincha la fruta con un cuchillo, el aceite chorrea y se observa un color naranja en la pulpa. Un racimo puede considerarse maduro, cuando al menos pueden separarse 20 frutos, con simple presión del dedo. Un racimo en condiciones de ser cortado, cuando se ha producido por lo menos la caída de 5 a 10 frutos al suelo. Se debe tener en cuenta que los frutos si son provenientes de una plantación joven, tienen un rendimiento de un 20% a 25% de aceite extraído (Ríos, 2005).

Cumpliendo estas tres condiciones para el estado óptimo de madurez del fruto, se cosecharon 65 [kg] aproximadamente de Racimos de Fruta Fresca (RFF) para obtener volúmenes deseados de aceite. Los racimos de fruta fresca después de ser cosechados, se trasladan a la planta donde se realiza el proceso de extracción de aceite. Para que el transporte de los RFF sea efectivo y la calidad del aceite sea adecuada, se debe tener en cuenta la rapidez con los que los RFF son llevados a la planta extractora para su procesamiento, ya que mientras antes se sometan los frutos al proceso, se disminuye la acción de las enzimas que son causantes de la acidificación del aceite en las frutas.

Esterilización. La esterilización de los racimos de fruta fresca consiste en someterlos a tratamiento térmico. Los racimos se esterilizan por medio de vapor de agua a una presión de 2,5 a 3,0 [kg/cm^2] y una temperatura superior a 100°C por un período de 45 minutos (Surre y Ziller, 2006). Los propósitos de la esterilización son: la inactivación de enzimas degradadoras de aceite y producir un debilitamiento de los frutos adheridos al racimo, de modo que cada fruto se desprenda con facilidad y favorecer el ablandamiento de la pulpa para el proceso de prensado (Epsteín, 2007).

Desgranado. Conocido como desfrutamiento, es la etapa del proceso de extracción en el que los frutos de palma son separados de los tallos, más conocidos como raquis. Esto se consigue mediante regímenes de golpes repetidos, realizados de forma manual, después de que los frutos han salido del proceso de esterilización (Surre y Ziller, 2006).

Macerado. Mediante la maceración de la pulpa en el fruto se desprende por completo el coco (semilla), por medio de la acción del molino de dientes se logra el rompimiento de las células aceitosas de la pulpa y de esta forma el aceite se puede liberar con mayor facilidad mediante el prensado (Seoánez, 2008).

Prensado. La extracción del aceite se obtiene mediante el proceso de prensado, el cual sirve para separar los componentes de la pulpa (aceite y fibra). A nivel industrial se utilizan prensas hidráulicas de tornillo, las cuales tienen mayor capacidad y hacen que los rendimientos de extracción de aceite sean más altos, ya que la fibra sale con muy poco contenido de aceite (Andersen, 2007).

Centrifugación. El aceite obtenido del prensado es centrifugado a 4.300 [rpm] durante un minuto, con el fin de eliminar todas las impurezas, tales como agua y fibra, residuos del proceso de maceración y prensado.

Almacenamiento. Generalmente se hace a temperaturas no muy diferentes a las del ambiente exterior, no suelen bajar de los 15°C. Pueden conservarse de esta forma durante un cierto tiempo. No se evita el deterioro paulatino, pero sí se consigue retardar este fenómeno. Si la humedad del almacén es baja da lugar a la pérdida de humedad en el alimento, si la humedad es alta favorece la alteración microbiana (Kays, 2007).

Como cualquier otro tipo de grasa o aceite, el aceite rojo de palma se ve afectado por factores externos que comprometen su calidad. Así se tiene que está ligada directamente a ciertos cuidados que hay que tener en todas las etapas de procesamiento del aceite, es decir desde la cosecha pasando por la extracción, el almacenamiento y transporte. Durante la etapa de almacenamiento y transporte hay que tomar precauciones, para evitar el exceso de humedad en el aceite ya que favorece la oxidación, compromete la estabilidad y causa problemas para purificarlo y refinarlo.

La Figura 3.26. indica las operaciones principales que se realizan para la obtención de aceite rojo de palma africana en una industria procesadora.

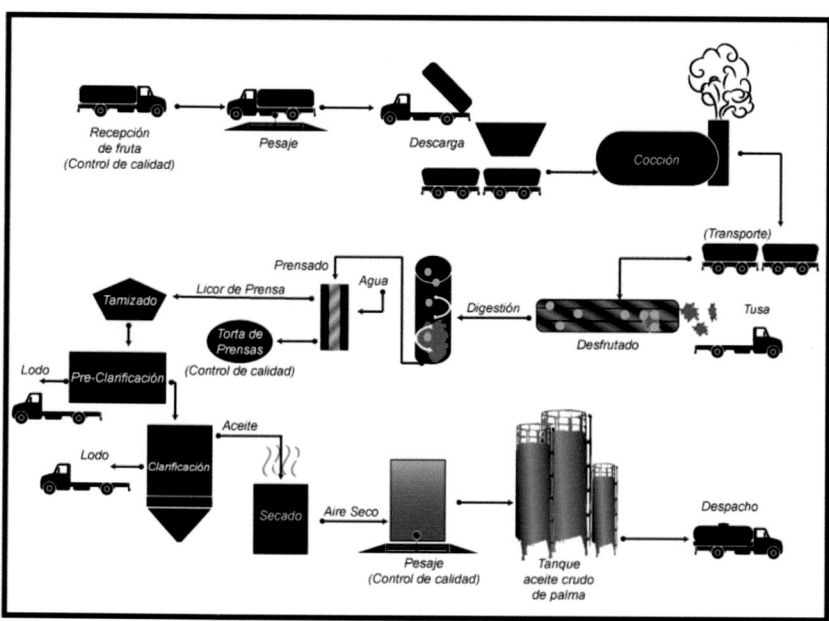

Figura 3.26. Diagrama de procesos en una planta extractora de aceite de palma.

El principal factor que influye en la calidad del aceite rojo es la elevación del nivel de oxidación, entendiéndose por oxidación la reacción que se da entre los enlaces dobles de las grasas insaturadas y el oxígeno del medio, en el cual se generan compuestos oxidados como aldehídos o cetonas y ácidos grasos libres de cadena corta, que causan alteración de las características sensoriales del producto y la formación de la rancidez en el aceite. Existen ciertas temperaturas elevadas, alto porcentaje de humedad, presencia de metales catalíticos, especialmente hierro y cobre, que aceleran el deterioro (Patterson, 2003). En la Tabla 3.8. se incluyen las principales propiedades físicas de aceite rojo de la pulpa de palma africana.

Tabla 3.8. Propiedades físicas de grasa fundida de palma africana (*Elaeis guineensis*).

Propiedad	Unidad	TEMPERATURA [°C]						
		30	40	50	60	70	80	90
Densidad	[kg/m³]	896	891	883	875	869	862	855
Tensión superficial	[mN/m]	22,7	22,4	22,0	21,7	21,4	21,1	20,7
Entropía de superficie	10^2 [erg/m² K]	−7,49	−7,15	−6,81	−6,51	−6,24	−5,97	−5,70
Energía libre de superficie	[mJ/m²]	45,4	44,8	44,0	43,4	42,8	42,2	41,4
Viscosidad	[mPa·s]	61,9	40,1	27,6	20,3	15,4	10,0	7,1
Viscosidad cinemática	[stoke]	0,691	0,450	0,313	0,232	0,177	0,116	0,083
Fluidicidad	[rhe]	1,62	2,49	3,62	4,93	6,49	10,0	14,1
Índice de refracción	---	1,4620	1,4590	1,4546	1,4514	1,4477	1,4442	1,4411
Calor específico	[J/kg × K]	2.210						
Conductividad térmica	[W/m × K]	0,21						
Difusividad térmica	[m²/s]	$1,08 \times 10^{-7}$						
Entalpía	[J/kg]	22.100 (303,2 → 313,2) [K]						
Energía de tensión	[kJ/kg × mol]	1.050 (303,2 → 313,2) [K]						
Coeficiente de expansión	[1/°C]	0,000837						
Energía de flujo	[kJ/kg × mol]	32.228						
Refracción específica	[m³/kg]	0,000308						
Punto de solidificación	[°C]	30,0 (Inicio 35,0; Final 25,0)						
Punto de fusión	[°C]	34,8 (Inicio 31,5; Final 38,0)						
Punto de humo	[°C]	122						
Punto de ignición	[°C]	243						
Punto de inflamación	[°C]	283						

Aceite amarillo de la almendra

Para la extracción del aceite de la nuez de palma se emplea principalmente la extracción mecánica a alta presión usando una prensa de tornillo (Baryeh, 2001). Existen varios métodos como la extracción por solventes específicos asociados con el uso de calor y/o agitación y maceración mezclada con agua, alcohol y grasa caliente (Luque de Castro, 2007).

Según Pedraza (1999) existen diferentes métodos para la obtención de aceite de semillas de palma africana o palmiste, que pueden ser agrupadas en la forma siguiente: Extracción por presión con prensas. Extracción por solventes, proceso discontinuo. Extracción por presión, proceso continuo. Extracción por preprensado seguido de extracción por solventes.

Señala que en la extracción por presión mecánica se tiene básicamente un proceso físico y, bajo condiciones normales de operación, la calidad del producto final (aceite y torta) depende de la calidad de la materia prima y que es importante controlar la humedad de las semillas al entrar al proceso, debe ser en promedio 4,5 a 5%.

Las tres etapas que componen este proceso de extracción por presión son: preparación de la semilla, prensado y clarificación del aceite.

La preparación de la semilla es necesaria para obtener una mejor eficiencia en la extracción del aceite y varía según el tipo de prensa utilizado. Las semillas primero se limpian de materias extrañas, luego son rotas en molinos de martillos o de rodillos, posteriormente los pedazos son laminados en laminadores. Los trozos laminados son luego acondicionados en recipientes de cocción, para ajustar la humedad, ayudar a la rotura de las celdas que contienen el aceite y reducir su viscosidad.

La torta acondicionada se prensa en prensas metálicas de distinto tipo, donde se obliga al aceite a pasar a través de las ranuras de la canasta de prensado y la torta prensada se descarga al final mediante un cono ajustable. El aceite extraído se tamiza para retener los finos que pasaron a través de la canasta y se descarga en un tanque recolector, desde donde es bombeado a un filtro prensa para separar los sólidos y finos que pueda contener, antes de enviarlo a los tanques de almacenamiento.

Este período depende de muchas variables en donde se incluyen tanto el producto como las condiciones ambientales y el empaque. Dentro de las más prevalentes se encuentran: temperatura, pH, actividad de agua, humedad relativa, radiación (luz), concentración de gases, potencial redox, presión y presencia de iones (Brody, 2003).

En la Figura 3.27. se observan las operaciones y procesos para obtener aceite de palmiste.

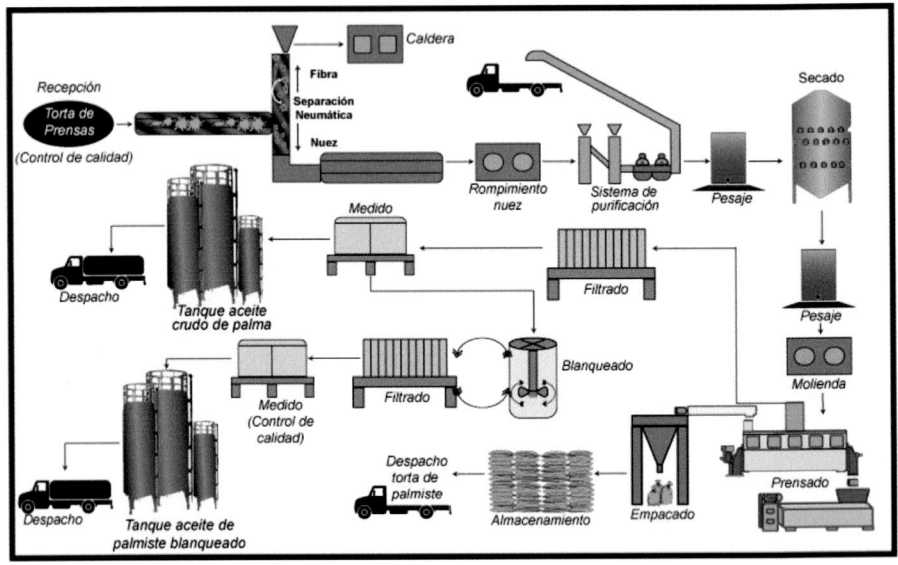

Figura 3.27. Diagrama de procesos en una planta extractora de aceite de palmiste.

Hay muchas variaciones en las tecnologías utilizadas, entre ellas se mencionan el uso de prensas que no requieren el tratamiento previo de las semillas eliminando los procesos de preparación de la semilla, prensas en serie para mejorar el rendimiento, utilización de técnicas de blanqueo del aceite. En la Tabla 3.9 se presentan datos promedios de propiedades físicas determinados en grasa sin refinar, obtenida por presión de 10 o más lotes de muestras de almendras de palma africana, conocido como «palmiste».

Tabla 3.9. Propiedades físicas de grasa fundida obtenida por presión de la almendra de palma africana (*Elaeis guineensis*) o palmiste.

Propiedad	Unidad	TEMPERATURA [°C]						
		30	40	50	60	70	80	90
Densidad	[kg/m³]	909	903	896	889	882	876	869
Tensión superficial	[mN/m]	23,9	23,3	22,8	22,1	21,6	21,0	20,4
Entropía de superficie	10^2 [erg/m² K]	−7,88	−7,44	−7,05	−6,63	−6,29	−5,95	−5,62
Energía libre de superficie	[mJ/m²]	47,8	46,6	45,6	44,2	43,2	42,0	40,8
Viscosidad	[mPa·s]	49,1	28,9	20,6	14,5	10,3	6,9	4,7
Viscosidad cinemática	[stoke]	0,540	0,320	0,230	0,163	0,117	0,079	0,054
Fluidicidad	[rhe]	2,04	3,46	4,85	6,90	9,71	14,5	21,3
Índice de refracción	---	1,4539	1,4505	1,4465	1,4430	1,4393	1,4356	1,4320
Calor específico	[J/kg × K]	2.200						
Conductividad térmica	[W/m × K]	0,23						
Difusividad térmica	[m²/s]	$1,16 \times 10^{-7}$						
Entalpía	[J/kg]	22.000 (303,2 → 313,2) [K]						
Energía de tensión	[kJ/kg × mol]	2.010 (303,2 → 313,2) [K]						
Coeficiente de expansión	[1/°C]	0,000790						
Energía de flujo	[kJ/kg × mol]	34.665						
Refracción específica	[m³/kg]	0,000298						
Punto de solidificación	[°C]	21,0 (Inicio 22,0; Final 20,0)						
Punto de fusión	[°C]	25,0 (Inicio 24,0; Final 26,0)						
Punto de humo	[°C]	118						
Punto de ignición	[°C]	175						
Punto de inflamación	[°C]	212						

El almacenamiento de los aceites se puede extender si se agregan antioxidantes como la Vitamina E. Si se almacenan a temperatura ambiente, se recomienda que sea a temperaturas entre 18° y 28°C, más fresco es mejor, siempre. Se puede extender la vida útil de los aceites si se refrigeran o congelan en recipientes pequeños. Dejar menos espacio con aire dentro del recipiente, significa alargar la vida del aceite (Herrera, 1989).

Cálculo de procesos

Cocción de frutos de palma

Indicador. Rendimiento de aceite

Para las pruebas de obtención de aceite por presión, se utilizaron frutos de palma africana (*Elaeis guineensis*) variedad Tenera, procedentes de la provincia de Los Ríos, Cantón Quevedo-Ecuador, cosechadas en la etapa de madurez fisiológica. Se seleccionó y eliminó los frutos golpeados, maltratados y contaminados. La preparación de la muestra para la extracción de aceite se la hizo con pesos iguales de frutos de palma de 100 [g], los cuales fueron calentados a tres temperaturas (80°, 92° y 133°C) en recipientes de acero inoxidable colocados sobre una cocina industrial, las muestras estuvieron sumergidas en aceite de palma para lograr las temperaturas deseadas, medidas con un termómetro de vidrio con escala de 0° a 200°C.

Cuando las muestras alcanzaron la temperatura se las mantuvo por el tiempo seleccionado y se trasladaron a un lienzo, con la pulpa suavizada se procedió a exprimirlas logrando así la extracción del aceite, el cual fue colocado en vasos de precipitación para pesar la cantidad extraída y calcular el porcentaje de rendimiento. Los resultados para las tres temperaturas se presentan en la Tabla 3.10.

Los datos señalan que a mayor temperatura de cocción de los frutos de palma africana se incrementa la cantidad de aceite extraído por presión, igual situación se presenta en el tiempo de cocción, si aumenta la duración de la cocción también aumenta la cantidad de aceite extraído. El contenido de grasa en la pulpa es del 59%, en consecuencia, el rendimiento en términos globales es bajo y se explica por la metodología manual utilizada en el laboratorio; sin embargo, los rendimientos en industrias nunca son totales, dependen de varios factores como la edad de la planta, el método de extracción utilizado, el acondicionamiento de la materia prima. Al respecto Ríos (2005) señaló que cuando los frutos son provenientes de una plantación joven, tienen un rendimiento de un 20% a 25% de aceite extraído. Lo anterior explica la conveniencia de utilizar tecnologías que utilizan prensa y solvente.

Tabla 3.10. Rendimiento de aceite de palma obtenido por presión luego de la cocción y expresado como porcentaje del peso inicial, a tres temperaturas y distintos tiempos.

Tiempo de cocción [min]	Temperatura		
	80 [°C]	92 [°C]	133 [°C]
0	1,8	1,8	1,8
20	3,5	5,4	10,2
30	3,8	6,2	11,2
40	4,7	9,3	18,3
60	9,4	14,4	
80	15,9	22,6	

Valores promedio de 2 réplicas. E. Guerrero, M. Poveda, J, Villacís.

En la Figura 3.28. se representan los cambios en el rendimiento de aceite en frutos sometidos a tres temperaturas de cocción por diferentes tiempos.

Los coeficientes de determinación indican que las ecuaciones polinómicas de segundo grado son adecuadas para describir el efecto del tiempo de cocción de frutos de palma, los valores en las tres temperaturas son superiores a 0,95.

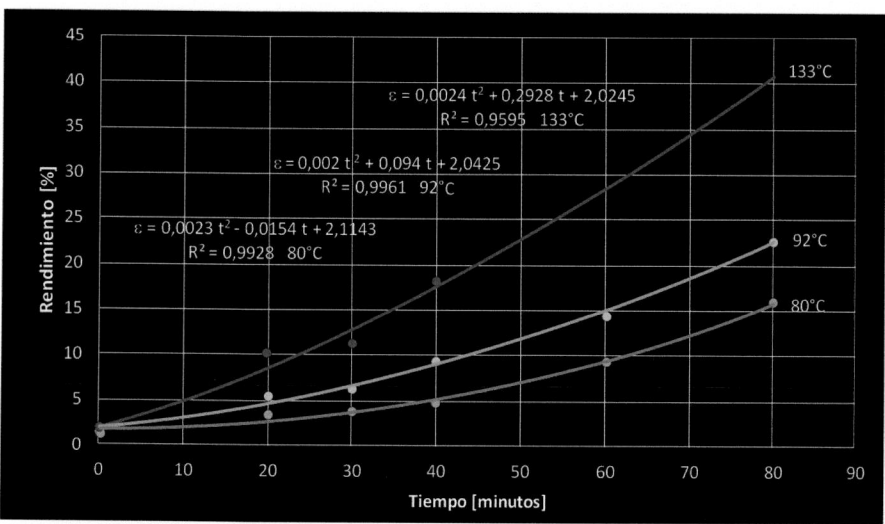

Figura 3.28. Rendimiento expresado en porcentaje de aceite extraído por presión de frutos de palma africana como función del tiempo de cocción.

Las ecuaciones facilitan el cálculo del tiempo requerido para alcanzar un rendimiento del 30%, valor que se espera alcanzar con pequeños cambios en el proceso. Para el caso de 133°C la ecuación utilizada es:

$$\varepsilon = 0,0024 \ t^2 + 0,2928 \ t + 2,0245 \qquad (3.66)$$
$$30 = 0,0024 \ t^2 + 0,2928 \ t + 2,0245$$
$$0,0024 \ t^2 + 0,2928 \ t - 27,975 = 0$$
$$t^*_{PC} = 63 \ [minutos]$$

Para el caso de 92°C la ecuación utilizada es:

$\varepsilon = 0,002\ t^2 + 0,094\ t + 2,0425$ (3.67)

$30 = 0,002\ t^2 + 0,094\ t + 2,0425$

$0,002\ t^2 + 0,094\ t - 27,958 = 0$

$t^*_{PC} = 97$ [minutos]

Para el caso de 80°C la ecuación utilizada es:

$\varepsilon = 0,0023\ t^2 - 0,0154\ t + 2,1143$ (3.68)

$30 = 0,0023\ t^2 - 0,0154\ t + 2,1143$

$0,0023\ t^2 - 0,0154\ t - 27,886 = 0$

$t^*_{PC} = 114$ [minutos]

Estos serían los tiempos de cocción de los frutos de palma para alcanzar un rendimiento de aceite (ε) del 30% con relación al peso inicial. Se requiere establecer un margen de seguridad para alcanzar el rendimiento fijado, un 10% se considera aceptable en cuyo caso:

A 133°C

$F^*_{PC} = 63 \times (1,1) = 69$ [minutos]

A 92°C

$F^*_{PC} = 97 \times (1,1) = 107$ [minutos]

A 80°C

$F^*_{PC} = 114 \times (1,1) = 125$ [minutos]

En las ecuaciones anteriores el subíndice $_{PC}$ se refiere al aceite de palma africana en cocción. Posibilitan el cálculo a las tres temperaturas indicadas, para obtener valores a temperaturas intermedias se construye la Figura 3.29.

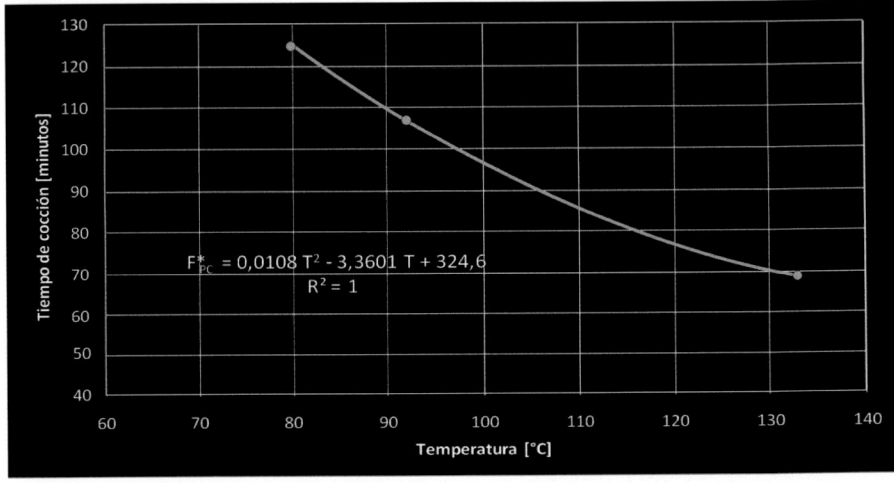

Figura 3.29. Tiempo de cocción como función de la temperatura de frutos de palma para obtener 30% de rendimiento de aceite.

La ecuación que ajusta completamente con los datos experimentales, con un coeficiente de determinación máximo es una ecuación cuadrática.

$$F^*_{PC} = 0,0108\ T^2 - 3,3601\ T + 324,6 \tag{3.69}$$

En el caso de disponer de un equipo para trabajar a 121°C, el tiempo de cocción requerido será igual a:

$$F^*_{PC} = 0,0108\ T^2 - 3,3601\ T + 324,6$$
$$F^*_{PC} = 0,0108\ (121)^2 - 3,3601\ (121) + 324,6$$
$$F^*_{PC} = 76\ [\text{minutos}]$$

Cálculo de las constantes de velocidad

Para la comparación de procesos análogos es posible utilizar términos desarrollados en el cálculo de procesos térmicos. El valor **D*** denominado tiempo de reducción decimal, el valor **ẑ** llamado constante de resistencia térmica, pueden ser calculados en la forma siguiente.

Utilizando los datos de rendimiento de aceite se elabora la Figura 3.30. se grafica en ordenadas, escala logarítmica, los valores de rendimiento de aceite de palma expresados como porcentaje y en abscisas el tiempo de cocción, a las tres temperaturas de trabajo.

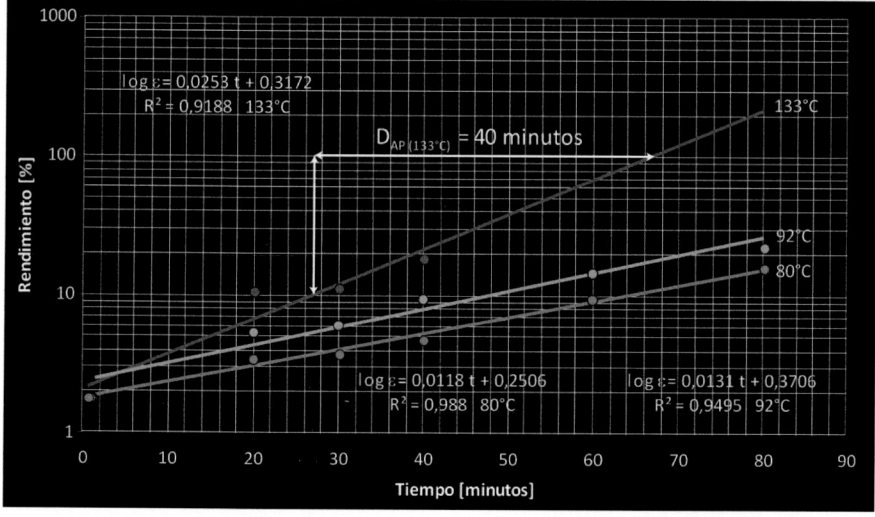

Figura 3.30. Representación semi logarítmica del porcentaje de rendimiento de aceite de palma africana como función del tiempo de cocción a tres temperaturas.

Se observa que a las tres temperaturas se cumple de manera satisfactoria la linealidad entre el logaritmo de la cantidad de aceite extraído de frutos de palma africana y el tiempo de cocción, el ajuste con los datos experimentales es alto, los coeficientes de determinación son superiores a 0,9.

Las pendientes de las ecuaciones incluidas en la Figura corresponden al logaritmo del rendimiento dividido para el intervalo de tiempo, una escala logarítmica corresponde a un valor de 1, e indica un cambio del 90% en la medida realizada. Al dividir 1 para el valor de la pendiente, que corresponde al inverso de la pendiente, se obtiene un valor designado como **D*** o factor de reducción decimal, notar que la reducción o aumento es hasta la décima parte.

A 133°C
$$\log \varepsilon = 0{,}0253\ t + 0{,}3172 \tag{3.70}$$
$$D^*_{PC} = 1/0{,}0253 = 40\ [\text{minutos}]$$

A 92°C
$$\log \varepsilon = 0{,}0131\ t + 0{,}3706 \tag{3.71}$$
$$D^*_{PC} = 1/0{,}0131 = 76\ [\text{minutos}]$$

A 80°C
$$\log \varepsilon = 0{,}0118\ t + 0{,}2506 \tag{3.72}$$
$$D^*_{PC} = 1/0{,}0118 = 85\ [\text{minutos}]$$

Estos valores también pueden ser establecidos en la figura anterior, se ubica el punto inicial 10 y el punto final 100. Las rectas atraviesan un ciclo logarítmico y la distancia en abscisas corresponde al valor **D***. Si D^*_{PC} es 40 [minutos], como se observa en la figura, indica que, al mantenerse la cocción en los frutos de palma por este tiempo a 133°C, se espera que el rendimiento en la extracción de aceite aumente 10 veces, lo cual corresponde a un período decimal. Los valores obtenidos sirven para determinar el valor del factor de resistencia térmica $\hat{z}_{PC}$ como se indica en la Figura 3.31.

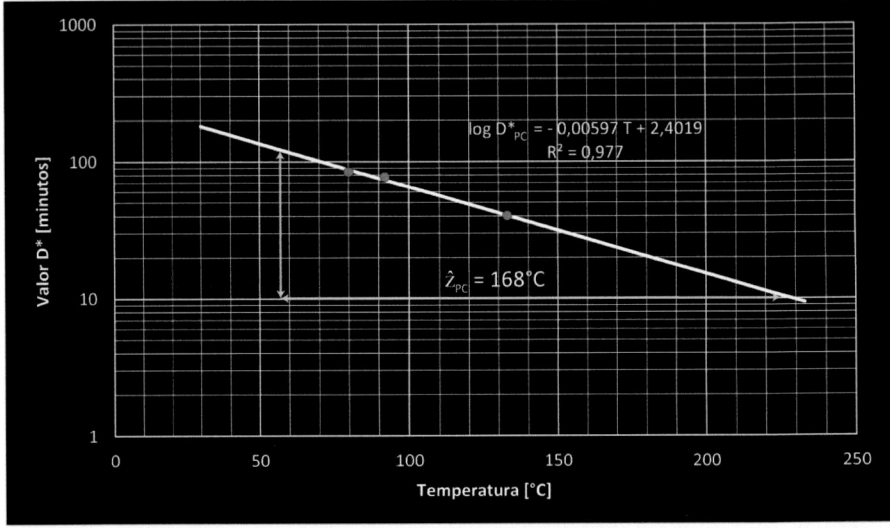

Figura 3.31. Representación semi logarítmica de valores de tiempo de reducción decimal de aceite de palma africana como función de la temperatura.

Al graficar en escala logarítmica los valores de reducción decimal como función de la temperatura en escala normal, se establece una relación satisfactoria, el coeficiente de determinación es muy próximo a la unidad. La ecuación que describe la relación es:

$$\log D^*_{PC} = -\,0,00597\;T + 2,4019 \tag{3.73}$$

El inverso negativo de la pendiente corresponde al valor $\hat{z}$.

$$\hat{z}_{PC} = 1/0,00597 = 167,5°C$$

El dato también puede obtenerse como se indica en la figura anterior, la escala logarítmica seleccionada está entre 10 y 100, la línea horizontal que se extiende hasta topar con la línea correspondiente a la representación de los datos, define al valor $\hat{z}$.

Cocción de semillas de palma o palmiste

Indicador. Rendimiento de aceite

Se trabajó con muestras de palmiste de la variedad (*Elaeis guineensis* Jacq.), seleccionados y libres de sustancias extrañas. Previamente las semillas fueron trituradas y acondicionadas para control de la humedad. Para las pruebas de cocción se separaron muestras iguales en peso, las cuales fueron calentadas a tres temperaturas (80°, 90° y 104°C) por diferentes tiempos de cocción. Fueron transferidas a un lienzo y mediante presión manual se obtuvo el aceite en vasos de precipitación para registrar el peso y calcular el porcentaje de rendimiento. Los resultados se presentan en la Tabla 3.11.

Tabla 3.11. Rendimiento de aceite de palmiste expresado como porcentaje del peso inicial, obtenido por presión luego de la cocción a tres temperaturas y distintos tiempos.

Tiempo de cocción [min]	Temperatura [°C]		
	80	90	104
0	1,8	1,8	1,8
45	2,0	3,1	3,9
90	4,1	5,2	6,7
135	6,0	7,5	9,5
180	8,7	10,6	13,1

Valores promedio de 2 réplicas. Mentor Chicaiza y Claudia Tapia.

Aproximadamente la mitad del peso de la almendra corresponde a la materia grasa, la cantidad de aceite extraído en todas las muestras es bajo y se explica por ser un método manual y explica las múltiples alternativas tecnológicas desarrolladas para el tratamiento del palmiste. Existe una relación directa entre la temperatura y el tiempo de cocción con el rendimiento.

En la Figura 3.32. se indican los cambios en el rendimiento de aceite en semillas de palma sometidas a tres temperaturas de cocción por diferentes tiempos.

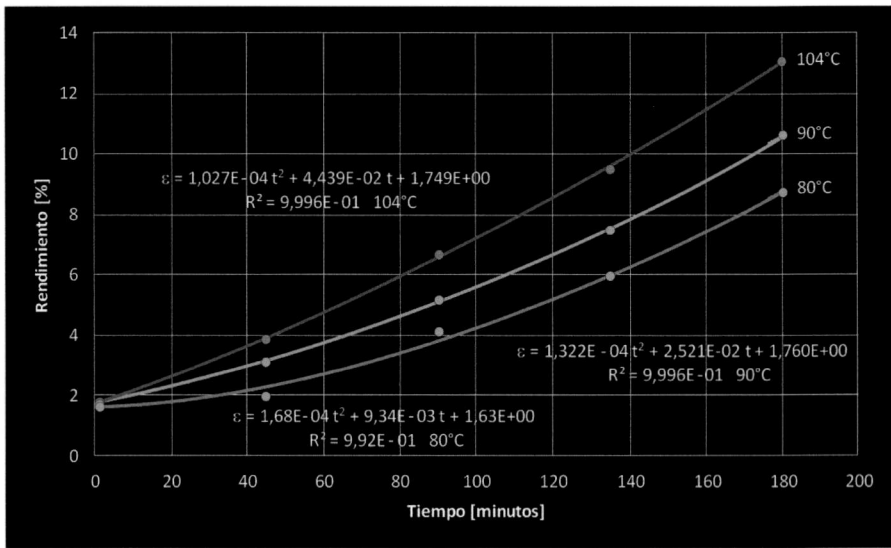

Figura 3.32. Rendimiento expresado en porcentaje de aceite extraído por presión de semillas de palma africana como función del tiempo de cocción.

Se observa un incremento en el rendimiento de aceite extraído del palmiste, conforme aumenta la temperatura y el tiempo de cocción. Los coeficientes de determinación indican que las ecuaciones cuadráticas son apropiadas para describir el efecto del tiempo de cocción sobre la cantidad de aceite extraído mediante presión de la almendra de palma africana, los valores en las tres temperaturas son superiores a 0,99.

Con las ecuaciones incluidas en la Figura que corresponden a las tres temperaturas de trabajo se calculan los tiempos en los que se obtendría un rendimiento del 15% de aceite, valor bajo seleccionado por la dificultad de extracción.

Para el caso de 104°C la ecuación utilizada es:

$$\varepsilon = 0,0001027\ t^2 + 0,04439\ t + 1,749 \tag{3.74}$$
$$15 = 0,0001027\ t^2 + 0,04439\ t + 1,749$$
$$0,0001027\ t^2 + 0,04439\ t - 13,251 = 0$$
$$t^*_{sc} = 203\ [minutos]$$

Para el caso de 90°C la ecuación utilizada es:

$$\varepsilon = 0,0001322\ t^2 + 0,02521\ t + 1,76 \tag{3.75}$$
$$15 = 0,0001322\ t^2 + 0,02521\ t + 1,76$$
$$0,0001322\ t^2 + 0,02521\ t - 13,24 = 0$$
$$t^*_{sc} = 235\ [minutos]$$

Para el caso de 80°C la ecuación utilizada es:

$$\varepsilon = 0{,}000168\ t^2 + 0{,}00934\ t + 1{,}63 \tag{3.76}$$
$$15 = 0{,}000169\ t^2 + 0{,}00934\ t + 1{,}63$$
$$0{,}000169\ t^2 + 0{,}00934\ t - 13{,}37 = 0$$
$$t^*_{SC} = 255\ [\text{minutos}]$$

Para tener un margen de seguridad del 10%

A 104°C
$$F^*_{SC} = 203 \times (1{,}1) = 223\ [\text{minutos}]$$

A 90°C
$$F^*_{SC} = 235 \times (1{,}1) = 259\ [\text{minutos}]$$

A 80°C
$$F^*_{SC} = 255 \times (1{,}1) = 281\ [\text{minutos}]$$

En las ecuaciones anteriores el subíndice $_{SC}$ se refiere al aceite de semilla de palma africana en cocción. Sirven para el cálculo a las tres temperaturas indicadas, para otras temperaturas intermedias se construye la Figura 3.33.

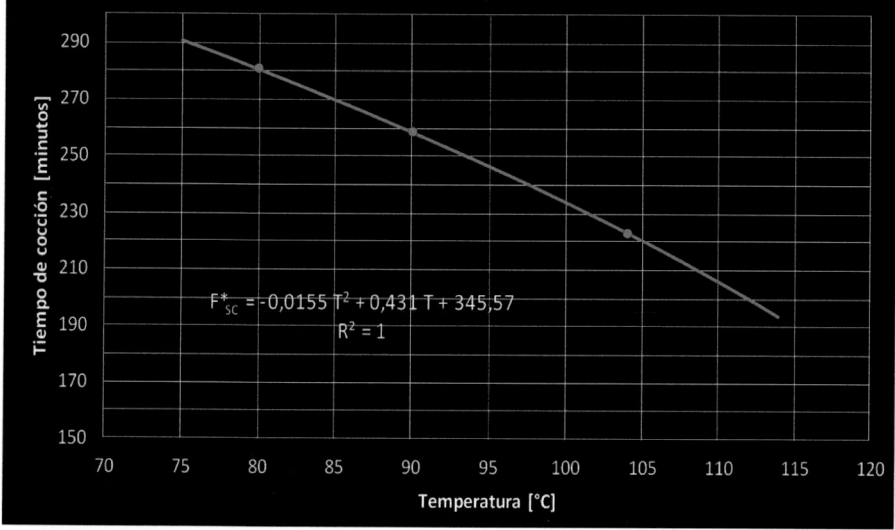

Figura 3.33. Tiempo de cocción como función de la temperatura de frutos de semilla de palma africana para alcanzar 15% de rendimiento de aceite.

La ecuación cuadrática ajusta completamente con los datos experimentales, con un coeficiente de determinación igual a 1. La ecuación es:

$$F^*_{SC} = -\ 0{,}0155\ T^2 + 0{,}431\ T + 345{,}57 \tag{3.77}$$

En el caso de disponer de un equipo para trabajar a 121°C, el tiempo de cocción requerido será igual a:

$$\mathbf{F^*_{SC} = -0,0155\ T^2 + 0,431\ T + 345,57}$$
$$\mathbf{F^*_{SC} = -0,0155\ (121)^2 + 0,431\ (121) + 345,57}$$
$$\mathbf{F^*_{SC} = 171\ [minutos]}$$

Para efecto de comparación con la extracción del aceite de frutos de palma, en situaciones similares, se requieren 76 [minutos] para obtener un 30% de rendimiento, valor mucho menor que el calculado para la extracción de aceite de palmiste, 171 [minutos] para un rendimiento que corresponde a la mitad. Lo anterior es un reflejo de la dificultad de extraer aceite de palmiste, es mucho mayor que para extraer aceite del fruto de palma.

Cálculo de las constantes de velocidad

Es importante conocer el valor **D*** y el valor **ẑ** para el caso del aceite de palmiste.

Utilizando los datos de rendimiento de aceite de palmiste se elabora la Figura 3.34. Para ello nuevamente se representa en ordenadas, escala logarítmica, los valores de rendimiento de aceite de palma expresados como porcentaje y en abscisas el tiempo de cocción, a las tres temperaturas de trabajo.

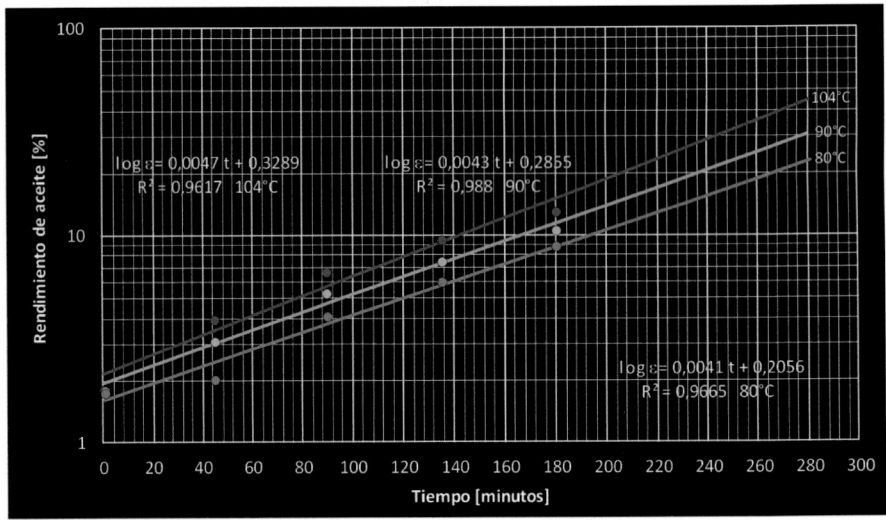

Figura 3.34. Representación semi logarítmica del porcentaje de rendimiento de aceite de palmiste como función del tiempo de cocción a tres temperaturas.

El valor **D*** corresponde al inverso de la pendiente de una función semi logarítmica del rendimiento de aceite y el tiempo de cocción, por ello sus unidades son de tiempo. A las tres temperaturas se cumple de manera satisfactoria la linealidad entre estas dos variables, los coeficientes de determinación son superiores a 0,96.

A 104°C

log ε = 0,0047 t + 0,3289 (3.78)

D*$_{SC}$ = 1/0,0047 = 213 [minutos]

A 90°C

log ε = 0,0043 t + 0,2855 (3.79)

D*$_{SC}$ = 1/0,0043 = 233 [minutos]

A 80°C

log ε = 0,0041 t + 0,2056 (3.80)

D*$_{SC}$ = 1/0,0041 = 244 [minutos]

Los valores obtenidos sirven para determinar el valor $\hat{z}_{SC}$ como se indica en la Figura 3.35.

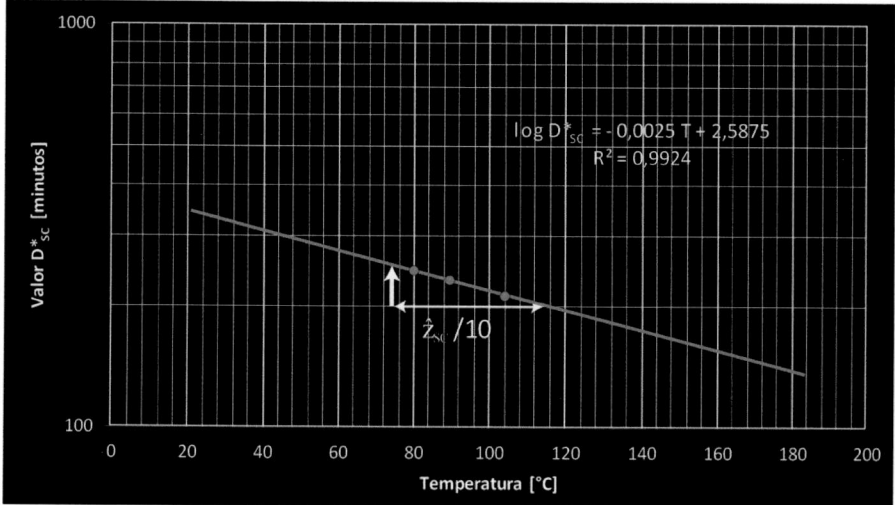

Figura 3.35. Representación semi logarítmica de valores de tiempo de reducción decimal de aceite de palmiste como función de la temperatura.

Al graficar en escala logarítmica los valores de reducción decimal como función de la temperatura en escala normal, se establece una relación satisfactoria, el coeficiente de determinación es muy próximo a la unidad. La ecuación que describe la relación es:

log D*$_{SC}$ = – 0,0025 T + 2,5875 (3.81)

El inverso de la pendiente corresponde al valor $\hat{z}$.

$\hat{z}_{SC}$ = 1/0,0025 = 400°C

El valor también puede obtenerse como se indica en la Figura, la distancia vertical es 1/10 de la longitud de una escala logarítmica, el valor correspondiente a la distancia horizontal debe ser multiplicado por 10 para obtener el valor $\hat{z}$.

Los valores $\hat{z}$ son un indicativo de la sensibilidad a la temperatura que tiene la variable medida, cuanto más pequeño es el valor más sensible es a la temperatura, si los valores son altos como en el presente caso, indica que el efecto de la temperatura es bajo con relación al rendimiento de extracción de aceite. El valor de la constante de resistencia térmica para la cocción en el caso de aceite de palmito es muy alto, $\hat{z}_{SC} = 400°C$, con relación al de la cocción del fruto para la extracción de su aceite, $\hat{z}_{PC} = 168°C$, los dos productos son muy resistentes al calor, en especial el palmito.

En la Figura 3.36. se observan muestras de aceite rojo del fruto de palma africana en la parte izquierda y aceite amarillo de semillas de palma africana a la derecha.

Figura 3.36. Almendras de palma africana.

Almacenamiento del aceite rojo de palma

Indicador. Índice de refracción

Para las pruebas de estabilidad se utilizó aceite crudo natural de palma africana variedad Tenera (*Elaeis guineensis*), procedente de la provincia de Los Ríos, Cantón Quevedo en Ecuador. Se procedió a preparar 3 muestras de 5.000 [ml] del aceite en vasos de precipitación y se los almacenó a temperatura de refrigeración (7°C), ambiente (18°C) y una cámara de temperatura controlada (30°C).

Para las determinaciones del índice de refracción, se estabilizó previamente cada muestra a 30°C y las medidas se realizaron en un refractómetro convencional de Abbe, con lectura de escala en términos de cuatro cifras decimales, calibrado con agua destilada (Alvarado, 2001). Los resultados se presentan en la Tabla 3.12.

Tabla 3.12. Valores del índice de refracción de aceite crudo de palma almacenado a tres temperaturas.

Tiempo de almacenamiento [horas]	Temperatura [°C]		
	7	18	30
0	1,4523	1,4523	1,4523
23	1,4532	1,4537	1,4542
46	1,4543	1,4548	1,4552
71	1,4552	1,4560	1,4563
95	1,4558	1,4567	1,4572

Valores promedio de 2 réplicas. E. Guerrero, M. Poveda, J, Villacís.

Se puede observar como el índice de refracción es menor a la temperatura más baja de 7°C. Los valores mayores del aceite crudo de palma se registraron a 30°C. Conforme transcurre el almacenamiento los valores se incrementan.

El aceite crudo de palma almacenado a 30°C se oscurece, presentó los valores más altos del índice de refracción debido a que se favorece el inicio de las reacciones que provocan la oxidación y especialmente la formación de peróxidos por la presencia de luz y calor. A la temperatura de 7°C el índice de refracción es más bajo, se destaca que el cambio de color fue leve. Saucedo (1977) señaló que uno de los métodos frecuentemente utilizados para extender la vida de almacenamiento de los alimentos frescos y vegetales es el empleo de refrigeración. Sin embargo, la mayoría de los productos tropicales muestran desórdenes fisiológicos conocidos como «daños por frío» cuando son expuestos a temperaturas por debajo de 10°C, el daño se manifiesta por decoloración (Farooqi, 2001). La temperatura a la cual aparecen los daños por frío, difiere entre cultivares. (O'Hare y Prasad, 1993).

En la Figura 3.37. se observa los cambios en el índice de refracción conforme avanza el tiempo de almacenamiento a las tres temperaturas.

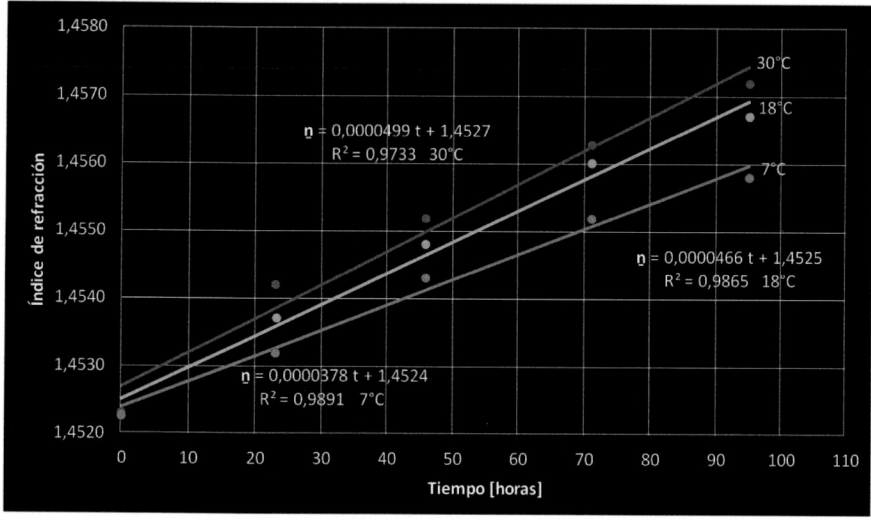

Figura 3.37. Índice de refracción registrado en aceite crudo de palma almacenado a tres temperaturas.

El índice de refracción se incrementa en el tiempo de almacenamiento del aceite crudo de palma, lo cual es descrito de manera adecuada por ecuaciones lineales, las ecuaciones obtenidas para las tres temperaturas presentaron coeficientes de determinación muy próximos a la unidad, lo que indica que este modelo es adecuado para describir esta relación. El aceite se oscurece conforme transcurre el tiempo, cuando está oxidado el color del aceite es negro. Se fijó como condición estándar límite el valor de índice de refracción 1,4540 hasta el cual el aceite crudo de palma africana mantiene condiciones adecuadas para la posterior clarificación.

A 30°C

$$\underline{n} = 0,0000499 \, t + 1,4527 \tag{3.82}$$
$$1,454 = 0,0000499 \, t + 1,4527$$
$$(1,454 - 1,4527)/0,0000499 = t$$
$$t^*{}_{PA} = 26 \ [\text{minutos}]$$

A 18°C

$$\underline{n} = 0,0000466 \, t + 1,4525 \tag{3.83}$$
$$1,454 = 0,0000466 \, t + 1,4525$$
$$(1,454 - 1,4525)/0,0000466 = t$$
$$t^*{}_{PA} = 32 \ [\text{minutos}]$$

A 7°C

$$\underline{n} = 0,0000378 \, t + 1,4524 \tag{3.84}$$
$$1,454 = 0,0000378 \, t + 1,4524$$
$$(1,454 - 1,4524)/0,0000378 = t$$
$$t^*{}_{PA} = 42 \ [\text{minutos}]$$

Con un factor de seguridad del 10 % que asegure un buen tratamiento antes que aparezcan signos de decoloración, los valores de $F^*{}_{PA}$ son:

A 30°C
$$F^*{}_{PA} = 26 \times (0,9) = 23 \ [\text{minutos}]$$

A 18°C
$$F^*{}_{PA} = 32 \times (0,9) = 29 \ [\text{minutos}]$$

A 7°C
$$F^*{}_{PA} = 42 \times (0,9) = 38 \ [\text{minutos}]$$

En las ecuaciones anteriores $\underline{n}$ es el índice de refracción, $t^*{}_{PA}$ es el tiempo de almacenamiento, $F^*{}_{PA}$ es el tiempo seguro de almacenamiento, el subíndice $_{PA}$ se refiere al aceite de pulpa de palma africana en almacenamiento. Se pueden utilizar para el cálculo de los tiempos de almacenamiento según los valores del índice de refracción del aceite de palma a las tres temperaturas indicadas, para otras temperaturas intermedias se construye la Figura 3.38.

La ecuación lineal describe en forma adecuada la relación entre el tiempo máximo de almacenamiento de aceite de palma a distintas temperaturas, el coeficiente de determinación es muy cercano a la unidad. Si se desea conocer el tiempo de almacenamiento a 25°C para disminuir los problemas de sedimentación y suspensión de sólidos, la aplicación de la siguiente ecuación conduce a:

$$F^*_{PA} = -\,0,6499\;T + 41,914 \qquad\qquad (3.85)$$
$$F^*_{PA} = -\,0,6499\;(25) + 41,914$$
$$F^*_{PA} = 26\;[horas]$$

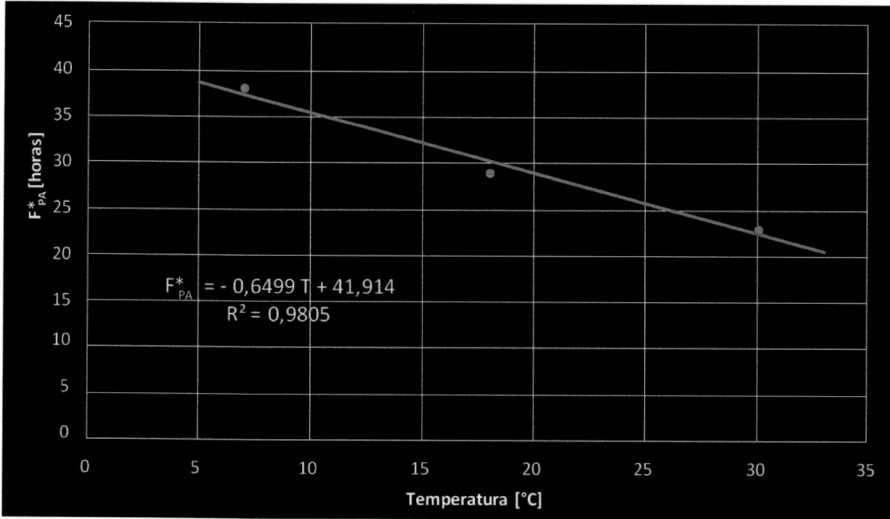

Figura 3.38. Tiempo seguro de almacenamiento de aceite de palma como función de la temperatura.

Heldman y Singh (1981) indicaron que la calidad del alimento varía significativamente en función de las condiciones de almacenamiento, cuando la temperatura es muy variable se reducen los parámetros de calidad del producto. Sin embargo, en la realidad deben utilizarse temperaturas bajas para alargar la vida del producto. La vida de los alimentos se reduce significativamente si se ven expuestos a cambios de temperatura durante el almacenamiento.

Los alimentos siempre están sometidos a variaciones de temperatura, especialmente cuando se los transforma e industrializa, también ocurre en los sitios de almacenamiento.

Almacenamiento del aceite amarillo de palmiste

Indicador. Índice de refracción

Para las pruebas de almacenamiento se prepararon muestras de aproximadamente 3.000 [ml] de aceite de palmiste, las cuales fueron colocadas en tres ambientes: temperatura baja (20 ± 1°C), cámara de temperatura media (30 ± 2°C) y cámara de temperatura alta (40 ± 1°C). El aceite se obtuvo luego de deshidratar las semillas a 90°C para secarlas hasta una humedad del 5 %, posteriormente fueron trituradas hasta tamaños de partícula pequeños y extraído con hexano en equipos Soxhlet, obteniéndose un aceite con una acidez de 1,5 %, color amarillo, índice de refracción de 1,4460 y humedad de 0,059 %.

Las medidas del índice de refracción a los distintos tiempos se realizaron en refractómetro de Abbe, con lecturas de cuatro decimales, calibrado previamente con agua destilada. Antes de las lecturas las muestras fueron estabilizadas a 40°C y se utilizaron los datos promedio de dos réplicas que se presentan en la Tabla 3.13.

Tabla 3.13. Valores del índice de refracción de aceite crudo de palmiste almacenado a tres temperaturas.

Tiempo de almacenamiento [horas]	Temperatura		
	20 [°C]	30 [°C]	40 [°C]
0	1,4460	1,4460	1,4460
49	1,4461	1,4462	1,4463
174	1,4465	1,4467	1,4469
318	1,4470	1,4475	1,4479
391	1,4475	1,4480	1,4486

Valores promedio de 2 réplicas. Mentor Chicaiza y Claudia Tapia.

En general se observa que los valores del índice de refracción aumentan conforme la temperatura y el tiempo de almacenamiento se acrecientan. Los valores iniciales comparan con otros publicados. Kirk y colaboradores (2002) para aceite de semilla de palma a 40°C un intervalo de 1,448 a 1,452. Kirschenbauer (1964) para aceite de la almendra de la palma a 40°C indica un intervalo de 1,4492 a 1,4517. En la Figura 3.39. están representados los cambios en el índice de refracción conforme avanza el tiempo de almacenamiento a las tres temperaturas.

La relación entre el índice de refracción del aceite de palmiste y el tiempo de almacenamiento es descrito muy adecuadamente por ecuaciones cuadráticas, las ecuaciones obtenidas para las tres temperaturas presentaron coeficientes de determinación superiores a 0,99, prácticamente 1. Con las ecuaciones incluidas en la figura que corresponden a las tres temperaturas de trabajo se calculan los tiempos en los que se llegaría a un valor del índice de refracción de 1,4500 cercano a los límites superiores reportados.

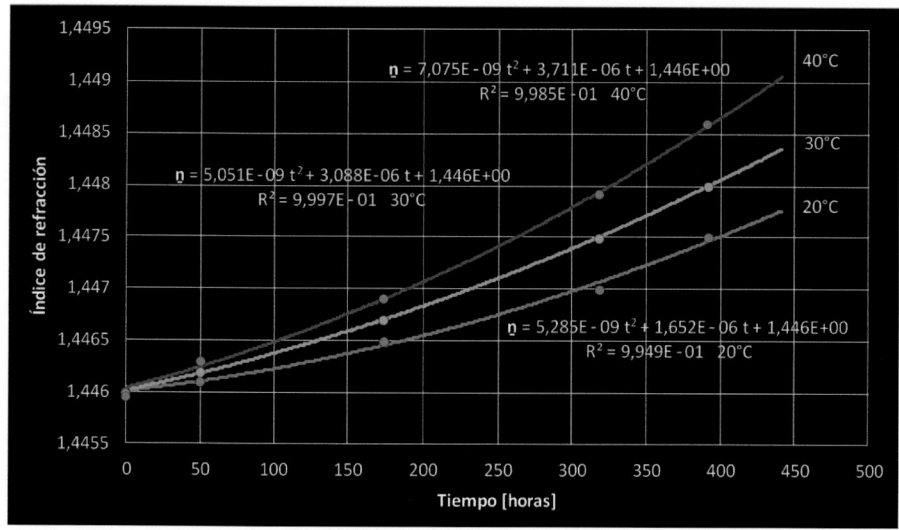

Figura 3.39. Índice de refracción registrado en aceite de palmiste almacenado a tres temperaturas.

A 40°C la ecuación utilizada es:

$\underline{n} = 0{,}000000007075 \ t^2 + 0{,}00000711 \ t + 1{,}446$ (3.86)

$1{,}45 = 0{,}000000007075 \ t^2 + 0{,}00000711| \ t + 1{,}446$

$0{,}000000007075 \ t^2 + 0{,}00000711 \ t - 0{,}004 = 0$

$t^*_{SA} = 530 \ [\text{horas}]$

A 30°C la ecuación utilizada es:

$\underline{n} = 0{,}000000005051 \ t^2 + 0{,}000003038 \ t + 1{,}446$ (3.87)

$1{,}45 = 0{,}000000005051 \ t^2 + 0{,}000003038 \ t + 1{,}446$

$0{,}000000005051 \ t^2 + 0{,}000003038 \ t - 0{,}004 = 0$

$t^*_{SA} = 639 \ [\text{horas}]$

A 20°C la ecuación utilizada es:

$\underline{n} = 0{,}000000005285 \ t^2 + 0{,}000001652 \ t + 1{,}446$ (3.88)

$1{,}45 = 0{,}000000005285 \ t^2 + 0{,}000001652 \ t + 1{,}446$

$0{,}000000005285 \ t^2 + 0{,}000001652 \ t - 0{,}004 = 0$

$t^*_{SA} = 729 \ [\text{horas}]$

No se justifica incluir algún factor de seguridad, en consecuencia.

A 40°C

$F^*_{SA} = 530 \times (1{,}0) = 530 \ [\text{horas}]$

A 30°C

$F^*_{SA} = 639 \times (1{,}0) = 639 \ [\text{horas}]$

A 20°C

$F^*_{SA} = 729 \times (1{,}0) = 729 \ [\text{horas}]$

Con estos datos se construye la Figura 3.40.

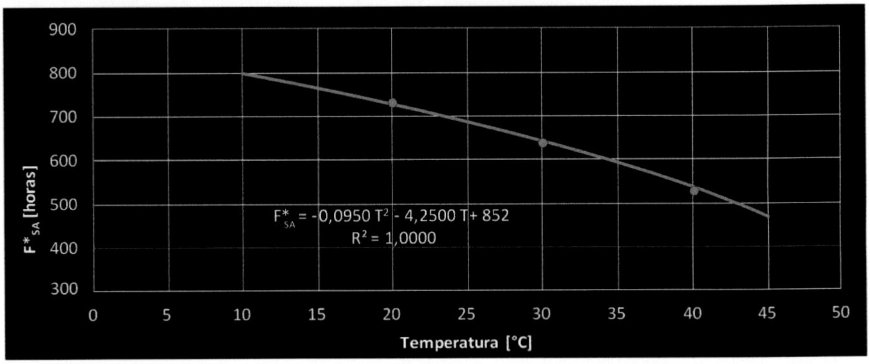

Figura 3.40. Tiempo seguro de almacenamiento en aceite de palmiste como función de la temperatura.

La ecuación polinómica de segundo grado describe en forma correcta la relación entre el tiempo máximo de almacenamiento de aceite de palmiste a distintas temperaturas, el coeficiente de determinación es la unidad. Si se desea conocer el tiempo de almacenamiento a 10°C la aplicación de la siguiente ecuación conduce a:

$$F^*_{SA} = -0,095\ T^2 - 4,25\ T + 852 \qquad\qquad (3.89)$$
$$F^*_{SA} = -0,095\ (25)^2 - 4,25\ (25) + 852$$
$$F^*_{SA} = 686\ [horas] = 28,6\ [días]$$

En las ecuaciones anteriores el subíndice $_{SA}$ se refiere al aceite de semilla de palma africana almacenado. Existe una enorme diferencia entre la estabilidad del aceite de palmiste en relación al aceite de palma, el primero es mucho más estable, la relación de tiempos de almacenamiento según el índice de refracción es de 25 veces a favor del aceite de palmiste. Lo anterior se explica en buena parte por la diferente composición de ácidos grasos de los aceites y la insaturación de los mismos, el aceite del mesocarpio de la palma posee un 50 % de ácidos grasos insaturados frente al 25 % del aceite de la almendra de la palma (Arteaga y Campos, 1996), es decir que en el aceite de palmiste hay una menor cantidad de dobles enlaces que son los que favorecen la oxidación.

Es importante disponer de un método de cálculo que permita conocer el efecto de los cambios de temperatura sobre la estabilidad del aceite de palmiste durante el almacenamiento. Se calculará un caso en el cual el aceite crudo se mantuvo durante 4 días a una temperatura de 35°C, luego se mantuvo a 20°C. Se requiere calcular el número de días que el aceite puede estar en el último almacenamiento antes de que aparezcan signos de deterioro reflejados por cambios en el índice de refracción (Figura 3.41).

Para el cálculo se utilizaron los valores inversos de los tiempos de almacenamiento a temperatura constante (1/hora). Al graficar la temperatura contra el inverso del tiempo se obtiene una curva. Por proyecciones verticales de las temperaturas hasta la curva y horizontales hasta el eje de temperaturas corregidas se construye un segundo sistema de coordenadas que incluye al tiempo.

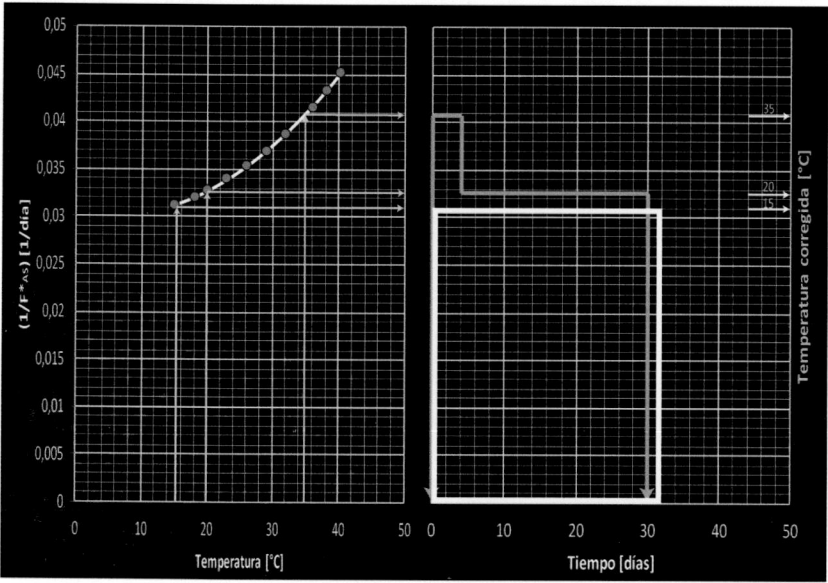

Figura 3.41. Gráfico que relaciona el tiempo de almacenamiento con la temperatura para aceite de palmiste, en el caso de cambios de la misma.

El área de referencia para comparación se establece con una altura correspondiente a 15°C y el tiempo de almacenamiento de 32 [días]. El trazo con la línea quebrada, el primer sector corresponde a los 4 días a 35°C, el segundo rectángulo corresponde al almacenamiento a 20°C, la acumulación de las dos áreas iguala al área de referencia luego de 10 días que puede mantenerse el aceite en buenas condiciones. El tiempo de almacenamiento total (30 días) ratifica que los cambios de temperatura provocan una disminución del tiempo total de almacenamiento.

PROCEDENCIA ANIMAL

Méndez-Cid (2019) explicó que las grasas de procedencia animal son una parte importante de la dieta humana donde constituyen una fuente de energía y de ácidos grasos esenciales. Más del 90 % de la producción mundial de grasa se utiliza como alimento o como ingrediente en productos alimentarios. Los lípidos o grasas conforman un grupo grande y heterogéneo de sustancias de origen biológico. Constituyen el cuarto grupo principal de moléculas presentes en todas las células y exhiben mayor variedad estructural que las otras clases de moléculas biológicas. Son una categoría general de sustancias únicamente relacionadas entre sí por ser en gran medida hidrófobas y solo escasamente solubles en agua. Por lo tanto, son compuestos generalmente apolares, también son de elevado peso molecular, con una cantidad relativamente alta de carbono e hidrógeno y baja cantidad de oxígeno, conteniendo algunos de ellos átomos de nitrógeno, fósforo o azufre.

Los lípidos en los seres vivos presentan funciones biológicas muy diversas que se pueden agrupar en tres tipos: Estructurales: Forman parte de las membranas celulares y forman las bicapas lipídicas que son componentes esenciales de las membranas biológicas. Energéticas: Pueden funcionar como reservas energéticas de gran capacidad, debido a que la grasa se puede almacenar en grandes cantidades y tiene un valor calórico muy alto (por término medio 9 kcal/gramo). Reguladoras: Actúan regulando distintas actividades fisiológicas pues tienen naturaleza lipídica las hormonas esteroideas, las prostaglandinas, las vitaminas liposolubles, entre otras.

A los lípidos se pueden clasificar atendiendo a su estructura, a sus propiedades físicas a temperatura ambiente o a su polaridad. Según sus propiedades físicas a temperatura ambiente se clasifican en: Grasas, formadas mayoritariamente por ácidos grasos saturados y que a temperatura ambiente suelen encontrarse en estado sólido. Aceites, formados mayoritariamente por ácidos grasos insaturados y que a temperatura ambiente suelen encontrarse en estado líquido.

Manteca de cerdo

Composición

Son numerosos los factores que afectan al perfil de ácidos grasos de la grasa de cerdo, se ha demostrado que el contenido en grasa y la composición en ácidos grasos de la grasa se ve afectada en el cerdo por factores genéticos y ambientales, que incluyen la dieta, el sexo, la edad y el genotipo, el sistema de alimentación, la localización anatómica y la edad de sacrificio.

Kirschenbauer (1964) reportó la siguiente composición porcentual de ácidos grasos para la grasa de la espalda de cerdo: 0,7-1,3 mirístico; 25-31 palmítico; 11,5-16,5 esteárico; 0,1-0,3 tetradecanoico; 2-5 hexadecanoico; 40-51 oleico; 3-12 octadecadienoico; 1,7-3,0 no saturados C_{20-22}.

La grasa presente en la carne de cerdo generalmente contiene altas concentraciones de ácidos grasos monoinsaturados y concentraciones inferiores de ácidos grasos saturados y poliinsaturados. Los ácidos grasos monoinsaturados constituyen alrededor del 47 % del contenido total de ácidos grasos de la carne de cerdo y se considera que tienen un efecto neutro o incluso favorable en relación con la aparición de enfermedades cardiovasculares. La grasa de cerdo es rica en C18:1 n9 (ácido oleico), que es importante tanto por su valor nutritivo como por su calidad tecnológica. El C18:2 n6 (ácido linoleico) es también importante por estas mismas razones (Glaser y colaboradores, 2004).

Los ácidos grasos linoleico y α-linolénico con el ácido oleico constituyen los ácidos grasos insaturados precursores de las series n6, n3 y n9, respectivamente, de acuerdo con la posición del doble enlace más cercano al grupo metilo. Los mamíferos carecen de enzimas para introducir dobles enlaces entre los carbonos situados más allá del carbono 9 en la cadena hidrocarbonada de los ácidos grasos, por ello no pueden sintetizar C18:2 n6 (ácido linoleico), ni C18:3 n3 (ácido α-linolénico), aunque estos sí pueden ser sintetizados por las plantas. Estos ácidos grasos se consideran esenciales para los mamíferos, puesto que no pueden sintetizarse en el organismo y deben ser obtenidos a partir de la dieta (Spector y Kim, 2015).

El segundo ácido poliinsaturado en importancia es el ácido α-linolénico (C18:3 n3), que está presente en la alimentación y en niveles inferiores al C18:2 n6. En los cerdos, la proporción es mayor en el tejido adiposo que en el músculo. Los ácidos grasos poliinsaturados se forman a partir del C18:2 n6 y C18:3 n3 por la acción de las enzimas desaturasa y elongasa. Los productos más importantes de estas actividades enzimáticas son el ácido araquidónico (C20:4 n6) y el ácido eicosapentaenoico (EPA, C20:5 n3) (Wood y colaboradores, 2008).

Los lípidos se ven afectados por reacciones lipolíticas y oxidativas, liberándose ácidos grasos que luego se descomponen generando compuestos carbonílicos y otras sustancias de bajo peso molecular importantes para el sabor. De forma general, la rancidez oxidativa y la hidrolítica no están relacionadas, aunque hay cierta evidencia de que los ácidos grasos libres son más susceptibles a la oxidación que los integrados en los triacilgliceroles (Aubourg, 2001).

La oxidación provoca la destrucción de ácidos grasos esenciales y de vitaminas sensibles al calor, también la formación de productos oxidados (radicales libres) que pueden entrañar peligro para la salud. La oxidación de los lípidos provoca la aparición de coloraciones amarillentas, pérdidas de grasa, alteraciones de la textura y sabores anómalos. Los hidroperóxidos, que son productos de oxidación primarios formados durante la autooxidación de los lípidos insaturados, tienen poco o ningún impacto directo sobre el olor y el sabor de los productos alimenticios; sin embargo, son compuestos inestables y se descomponen fácilmente a productos secundarios de oxidación como cetonas y aldehídos, que alteran las características organolépticas. La carne de cerdo, en particular, se oxida más rápidamente que otras carnes como la de vacuno o de ovino, debido a su relativamente alto contenido de ácidos grasos insaturados. Se ha demostrado que la temperatura tiene una influencia mayor en la oxidación primaria que en la secundaria (Jin y colaboradores, 2012).

Los métodos convencionales de cuantificación de productos incluyen métodos para la evaluación de la oxidación primaria, como el índice de peróxidos, o indicadores de la oxidación secundaria como el test de las sustancias reactivas al ácido tiobarbitúrico (TBA). Las técnicas cromatográficas se usan para la identificación y cuantificación de todos o algunos de estos productos y de otros resultantes en la autooxidación de lípidos, que corresponden particularmente a los cambios químicos con la presencia de oxígeno.

Cálculo de procesos

Saponificación

Indicador. Índice de saponificación

Cuando las grasas se calientan con álcalis como el hidróxido de sodio, se forman sales de ácidos grasos y se libera glicerina. Los ácidos grasos libres pueden reaccionar con carbonato de sodio u otro carbonato adecuado para obtener jabón, los jabones solubles en agua son ampliamente utilizados para limpieza.

El índice de saponificación corresponde a la cantidad de miligramos de hidróxido de potasio requerida para saponificar 1 [g] de grasa, es una medida del peso molecular medio de los ácidos grasos de una muestra. Los procesos de oxidación degradan los ácidos grasos insaturados de cadena larga, haciendo que los ácidos grasos de cadena corta aumenten su proporción en la grasa. Las grasas formadas por ácidos grasos de cadena corta tienen valores de índice de saponificación más altos que aquellas formadas por ácidos grasos de cadena más larga.

La determinación consiste en calentar en reflujo una muestra de peso conocido de grasa en una solución alcohólica con la presencia de un exceso de potasa cáustica, la titulación con una solución ácida normalizada permite el cálculo del índice de saponificación, previa la corrección con una prueba en blanco. En la Tabla 3.14. se presentan los cambios en el índice de saponificación registrados en grasa subcutánea de cerdo, mantenida a tres temperaturas.

Tabla 3.14. Índice de saponificación [mg KOH/g de grasa] determinados en manteca de cerdo almacenada a tres temperaturas y distintos tiempos.

Tiempo [días]	Temperatura [°C]		
	5	10	15
1	189	189	189
31	193	194	195
92	195	196	197
184	197	198	199
277	198	199	200

Valores obtenidos por duplicado.

En la Figura 3.42. se grafican los cambios en el índice de saponificación durante el almacenamiento de manteca de cerdo a tres temperaturas por varios meses.

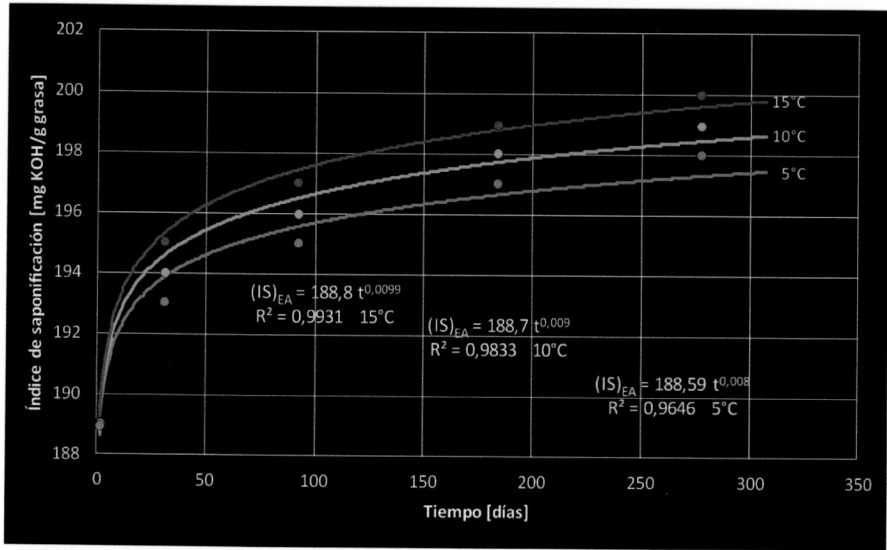

Figura 3.42. Aumento del índice de saponificación como función del tiempo de almacenamiento de manteca de cerdo.

Los coeficientes de determinación indican que las ecuaciones potenciales son adecuadas para describir la relación entre la saponificación de la grasa subcutánea de cerdo con el tiempo de almacenamiento, los valores en las tres temperaturas son superiores a 0,96.

Las ecuaciones obtenidas facilitan el cálculo del tiempo requerido para alcanzar un valor de 198 [mg KOH/g de grasa], aceptado como límite cuando el proceso es lento y aproximadamente constante.

Para el caso de 15°C la ecuación obtenida es:

(IS) = 188,8 $t^{0,0099}$ **(3.90)**
198 = 188,8 $t^{0,0099}$
(198/188,8) = $t^{0,0099}$
(1,049) $^{(1/0,0099)}$ = t
t^*_{EA} = 125 [días]

Para el caso de 10°C la ecuación es:

(IS) = 188,7 $t^{0,009}$ **(3.91)**
198 = 188,7 $t^{0,009}$
(198/188,7) = $t^{0,009}$
(1,049)$^{(1/0,009)}$ = t
t^*_{EA} = 203 [días]

Para el caso de 5°C la ecuación es:

(IS) = 188,59 $t^{0,008}$ **(3.92)**
198 = 188,59 $t^{0,008}$
(198/188,59) = $t^{0,008}$
(1,050)$^{(1/0,008)}$ = t
t^*_{EA} = 445 [días]

Son los tiempos para que la manteca de cerdo alcance un valor del índice de saponificación límite. Los tiempos son extensos no requieren factores de seguridad, en consecuencia:

A 15°C.
$F^*_{EA} = 125 \times (1,00) = 125$ [días]

A 10°C.
$F^*_{EA} = 203 \times (1,00) = 203$ [días]

A 5°C.
$F^*_{EA} = 445 \times (1,00) = 445$ [días]

En las ecuaciones anteriores el subíndice $_{EA}$ corresponde a la grasa subcutánea de cerdo durante el almacenamiento. Los datos se pueden utilizar para obtener una ecuación que posibilite conocer tiempos de saponificación límite a las tres temperaturas indicadas, además para obtener valores a temperaturas intermedias, para lo cual se elabora la Figura 3.43.

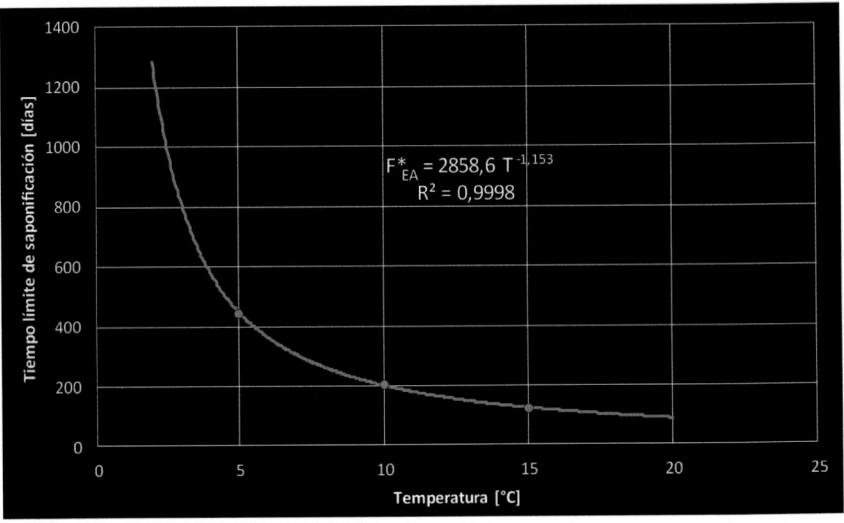

Figura 3.43. Tiempo límite de saponificación como función de la temperatura de manteca subcutánea de cerdo.

La ecuación potencial ajusta plenamente con los datos experimentales, con un coeficiente de determinación 0,9998.

$$F^*_{EA} = 2858,6 \ T^{-1,153} \tag{3.93}$$

En el caso de trabajar a 20°C, el tiempo límite de saponificación es igual a:
$F^*_{EA} = 2858,6 \ T^{-1,153}$
$F^*_{EA} = 2858,6 \ (20)^{-1,153}$
$F^*_{EA} = 90$ [días]

Si existen cambios en la temperatura durante la saponificación, el cálculo del proceso se realiza como se ejemplifica a continuación. Se utilizará un caso en el cual la manteca de cerdo se mantuvo durante 10 días a una temperatura de 30°C, luego se la mantuvo durante 30 días a 20°C. Se requiere calcular el número de días que la manteca puede estar a 16°C para alcanzar el valor del índice de saponificación límite.

En la Figura 3.44. se observa la aplicación del método gráfico para calcular el proceso.

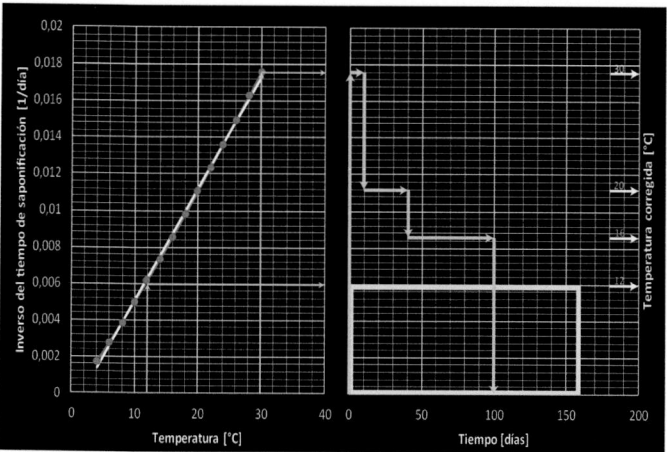

Figura 3.44. Representación gráfica para el cálculo del tiempo de saponificación de manteca de cerdo con variaciones en la temperatura.

En la parte izquierda en ordenadas está representado el inverso del tiempo límite de mantenimiento según el índice de saponificación, calculado como función de la temperatura con la ecuación anterior. En la parte derecha consta un rectángulo construido para la temperatura de 12°C en una escala corregida basada en la función graficada en el lado izquierdo y el tiempo límite de almacenamiento en el presente caso 163 [días], es el área de referencia para los cálculos. La línea quebrada se traza de acuerdo con los cambios de temperatura y tiempos señalados previamente, al área de referencia se iguala con el área abarcada por la línea quebrada a los 95 [días], que sería el tiempo de mantenimiento para que la manteca subcutánea de cerdo alcance el valor fijado como límite, 198 [mg KOH/g de grasa], cuando hay variaciones de temperatura.

Oxidación

Indicador. Índice de peróxidos

La oxidación es la principal reacción involucrada en la degradación de la grasa durante el almacenamiento. Como resultado de la oxidación de la grasa se forman numerosos productos primarios y secundarios, y la naturaleza química de estos componentes varía ampliamente debido a las diferencias en los pesos moleculares y a la polaridad. La evaluación del proceso de oxidación de la grasa por lo tanto no es una tarea fácil.

La determinación del índice de peróxidos es un método estándar, uno de los más antiguos, usados y ampliamente extendidos para la evaluación de la oxidación lipídica primaria, en especial por la simplicidad del procedimiento experimental. En medio ácido los hidroperóxidos presentes en la grasa reaccionan con el ion yoduro para generar yodo; este se valora con una disolución de tiosulfato sódico en presencia de un indicador. En la Tabla 3.15. se presentan los cambios en el índice de peróxidos determinados en grasa subcutánea de cerdo mantenida a tres temperaturas.

Tabla 3.15. Índice de peróxidos [mEq O$_2$/kg de grasa] determinados en manteca de cerdo almacenada a tres temperaturas y distintos tiempos.

Tiempo [días]	Temperatura [°C]		
	5	10	15
1	0,6	0,6	0,6
31	2,4	2,6	3,1
92	10,1	14,6	18,7
184	20,2	26,8	34,5
277	37,2	52,3	73,1

Valores promedio de 2 réplicas por duplicado.

En la Figura 3.45. se representan los cambios en el índice de peróxidos durante el almacenamiento de manteca de cerdo mantenida a tres temperaturas por varios meses.

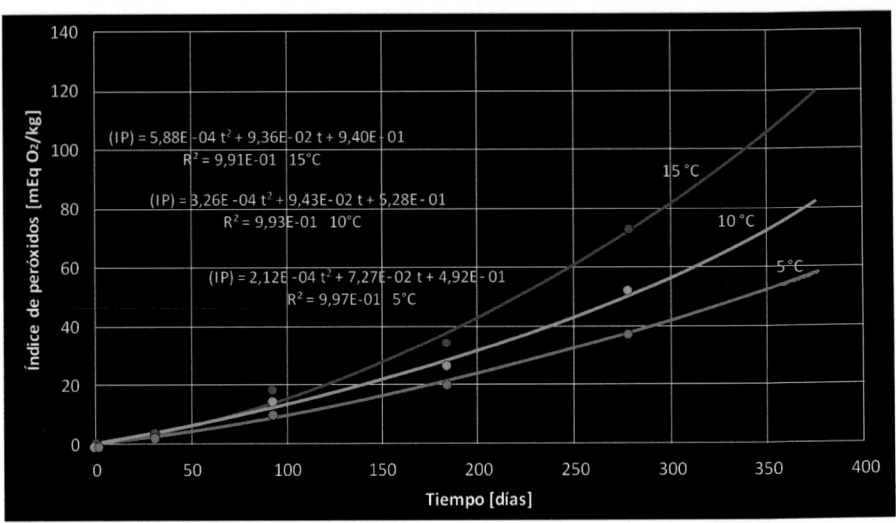

Figura 3.45. Aumento del índice de peróxidos como función del tiempo de almacenamiento de manteca de cerdo.

Los coeficientes de determinación indican que las ecuaciones polinómicas de segundo grado son muy adecuadas para describir la relación entre la oxidación primaria con el tiempo de almacenamiento de manteca de cerdo, los valores en las tres temperaturas son superiores a 0,99.

Las ecuaciones obtenidas facilitan el cálculo del tiempo requerido para alcanzar un valor del 40 [mEq O_2/kg], aceptado como límite por el desarrollo de problemas relacionados con el enranciamiento (Kirk y colaboradores, 2002).

Para el caso de 15°C la ecuación utilizada es:

(IP) = 0,000588 t^2 + 0,0936 t + 0,940   (3.94)
40 = 0,000588 t^2 + 0,0936 t + 0,940
0,000588 t^2 + 0,0936 t − 39,06 = 0
t^*_{EO} = 190 [días]

Para el caso de 10°C la ecuación utilizada es:

(IP) = 0,000326 t^2 + 0,0943 t + 0,528   (3.95)
40 = 0,000326 t^2 + 0,0943 t + 0,528
0,000326 t^2 + 0,0943 t − 39,472 = 0
t^*_{EO} = 232 [días]

Para el caso de 5°C la ecuación utilizada es:

(IP) = 0,000212 t^2 + 0,0727 t + 0,492   (3.96)
40 = 0,000212 t^2 + 0,0727 t + 0,492
0,000212 t^2 + 0,0727 t − 39,508 = 0
t^*_{EO} = 293 [días]

Estos serían los tiempos de almacenamiento de la manteca de cerdo para que el valor del índice de peróxidos alcance un límite de oxidación de 40 [mEq O_2/kg]. Los tiempos son prolongados, sin embargo, se utilizará un factor de 5% para disminuir el riesgo de rechazo de la manteca por sentirla rancia, en cuyo caso:

A 15°C
F^*_{EO} = 190 × (0,95) = 181 [días]

A 10°C
F^*_{EO} = 232 × (0,95) = 220 [días]

A 5°C
F^*_{EO} = 293 × (0,95) = 278 [días]

En las ecuaciones anteriores el subíndice $_{EO}$ se refiere a la manteca de cerdo y al proceso de oxidación. Se pueden utilizar para conocer tiempos de almacenamiento a las tres temperaturas indicadas, para obtener valores a temperaturas intermedias se construye la Figura 3.46.

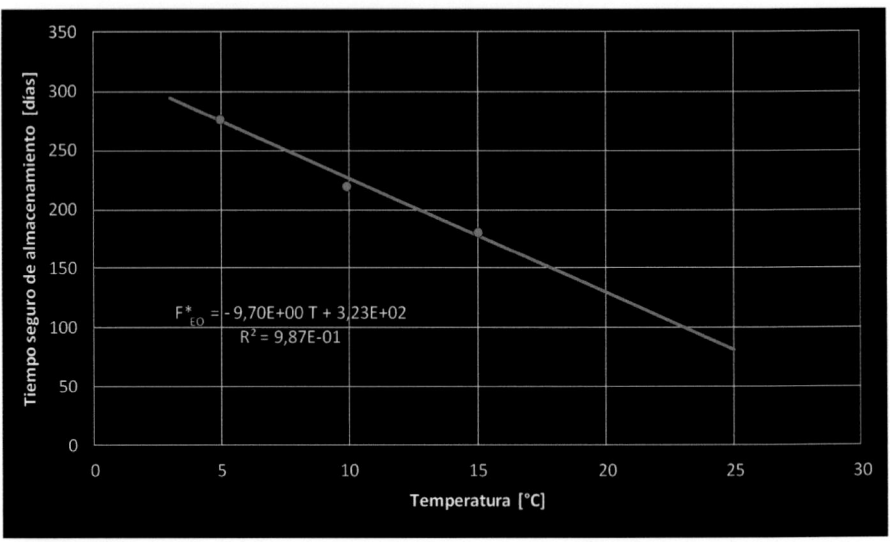

Figura 3.46. Tiempo seguro de almacenamiento como función de la temperatura de manteca de cerdo según el índice de peróxidos.

La ecuación que ajusta satisfactoriamente con los datos experimentales, con un coeficiente de determinación 0,987 es la ecuación lineal.

$$F^*_{EO} = -9,7\,T + 323 \tag{3.97}$$

En el caso de utilizar una temperatura de 20°C, el tiempo de almacenamiento será igual a:

$$F^*_{EO} = -9,7\,T + 323$$
$$F^*_{EO} = -9,7\,(20) + 323$$
$$F^*_{EO} = 129 \text{ [días]}$$

Si existen cambios en la temperatura de almacenamiento, es importante disponer de una alternativa de cálculo. Se utilizará un caso en el cual la manteca de cerdo se mantuvo durante 10 días a una temperatura de 30°C, luego se la mantuvo durante 30 días a 20°C. Se requiere calcular el número de días que la manteca puede estar a 16°C antes que se manifiesten signos de deterioro oxidativo reflejados por un ascenso en el índice de peróxidos hasta 40 [mEq O_2/kg]. En la Figura 3.47. se representa el método de cálculo.

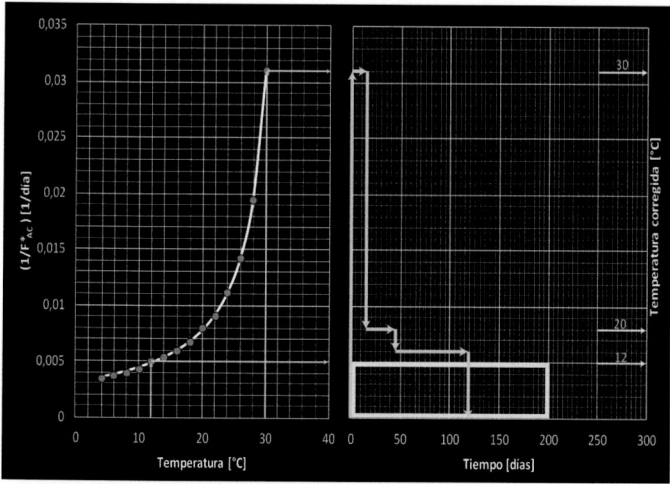

Figura 3.47. Representación gráfica para el cálculo del tiempo de almacenamiento de manteca de cerdo con variaciones en la temperatura.

En la parte izquierda en ordenadas está representado el inverso del tiempo seguro de almacenamiento calculado con la ecuación anterior como función de la temperatura. En la parte derecha consta un rectángulo construido para la temperatura de 12°C en una escala corregida basada en la función graficada en el lado izquierdo y el tiempo seguro de almacenamiento calculado en 206 [días], es el área de referencia para los cálculos. La línea quebrada se traza de acuerdo con los cambios de temperatura y tiempos señalados, al área de referencia se iguala con el área abarcada por la línea quebrada a los 120 [días], que sería el tiempo de almacenamiento para la manteca subcutánea de cerdo que mantenga niveles aceptables de oxidación primaria medido según el índice de peróxidos, cuando hay variaciones de temperatura.

Indicador. Índice del ácido tiobarbitúrico

Sirve para determinar el avance de la oxidación secundaria que ocurre en grasas como la manteca de cerdo. En los tiempos actuales muchas industrias requieren de controles rigurosos y una toma de decisiones inmediatas y a menudo se prefieren las técnicas de análisis rápidas sobre los métodos instrumentales más precisos, pero más lentos y costosos.

El índice del ácido tiobarbitúrico (**IT**) fue determinado previa homogenización de la muestra con agua destilada durante dos minutos y acidificación con ácido clorhídrico 4 N para ajustar el pH a un valor aproximado de 1,5 y concentrada por destilación. Cinco [cm³] de destilado se mezclaron luego con 5 [cm³] de una solución de ácido tiobarbitúrico 0,02 molar, la mezcla se termostatizó en un baño de agua a 70°C durante 40 minutos y se enfriaron en un baño de agua fría hasta 20°C, a continuación, se realizó la lectura en un espectrofotómetro con absorbancia a 530 [nm]. Las lecturas fueron transformadas en una curva de calibración hecha con malonaldehído y expresada en [mg de malonaldehído/kg de muestra], indicados en la Tabla 3.16.

Tabla 3.16. Índice de ácido tiobarbitúrico [mg malonaldehído/kg de grasa] determinados en manteca de cerdo mantenida a tres temperaturas y distintos tiempos.

Tiempo [días]	Temperatura [°C]		
	5	10	15
1	130	140	140
31	340	410	510
92	530	740	840
184	720	910	1.040
277	810	1.120	1.250

Valores promedio de 2 réplicas por duplicado.

En la Figura 3.48. se representan los cambios en el índice de ácido tiobarbitúrico durante el almacenamiento de manteca cerdo mantenida a tres temperaturas por varios meses.

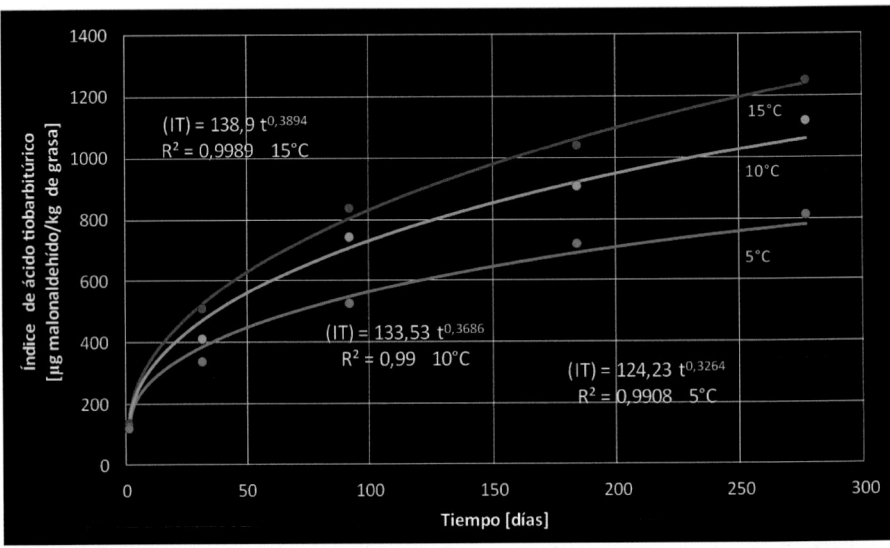

Figura 3.48. Índice de ácido tiobarbitúrico [mg malonaldehído/kg de grasa] como función del tiempo de mantenimiento de manteca de cerdo.

Los coeficientes de determinación indican que las ecuaciones potenciales son muy adecuadas para describir la relación entre la oxidación secundaria con el tiempo de almacenamiento de manteca de cerdo, los valores en las tres temperaturas son superiores a 0,99. Las ecuaciones obtenidas facilitan el cálculo del tiempo requerido para alcanzar un valor del 1.000 [mg malonaldehído/kg de grasa], fijado como límite por el desarrollo de problemas de oxidación severos.

Para el caso de 15°C la ecuación obtenida es:

(IT) = 138,9 $t^{0,3894}$ **(3.98)**

1.000 = 138,9 $t^{0,3894}$

(1.000/138,9) = $t^{0,3894}$

(7,199) $^{(1/0,3894)}$ = t

t^{*}_{EU} = 159 [días]

Para el caso de 10°C la ecuación es:

(IT) = 133,53 $t^{0,3686}$ **(3.99)**

1.000 = 133,53 $t^{0.3686}$

(1.000/133,53) = $t^{0,3686}$

(7,489)$^{(1/0,3836)}$ = t

t^{*}_{EU} = 236 [días]

Para el caso de 5°C la ecuación es:

(IT) = 124,23 $t^{0,3264}$ **(3.100)**

1.000 = 124,23 $t^{0.3264}$

(1.000/124,23) = $t^{0,3264}$

(8,049)$^{(1/0,3264)}$ = t

t^{*}_{EU} = 596 [días]

Estos serían los tiempos para que la manteca de cerdo alcance un valor del índice de ácido tiobarbitúrico de 1.000 [mg/kg]. Los tiempos son extensos, utilizando un factor de 5 % para seguridad, se obtiene:

A 15°C

F^{*}_{EU} = 159 × (0,95) = 151 [días]

A 10°C

F^{*}_{EU} = 236 × (0,95) = 224 [días]

A 5°C

F^{*}_{EU} = 596 × (0,95) = 566 [días]

En las ecuaciones anteriores el subíndice $_{EU}$ se refiere a la manteca de cerdo y al proceso de oxidación secundaria determinado mediante el ácido tiobarbitúrico. Los datos se pueden utilizar para conocer tiempos de mantenimiento a las tres temperaturas de almacenamiento indicadas, con el propósito de obtener valores a temperaturas intermedias y próximas se construye la Figura 3.49.

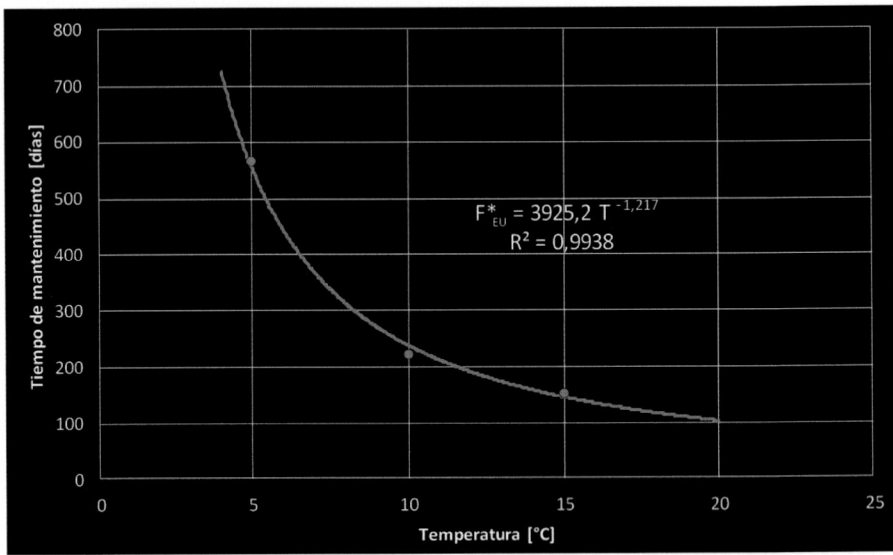

Figura 3.49. Tiempo de mantenimiento como función de la temperatura de manteca subcutánea de cerdo según el índice de ácido tiobarbitúrico.

La ecuación que ajusta satisfactoriamente con los datos experimentales, con un coeficiente de determinación 0,9938 es la ecuación potencial.

$$F^*_{EU} = 3.925,2\ T^{-1,217} \tag{3.101}$$

En el caso de utilizar una temperatura de 20°C, el tiempo de mantenimiento será igual a:

$$F^*_{EU} = 3.925,2\ T^{-1,217}$$
$$F^*_{EU} = 3.925,2\ (20)^{-1,217}$$
$$F^*_{EU} = 102\ [días]$$

Si existen cambios en la temperatura de mantenimiento, el cálculo del proceso se realiza como se ejemplifica a continuación. Se utilizará un caso en el cual la manteca de cerdo se mantuvo durante 10 días a una temperatura de 30°C, luego se la mantuvo durante 30 días a 20°C. Se requiere calcular el número de días que la manteca puede estar a 16°C antes que se manifiesten signos de deterioro oxidativo secundario reflejados por un ascenso en el índice de ácido tiobarbitúrico hasta 1 [mg maloanaldehído/kg]. En la Figura 3.50. se indica el método de cálculo.

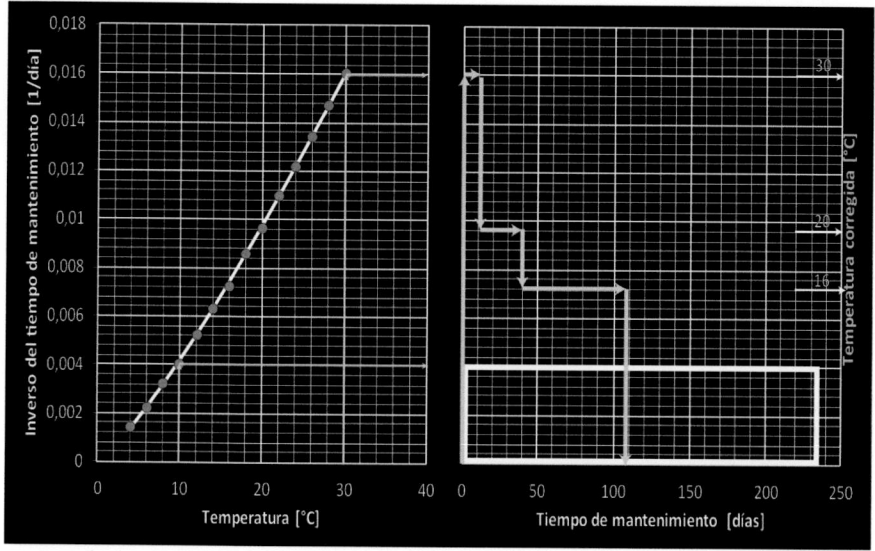

Figura 3.50. Representación gráfica para el cálculo del tiempo de mantenimiento de manteca de cerdo con variaciones en la temperatura según el índice de ácido tiobarbitúrico.

En la parte izquierda en ordenadas está representado el inverso del tiempo seguro de mantenimiento calculado como función de la temperatura con la ecuación anterior. En la parte derecha consta un rectángulo construido para la temperatura de 10°C en una escala corregida basada en la función graficada en el lado izquierdo y el tiempo seguro de almacenamiento calculado 238 [días], es el área de referencia para los cálculos. La línea quebrada se traza de acuerdo con los cambios de temperatura y tiempos señalados previamente, al área de referencia se iguala con el área abarcada por la línea quebrada a los 110 [días], que sería el tiempo de mantenimiento para la manteca subcutánea de cerdo para que la oxidación secundaria alcance 1 [mg maloanaldehído/kg], cuando hay variaciones de temperatura.

Valores de la energía de activación

En el caso de la oxidación primaria y de la oxidación secundaria, la energía de activación se calcula de una manera directa con el uso del valor Q_{10}.

Oxidación primaria
A 5°C el tiempo de almacenamiento según el índice de peróxidos es 293 [días] y a 15°C es 190 [días].

$$Q_{10} = t_{(T)}/t_{(T+10)}$$
$$Q_{10} = 293/190 = 1,54$$

(3.102)

$$\ln Q_{10} = 10 \ (E_a/R) \ (1/T_{a2} \times (1,00 \ T_{a1}) \qquad (3.103)$$
$$\ln 1,54 = 10 \ (E_a/R) \ (1/288,2 \times (1,00 \ 278,2)$$
$$0,4318 = 10 \ (E_a/R) \ (1,2472 \ (10)^{-5})$$
$$(E_a/R)_{EO} = 3.462$$
$$(E_a)_{EO} = 3.462 \times (1,008,314$$
$$(E_a)_{EO} = 28.783 \ [\text{kJ/kg mol}]$$

Oxidación secundaria

A 5°C el tiempo de almacenamiento de acuerdo con el índice de ácido tiobarbitúrico es 598 [días] y a 15°C es 159 [días].

$$Q_{10} = t_{(T)}/t_{(T+10)} \qquad (3.104)$$

$$Q_{10} = 598/159 = 3,76$$

$$\ln Q_{10} = 10 \ (E_a/R) \ (1/T_{a2} \times T_{a1}) \qquad (3.105)$$
$$\ln 3,76 = 10 \ (E_a/R) \ (1/288,2 \times 278,2)$$
$$1,3244 = 10 \ (E_a/R) \ (1,2472 \ (10)^{-5})$$
$$(E_a/R)_{EU} = 10.619$$
$$(E_a)_{EU} = 10.619 \times 8,314$$
$$(E_a)_{EU} = 88.286 \ [\text{kJ/kg mol}]$$

La energía de activación requerida para la oxidación secundaria es mucho mayor que la energía de activación requerida para la oxidación primaria o inicial, que es la que primero ocurre.

Mantequilla

Composición

Según Lawson (1994), en la alimentación humana las grasas juegan un papel importante por proporcionar un alto nivel de energía consumida, que representa más de dos veces las calorías que producen los carbohidratos o las proteínas. Además, son fuente de ácidos grasos esenciales indispensables para el buen crecimiento físico y desarrollo del sistema nervioso del organismo, también contribuyen en la asimilación de las vitaminas liposolubles (A, D, E y K). Por otro lado, son causa de problemas cardiovasculares, cuando existe acumulación en el organismo y sobrepasan los límites aconsejables como en los casos de obesidad.

Méndez-Cid (2019) indicó que la leche y los productos lácteos son importantes fuentes de nutrientes y energía en las dietas humanas. La grasa láctea es probablemente la más compleja de todas las grasas comestibles, debido a sus características físicas y químicas. Recopiló información y señaló que principalmente está presente en los glóbulos como una emulsión de aceite en agua y consiste en triglicéridos (≈96 %), diacilglicerol (≈2 %), colesterol (≈0,5 %), fosfolípidos ($\approx$1 %) y ácidos grasos libres ($\approx$0,1 %). La grasa de la leche contiene más de 400 ácidos grasos diferentes incluyendo ácidos grasos saturados (66%), ácidos grasos monoinsaturados (30 %) y ácidos grasos poliinsaturados (4 %).

Entre los principales ácidos grasos presentes en la grasa y actualmente identificados están: butírico (C4:0) caproico (C6:0), caprílico (C8:0), cáprico (C10:0) undecanoico (C11:0), láurico (C12:0), tridecanoico (C13:0), mirístico (C14:0), miristoleico (C14:1), pentadecanoico (C15:0), cis-10 pentadecanoico (C15:1), palmítico (C16:0), palmitoleico (C16:1), heptadecanoico (C17:0), cis-10 heptadecanoico (C17:1), esteárico (C18:0), oleico (C18:1 cis-n9), elaídico (C18:1 trans) linoleico (C18:2 n6), linolelaídico (C18:2 trans), linolénico (C18:3), araquídico (C20:0), cis-11 eicosaenoico (C20:1 n9), cis-11,14 eicosadienoico (C20:2 n6), cis-8,11,14 eicosatrienoico (C20:3 n6), cis-11,14,17 (C20:3 n3), araquidónico (C20:4 n6), heneicosaenoico (C21:0), behénico (C22:0), erúcico (C22:1 n9), cis-13,16 docosadienoico (C22:2 n6), cis-4,7,10,13,16,19 docosahexaenoico (C22:6 n3), tricosaenoico (C23:0), lignocérico (C24:0) y nervónico (C24:1 n9).

La calidad de la leche y de los productos lácteos como la mantequilla es el resultado de un delicado equilibrio entre los componentes que favorecen o retardan reacciones como la oxidación y otros procesos, los cuales están influenciados por factores como el grado de insaturación, contenidos de iones metálicos de transición y de compuestos antioxidantes como tocoferoles y carotenoides. Las reacciones de oxidación son reacciones químicas con baja energía de activación y no se pueden detener con una temperatura baja de almacenamiento. Las altas temperaturas y la exposición a la luz y al oxígeno intensifican los procesos de oxidación y disminuyen el valor nutricional y la aceptabilidad del consumidor (Andreo y colaboradores, 2003).

La mantequilla es el producto lácteo graso más apreciado y ampliamente fabricado. Contiene al menos un 80 % de grasa y un máximo de 16 % de agua. Es una emulsión de agua en aceite en la que las gotas pequeñas de agua están dispersas en una fase grasa continua y parcialmente cristalizada. La mantequilla es un producto importante en la industria láctea debido a sus particulares cualidades sensoriales y a su valor nutricional. La mantequilla posee una densidad de 911 [kg/m^3]. Se trata de un alimento muy graso, rico en grasas saturadas, colesterol y calorías, por lo que es recomendable para deportistas o personas que requieran un importante consumo energético.

Los ácidos grasos poliinsaturados, que contienen dobles enlaces múltiples con átomos de hidrógeno particularmente reactivos son susceptibles a la oxidación. Un elevado contenido en ácidos grasos insaturados en la grasa láctea incrementa el riesgo de oxidación y de la producción de sabores desagradables. En los productos lácteos con un alto contenido en ácidos grasos poliinsaturados, la oxidación causa sabores metálicos, aceitosos o viejos y un color más pálido, especialmente después del almacenamiento (Timmons y colaboradores, 2001).

Tecnología para la elaboración de mantequilla

A continuación, se presenta un diagrama de bloques que indica los principales procesos utilizados para la elaboración de mantequilla a partir de crema de leche de vaca (Figura 3.51).

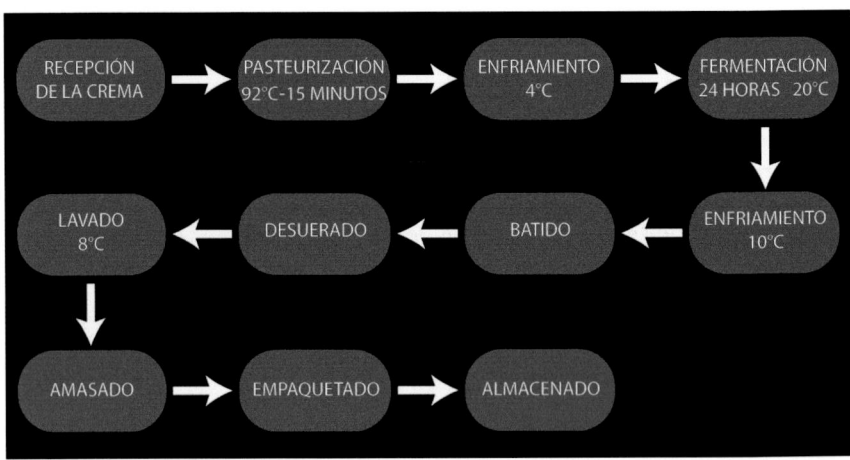

Figura 3.51. Diagrama de bloques con los procesos utilizados para la elaboración de mantequilla.

Una descripción de los procesos principales y operaciones previas adicionales cuando se utiliza la nata de la leche de vaca, se indica a continuación.

Pasteurización. La nata se pasteuriza a una alta temperatura de 95°C y más durante 15 segundos, pero no tan alta como para producir defectos tales como sabor a cocido, pero suficiente para que la peroxidasa resulte negativa. Con la pasteurización se debe lograr la destrucción de bacterias patógenas y enzimas que alteran la calidad de la nata.

Desaireación. Se realiza si fuese necesario para eliminar sustancias aromáticas volátiles indeseables. Se calienta la nata hasta 78°C, bombeándose luego a una cámara de vacío donde existe una presión que corresponde a una temperatura de 62°C. Allí las sustancias volátiles escapan en forma de gases y la crema se enfría. La crema retorna al intercambiador de calor, se pasteuriza, enfría y pasa al depósito de maduración.

Acidificación. La consistencia de la mantequilla se desarrolla en los depósitos de maduración y se logra con la acidificación de la nata y el tratamiento térmico simultáneo. La proporción de cultivo bacteriano puede variar de 1-7 % de la cantidad de nata. La cifra más baja se aplica en el caso de tener una nata con grasa dura (bajo índice de yodo), y el más alto a la nata con grasa blanda.

Tratamiento térmico. La nata se somete a un programa de temperaturas que controlará la cristalización de la grasa para obtener una consistencia deseada. La consistencia se refiere a propiedades, tales como la dureza, viscosidad, plasticidad y capacidad de ser extendida. Se puede optimizar la consistencia de la mantequilla si el programa de temperatura se modifica de acuerdo al índice de yodo de la grasa.

Batido de la crema. El objetivo es transformar la crema en mantequilla. Durante esta operación se separa el suero de la mantequilla. El tiempo de batido se realiza alrededor de 30-45 minutos; al recortar este tiempo las características de la mantequilla se ven afectadas y disminuye el grado de utilización de grasa.

Lavado del grano. Se realiza una vez eliminado el suero de la mantequilla. El agua del lavado debe ser empleada en cantidad de 50 a 60 % con el propósito de eliminar el suero, impurezas, mejorar la consistencia y aumentar la durabilidad de la mantequilla.

Amasado. Se realiza con la finalidad de aumentar la superficie del agua en la grasa pues la mantequilla se oxida fácilmente.

Empaquetado. Se manufacturan paquetes de diferente forma, tamaño y peso para evitar daños en el producto y facilitar su distribución o venta.

Almacenamiento. La mantequilla a menudo se almacena durante largos periodos de tiempo. El principal problema que afecta a la mantequilla durante el almacenamiento es el enranciamiento. Este proceso es causado por la lipolisis (liberación de ácidos grasos libres) y la oxidación de los ácidos grasos, perjudica el sabor y disminuye la calidad nutricional de la mantequilla, creando serios problemas y pérdidas económicas en las industrias lácteas y de distribución alimentarias.

Cálculo de procesos

En la Tabla 3.17. se incluyen los valores publicados por Méndez Cid y colaboradores (2017), de las propiedades químicas que caracterizan la grasa durante el almacenamiento de mantequilla elaborada a partir de leche de vaca, determinados a diferentes tiempos y dos temperaturas.

Tabla 3.17. Propiedades químicas determinadas en mantequilla sin salar almacenada a dos temperaturas durante nueve meses.

Tiempo [días]	Temperatura [°C]					
	4			12		
	Grado de acidez [% ácido oleico/g grasa]	Ácidos grasos libres [mg/100 g grasa]	Índice de peróxidos [mEq O_2/kg grasa]	Grado de acidez [% ácido oleico/g grasa]	Ácidos grasos libres [mg/100 g grasa]	Índice de peróxidos [mEq O_2/kg grasa]
1	0,35	137	0,39	0,35	137	0,39
30	0,38	165	0,59	0,42	171	0,64
90	0,42	185	0,62	0,46	341	0,78
180	0,44	299	1,09	0,53	426	0,96
270	0,95	361	1,39	0,98	521	1,68

Valores promedio de tres réplicas.

Acidificación

Indicador. Grado de acidez

Cuantifica el grado de lipólisis mediante la cantidad de ácidos grasos libres y corresponde a la titulación con una solución normalizada de KOH expresada como porcentaje de ácido oleico por cada gramo de grasa, con la ecuación siguiente.

$$A = Y \times 28,2/W \tag{3.106}$$

Siendo A el grado de acidez [% ácido oleico/g grasa], Y volumen de KOH (N/10) gastado en la titulación [cm^3] y W el peso de la muestra de mantequilla [g].

En la Figura 3.52. se grafican los cambios en el grado de acidez durante el almacenamiento de mantequilla a dos temperaturas durante aproximadamente un año.

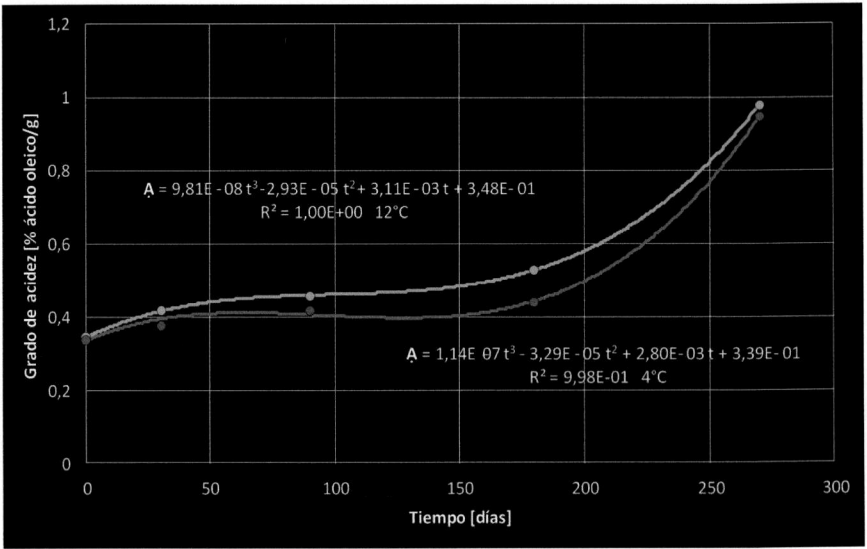

Figura 3.52. Grado de acidez como función del tiempo de almacenamiento de mantequilla.

Las ecuaciones cúbicas se presentan como las más adecuadas para describir la relación entre la acidez y el tiempo de almacenamiento de la mantequilla elaborada con leche de vaca, en los primeros seis meses el incremento de acidez es mínimo, pasado este tiempo existe un aumento importante que puede ser explicado por un incremento en la lipólisis o fraccionamiento de los triglicéridos con la consecuente liberación de ácidos grasos. Los coeficientes de determinación, 1 en el caso de 12°C y 0,998 a 4°C, indican que las ecuaciones cúbicas describen de manera excelente la relación.

Las ecuaciones obtenidas facilitan el cálculo del tiempo requerido para alcanzar un determinado valor del grado de acidez a las temperaturas indicadas. En el caso de aceptar como límite del almacenamiento un valor de 0,5 [% como ácido oleico/g grasa], es decir antes del incremento notorio en el valor de la acidez, se obtiene.

Para el caso de 12°C la ecuación obtenida es:

$$A = 9{,}81 \ (10)^{-8} \ t^3 - 2{,}93 \ (10)^{-5} \ t^2 + 3{,}11 \ (10)^{-3} \ t + 0{,}348 \qquad (3.107)$$

$$0{,}5 = 9{,}81 \ (10)^{-8} \ t^3 - 2{,}93 \ (10)^{-5} \ t^2 + 3{,}11 \ (10)^{-3} \ t + 0{,}348$$

$$t^*_{QA} = 163 \ [\text{días}]$$

Para el caso de 4°C la ecuación es:

$$A = 1{,}14 \ (10)^{-7} \ t^3 - 3{,}29 \ (10)^{-5} \ t^2 + 2{,}80 \ (10)^{-3} \ t + 0{,}339 \qquad (3.108)$$

$$0{,}5 = 1{,}14 \ (10)^{-7} \ t^3 - 3{,}29 \ (10)^{-5} \ t^2 + 2{,}80 \ (10)^{-3} \ t + 0{,}339$$

$$t^*_{QA} = 202 \ [\text{días}]$$

En las ecuaciones anteriores el subíndice $_{QA}$ corresponde al cambio de acidez durante el almacenamiento de mantequilla. Los datos se pueden utilizar para elaborar una figura que posibilita calcular tiempos de almacenamiento a temperaturas intermedias, como se indica en la Figura 3.53.

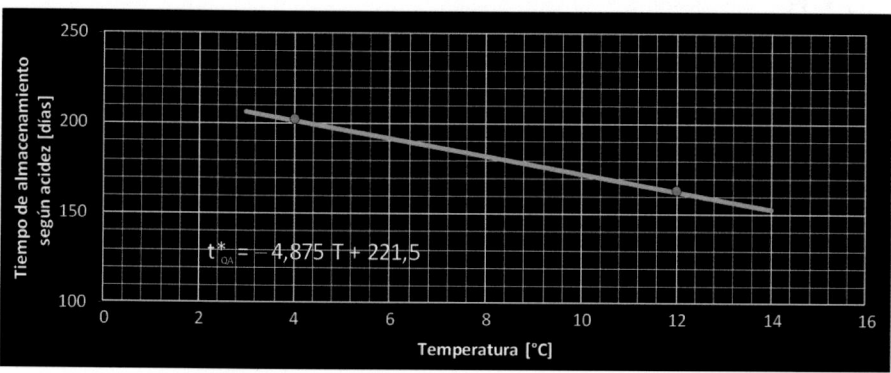

Figura 3.53. Tiempo de almacenamiento según el valor de acidez como función de la temperatura de mantequilla.

La ecuación lineal es:

$$t^*_{QA} = -4{,}875 \ T + 221{,}5 \qquad (3.109)$$

En el caso de trabajar a 8°C, el tiempo de almacenamiento es igual a:

$$t^*_{QA} = -4{,}875 \ T + 221{,}5$$

$$t^*_{QA} = -4{,}875 \ (8) + 221{,}5$$

$$t^*_{QA} = 183 \ [\text{días}]$$

Si existen cambios en la temperatura el cálculo del proceso se realiza como se indica a continuación en la Figura 3.54. para el caso de mantener la mantequilla por 90 [días] a 12°C y luego bajar la temperatura a 8°C, calcular el tiempo total en el cual la acidez subiría hasta 0,5 expresada como porcentaje de ácido oleico por gramo de grasa.

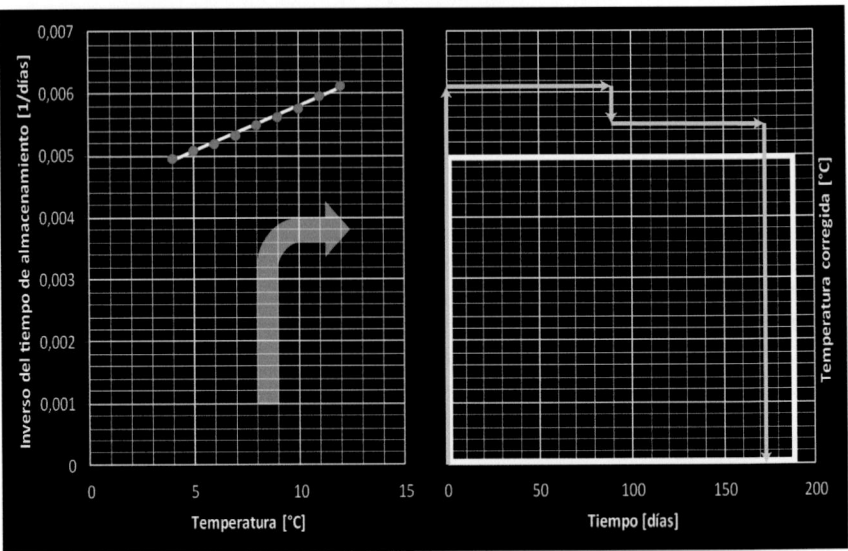

Figura 3.54. Aplicación del método gráfico para el cálculo del tiempo de almacenamiento según la acidez de mantequilla, cuando existen variaciones en la temperatura.

Con la ecuación última se calculan los tiempos de almacenamiento para cada una de las temperaturas entre 4° y 12°C, los valores inversos se grafican como función de la temperatura y se elabora la figura ubicada en la parte izquierda. En la parte derecha se construye una escala de temperaturas corregida dependiente y derivada de la función graficada previamente. Con esta escala se define un cuadrado que sirve como área de referencia, en el presente caso a una temperatura de 5°C el valor inverso del tiempo de almacenamiento es 0,00507292 que corresponde a un tiempo de almacenamiento de 197 [días]. A continuación, se trazan líneas de describen los cambios de temperatura, 90 [días] a 12°C y luego a 8°C de la escala de temperaturas corregida, se avanza en el tiempo hasta que el área bajo las líneas se iguale con la del cuadrado de referencia, el tiempo en que se llega a la igualdad, en el presente caso es 173 [días], será el tiempo de almacenamiento en que se alcanza el valor de acidez fijado en 0,5, cuando ocurren variaciones en la temperatura de almacenamiento de la mantequilla.

Indicador. Ácidos grasos libres

La cromatografía de gases es una técnica versátil y precisa. Méndez Cid (2019) determinó los ácidos grasos libres por cromatografía de gases en muestras de mantequilla obtenidas de leche de vaca. Señaló que esta es una potente técnica instrumental para determinar el perfil de ácidos grasos de una muestra de lípidos como es el caso de la mantequilla. Antes del análisis de los ácidos grasos realizó un proceso de derivatización con el fin de aumentar su volatilidad, proporcionando una mejor resolución de los picos cromatográficos evitando las colas de pico, asimetría y pico máximo, así como una reducción en el tiempo necesario para llevar a cabo el análisis. Presentó en forma detallada el método utilizado para las determinaciones cromatográficas realizadas diariamente por sextuplicado.

Señaló que en la actualidad existen diversas técnicas instrumentales avanzadas como la resonancia magnética, fluorescencia y espectroscopía vibracional con buenas prestaciones y que ofrecen resultados de buena fiabilidad. En estas técnicas no es necesario un tratamiento preliminar de la muestra, emplean una cantidad de muestra pequeña y permiten obtener resultados altamente específicos. La principal desventaja de todas ellas es el alto coste de los equipos necesarios.

La mantequilla analizada fue fabricada a partir de nata con 40 ± 2% de grasa, inicialmente pasteurizada a 100°C durante 15 [segundos], enfriada a 3-4°C y madurada a esta temperatura durante 24 [horas], a fin de cristalizar la grasa de la mantequilla. Seguidamente, el batido fue llevado a cabo a 10°C y 400-1.000 revoluciones por minuto. Luego del escurrido, la mantequilla fue lavada y amasada. Después del amasado, se añadió un cultivo iniciador aromático.

En la Figura 3.55. se grafican los cambios en el contenido de ácidos grasos libres durante el almacenamiento de mantequilla elaborada con leche de vaca a dos temperaturas durante cerca de un año, publicados por Méndez Cid y colaboradores (2017).

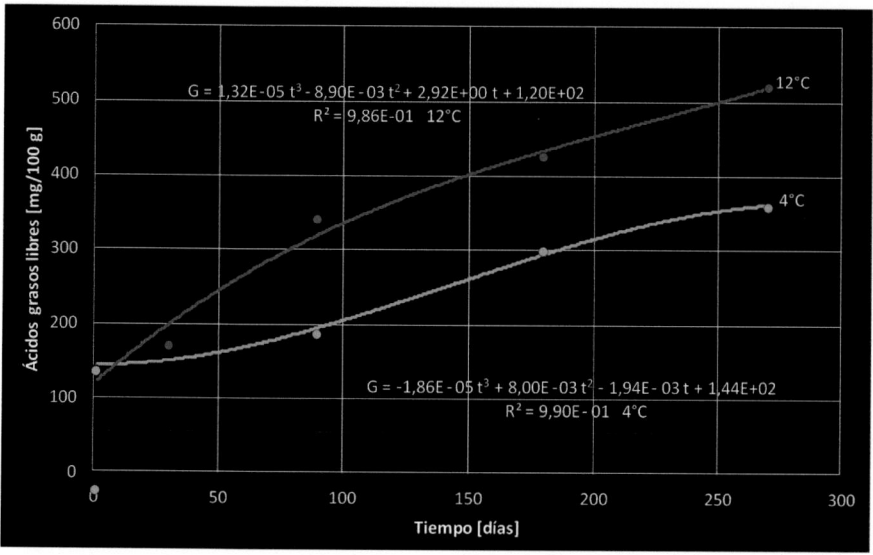

Figura 3.55. Ácidos grasos libres como función del tiempo de almacenamiento en mantequilla.

Las ecuaciones de tercer grado ajustan en forma satisfactoria la relación entre el contenido de ácidos grasos libres con el tiempo de almacenamiento de la mantequilla elaborada con leche de vaca, los valores de los coeficientes de determinación son 0,986 para 12°C y 0,99 para 4°C. El aumento en los ácidos grasos libres es pequeñísimo y se mantiene de manera similar durante todo el almacenamiento de 9 [meses], se debe considerar las unidades [mg/100 g de mantequilla].

Las ecuaciones logradas facilitan el cálculo del tiempo requerido para alcanzar un determinado valor del contenido de ácidos grasos libres a las dos temperaturas indicadas. En el caso de aceptar como límite del almacenamiento un valor de 350 [mg/100 g mantequilla], se obtiene.

Para el caso de 12°C la ecuación obtenida es:

$$G = 1{,}32 \ (10)^{-5} \ t^3 - 8{,}90 \ (10)^{-3} \ t^2 + 2{,}92 \ t + 120 \tag{3.110}$$

$$350 = 1{,}32 \ (10)^{-5} \ t^3 - 8{,}90 \ (10)^{-3} \ t^2 + 2{,}92 \ t + 120$$

$$t^*_{QA} = 109 \ [\text{días}]$$

Para el caso de 4°C la ecuación es:

$$G = -1{,}86 \ (10)^{-5} \ t^3 + 8{,}00 \ (10)^{-3} \ t^2 + 1{,}94 \ (10)^{-3} \ t + 144 \tag{3.111}$$

$$350 = 1{,}86 \ (10)^{-5} \ t^3 + 8{,}00 \ (10)^{-3} \ t^2 + 1{,}94 \ (10)^{-3} \ t + 144$$

$$t^*_{QA} = 245 \ [\text{días}]$$

En las ecuaciones anteriores el subíndice $_{QA}$ corresponde al cambio de los ácidos grasos libres durante el almacenamiento de mantequilla. Los datos se pueden utilizar para elaborar una figura que posibilita calcular tiempos de almacenamiento a temperaturas intermedias, como se indica en la Figura 3.56.

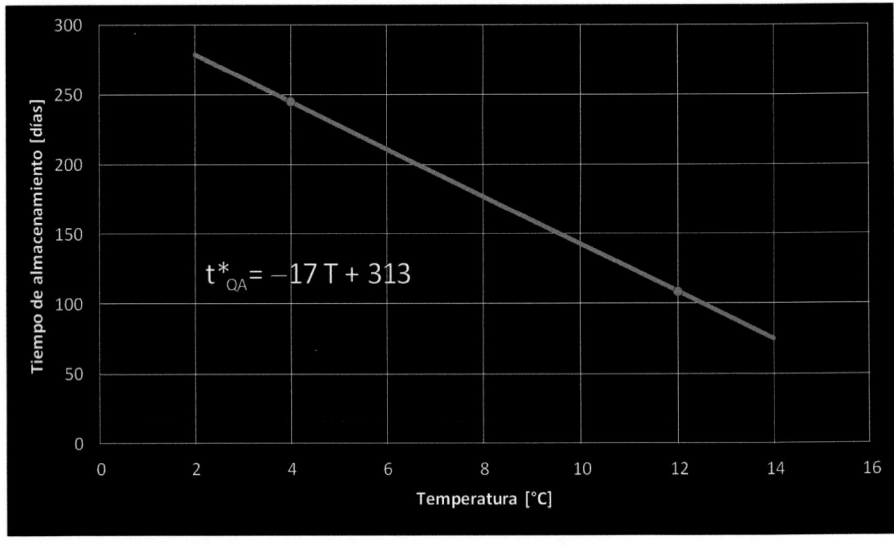

Figura 3.56. Tiempo de almacenamiento según el contenido de ácidos grasos libres como función de la temperatura de mantequilla.

La ecuación lineal es:

$$t^*_{QA} = -17 \ T + 313 \tag{3.112}$$

En el caso de trabajar a 8°C, el tiempo de almacenamiento es igual a:

$$t^*_{QA} = -17 \ T + 313$$

$$t^*_{QA} = -17 \ (8) + 313$$

$$t^*_{QA} = 177 \ [\text{días}]$$

Cálculos similares pueden realizarse a otras temperaturas en el intervalo de 4° a 12°C.

Si existen cambios en la temperatura el cálculo del proceso se efectúa aplicando el Método Gráfico como se indica en la Figura 3.57. para el caso de mantener la mantequilla durante 90 [días] a 12°C y luego bajar la temperatura a 8°C, calcular el tiempo total en el cual el contenido de ácidos grasos libres alcanzaría los 350 [mg/ 100 g de mantequilla].

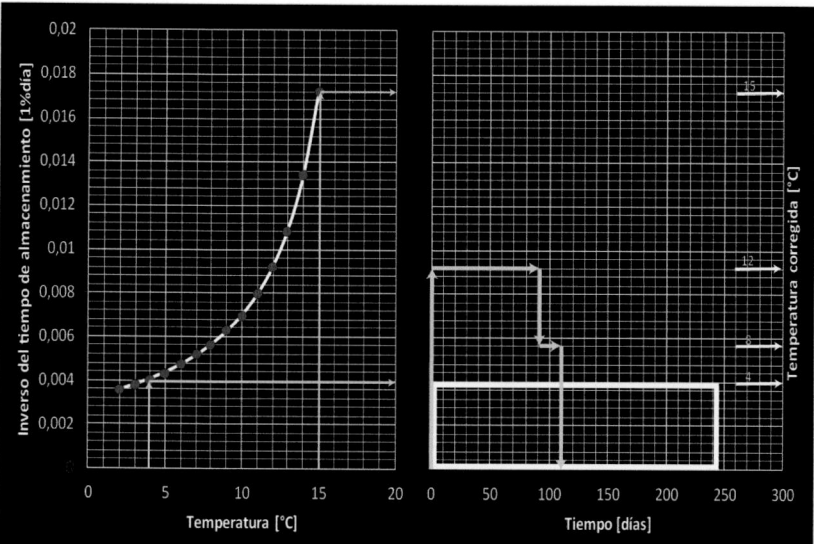

Figura 3.57. Aplicación del método gráfico para el cálculo del tiempo de almacenamiento según el incremento de los ácidos grasos libres en mantequilla, cuando existen variaciones en la temperatura.

Para el cálculo con la ecuación anterior se establecen los tiempos de almacenamiento para cada una de las temperaturas entre 2° y 15°C, se grafican los valores inversos como función de la temperatura y se elabora la Figura ubicada en la parte izquierda. En la parte derecha se construye una escala de temperaturas corregida dependiente y derivada de la función graficada previamente. Con esta escala se define un cuadrado que sirve como área de referencia, en el presente caso a una temperatura de 4°C el valor inverso del tiempo de almacenamiento es 0,00408163 que corresponde a un tiempo de almacenamiento de 245 [días]. A continuación se trazan líneas que describen los cambios de temperatura según la escala de temperaturas corregida, 90 [días] a 12°C y luego a 8°C se avanza en el tiempo hasta que el área bajo las líneas se iguale con la del cuadrado de referencia, el tiempo en que se llega a la igualdad, en el presente caso es 120 [días], será el tiempo de almacenamiento cuando ocurren variaciones en la temperatura para alcanzar el valor fijado de ácidos grasos libres en la mantequilla.

Valores de la energía de activación

En los dos casos analizados de acidificación de mantequilla durante el almacenamiento, las energías de activación pueden ser calculadas a partir del valor Q_{10} en la forma siguiente.

Valor de acidez:
A 4°C el tiempo de almacenamiento es 202 [días] y a 14°C es 113 [días].

$$Q_{10} = t_{(T)}/t_{(T+10)}$$ (3.113)
$$Q_{10} = 202/113 = 1{,}79$$

$$\ln Q_{10} = 10\,(E_a/R)\,(1/T_{a2} \times T_{a1})$$ (3.114)
$$\ln 1{,}79 = 10\,(E_a/R)\,(1/287{,}2 \times 277{,}2)$$
$$0{,}5822 = 10\,(E_a/R)\,(1{,}2561\,(10)^{-5})$$
$$(E_a/R)_{QA} = 4.635$$
$$(E_a)_{QA} = 4.635 \times 8{,}314$$
$$(E_a)_{QA} = 38.535\ [kJ/kg\ mol]$$

Ácidos grasos libres:
A 4°C el tiempo de almacenamiento es 245 [días] y a 14°C es 75 [días].

$$Q_{10} = t_{(T)}/t_{(T+10)}$$
$$Q_{10} = 245/75 = 3{,}27$$

$$\ln Q_{10} = 10\,(E_a/R)\,(1/T_{a2} \times T_{a1})$$ (3.115)
$$\ln 3{,}27 = 10\,(E_a/R)\,(1/287{,}2 \times 277{,}2)$$
$$1{,}1848 = 10\,(E_a/R)\,(1{,}2561\,(10)^{-5})$$
$$(E_a/R)_{QA} = 9.432$$
$$(E_a)_{QA} = 9.432 \times 8{,}314$$
$$(E_a)_{QA} = 78.418\ [kJ/kg\ mol]$$

La energía de activación es prácticamente el doble en el caso de los ácidos grasos libres con relación a la determinada por el aumento de la acidez.

Oxidación

Indicador. Índice de peróxidos

Una de las causas principales del enranciamiento de la mantequilla es la oxidación, la cual ocurre en forma lenta y se determina mediante el índice de peróxidos. Es un método de referencia, uno de los más antiguos y ampliamente extendido para la evaluación de la oxidación lipídica primaria, en especial por la simplicidad del procedimiento experimental. Se basa en el hecho de que en medio ácido, los hidroperóxidos presentes en la grasa reaccionan con el ion yoduro para generar yodo, el cual se valora con una disolución de tiosulfato de sodio en presencia de un indicador. En la Figura 3.58. se observan los cambios en el índice de peróxidos durante el almacenamiento de mantequilla obtenida de la grasa de leche de vaca.

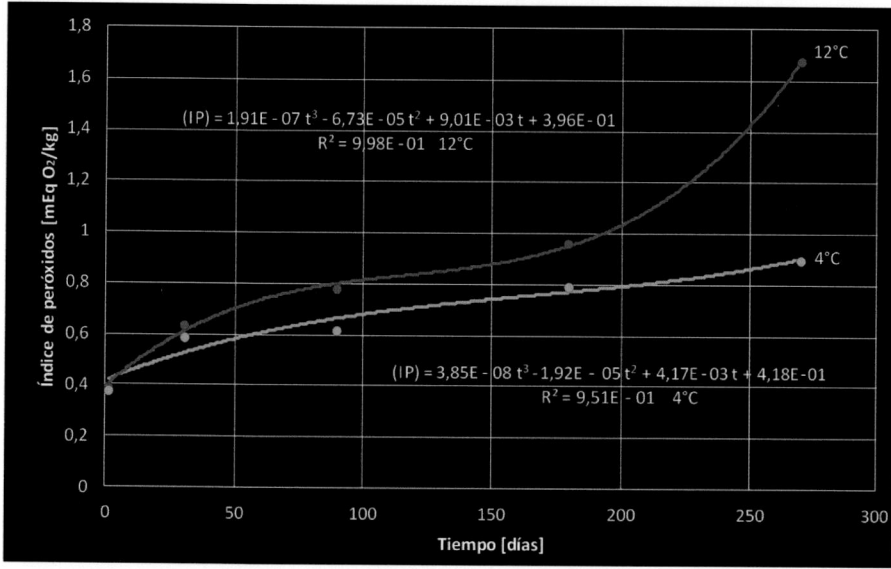

Figura 3.58. Aumento del índice de peróxidos como función del tiempo de almacenamiento de mantequilla.

Los coeficientes de determinación indican que las ecuaciones polinómicas de tercer grado son muy adecuadas para describir la relación entre la oxidación primaria con el tiempo de almacenamiento de la mantequilla, los valores en las dos temperaturas son superiores a 0,95.

Las ecuaciones obtenidas facilitan el cálculo del tiempo requerido para alcanzar un valor de 2 [mEq O_2/kg], valor mínimo aceptado como límite, distante del desarrollo de problemas relacionados con el enranciamiento.

Para el caso de 12°C la ecuación obtenida es:

$$(IP) = 1{,}91 \, (10)^{-7} \, t^3 - 6{,}73 \, (10)^{-5} \, t^2 + 9{,}01 \, (10)^{-3} \, t + 0{,}396 \qquad (3.116)$$
$$2 = 1{,}91 \, (10)^{-7} \, t^3 - 6{,}73 \, (10)^{-5} \, t^2 + 9{,}01 \, (10)^{-3} \, t + 0{,}396$$
$$t^*_{QO} = 290 \ [\text{días}]$$

Para el caso de 4°C la ecuación es:
$$(IP) = 3{,}85 \, (10)^{-8} \, t^3 - 1{,}92 \, (10)^{-5} \, t^2 + 4{,}17 \, (10)^{-3} \, t + 0{,}418 \qquad (3.117)$$
$$2 = 3{,}85 \, (10)^{-8} \, t^3 - 1{,}92 \, (10)^{-5} \, t^2 + 4{,}17 \, (10)^{-3} \, t + 0{,}418$$
$$t^*_{QO} = 458 \ [\text{días}]$$

En las ecuaciones anteriores el subíndice $_{QO}$ corresponde a la oxidación de la mantequilla durante el almacenamiento. El proceso de oxidación en mantequilla es bastante lento, lo que lo vuelve inadecuado para utilizarlo como indicativo de control durante el almacenamiento en refrigeración. Los datos se pueden utilizar para elaborar una figura que posibilita leer los tiempos de almacenamiento a temperaturas intermedias. Como se observa en la Figura 3.59. a 8°C el tiempo de almacenamiento es de un año o un poco mayor, según el avance de la oxidación de la grasa.

La ecuación lineal que facilita los cálculos es:

$$t^*{}_{QO} = F^*{}_{QO} = -21\,T + 542 \tag{3.118}$$

A 2°C el tiempo de almacenamiento es 500 [días] como se puede comprobar por lectura directa en la figura. Además, se puede calcular la temperatura a la cual el tiempo de almacenamiento de esta mantequilla será de 1 año.

$$t^*{}_{QO} = F^*{}_{QO} = -21\,T + 542$$
$$365 = -21\,T + 542$$
$$T = 8,4°C.$$

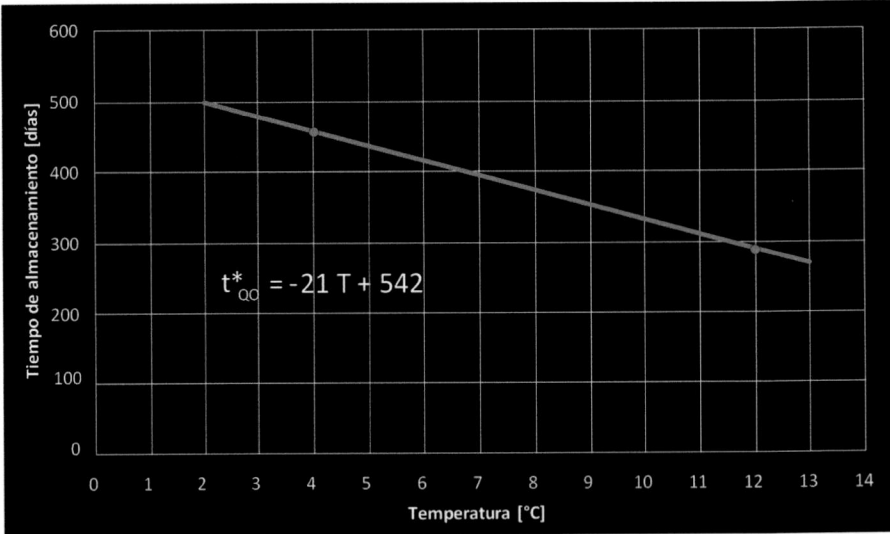

Figura 3.59. Tiempo de almacenamiento como función de la temperatura de mantequilla según el índice de peróxidos.

Si existen cambios en la temperatura, el cálculo del proceso se realiza aplicando el Método General Gráfico como se indica en la Figura 3.60. para el caso de mantener la mantequilla por 90 [días] a 12°C y luego bajar la temperatura a 8°C, calcular el tiempo total en el cual el valor del índice de peróxidos alcanzaría los 2 [mEq O_2/kg de mantequilla].

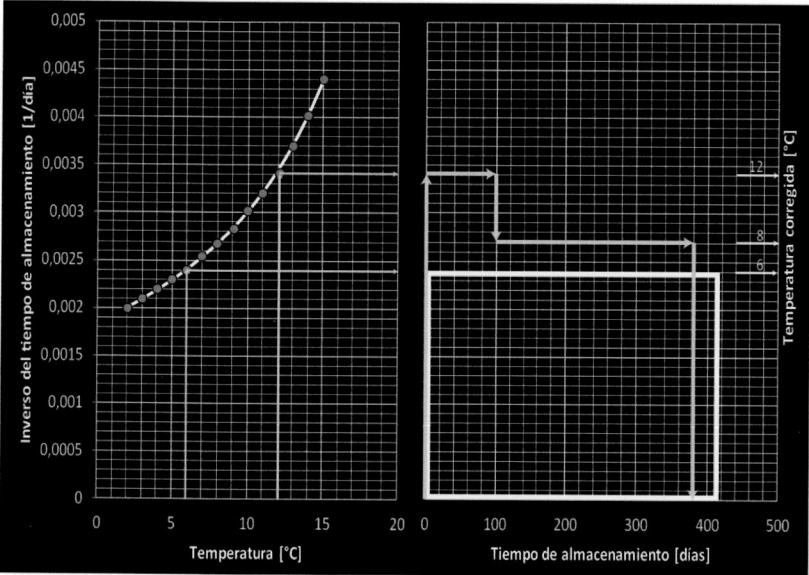

Figura 3.60. Aplicación del método gráfico para el cálculo del tiempo de almacenamiento según el incremento del índice de saponificación en mantequilla, cuando existen variaciones en la temperatura.

Para el cálculo se utiliza la ecuación anterior, al inicio se grafican los valores inversos como función de la temperatura y se elabora la Figura ubicada en la parte izquierda. En la parte derecha se construye una escala de temperaturas corregida dependiente y derivada de la función graficada previamente. Con esta escala se define un cuadrado que sirve como área de referencia, en el presente caso a una temperatura de 6°C el valor inverso del tiempo de almacenamiento es 0,00240385 que corresponde a un tiempo de almacenamiento de 416 [días]. A continuación, se trazan líneas que describen los cambios de temperatura según la escala de temperaturas corregida, 90 [días] a 12°C y luego a 8°C, se avanza en el eje del tiempo hasta que el área bajo las líneas se iguale con la del cuadrado de referencia, el tiempo en que se llega a la igualdad, en el presente caso 370 [días], será el tiempo de almacenamiento cuando ocurren variaciones en la temperatura para alcanzar el valor fijado de índice de peróxidos en la mantequilla.

Otra alternativa es fijar el tiempo de almacenamiento y calcular la temperatura a la que se debe mantener al producto para lograrlo. En el caso de guardar la mantequilla por 90 [días] a 12°C y luego se pretende almacenarla por 1 [año] adicional, calcular la temperatura de almacenamiento a la cual el valor del índice de peróxidos alcanzaría los 2 [mEq O_2/ kg de mantequilla] luego de transcurrido el año. En la Figura 3.61. se representa el método de cálculo.

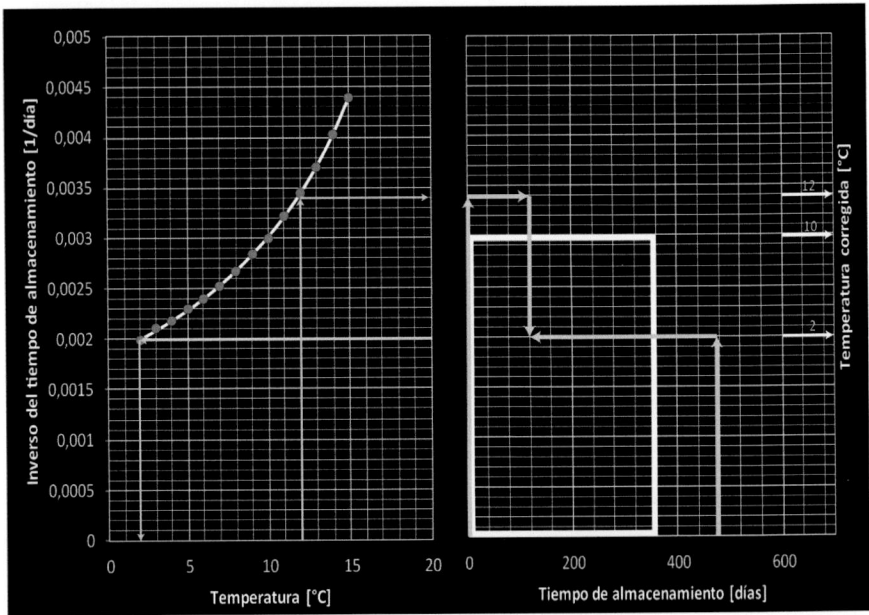

Figura 3.61. Aplicación del método gráfico para el cálculo de la temperatura de almacenamiento según el incremento del índice de saponificación en mantequilla.

En la Figura de la parte derecha se marca el valor de 1 año (365 días) más los 3 meses (90 días) iniciales y se traza una línea vertical con una altura que define un área, la cual sumada con el área inicial, se iguala con el área de referencia. En la escala de temperaturas corregida se establece la temperatura de almacenamiento requerida, en el presente caso 2°C, la cual puede ser confirmada en la Figura de la parte izquierda.

El método puede ser utilizado en diferentes casos, con otras variaciones o cuando se presentan fluctuaciones en la temperatura de los sitios de almacenamiento. Los ejercicios se desarrollan a temperaturas de refrigeración, sin embargo, el método puede ser utilizado a otras temperaturas.

Se debe tener presente que los problemas de oxidación en los lípidos presentes en la grasa, además de provocar el rechazo del consumidor, también causan pérdidas de componentes nutricionales y llegan a la formación de compuestos tóxicos llamados productos finales de oxidación lipídica avanzada, entre los que se encuentran citotoxinas y genotoxinas (Bekhit y colaboradores, 2013; Matthaus, 2010). Conforme se alarga el tiempo de almacenamiento la oxidación también avanza, podría superar límites de seguridad y llegar a situaciones de envenenamiento crónico en especial si el consumo de grasas oxidadas es reiterado (Grootveld y colaboradores, 2020; Estévez y colaboradores, 2017; Vieira y colaboradores, 2017; Kanner, 2007).

Valor de la energía de activación

La energía de activación se calcula a partir del valor Q_{10} en la forma siguiente.

A 2°C el tiempo de almacenamiento es 500 [días] y a 12°C es 290 [días].

$$Q_{10} = t_{(T)}/t_{(T+10)} \qquad\qquad (3.119)$$

$Q_{10} = 500/290 = 1,72$
$\ln Q_{10} = 10\ (E_a/R)\ (1/T_{a2} \times T_{a1}) \qquad\qquad (3.120)$
$\ln 1,72 = 10\ (E_a/R)\ (1/285,2 \times 275,2)$
$0,5423 = 10\ (E_a/R)\ (1,2741\ (10)^{-5})$
$(E_a/R)_{QA} = 4256$
$(E_a)_{QA} = 4.256 \times 8,314$
$(E_a)_{QA} = 35.384\ [\text{kJ/kg mol}]$

El valor es menor a los determinados mediante los datos de acidez; sin embargo, es algo superior al obtenido para el proceso de oxidación en grasa de cerdo, 28.783 [kJ/kg mol].

Comentarios

La determinación de las constantes de velocidad y de los coeficientes de difusión es fundamental, en especial para el caso de productos alimenticios, pues el análisis de los valores y la comparación con otros datos posibilita adoptar medidas para mejorar procesos que involucren fenómenos de transporte.

Los procesos de fermentación y secado definen y caracterizan la calidad del cacao para su uso en confites y en bebidas, hasta el momento actual constituyen un reto para los profesionales relacionados con alimentos, se requiere mejorarlos para superar los resultados obtenidos tradicionalmente de fermentación en cajones y secado al Sol. La fermentación es un proceso muy complejo por la cantidad de relaciones causa-efecto que se generan y desarrollan, se requiere conocer con mayor detalle y profundidad los compuestos que se generan en la fermentación y que continúan en el secado, para aprovechar en términos de calidad el cacao producido en varias zonas cacaoteras. El conocimiento de las constantes térmicas y del coeficiente de difusión efectivo másico ayuda a simular diferentes condiciones de secado, lo cual contribuye a entender y mejorar el proceso. La energía de activación en el proceso de secado de cacao es relativamente alta, 43.283 [kJ/kg mol] y del valor ẑ, 51°C; sin embargo, su conocimiento hace posible aplicar otros métodos de cálculo en procesos, como es el caso del Método General Numérico.

Un propósito siempre presente de los Ingenieros de Alimentos consiste en disminuir el tiempo de secado, lo cual se refleja por el incremento de la constante de velocidad, se pueden adoptar medidas físicas como rallar el coco para aumentar la superficie de evaporación o técnicas como utilizar pretratamientos, cuantificar el efecto de los cambios es lo que permite decidir sobre la conveniencia o inconveniencia de las posibles innovaciones. Disminuir la energía de activación de los procesos es una acción permanente de los profesionales que trabajan con alimentos, se puede conseguir por mejoras en el diseño de los equipos o cambios en las condiciones de trabajo, siempre hay algo para mejorar.

En el almacenamiento de coco se pueden utilizar como indicadores a la humedad expresada en base a materia seca o a la actividad de agua, en los dos casos se obtienen resultados similares para el cálculo de procesos. Las causas de los procesos que ocurren durante el almacenamiento son varias y de todo tipo, en general se acepta que el calor es la causa principal y ocasiona varios efectos, entre ellos se incluyen a los físicos como la pérdida de humedad, termodinámicos como los cambios en la actividad de agua, microbiológicos con el crecimiento de microorganismos. Varios otros efectos ocurren de manera independiente o también en forma simultánea, como son los cambios químicos con múltiples reacciones de compuestos o bioquímicos por la acción de enzimas.

En el proceso de secado de coco los datos de la energía de activación conducen a establecer diferencias en la eficiencia de los métodos y equipos de secado. Los valores calculados que corresponden a secadores de gabinete con corriente de aire son bajos, 14.152 [kJ/kg mol] según las constantes de velocidad y 14.066 [kJ/kg mol] según los coeficientes de difusión másica efectiva, son prácticamente iguales. Cuando se utilizó un pretratamiento como es el secado osmótico y luego el secado en gabinete el valor ascendió a 25.288 [kJ/kg mol], valor cercano al doble con relación a los anteriores. Sin embargo, cuando el secado de copra de coco se realizó en un secador de radiaciones el valor aumentó hasta 60.700 [kJ/kg mol], cuatro veces mayor que los indicados al inicio. Se desprende que no es conveniente, ni económico, utilizar radiaciones, tampoco pretratamientos.

En el Codex Alimentarius (FAO-OMS, 2015), para el almacenamiento y transporte de aceites y grasas comestibles a granel, se indica que el aceite de palma puede ser transportado y embarcado desde 32° a 40°C y el aceite de almendra de palma o palmiste entre 27° y 32°C.

El proceso de cocción es uno de los más utilizados en el procesamiento de alimentos. En productos derivados de la palma africana su aplicación es indispensable. El efecto de la cocción sobre el rendimiento de los aceites rojo de palma y amarillo proveniente de la semilla, denominado palmiste, mostraron valores muy altos de reducción decimal. Los valores D* del rendimiento registrados en aceite de palmiste a 80°, 90° y 104°C fueron 244, 233 y 213 [minutos], respectivamente; en cambio en aceite de palma a 80°, 92° y 133°C fueron 85, 76 y 40 [minutos], respectivamente. El valor $\hat{z}$ para palmiste fue 400°C, para palma 168°C, expresan la mínima sensibilidad que tiene el proceso de cocción a los cambios de temperatura para facilitar la extracción del aceite, en especial para el caso del palmiste. Según lo indicado se debe trabajar a las temperaturas más altas posibles, en especial con semillas de palma.

En manteca de cerdo el problema principal que ocurre durante su almacenamiento es la oxidación que ocasiona la disminución de ácidos grasos poliinsaturados en tiempos relativamente extensos. Otro problema es la lipólisis con el consecuente aumento de los valores de acidez, lo cual también ocurre lentamente y en menor impacto que la oxidación. El aumento de la temperatura incrementa la velocidad de estos cambios. El valor de la energía de activación para el caso de la oxidación secundaria es muy alto, 87.696 [kJ/kg mol], triplica el valor determinado para el caso de la oxidación primaria, 28.783 [kJ/kg mol]. Según estos datos la oxidación primaria en la grasa subcutánea de cerdo almacenada ocurrirá con mucha mayor facilidad que la oxidación secundaria con la aparición de diferentes compuestos como aldehídos y cetonas, la cual además ocurre luego que se han oxidado los ácidos grasos especialmente los poliinsaturados.

La mantequilla es la grasa de mayor importancia y consumo en la dieta de los humanos, es un producto alimenticio bastante estable que puede ser mantenido en buenas condiciones por tiempos extensos de hasta un año o más en refrigeración. En el momento actual se han identificado más de 400 ácidos grasos diferentes incluyendo ácidos grasos saturados (66 %), ácidos grasos monoinsaturados (30 %) y ácidos grasos poliinsaturados (4 %).

El problema principal detectado en mantequilla elaborada con grasa de vacuno durante el almacenamiento es el incremento en los valores de acidez, relacionados directamente con lipólisis y la aparición de ácidos grasos libres. La energía de activación según el valor de acidez es 38.535 [kJ/kg mol], la mitad del determinado según la aparición de ácidos grasos libres, 78.418 [kJ/kg mol]. Las reacciones de oxidación son lentas y poco destacadas, el valor de la energía de activación es 35.384 [kJ/kg mol], similar al determinado en la oxidación primaria en la grasa de cerdo.

El cálculo de procesos en grasas de origen vegetal y animal es una herramienta rápida y sencilla para analizar procesos, mejorar la tecnología de elaboración o innovar métodos para nuevos productos.

Referencias y Bibliografía

Alvarado, J. de D. 2014. Principios de Ingeniería Aplicados en Alimentos. 2da. Edición. Ambato, Ecuador. Universidad Técnica de Ambato. MEGAGRAF. 478p.

Alvarado, J. de D. y Aguilera, J. M. 2001. Métodos para medir propiedades físicas en industrias de alimentos. Zaragoza, España. Editorial Acribia. pp:347-368.

Alvarado, J. de D.; Villacís, F. E. y Zamora, G. F. 1983. Efecto de la época de cosecha sobre la composición de cotiledones crudos y fermentados de dos variedades de cacao y fracciones de cascarilla. Archivos Latinoamericanos de Nutrición. 33(2):339-355.

ANCUPA. 2010. Asociación Nacional de Cultivadores de Palma Africana en Ecuador. Estadísticas Nacionales de Palma Africana. Editora Agrytec. Disponible On line: http://agrytec.com/agricola/index.php?option=com_content&view=article&id=3468:palma-africana-en-el-ecuador&catid=49:articulos-tecnicos&Itemid=43.

Andersen, A. 2007. Refining of Oils and Fats for Edible Purposes. New York, USA. Academic Press. 93p.

Andreo, A.I.; Doval, M.M. Romero, A.M. and Judis, M.A. 2003. Influence of heating time and oxygen availability on lipid oxidation in meat emulsions. European Journal of Lipid Science and Technology. 105:207-213.

Araya, H. y Bacigalupo, A. 1986. Importancia del Aceite de Palma Africana en la Alimentación Latinoamericana. Valledupar. Colombia. Editorial FAO. 213p.

Arteaga, J. y Campos, V. 1996. Acondicionamiento de Semillas de Palma Africana (*Elaeis guineensis* Jacq) para la Extracción de Aceite. Tesis de Ingeniero en Alimentos. Ambato, Ecuador. 93p.

Aubourg, S.P. 2001. Fluorescence study of the pro-oxidant effect of free fatty acids on marine lipids. Journal of the Science of Food and Agriculture. 81:385-390.

Baryeh, E. 2001. Effects of palm oil processing parameters on yield. Journal of Food Engineering. 48(1):1-6.

Bernardini, E. 2006. Tecnología de Aceites y Grasas. México. Editorial Alhambra. p: 489.

Bekhit, A.; Hopkims, D. Fahri, F. and Pennampalam, E. 2013. Oxidative process in muscle systems and fresh meat sources, markers and remedies. Comprehensive Reviews in Food Science and Food Safety. 12(5):565-597.

Braudeau, J. 1970. El Cacao. Traducido del francés por Ángel Hernández. Barcelona, España. Editorial Blume. 297p.

Brody, A.L. 2003. Predicting packaged food shelf life. Food Technology. 57(4): 100-102.

Choo Yuen May. 1994. Palm oil carotenoids. Food and Nutrition Bulletin. 15(2):130-137.

Epsteín, M. 2007. El Desempeño Ambiental de la Empresa Extractora de Aceite de Palma. Santa Fe de Bogotá, Colombia. ECOE Ediciones. 45p.

Estévez, M.; Li, Z. Soladoye, O. and Van-Hecke, T. 2017. Health risk of fodd oxidation. En: Toldrá, F. (Editor). Advances in Food and Nutrition Research. USA. Academic Press. pp:45-81.

Estrella, E. 1998. El Pan de América. Etnohistoria de los Alimentos Aborígenes en el Ecuador. 3ra. Ed. FUNDACYT. Quito Ecuador. Cicetronic Offset. pp:172-174.

FAO-OMS. 2015. Codex Alimentarius. Normas Internacionales de los Alimentos. Código CAC/ RCP 36-1987. Revisión 2015. Apéndice 1.

FAO. 1986. Almacenamiento y transporte de aceites y grasas comestibles a granel. Publicación de la Oficina Regional para América Latina y el Caribe. Valledupar, Dpto. del Cesar-Colombia. pp:41-49.

Farooqi, W.; Sattar, A. Daud, K. and Hussain, M. 2001. Studies on the postharves chilling sensitivity of palma fruit. Proc. Fla. State Hort. Soc. 98:220-221.

Gaibor, N. y Aldaz, J. 1991. Fermentación y Secado de Tres Variedades de Cacao Cultivadas en Ecuador. Tesis de Grado para optar por el Título de Ingeniero en Alimentos. Universidad Técnica de Ambato. FCIAL. Ecuador. pp:21, 27- 39.

Glaser, K.R.; Wenk, C. and Scheeder, M.R.L. 2004. Evaluation of pork backfat firmness and lard consistency using several different physicochemical methods. Journal of the Science of Food and Agricultura, 84:853-852.

Grootveld, M.; Percibal, B. Leenders, J. and Wilson, P. 2020. Potential adverse public health effects afforded by the ingestion of dietary lipid oxidation product toxins: Significance of fried food sources. Nutrients. 12(4):984.

Gutt, S. 1999. Perspectivas de la agroindustria de la palma aceitera en Ecuador. El Palmicultor. 13:1-4.

Heldman, D. R. and Singh, R. P. 1981. Food Process Engineering. 2nd. Edition. Westport, Connecticut. AVI Pub. Co. Inc. pp:205-206.

Hernández, C. y Mieres, A. 1987. Rendimiento de la Extracción por Prensado en Frío y Refinación Física del Aceite de la Almendra del Fruto de la Palma Corozo (Acrocomia aculeata). Universidad de Carabobo. Facultad de Ingeniería. Escuela de Ingeniería Química. Valencia, Venezuela. 90p.

Herrera, F. 1989. El Cultivo de la Palma de Aceite. San José, Costa Rica. Editorial EUNED. 56p.

INCAP-ICNND. 1970. Instituto de Nutrición de Centro América y Panamá. Tabla de Composición de Alimentos para uso en América Latina. México. Centro Regional de Ayuda Técnica. No. 421.

INNE. 1965. Instituto Nacional de Nutrición. Tabla de Composición de Alimentos Ecuatorianos. Quito, Ecuador. 36p.

Jácome Bazurto, M. B. 2010. Incidencia de la Aplicación de Tecnología de Secado en el Mejoramiento del Valor Agregado del Cacao (Theobroma cacao) Variedad CCN-51. Trabajo de Graduación para optar por el Título de Ingeniero en Alimentos. Universidad Técnica de Ambato. FCIAL. Ecuador. 131p.

Jin, G.; He, L. Zhang, J. Yu, X. Wang, J. and Huang, F. 2012. Effects of temperature and NaCl percentage on lipid oxidation in pork muscle and exploration of the controlling method using response surface methodology (RSM). Food Chemistry, 131:817-825.

Kamalanathan, G. and Meyyappan, R. M. 2015. Thin layer drying kinetics of osmotic treated coconut slices by using sugar solution. Research Journal of Pharmaceutical, Biological and Chemical Sciences. 6(3):1286-1299.

Kanner, J. 2007. Dietary advanced lipid oxidation end products are risk factors to human health. Molecular Nutrition and Food Research. 51(9);1094-1101.

Kays, S. J. 2007. Postharvest Physiology of Perishable Plant Products. Westport Connecticut. The AVI Pub. Co. Inc.

Kirk, R.S.; Sawyer, R. y Egan, H. 2002. Composición y Análisis de Alimentos de Pearson. Segunda edición en Español. México. Companía Editorial Continental. pp:671-725.

Kirschenbauer, H. G. 1964. Grasas y Aceites. Química y Tecnología. México, D.F. Compañía Editorial Continental S.A. 309p.

Lawson, H. 1994. Aceites y grasas alimentarias. Tecnología, utilización y nutrición. Primera edición. Editorial. Zaragoza, España. Acribia. España. 333p.

Lucas Aguirre, J. C. 2017. Optimización del Proceso de Secado por Aspersión para la Obtención de Polvo de Coco (*Cocos nucifera* L.) Fortificado con Compuestos Fisiológicamente Activos. Trabajo de grado para optar al título de Doctor en Ciencias Agrarias. Universidad Nacional de Colombia. Sede Medellín. Facultad en Ciencias Agropecuarias. 135p.

Luque de Castro, M. 2007. Soxhlet extraction of solid materials: An outdated technique with a promising INNEEovative future. Analytical Chemical Acta. 369(1-2):1-10.

Maisincho Asqui, M. P. 2006. Fermentación de Cacao (*Theobroma cacao*) Variedad CCN-51 Inoculando Acetobacter. Trabajo de graduación para optar por el Título de Ingeniero en Alimentos. Universidad Técnica de Ambato, Ecuador. FCIAL. 34p. y Anexos.

Matthaus, B. 2010. Oxidation of edible oils. En: Decker, E.; Elias, R. and McClemens, D, J. (Eds,) Oxidation in Foods and Beverages and Antioxidation Applications. Woodhead Publishing. 545p.

Mehlenbacher, V. 2000. Análisis de Grasas y Aceites. Bilbao, España. Editorial URMO. p:73.

Méndez Cid, F. J. 2019. Estudio del Enranciamiento Autooxidativo de Algunas Grasas Animales: Correlación y representatividad de los parámetros indicadores. Tesis Doctoral. Universidad de Vigo. España. 286pp.

Méndez Cid, F. J.; Centeno, J. A. Martínez, S. Carballo, J. 2017. Changes in the chemical and physical characteristics of cow's milk butter during storage. Effects of temperature and addition of salt. Journal of Food Composition and Analysis. 63:121-132.

Mori, H. and Kaneda, T. 1994. Food uses of palm oil in Japan. Food and Nutrition Bulletin. 15(2):144-146.

Morillo, M. 2005. Estudio de mercado sobre la producción y comercialización de aceite de palma en la región occidental. Prisma, Revista Electrónica de la Universidad Fermín Toro. 2(1):1-13.

O'Haret, J. and Prasad, A. 1993. The effect of temperature and carbon dioxide on chilling symptoms in palm. Acta Hortic. 343: 244-250.

Ortiz de Bertorelli, L.; Graziani de Fariñas, L. y Gervaise Rovedas, L. 2009. Influencia de varios factores sobre características del grano de cacao fermentado y secado al sol. Agronomía Tropical. 59(2).

Padrón Moreno, A. 2015. Obtención de Ácidos Grasos a partir de Aceite de Coco, Soya y Canola mediante Hidrólisis Ácida. Tesis para obtener el Título de Ingeniero Químico Industrial. Instituto Politécnico Nacional. México. 95p.

Patashnik, M. 1953. A simplified procedure for thermal process evaluation. Food Technology. 7(1):1.

Patterson, H. 2003. Handling and Storage of Oilseeds, Oils, Fats and Meal. Nueva York, U.S.A. Elsevier. 394 p.

Pedraza, D. A. 1999. Procesos alternativos para extracción de almendra de palma y palmiste. El Palmicultor. 13:28-30.

Quesada, G. 1998. Cultivo e Industria de la Palma Aceitera (*Elaeis guineensis*). San José, Costa Rica. Editorial Infoagro. 67 p.

Ríos, R. 2005. Control de Calidad de la Cosecha. ANCUPA. Santo Domingo de los Colorados, Ecuador. 3p.

Roelofsen, P. A. 1958. Fermentation, drying, and storage of cacao beans. Advances Food Research. 8:225-297.

Rosa, O.O. 2002. Microbiota associada a frutos hortícolas minimamente processados comercializados em supermercados. Tese (Doutorado) – Universidade Federal de Lavras. Brasil. 120 p.

Rukmini, C. 1994. Red palm oil to combat vitamin A deficiency in developing countries. Food and Nutrition Bulletin. 15(2):126-129.

Saucedo, C.; Esparza, F. and Laskhminarayana, S. 1977. Effect of refrigerated temperatures on de incidence of chilling injure and ripening quality of palm fruit. Proc. Fla. State Hort. Soc. 90:205-210.

Schwan, R.; Lopez, A. Silva, D. e Vanetti, M. 1990. Influéncia da freqüencia e intervalos de revolvimientos sobre a fermentacáo do cacau e qualidade do chocolate. Agrotrópica. 2(1):22-31,

Seoánez, M. 2008. Manual de Gestión Medioambiental de la Empresa de Aceite de Palma. Madrid, España. Ediciones Mundi-Prensa.

Serbinova, E. A. and Packer, L. 1994. Antioxidant and biological activities of palm oil vitamin E. Food and Nutrition Bulletin. 15(2):138-143.

Smith, N. 2006. Extraction and fractionation of palm kernel oil. Journal of Food Engineering. 73(3):210–216.

Soto Franco, C. I. 2014. Proceso de Fabricación de Harina de Coco (*Cocos nucifera*) para la Obtención de un Producto de Panificación para Personas Celíacas. Trabajo de Graduación para optar por el Título de Ingeniera Química. Universidad de San Carlos de Guatemala. Facultad de Ingeniería. 87p.

Spector, A.A. and Kim, H.Y. 2015. Discovery of essential fatty acids. Journal of Lipid Research, 56: 11-21.

Surre, C. and Ziller, R. 2006. La Palma de Aceite. Barcelona, España. Editorial Blume. 231p.

Timmons, J.S.; Weiss, W.P. Palmquist, D.L. and Harper, W.J. 2001. Relationships among dietary roasted soybeans, milk components, and spontaneous oxidized flavor of milk. Journal of Dairy Science. 84:2440-2449.

Toledo, R. 1999. Fundamentals of Food Process Engineering. 2nd ed. New York, USA. Kluwer Academic/Plenum Publishers. Aspen Publishers, Inc. 602p.

Tomlins, K.; Baker, D. Daplyn, P. and Adomako, D. 1993. Effect of fermentation and drying practices on the chemical and physical profiles of Ghana cocoa. Food Chemistry. 46:257-263.

Umaña-Calderón, M.; Muñoz-Mena, J. Pacheco-Retana, Y. y Vargas-Elías, G. 2019. Cinética del secado de coco por radiación. Tecnología en Marcha. 32:115-121.

Vieira, S.; Zhang, G. and Decker, E. 2017. Biological implications of lipid oxidation products. Journal of the American Oil Chemists Society. 3:339-351.

Wood, J.D.; Enser, M. Fisher, A.V. Nute, G.R. Sheard, P.R. Richardson, R.I. Hughes, S.I. and Whittington, F.M. 2008. Fat deposition, fatty acid composition and meat quality: A review. Meat Science, 78:343-358.

Índice alfabético